Grundkurs Programmieren mit Delphi

Wolf-Gert Matthäus

Grundkurs Programmieren mit Delphi

Systematisch programmieren lernen für Einsteiger

5., aktualisierte Auflage

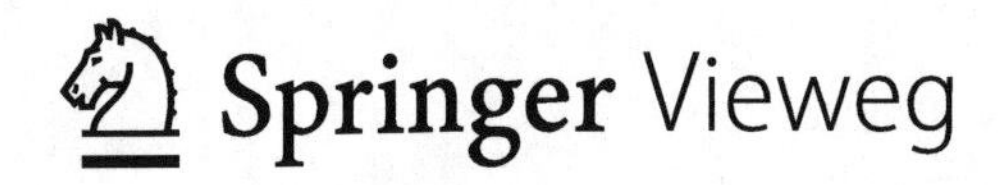

Wolf-Gert Matthäus
Stendal-Uenglingen, Deutschland

ISBN 978-3-658-14273-5 ISBN 978-3-658-14274-2 (eBook)
DOI 10.1007/978-3-658-14274-2

Die Deutsche Nationalbibliothek verzeichnet diese Publikation in der Deutschen Nationalbibliografie; detaillierte bibliografische Daten sind im Internet über http://dnb.d-nb.de abrufbar.

Springer Vieweg

Gedruckt auf säurefreiem und chlorfrei gebleichtem Papier

Springer Vieweg ist Teil von Springer Nature
Die eingetragene Gesellschaft ist Springer Fachmedien Wiesbaden GmbH

Vorwort zur fünften Auflage

Dass nun sogar eine fünfte Auflage dieses Einsteigerbuches zu Delphi vorgelegt wird, hat drei Ursachen: Zum Ersten waren die Lagerbestände der vierten Auflage beim Verlag erschöpft, es musste entschieden werden, ob einfache Nachdrucke der vierten Auflage vorgenommen werden, oder ob über eine fünfte Auflage nachgedacht werden sollte.

Da jedoch – und das ist der zweite und ein wichtiger Grund – seit dem Erscheinen der vierten Auflage eine beachtliche Vielzahl an neuen Delphi-Versionen (bis hin zum neuesten Delphi 2010) auf den Markt gekommen war, musste geprüft und mitgeteilt werden, ob sich mit diesen neuen Versionen für Anfänger wesentliche Änderungen beim Delphi-Einstieg ergeben. Es stellte sich heraus, dass dazu glücklicherweise kein Handlungsbedarf besteht – also unterscheidet sich diese fünfte Auflage inhaltlich (fast) nicht von der vorherigen vierten Auflage.

Kommen wir also zum dritten Grund für die Erarbeitung einer neuen Auflage: Diese Auflage trägt der neuen Situation Rechnung, dass in immer stärkerem Maße neben die klassische Arbeit mit dem gedruckten Buch die Beschäftigung mit dem Thema unmittelbar an Computern aller Art tritt. Deshalb wird nun der Inhalt online in verschiedensten Formaten verfügbar gemacht, zum Lesen auf den verschiedensten elektronischen Medien: Es können jetzt sogar einzelne Kapitel herunter geladen werden, die Ausgabe passt sich automatisch dem Ausgabeformat an.

Das gedruckte Buch, das natürlich nach wie vor zum Kauf verfügbar sein wird, erhält damit eine aktuell notwendige Ergänzung.

Uenglingen,
im Sommer 2016

Wolf-Gert Matthäus

Aus dem Vorwort zur vierten Auflage

Die Bemerkung „… und man hofft, dass es noch lange so bleibt …" im Vorwort der dritten Auflage hat sich leider als nicht zutreffend erwiesen. Das dort hochgelobte, damals kostenlos zum download angebotene Turbo Delphi 2006 war schon nach kurzer Zeit nicht mehr verfügbar. Schade. Sehr bedauerlich. Damit wurde natürlich auch die in der dritten Auflage durchgängig auf die Turbo-Delphi-Version ausgerichtete Darstellung hinfällig. Ebenso die Empfehlung an Einsteiger, mit Turbo Delphi zu beginnen. Es machte sich also notwendig, dieses Buch so zu überarbeiten, dass alle Nutzer der verschiedensten Delphi-Versionen angesprochen werden, wobei das Spektrum von den alten Delphi-Versionen 3 bis 7 über die Zwischenstationen Delphi 8, Delphi 2005, Delphi 2006 (Turbo), Delphi 2009 bis hin zum derzeit neuesten Delphi 2011 (Delphi XE) reichen wird.

Kostenlos verfügbar scheinen derzeit nur Testversionen der jeweils neuesten Delphi-Version zu sein, die für 30 Tage vom aktuellen Anbieter Embarcadero zur Verfügung gestellt werden.

Allerdings wird unter http://www.codegear.com/de/education ausführlich darüber informiert, wie Lernende und Bildungseinrichtungen sich Delphi-Entwicklungssysteme zu Vorzugsbedingungen beschaffen können.

Und dann gibt es inzwischen eine umfangreiche Delphi-Gemeinde, die sich sehr gut gegenseitig hilft. Eine Suchmaschine benannte immerhin mehr als zwei Millionen Treffer für die Stichwort-Kombination delphi free download.

Aus dem Vorwort zur dritten Auflage

Es gibt eine sehr erfreuliche Neuigkeit zu berichten: Gegenwärtig (und man hofft, dass es noch lange so bleibt) findet sich auf der Seite https://downloads.embarcadero.com/free/delphi eine kostenlose Schul- und Lernversion von Delphi unter dem Namen Turbo Delphi 2006 zum freien Herunterladen. Damit kann Delphi von allen Interessenten, unabhängig von deren Geldbeutel, noch besser als bisher zum Einstieg in die Programmierung genutzt werden.

Das war – neben dem inzwischen erfolgten Abverkauf der Zweitauflage – ein weiterer Grund, rasch diese aktualisierte Drittauflage vorzulegen, die sich in den Kapiteln 2 bis 14 nur geringfügig von der zweiten Auflage unterscheidet, aber dafür im völlig neuen Kapitel 1 sehr ausführlich auf die Bezugsmöglichkeit, die nachfolgende Installation und den grundlegenden Umgang mit diesem freien Turbo Delphi 2006 eingeht.

Aus dem Vorwort zur zweiten Auflage

Erfreulich schnell war die erste Auflage vergriffen, und gern folge ich der Aufforderung des Verlages, eine zweite, wesentlich erweiterte und verbesserte Auflage vorzulegen. Sie unterscheidet sich von der ersten Auflage vor allem durch das neu hinzu genommene Kapitel 8 zu den Grundlagen der Grafik-Programmierung mit Delphi.

In diesem neuen Kapitel wird verständlich und ausführlich geschildert, wie geometrische Figuren auf dem Bildschirm entstehen können, wie Animationen und Spiele entstehen und wie mit Delphi sogar Malprogramme hergestellt werden können.

Weiterhin geht die Neuauflage an den notwendigen Stellen natürlich darauf ein, wie das jüngst auf den Markt gekommene Entwicklungssystem Borland Delphi 2005 zum Einstieg in die Delphi-Programmierung genutzt werden kann.

Den vielfach geäußerten Wünschen auf verbesserte online-Unterstützung wird dadurch Rechnung getragen, dass nunmehr unter www.w-g-m.de in der bekannten Rubrik Leser-Service die kompletten Delphi-Projekte zu allen Programmbeispielen bereitgestellt sind, und das sowohl für die noch weit verbreitete Version Delphi 7 als auch für die neuen Versionen Delphi 8/2005.

Aus dem Vorwort zur ersten Auflage

Dieses Buch wendet sich an Beginner. Vorausgesetzt wird nichts. Vermittelt wird der leichte, fast spielerische Einstieg in die Welt der Delphi-Programmierung, der mit der Herstellung von attraktiven Benutzeroberflächen beginnt und schrittweise zu immer reizvolleren Anwendungen führt.

Immer wieder und immer aufs Neue werden ausführlich die Hintergründe erläutert, die für das Verständnis der Abläufe im Computer notwendig sind. Mehr als 270 Abbildungen illustrieren das Vorgehen, so dass jeder Schritt beim Nachvollziehen auf dem eigenen Computer genauestens überprüft werden kann.

Dank sage ich zuerst und vor allem den Teilnehmern meiner Lehrveranstaltungen. Die Ergebnisse bei der Umsetzung der vorgelegten Methodik haben zum Gelingen des jetzigen Lehrbuches erheblich beigetragen.

Inhaltsverzeichnis

1 Benutzeroberflächen . . . 1

1.1 Chronologie der Delphi-Versionen . . . 2

1.2 VCL-Formulare im alten und neuen Delphi . . . 4

1.2.1 Altes Delphi (bis Delphi 7) . . . 4

1.2.2 Neues Delphi (ab Delphi 8) . . . 5

1.3 Starteigenschaften des VCL-Formulars im alten und neuen Delphi . . . 6

1.3.1 Altes Delphi (bis Delphi 7) . . . 6

1.3.2 Neues Delphi (ab Delphi 8) . . . 8

1.4 Test des Formulars . . . 11

1.5 Speicherung . . . 12

1.6 Bedienelemente für das Formular . . . 14

1.6.1 Altes Delphi (bis Delphi 7) . . . 14

1.6.2 Neues Delphi (ab Delphi 8) . . . 14

1.7 Basiselemente . . . 16

1.7.1 Von Button bis Scrollbar . . . 16

1.7.2 Name, Beschriftung, Inhalt . . . 18

1.7.3 Voreinstellungen . . . 19

2 Objekt, Ereignis, Ereignisprozedur . . . 23

2.1 Der Objektbegriff . . . 24

2.1.1 Datenobjekte . . . 24

2.1.2 Visuelle Objekte . . . 25

2.1.3 Ereignisbehandlung . . . 28

2.2 Einfache Ereignisprozeduren zum Standard-Ereignis . . . 29

2.2.1 Button . . . 30

2.2.2 Textfenster . . . 32

2.2.3 Checkbox . . . 33

2.2.4 Scrollbar . . . 33

2.2.5 Radiobutton . . . 34

2.2.6 Label . . . 34

2.2.7 Formular . . . 34

2.3 Einfache Ereignisprozeduren zu Nicht-Standard-Ereignissen 35
2.3.1 Reaktionen auf Mausbewegungen 35
2.3.2 Reaktionen auf Tastendruck 38
2.3.3 Fokus-Ereignisse 39

3 Weitere Bedienelemente 43
3.1 Bedienelement Liste (ListBox) 44
3.2 Bedienelement Combobox 46
3.3 Bedienelement Radiogruppe (RadioGroup) 48
3.4 Bedienelement Menü (MainMenu) 51

4 Ereignisprozeduren: Verwendung von properties 55
4.1 Einfache Mitteilungen 56
4.2 Passiver Zugriff auf Datenkerne 56
4.2.1 Eigener Datenkern 58
4.2.2 Datenkerne fremder Objekte 60
4.3 Aktiver Zugriff auf Datenkerne 63
4.3.1 Eigener Datenkern 63
4.3.2 Datenkerne fremder Objekte 64
4.4 Aktiver und passiver Zugriff auf Datenkerne 69
4.5 Aktivierung und Deaktivierung von Bedienelementen 72
4.5.1 property `Enabled` 74
4.5.2 Aktivierung des Bedienelements 74
4.5.3 Inaktive Menü-Einträge 75
4.6 Verstecken von Bedienelementen 75
4.6.1 property `Visible` 75
4.6.2 Bedienelement sichtbar machen 76
4.7 Namensbeschaffung für passende property 76
4.7.1 property-Namen im Objektinspektor finden 77
4.7.2 Eigenschaft fehlt im Objektinspektor 79
4.7.3 Information durch die Punktliste 81
4.7.4 Information über die Art der Zuweisung 81
4.7.5 Start-Markierung in Listen setzen 82
4.7.6 Passiver und aktiver Zugriff auf Zeilen in einer Listbox 83
4.7.7 Vereinfachungen durch verkürzte property `Items[...]` 86

5 Einfache Tests und Alternativen 89
5.1 Einfacher Test 90
5.1.1 Bedingtes Aktivieren/Deaktivieren von Buttons 90
5.1.2 Einklick oder Ausklick? 95
5.1.3 Links-Rechts-Steuerung 96
5.1.4 Tasten wegfangen 97

5.2 Alternative 100
5.2.1 Ein Nachttischlampen-Schalter 101
5.2.2 Zu- und Abschalten von Buttons 102

6 Timer und Timer-Ereignisse 105
6.1 Timer: Begriff und Bedeutung 106
6.1.1 Bisherige Möglichkeiten und Grenzen 106
6.1.2 Timer 108
6.2 Einrichtung und Starteinstellung 109
6.2.1 Platzieren des Timer-Symbols 109
6.2.2 Einfache Ereignisprozeduren 111
6.3 Arbeit mit Timern 113
6.3.1 Start und Selbst-Stopp 113
6.3.2 Halt und Weitermachen 114
6.3.3 Blinkende Schrift 115
6.4 Permanente Prüfung im Hintergrund 116
6.5 Rot-Gelb-Grün: Die Ampel an der Kreuzung 118
6.5.1 Ganze Zahlen in wiederholter Folge 118
6.5.2 Die Verkehrsampel 120
6.6 Der Vierzylinder-Motor 123
6.7 Städte-Raten 125
6.8 Ein einfacher Bildschirmschoner 127

7 Ganze Zahlen 131
7.1 Die Funktionen `IntToStr` und `StrToInt` 132
7.1.1 Ganzzahlige Werte ausgeben 132
7.1.2 Ganzzahlige Werte erfassen 134
7.1.3 Anwendungen 137
7.2 Speicherplätze für ganze Zahlen 140
7.2.1 Motivation 140
7.2.2 Verwendung eines Speicherplatzes 141
7.3 Vereinbarungen von ganzzahligen Speicherplätzen 144
7.3.1 Bit und Byte 144
7.3.2 Integer-Datentypen 145
7.4 Anwendungen von ganzzahligen Speicherplätzen 146
7.4.1 Grundsätze, Namensgebung 146
7.4.2 Erhöhung der Übersichtlichkeit 146
7.4.3 Ganze Zufallszahlen, Slot-Maschine 148
7.4.4 Slot-Maschine mit Bildern 150
7.4.5 Teilbarkeit 153

8 Grafikprogrammierung . . . 157
8.1 Grundbegriffe . . . 157
8.2 Geometrische Gebilde erzeugen . . . 159
8.2.1 Das Koordinatensystem . . . 159
8.2.2 Einzelner Pixel . . . 161
8.2.3 Gerade Linie . . . 162
8.2.4 Offenes Rechteck . . . 162
8.2.5 Rechteckfläche . . . 163
8.2.6 Quadratfläche . . . 163
8.2.7 Ellipsen-Umriss . . . 164
8.2.8 Ellipsen-Fläche . . . 164
8.2.9 Kreisfläche . . . 165
8.2.10 Text . . . 165
8.2.11 Löschen . . . 165
8.2.12 Achsenkreuz . . . 166
8.3 Text verändern . . . 168
8.4 Bildschirmschoner . . . 169
8.5 Animationen und Spiele . . . 172
8.5.1 Ungesteuerte Animationen . . . 172
8.5.2 Gesteuerte Animation . . . 174
8.5.3 Spiele . . . 176
8.6 Malen auf dem Bildschirm . . . 180

9 Zählschleifen . . . 185
9.1 Abzählen in Listen . . . 185
9.2 Minimax-Aufgaben . . . 190
9.2.1 Größten und kleinsten Wert bestimmen . . . 190
9.2.2 Position des größten und kleinsten Wertes bestimmen . . . 192
9.3 Summen über Listen . . . 193

10 Nichtnumerische Speicherplätze . . . 195
10.1 Speicherplätze für Wahrheitswerte (Typ `Boolean`) . . . 195
10.1.1 Suchen und Finden in Listen . . . 195
10.1.2 Verhalten einer Schaltung . . . 197
10.2 Speicherplätze für einzelne Zeichen (Typ `Char`) . . . 202
10.3 Speicherplätze für Zeichenfolgen (Typ `String`) . . . 206

11 Arbeit mit Zeichenfolgen (Strings) . . . 209
11.1 String-Funktionen und -Prozeduren . . . 209
11.1.1 Wichtige `String`-Funktionen . . . 210
11.1.2 Wichtige `String`-Prozeduren . . . 211
11.2 Finden, Zählen und Löschen von Zeichen und Mustern . . . 212
11.2.1 Finden von Zeichen und Mustern . . . 212
11.2.2 Zählen von Zeichen und Mustern . . . 213
11.2.3 Löschen von Zeichen und Mustern . . . 215

11.3 Ersetzen von Zeichen und Mustern 218
11.3.1 Finden, Löschen und Einfügen 219
11.3.2 Neuaufbau eines zweiten Strings 221
11.4 Palindrom-Test 223
11.5 Vergleiche von Zeichenfolgen 223
11.5.1 Lexikografischer Vergleich 223
11.5.2 Minimax in Listen 225
11.5.3 Lottoziehung 227
11.6 Ganze Zahlen mit Vorzeichen zulassen 231
11.7 Quersummen 232
11.7.1 Einfache Quersummen 232
11.7.2 Gewichtete Quersummen 233

12 Speicherplätze für Dezimalbrüche 235
12.1 Datentypen `Single`, `Double`, `Extended` 235
12.1.1 Prinzipien der internen Speicherung und Verarbeitung . . . 235
12.1.2 Datentyp `Single` 236
12.1.3 Datentyp `Double` 237
12.1.4 Datentyp `Extended` 237
12.2 Komma oder Punkt? 238
12.3 Ausgabe 238
12.3.1 Prozedur `Str` 239
12.3.2 Formatsteuerung in alten und neuen Delphi-Versionen . . . 241
12.3.3 Punkt und Komma in der Ausgabe 242
12.4 Erfassung von Dezimalbrüchen 244
12.4.1 Prozedur `Val` 245
12.4.2 Aktivierung und Deaktivierung von Bedienelementen . . . 246
12.4.3 Nutzerunterstützung 1: Behandlung falscher Tasten 247
12.4.4 Nutzerunterstützung 2: Information bei Fokusverlust 249
12.5 Rechnen mit Delphi 253
12.5.1 Vier Grundrechenarten 253
12.5.2 Der Windows-Rechner 255

13 Prozeduren und Funktionen 261
13.1 Grundsätzliches 262
13.2 Prozeduren und Funktionen von Delphi-Pascal 262
13.2.1 Bisher bereits verwendete Prozeduren und Funktionen . . . 262
13.2.2 Datums- und Zeitfunktionen 263
13.2.3 Arithmetische Funktionen 265
13.3 Prozeduren und Funktionen visueller Objekte 268
13.3.1 Wiederholung: Visuelle Objekte 268
13.3.2 Eigenschaften aus der Punktliste: properties 268
13.3.3 Funktionen aus der Punktliste 269
13.3.4 Prozeduren aus der Punktliste 272

13.3.5 Schnittstellen 274
13.3.6 Ausnahmen 275
13.4 Simulation einer Supermarkt-Kasse 277
13.4.1 Aufgabenstellung 277
13.4.2 Entwurf der Benutzeroberfläche 280
13.4.3 Namensvergabe 280
13.4.4 Ereignisprozeduren 281
13.4.5 Erweiterungen 285
13.5 Eigene Prozeduren 286

14 Mit Delphi: Pascal lernen 291
14.1 Einfache Delphi-Programmierumgebung für Pascal 292
14.2 Ein- und Ausgabe 295
14.2.1 Ein- und Ausgabe von Zeichenfolgen (Strings) 295
14.2.2 Ausgabe von ganzen Zahlen (Integer) 296
14.2.3 Ausgabe von Dezimalbrüchen (Single, Double, Extended) . 296
14.2.4 Erfassung von ganzen Zahlen und Dezimalbrüchen 297

Sachverzeichnis 301

Benutzeroberflächen 1

Inhaltsverzeichnis

1.1 Chronologie der Delphi-Versionen 2
1.2 VCL-Formulare im alten und neuen Delphi 4
1.3 Starteigenschaften des VCL-Formulars im alten und neuen Delphi 6
1.4 Test des Formulars 11
1.5 Speicherung 12
1.6 Bedienelemente für das Formular 14
1.7 Basiselemente 16

Wer heutzutage ein Programm schreibt, der orientiert sich an Windows. Ob gewollt oder nicht, ob bewusst oder nicht:

> Die nach wie vor sehr oft genutzte Form der *Mensch-Rechner-Kommunikation* besteht in der Arbeit mit Maus und Tastatur, im vielfältigen Umgang mit diversen *Bedienelementen* (manchmal auch *Steuerelemente* genannt), die in einem *Fenster* auf einer *Arbeitsfläche* angeordnet sind und die *Benutzeroberfläche* (engl.: *user interface*) bilden.

Das Ziel dieses Buches besteht darin, allen *Anfängern und Einsteigern* die Möglichkeiten aufzuzeigen, wie sie mit Hilfe von Delphi derartige Benutzeroberflächen herstellen und mit Leben erfüllen können.

W.-G. Matthäus, *Grundkurs Programmieren mit Delphi*, DOI 10.1007/978-3-658-14274-2_1

Delphi-Programmiersysteme gibt es inzwischen seit mehr als einem Dutzend Jahren, es begann 1995 mit Delphi 1, dann gab es eine Fülle an Weiterentwicklungen, die im Einzelnen im folgenden Abschnitt aufgelistet werden. Wichtig für die *Delphi-Anfänger* (und *nur für sie* ist dieses Buch geschrieben) sind dabei nicht so sehr die vielfältigen Erweiterungen der Leistungsfähigkeit von Version zu Version, sondern stets der grundlegende Einstieg zur Erzeugung ihrer Beginner-Projekte. Auch darauf wird im Folgenden eingegangen.

Weil viele der alten oder neuen Versionen privat oder in Computerpools von Schulen, Hochschulen und anderen Bildungseinrichtungen genutzt werden, wird grundsätzlich versucht, auf das Wesentliche aller Versionen einzugehen.

1.1 Chronologie der Delphi-Versionen

Wie schon erwähnt, wurde im Jahr 1995 die erste Delphi-Version *Delphi 1* mit dem Codename *Delphi* ausgeliefert. Dem Internet-Lexikon Wikipedia kann man die weiteren Delphi-Versionen und die Daten ihrer Auslieferung entnehmen:

- Delphi 2 (Codename: Polaris) wurde im März 1996 veröffentlicht.
- Delphi 3 (Codename: Ivory) Delphi 3 wurde im Mai 1997 veröffentlicht.
- Delphi 4 (Codename: Allegro) wurde im Juli 1998 veröffentlicht.
- Delphi 5 (Codename: Argus) wurde im August 1999 veröffentlicht.
- Delphi 6 (Codename: Iliad) wurde im Mai 2001 veröffentlicht.
- Delphi 7 (Codename: Aurora) wurde im August 2002 veröffentlicht.

Mit Delphi 7 endete – zumindest was das Startbild angeht – die Phase der „alten Delphi-Versionen“, bei denen im Startbild sofort der *Entwurf der Arbeitsfläche* als so genanntes *VCL-Formular*, grau gerastert, zu sehen ist (siehe Abb. 1.1).

Mit Delphi 8 (Codename: Octane), das im Dezember 2003 veröffentlicht wurde, beginnen – auch hinsichtlich des Startbildes – die so genannten „neuen Versionen“. Ihre Startbilder enthalten zuerst in der Mitte eine große Willkommens-Seite, wobei nach deren Entfernung aber noch nicht der grau gerasterte Entwurf der Arbeitsfläche (des so genannten VCL-Formulars) zu sehen (siehe Abb. 1.2).

In den Folgejahren wurden dann – mit grundsätzlich ähnlichem Startbild – viele weitere Delphi-Versionen auf den Markt gebracht:

- Delphi 2005 (Codename: DiamondBack) wurde im November 2004 ausgeliefert.
- Delphi 2006 / BDS 2006 (Codename: DeXter) erschien 2005.

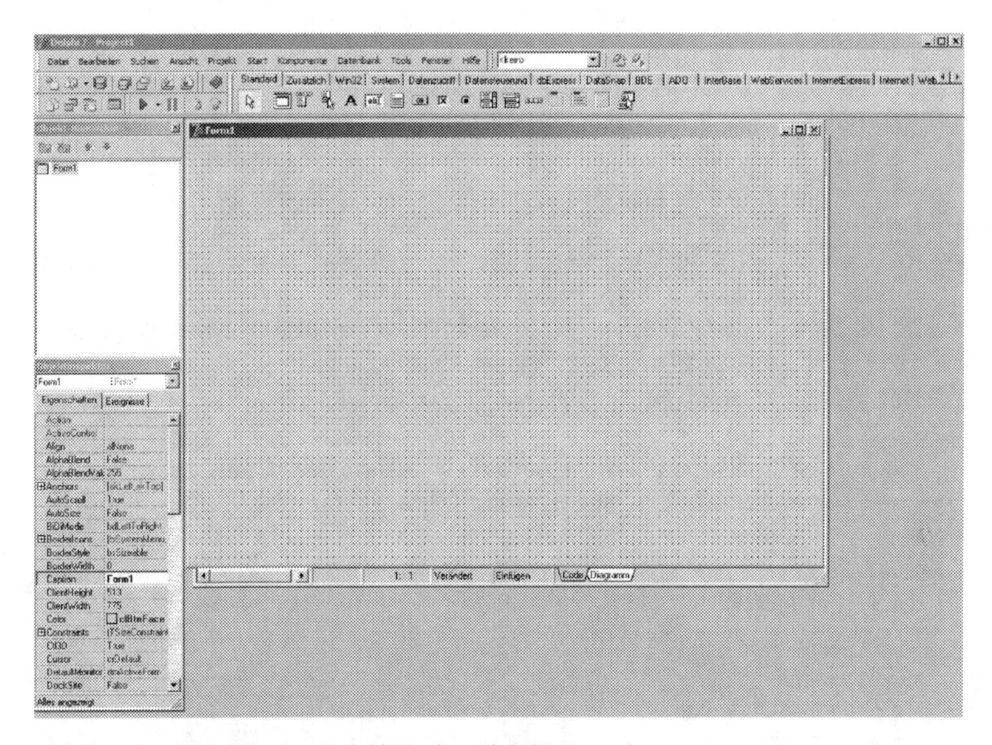

Abb. 1.1 Startbild einer alten Delphi-Version mit VCL-Formular

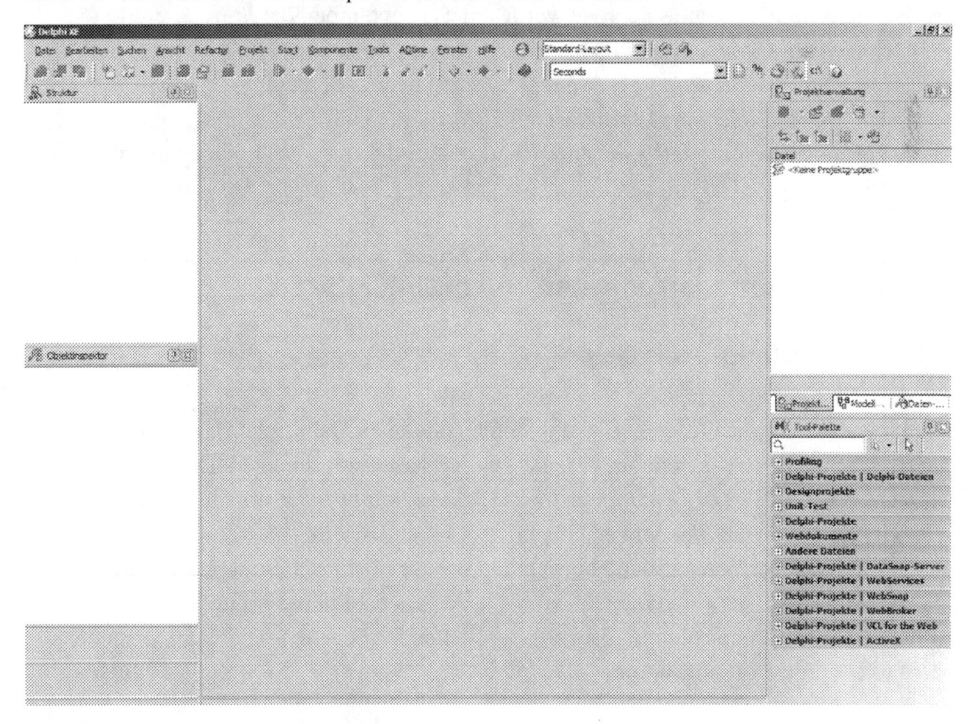

Abb. 1.2 Startbild einer neuen Delphi-Version nach Entfernen der Willkommens-Seite

- Seit dem 5. September 2006 gab es von Delphi 2006 so genannte „Turbo-Versionen“. Es handelte sich dabei um abgespeckte Versionen des Borland Developer Studios 2006 (Professional). Unter dem Namen Turbo Delphi war geplant, die Turbo-Versionen als festen Bestandteil in die Produktpalette mit aufzunehmen, dieser Plan wurde jedoch wieder aufgegeben.
- Delphi 2007 for Win32 (Codename: Spacely) erschien im März 2007.
- RAD Studio 2007 (Codename: Highlander): Im September 2007 erschienen eine neue Version, die Delphi mit anderen Produkten kombiniert.
- Delphi 2009 (Codename: Tiburon): Ursprünglich als Delphi 2008 angekündigt, ist Tiburon seit dem 25. August 2008 als Delphi 2009 erhältlich.
- Delphi Prism (Delphi .NET): Diese Version wurde Ende Oktober 2008 vorgestellt.
- Delphi 2010 (Codename: Weaver) wurde Ende August 2009 veröffentlicht.
- Delphi XE (Codename: Fulcrum, entspricht Delphi 2011) ist am 31. August 2010 vorgestellt worden.
- Am 1. September 2011 ist Delphi XE2 (Codename Pulsar) auf dem Markt erschienen (Codename Pulsar).
- Delphi XE3 (Codename Waterdragon) ist am 3. September 2012 hat veröffentlicht worden.
- Delphi XE4 (Codename Quintessence) erschien auf dem Markt am 22. April 2013.
- Delphi XE5 (Codename Zephyr) wurde am 11. September 2013 ausgeliefert.
- Delphi XE6 (Codename Proteus) erschien am 15. April 2014.
- Delphi XE7 (Codename Carpathia) gibt es seit dem 2. September 2014.
- Delphi XE8 (Codename Elbrus) ist am 7. April 2015 auf dem Markt erschienen.
- Den Namen Delphi 10 (Codename Seattle) trägt die (bis zur Drucklegung dieses Buches) jüngste Delphi-Version, sie wurde am 31. August 2015 veröffentlicht.

1.2 VCL-Formulare im alten und neuen Delphi

1.2.1 Altes Delphi (bis Delphi 7)

Beginnen wir mit der Anleitung, wie im alten und neuen Delphi die Basis aller Benutzeroberflächen, das VCL-Formular, beschafft und gestaltet werden kann. Dabei steht die Abkürzung VCL für *Visual Component Library*, eine Komponentenbibliothek zum einfachen Entwickeln von Windows-Anwendungen.

Ist das Formular beschafft und hinsichtlich seiner wichtigsten Starteigenschaften vorbereitet, kommt es zu den Bedienelementen, die geeignet auf dem Formular platziert werden müssen. Das Formular und die darauf befindlichen Bedienelemente bilden dann die vorbereitete Benutzeroberfläche.

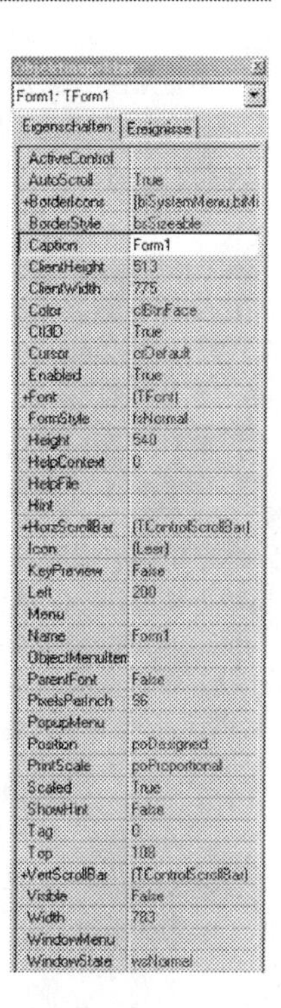

Abb. 1.3 Objektinspektor des Formulars in Delphi 3

Wird eine alte Delphi-Version gestartet, dann befindet sich, grau gerastert, im Mittelpunkt des Bildschirms meist schon das VCL-Formular, es ist ein Fenster mit der Überschrift `Form1` (siehe Abb. 1.1).

> Sollte das VCL-Formular einmal nicht sofort zu sehen sein, dann muss es in Delphi 3 mittels DATEI → NEUE ANWENDUNG und in Delphi 7 mittels DATEI → NEU → ANWENDUNG angefordert werden.

1.2.2 Neues Delphi (ab Delphi 8)

Mit dem Wechsel von Delphi 7 zu Delphi 8 im Jahr 2003 fand eine wesentliche Änderung im Format der Startseiten statt: Die neuen Delphi-Versionen mit ihrer viel weiter gehenden Leistungsfähigkeit liefern grundsätzlich anfangs kein VCL-Formular, sondern sie verwirren ein wenig mit vielen kleinen Fenstern, in deren Mittelpunkt sich stets eine so genannte Willkommens-Seite befindet, die die zuletzt bearbeiteten Projekte und dazu vielfältige Informationen des Herstellers enthält.

Die Abb. 1.2 zeigt beispielhaft eine solche Startseite einer Version des „neuen Delphi", nachdem die Willkommens-Seite durch Klick auf deren Schließ-Kreuz geschlossen wurde.

Wichtiger Hinweis: Den *Entwurf der Benutzeroberfläche*, also das *Fenster mit dem grau gerasterten Inhalt*, beschafft man sich in allen neuen Delphi-Versionen stets über DATEI→NEU→VCL-FORMULARANWENDUNG.

1.3 Starteigenschaften des VCL-Formulars im alten und neuen Delphi

1.3.1 Altes Delphi (bis Delphi 7)

Wir wollen uns hier auf drei *Start-Eigenschaften des VCL-Formulars* (das später den *Hintergrund der Benutzeroberfläche* bilden wird) konzentrieren und ihre Vorbereitung mit Hilfe des *Objektinspektors* kennen lernen:

- Welche Überschrift soll das Fenster bekommen, das die Benutzeroberfläche enthält?
- Welche Hintergrundfarbe soll dieses Fenster bekommen?
- Wie groß soll die Benutzeroberfläche werden? Soll sie stets den Bildschirm vollständig füllen oder soll sie später nur genau die Größe haben, mit der sie im Entwurf als gerasterte Fläche erscheint?

Auf den Startbildern vom „alten Delphi" ist links bzw. links unten ein Fenster zu erkennen, das die Überschrift `Objektinspektor` trägt und die beiden Registerblätter EIGENSCHAFTEN und EREIGNISSE enthält (siehe Abb. 1.1).

> Mit Hilfe des Registerblattes EIGENSCHAFTEN des Objektinspektors können wir im Entwurf bereits einstellen, wie die Benutzeroberfläche später aussehen soll, wenn sie dem Nutzer auf dem Bildschirm präsentiert werden soll.

Die Abb. 1.3 zeigt einen *Objektinspektor*, und man kann abzählen, dass bereits im alten Delphi 3 immerhin 38 Eigenschaften für das Formular eingestellt werden konnten.

Demgegenüber enthält der Objektinspektor des Formulars in der letzten der „alten" Delphi-Versionen, in Delphi 7, jedoch bereits 60 Möglichkeiten zur *Voreinstellung von Starteigenschaften des Formulars*:

Jede Zeile des Objektinspektors beschreibt in ihrem *linken Teil* mit einer charakteristischen englischen Vokabel die jeweilige Eigenschaft, die vorbereitend eingestellt werden kann.

In beiden Abbildungen ist die Zeile `Caption` bereits ausgewählt. `Caption` – das heißt auf Deutsch „*Überschrift*". Rechts neben dieser Vokabel `Caption` befindet sich jeweils noch *Form1* als diejenige Überschrift, die beim Start von Delphi standardmäßig vergeben wurde. Sie kann natürlich sofort verändert werden:

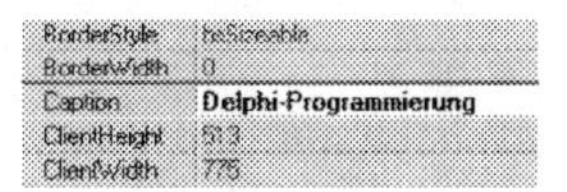

Suchen wir weiter diejenige Zeile, mit der die *Hintergrundfarbe* eingestellt werden kann. Auch bei schwachen Englisch-Kenntnissen kommt man sofort zu der Zeile, in der links die Vokabel `Color` steht:

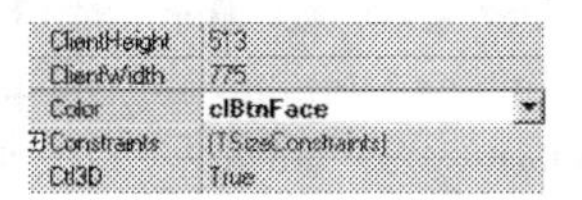

Wie werden uns die Farben in den alten Delphi-Versionen angeboten? Sehen wir uns einen Teil des Farb-Angebots an, der sich beim Aufblättern der Zeile rechts neben `Color` zeigt:

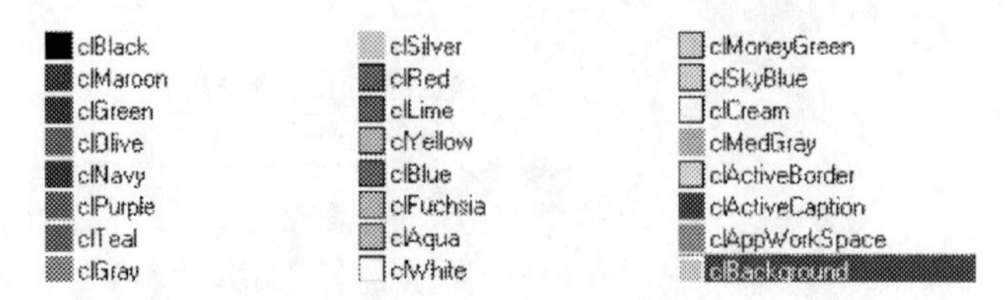

Da sind zuerst schwarz und weiß und die üblichen Farben rot, grün, blau und so weiter. Später folgen weitere Farbangebote, die sich bereits an der Färbung der Bedienelemente, wie sie in Windows und in Windows-Anwendungen üblich sind, orientieren. Ein Beispiel dafür ist hervorgehoben: die Farbe `clBackground` entspricht nämlich genau der Hintergrundfarbe aller Windows-Anwendungen.

Kommen wir jetzt zum dritten Anliegen: In welcher Zeile im Objektinspektor wird wohl die *Größe der Benutzeroberfläche* vorab einstellbar sein? *Fenster* heißt bekanntlich auf Englisch `window`, und der *Zustand* ist `state`. Also gibt uns die Zeile mit der Vokabel `WindowState` die Möglichkeit zur Start-Einstellung der Größe der Benutzeroberfläche:

Das rechts in dieser Zeile befindliche, nach unten gerichtete Dreieck weist wieder darauf hin, dass hier eine *Liste von Möglichkeiten* angeboten wird:

1.3.2 Neues Delphi (ab Delphi 8)

Hat man in einer neuen Delphi-Version mittels DATEI → NEU → VCL-FORMULAR-ANWENDUNG den *Entwurf der Benutzeroberfläche* angefordert, dann erscheinen sowohl das grau gerasterte Fenster als auch – links unten – der *Objektinspektor des Formulars* (siehe Abb. 1.4).

Auf die Frage, was wir im Entwurf alles für die anfängliche Erscheinungsform des Formulars, des Hintergrundes der geplanten Benutzeroberfläche, voreinstellen können, antwortet der Objektinspektor von `Form1` mit mehreren Dutzend Zeilen. Objektinspektoren älterer Versionen bietet dagegen nur ungefähr die Hälfte an Einstellungsmöglichkeiten an. In Abb. 1.5 wird versucht, alle Zeilen eines solchen neuen Objektinspektors für Voreinstellungen des Formulars darzustellen.

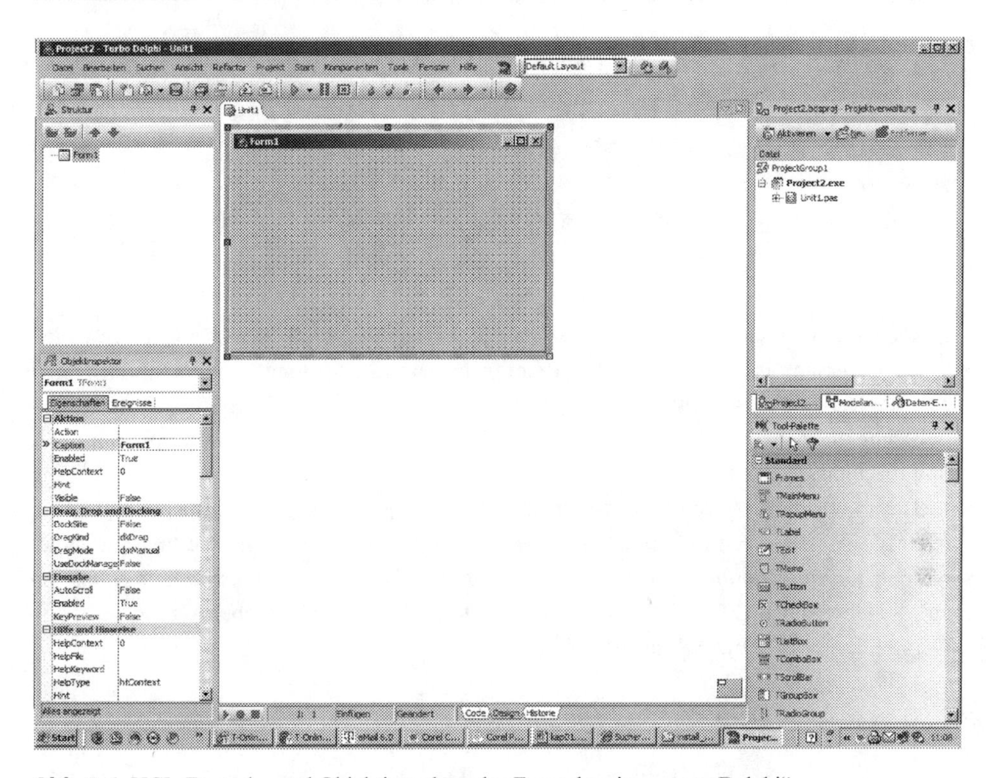

Abb. 1.4 VCL-Formular und Objektinspektor des Formulars im „neuen Delphi"

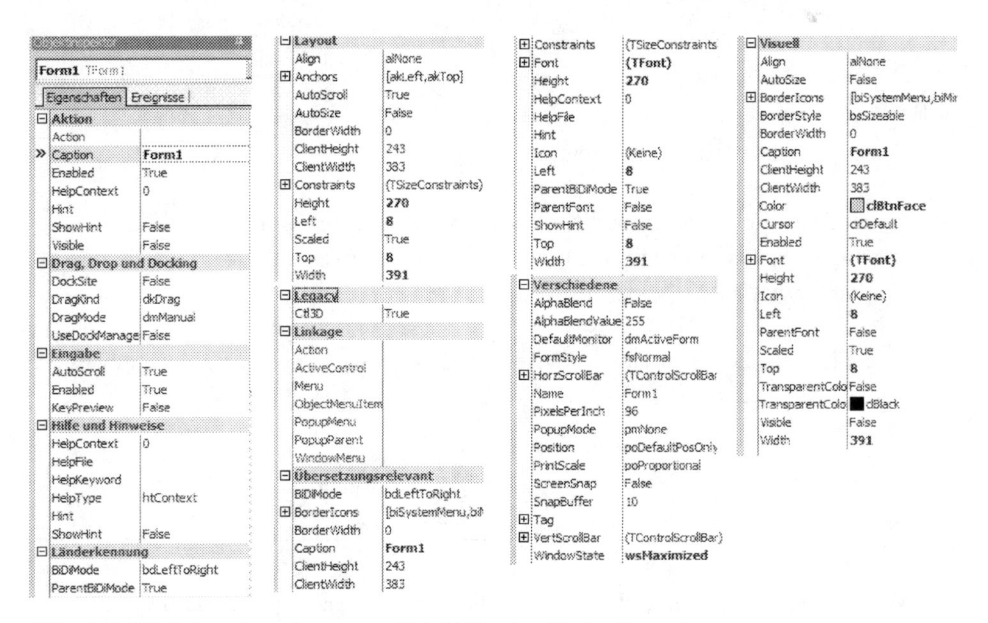

Abb. 1.5 Objektinspektor einer neuen Delphi-Version für das Formular

Auch hier beschreibt *jede Zeile des Objektinspektors* mit treffender englischer Vokabel eine gewisse Eigenschaft des Formulars, die wir im Entwurf einstellen können:

Jede Zeile des Objektinspektors beschreibt eine gewisse Eigenschaft des Formulars, die wir bereits im Entwurf einstellen könnten.

Deshalb könnten wir den Objektinspektor auch als *Eigenschaftsfenster* bezeichnen. Wollten wir den Versuch unternehmen, uns jede einzelne dieser Positionen vorzunehmen und zu erforschen, welche Bedeutung sie hat, wäre bereits hier ein besonderes Buch zu schreiben.

Suchen wir also auch hier nur die drei Zeilen für die *Überschrift*, die *Hintergrundfarbe* und die *Fenstergröße*.

Bevor wir diese Zeilen heraussuchen, sollten wir jedoch den Objektinspektor, dessen Einträge bei den neuen Delphi-Versionen stets anfangs *thematisch* geordnet angeboten werden, auf die *alphabetische Anordnung* umstellen. Dazu wird mit der rechten Maustaste auf die Überschrift EIGENSCHAFTEN geklickt und anschließend über ANORDNEN die Darstellung NACH NAME ausgewählt:

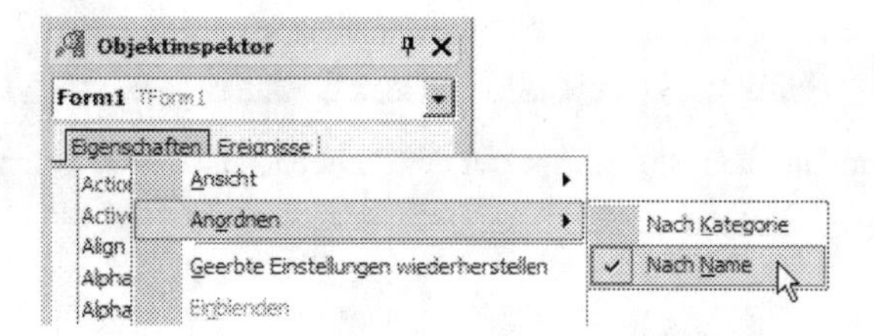

Kommen wir nun zu den drei Fragen:

- *Wie groß* soll die Benutzeroberfläche werden? Soll sie stets *Bildschirm füllend* sein oder soll sie später nur genau die Größe haben, mit der sie im Entwurf als grau gerasterte Fläche erscheint?

Unsere Entscheidung dazu stellen wir in der Zeile `WindowState` ein. Meist gibt es drei einstellbare Möglichkeiten:

- Welche *Überschrift*, d. h. welche *Beschriftung* (engl.: `caption`) soll das Formular bekommen?

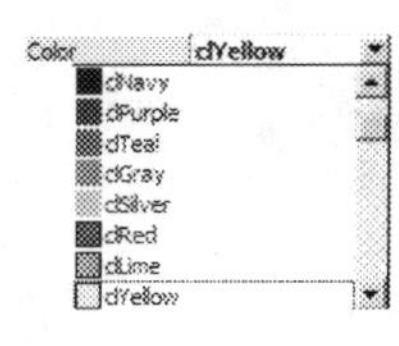

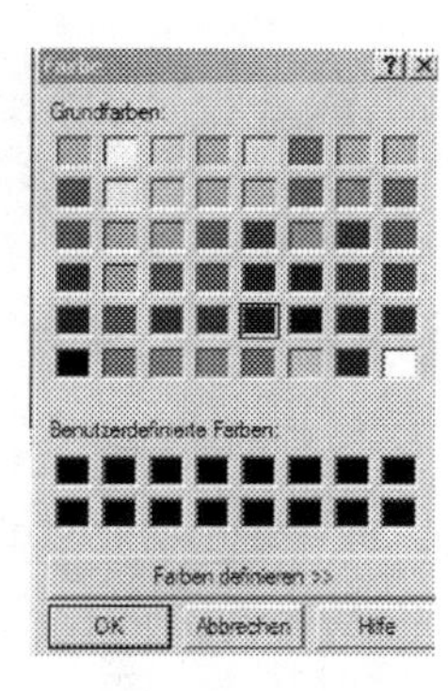

Abb. 1.6 Möglichkeiten der Farb-Voreinstellung

Unsere Entscheidung tragen wir in der Zeile `Caption` des Objektinspektors ein:

- Welche *Farbe* soll die Arbeitsfläche bekommen, d. h. wie soll der *Hintergrund unserer Benutzeroberfläche* später aussehen?

Die Farbe stellen wir mit Hilfe der Zeile `Color` im Objektinspektor ein. Abb. 1.6 zeigt die die beiden Möglichkeiten der Farbauswahl: Wird das *nach unten gerichtete Dreieck* in der Zeile `Color` angeklickt, öffnet sich eine *Liste mit Farb-Namen*. Zuerst kommen die Grundfarben, nach Helligkeit geordnet. Anschließend sind spezielle Farben (z. B. `clMenuText` oder `clInfoText`) aufgelistet, die inzwischen für bestimmte Bedienelemente typisch und üblich geworden sind. Ein schneller Doppelklick in das Innere des Fensters rechts neben `Color` dagegen öffnet eine *Palette zur Farbauswahl*. Die gezeigten Grundfarben können sofort ausgewählt werden, beliebige weitere Farben können dazu mit Hilfe der Schaltfläche *Farben definieren* >> festgelegt werden.

1.4 Test des Formulars

Die meisten Eigenschaften, die wir mit Hilfe des Objektinspektors voreinstellen, werden uns, wie in einer Vorschau, auch schon sichtbar angezeigt. Allerdings nicht alle – würde uns beispielsweise das maximale Fenster während der Entwurfstätigkeit schon eingestellt, könnten wir nichts Anderes mehr sehen. Das ist logisch.

Die endgültige Kontrolle, wie sich das Formular schließlich dem Nutzer darstellen wird, liefert die Herstellung des Formulars, indem die so genannte Laufzeit gestartet wird – man sagt auch, es „wird ausgeführt" oder „die Ausführung wird gestartet".

Zum *Start der Laufzeit* wird in allen Delphi-Versionen entweder
- die Taste *F9* betätigt

oder

- es wird mit der linken Maustaste auf das *nach rechts gerichtete Dreieck* (meist grün eingefärbt) geklickt, das sich auf dem Bildschirm oben in der zweiten oder dritten Zeile befindet:

Für die *Rückkehr zum Entwurfsmodus* (auch als *Entwurfsphase* oder kurz als *Entwurf* bezeichnet) muss die Laufzeit beendet werden – in der Sprache der neuen Delphi-Versionen heißt das, dass wir uns den *Designer* wieder anzeigen lassen.

Die Laufzeit lässt sich beenden, indem am Formular das Schließkreuz rechts oben angeklickt wird oder die Tastenkombination *Alt + F4* gewählt wird.

Sollte dann anstelle der gerasterten Entwurfsform des Formulars doch ein anderes Fenster (z. B. mit Programmtext) zu sehen sein, kann mit *F12* oder mit einer passenden Schaltfläche wieder zum Entwurf des Formulars gewechselt werden:

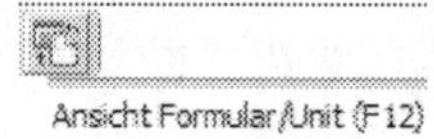

Im *Entwurf* kann dann weiter an der Vorbereitung des Formulars gearbeitet werden: Erscheinungsmerkmale, die nicht gefallen haben, können korrigiert werden, und es sollte vor allem durch *Speicherung* der bisherige Bearbeitungsstand gesichert werden.

1.5 Speicherung

Die älteren Versionen von Delphi bis Delphi 7, und vor allem dann die jüngeren Versionen sind leistungsfähige Entwicklungssysteme, folglich wird eine einzige Datei zum Speichern keinesfalls ausreichen.

Grundsätzlich sollte stets veranlasst werden, dass das Delphi-System stets alles speichert.

Dazu gibt es im Menü DATEI aller Delphi-Versionen speziell das Angebot ALLES SPEICHERN:

Man beachte aber: Beim ersten Mal von ALLES SPEICHERN müssen wir stets *zwei verschiedene Dateinamen* selber vorgeben:

- *Zuerst* verlangt Delphi nämlich noch nicht den Namen für das ganze Projekt, sondern erst einmal nur den Namen für die Datei, die das *Formular* speichert. Da die programmtechnische Bezeichnung für den Text, der innerhalb des Projekts die Angaben zum Formular speichert, mit der Vokabel `Unit` beginnt, sollte sich zweckmäßig der Name der Formular-Datei vom später verlangten Projektnamen durch ein angehängtes „u" unterscheiden.

Soll zum Beispiel das gesamte erste Projekt unter dem Namen `kap01` gesichert werden, empfiehlt sich für die *Formular-Datei* der Name `kap01u`.

- Erst anschließend verlangt Delphi den *Namen für das ganze Projekt.*

Hier wäre in unserem Fall `kap01` sinnvoll. Die jeweiligen Endungen ergänzt Delphi selbsttätig.

Die folgende Abbildung lässt beispielhaft erkennen, dass jede Delphi-Version mit den zwei vergebenen Namen sofort eine *Fülle an Dateien* anlegt – auch wenn das Projekt bisher lediglich ein einziges leeres Formular enthält.

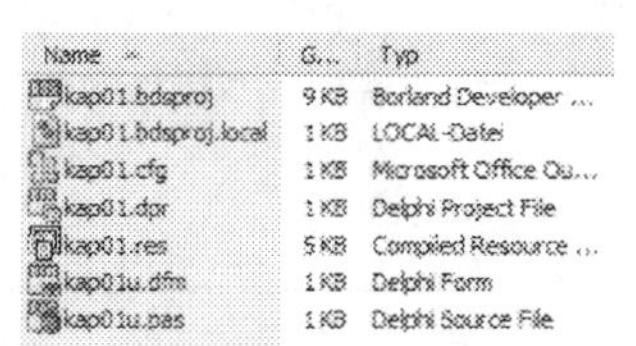

Wenn später mittels DATEI→PROJEKT ÖFFNEN ein bereits vorhandenes Projekt geöffnet werden soll, werden in dem entsprechenden Auswahl-Fenster von den vielen Dateien des Projektes ohnehin nur die passenden *Projektdateien* (mit der Extension `dpr`) zur Auswahl angeboten.

1.6 Bedienelemente für das Formular

1.6.1 Altes Delphi (bis Delphi 7)

In den alten Delphi-Versionen sind die *Sinnbilder für die Bedienelemente* rechts oben auf der so genannten *Komponenten-Palette* angeordnet:

Die Sinnbilder für die Bedienelemente sind thematisch in verschiedenen *Registerblättern* zusammengestellt. Als erstes findet sich meist das *Registerblatt* `Standard` mit den am häufigsten verwendeten Bedienelementen:

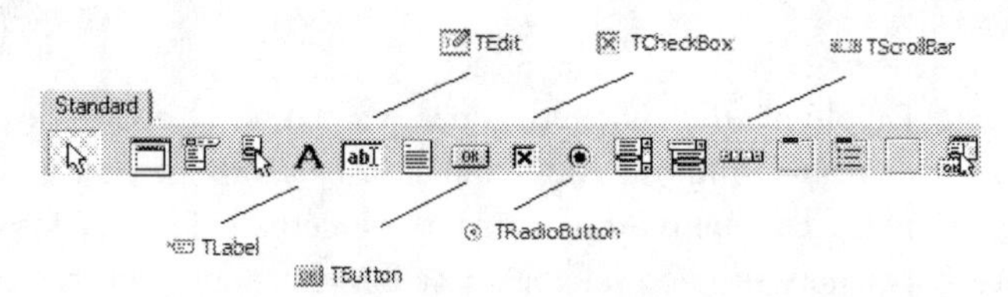

Hier sind die Sinnbilder des wichtigen Registerblattes mit dem Namen `Standard` erklärt. Eine solche Erklärung erhält man, wenn man den Mauszeiger ca. eine Sekunde auf das Sinnbild richtet.

Aus dem Registerblatt `System` werden wir ab Kap. 6 den wichtigen *Timer* benötigen.

Aus dem Registerblatt `Zusätzlich` entnehmen wir im Abschn. 7.4.4 das Element `Image` und im Abschn. 10.1.2 das Element `Shape`.

1.6.2 Neues Delphi (ab Delphi 8)

In den neuen Delphi-Versionen gibt es anstelle der *Komponenten-Palette* eine so genannte *Tool-Palette*, die sich im allgemeinen *rechts unten* auf dem Bildschirm des jeweiligen Delphi-Systems befindet und die aus *Kategorien* besteht.

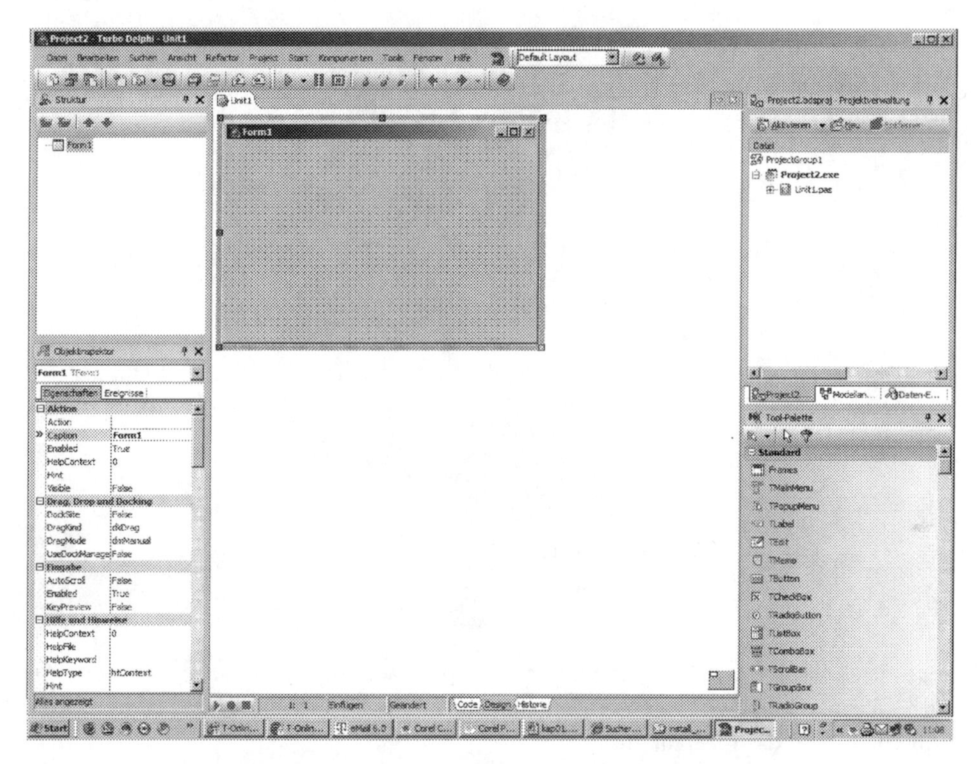

Abb. 1.7 Die Tool-Palette ist im neuen Delphi meist rechts unten erkennbar

Die Abb. 1.7 zeigt zum Beispiel die Lage der Tool-Palette von Turbo Delphi rechts unten, an gleicher Stelle findet sie sich grundsätzlich auch bei allen anderen neuen Delphi-Versionen. Die *Sinnbilder für die Bedienelemente* werden erst dann sichtbar, wenn die jeweilige *Kategorie* durch *Klick auf das Pluszeichen* geöffnet wird.

Anders als bei den alten Delphi-Versionen, bei denen man die Erklärung zu einem Sinnbild erst nach kurzer Wartezeit bekommt, sind bei den neuen Delphi-Versionen die Sinnbilder

unmittelbar mit den Erklärungen versehen, wie zum Beispiel alle Sinnbilder aus der wichtigsten Kategorie `Standard`:

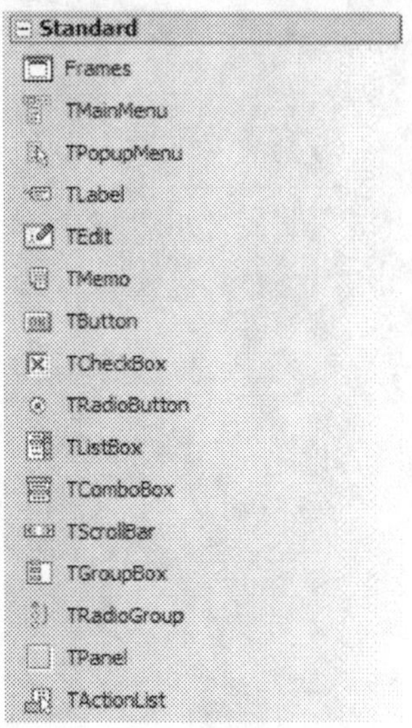

Aus der Kategorie `System` werden wir ab Kap. 6 den wichtigen *Timer* benötigen. Aus der Kategorie `Zusätzlich` entnehmen wir im Abschn. 7.4.4 das Element `Image` und im Abschn. 10.1.2 das Element `Shape`.

1.7 Basiselemente

1.7.1 Von Button bis Scrollbar

Sehen wir uns noch einmal das Registerblatt STANDARD einer alten Delphi-Version an und die dort bereits hervorgehobenen Sinnbilder, mit denen wir jetzt sechs grundlegende Bedienungselemente auf dem Formular platzieren können:

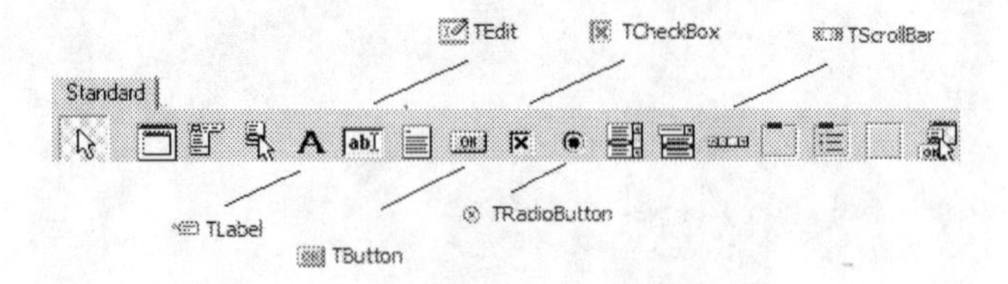

Dabei handelt es sich um

- eine *Schaltfläche* (Button),
- ein *Textfenster* (Edit),
- eine *Ja-Nein-Option* (Checkbox),
- eine *exklusive Ja-Nein-Option* (RadioButton),

- eine *Textanzeige* (Label) und
- einen *Schieberegler* (Scrollbar).

Per Mausklick kann ein Sinnbild ausgewählt werden, anschließend wird – ebenfalls mit der Maus – auf dem Formular das damit beabsichtigte Bedienelement platziert und in seiner Größe eingerichtet. Abb. 1.8 zeigt eine so entstandene Benutzeroberfläche mit sechs verschiedenen Bedienelementen *im Entwurf*, Abb. 1.9 zeigt sie zur Laufzeit.

Für den weiteren *Sprachgebrauch* folgen wir dem Trend: Nur für das *Textfenster* werden wir weiterhin die deutsche Bezeichnung verwenden (manchmal wird sich auch *Textbox* einschleichen). Ansonsten sprechen wir von einem *Label*, einer *Checkbox*, einem *Button*, einer *Scrollbar* und einem *Radiobutton*.

Dann bleiben wir mit unserer Sprache auch gleich nahe bei den Standard-Namen, die Delphi sowieso für diese Bedienungselemente vergibt.

> Die Platzierung auf dem Formular ist, wie schon gesagt, denkbar einfach: Mit der Maus wird das Symbol aus der Kategorie bzw. vom Registerblatt an die gewünschte Stelle gezogen, die Größe wird eingerichtet, fertig.

Im selben Moment erscheint auch links unten auf dem Bildschirm der Objektinspektor von diesem Bedienungselement, teilt dessen *vom Delphi-System vorgeschlagenen Namen* mit und bietet den Katalog aller Eigenschaften an, die für die Laufzeit anfangs voreingestellt werden können.

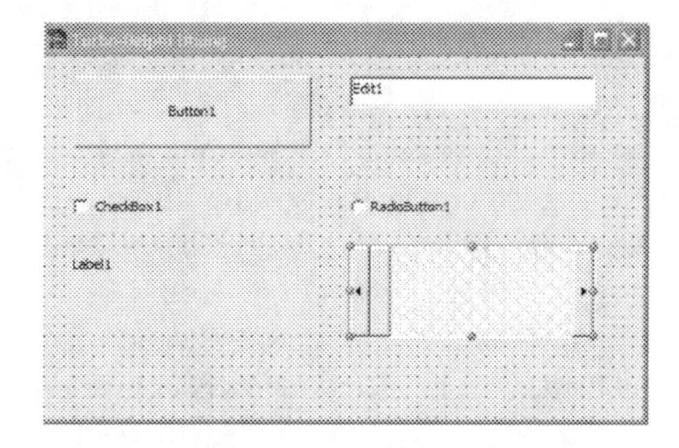

Abb. 1.8 Entwurf – sechs Bedienelemente, auf dem Formular platziert

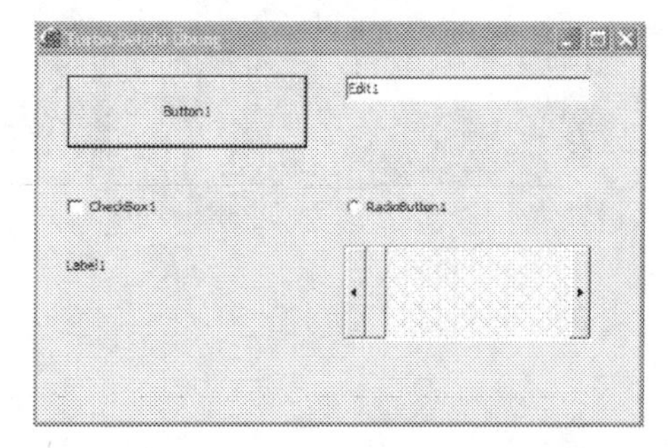

Abb. 1.9 Laufzeit – sechs Bedienelemente, auf dem Formular platziert

1.7.2 Name, Beschriftung, Inhalt

In dem Augenblick, in dem wir im Entwurf ein Bedienelement auf dem Formular platzieren, muss es einen *Namen* bekommen. Dieser *Name* ist Bestandteil der internen Organisation des gesamten Delphi-Projekts.

Delphi schlägt uns für jedes Bedienelement sofort automatisch einen Namen vor.

Für die *Buttons* (Schaltflächen) wird üblich `Button1`, `Button2` usw. vorgeschlagen:

Für die *Textfenster* lesen wir `Edit1`, `Edit2` usw., für *Checkboxen* wird uns `Checkbox1`, `Checkbox2` usw. vorgeschlagen, für *Radiobuttons* lautet der Delphi-Vorschlag `Radiobutton1`, `Radiobutton2` usw., und jede *Scrollbar* wird erst einmal mit dem Namen `Scrollbar1` usw. versehen.

Den *Delphi-Namensvorschlag* können wir sowohl fettgedruckt in der *Kopfzeile des zugehörigen Objektinspektors* als auch in dessen Zeile `Name` lesen:

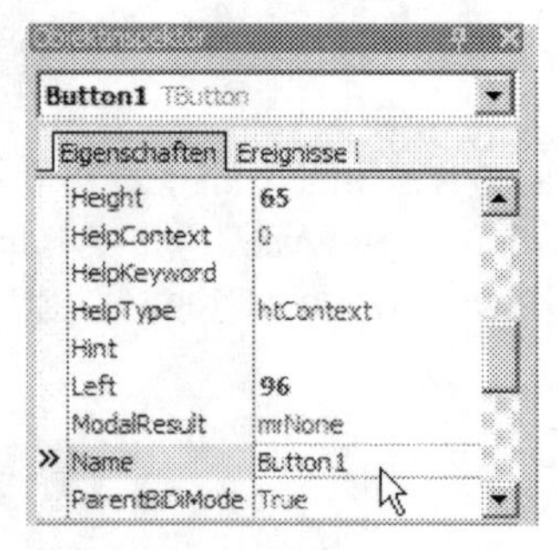

Natürlich muss der Delphi-Namensvorschlag nicht akzeptiert werden; wir könnten unverzüglich im Objektinspektor die Eigenschaft `Name` anders, individuell belegen. Delphi würde auch den von uns vergebenen Namen akzeptieren – sofern sein Aufbau gewissen Regeln genügt.

Doch für den Einsteiger ergibt sich damit eine weitere Schwierigkeit und Fehlerquelle, außerdem kann leicht die Übersicht verloren werden.

Deswegen wird in diesem Buch (mit Ausnahme einer einzigen Stelle im Abschn. 13.4.3) generell empfohlen, die Namensvorschläge von Delphi zu akzeptieren und mit den Delphi-Namen zu arbeiten.

Auf eine Besonderheit muss jedoch unbedingt hingewiesen werden:

Wenn Delphi einen *Namen* für ein Bedienelement vorschlägt und in die Zeile `Name` des Objektinspektors von diesem Bedienelement einträgt, übernimmt Delphi diese Vokabel automatisch auch als *Start-Beschriftung* von Formular, Button, Checkbox, Label oder Radiobutton in die Zeile `Caption` des Objektinspektors.

Wenn Delphi speziell einen Namen für ein Textfenster vorschlägt und in die Zeile `Name` des Objektinspektors dieses Bedienelements einträgt, wird diese Vokabel automatisch auch als *Start-Inhalt des Textfensters* in die Zeile `Text` seines Objektinspektors eingetragen.

Das führt bei Anfängern gern dazu, dass sie die Aufgabe „Ändere die Start-Beschriftung oder den Start-Inhalt" falsch dadurch lösen, dass sie den *Namen* ändern.

1.7.3 Voreinstellungen

Der Objektinspektor eines *Buttons* (Abb. 1.10) bietet all das an, was *in der Entwurfsphase* als Eigenschaft entsprechend dem gewünschten *Erscheinungsbild beim Start* eingestellt werden kann:

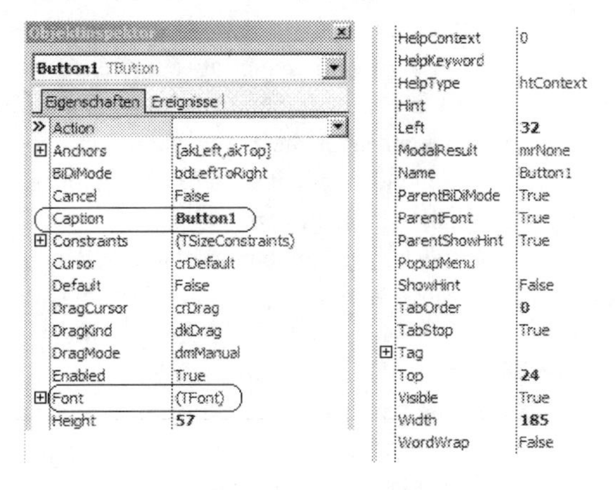

Abb. 1.10 Objektinspektor eines Buttons im neuen Delphi

Die beiden meistgebrauchten Eigenschaften jedes *Buttons* sind in der Abbildung hervorgehoben: Es sind

- die Beschriftung des Buttons über `Caption` und die
- die Einstellung von Schriftgröße und -stil über `Font`.

Die drei wichtigsten Zeilen des Objektinspektors eines *Textfensters* sind:

- `Text` zur Voreinstellung des *Inhalts* für den Start der Laufzeit,
- `Color` zur Voreinstellung der *Fensterfarbe* und
- `Font` zur Voreinstellung der *Schrift*.

Im Objektinspektor einer *Checkbox* sind besonders hervorzuheben:

- die Möglichkeit der Farb-Vorwahl über `Color`,
- die Wahl der *Start-Beschriftung* über `Caption` einschließlich der Schriftauswahl mittels `Font`,
- die Möglichkeit, die Checkbox mit oder ohne gesetzten *Haken* (Eigenschaft `Checked`) auf der Benutzeroberfläche beim Start der Laufzeit erscheinen zu lassen.

Ein *Label* ist ein reines *Ausgabemedium*; es wird zuerst einmal dafür benutzt, um Informations-Texte auf das Formular zu schreiben. Deshalb kann

- über die Eigenschaft `Transparent` eingestellt werden, ob das Label durchscheinend ist oder einen eigenen Hintergrund haben soll,
- mit `Caption` die *Startbeschriftung* gewählt werden,
- mit `Font` die *Schriftart*, mit `Color` die *Schriftfarbe* voreingestellt werden.

Weiterhin wird – im Gegensatz zum Textfenster – ein Label immer dann benutzt, wenn ein Nutzer ein Ergebnis ohne Änderungsmöglichkeit *nur zur Kenntnis* nehmen soll. In diesem Fall kann über die Eigenschaft `AutoSize` eingestellt werden, ob sich das Label dem auszugebenden Inhalt in der Größe anpassen soll oder immer dieselbe, im Entwurf voreingestellte Größe besitzt.

Ein *Schieberegler*, allgemein als *Scrollbar* bezeichnet, manchmal von Kennern auch *Potentiometer* genannt, ist ein sehr wirksames Bedienungselement. Denn mit seiner Hilfe kann man ein Mittel auf dem Formular platzieren, bei dem eine Fehlbedienung durch den Nutzer absolut ausgeschlossen ist. Wir brauchen uns zum Beispiel nur eine Anwendung vorzustellen, bei der ein Nutzer nur ganzzahlige Werte von 0 bis einschließlich 255 (s. Abschn. 7.1.3) eingeben darf. Lassen wir den Nutzer (auch mit entsprechendem Hinweis) seinen Wert in ein *Textfenster* eintragen, können wir mit an Sicherheit grenzender Wahrscheinlichkeit davon ausgehen, dass er aus Unkonzentriertheit oder Müdigkeit oder Bösartigkeit doch bisweilen etwas Sinnloses einträgt. Eine Fehlermeldung, wenn nicht sogar ein Programmabsturz sind die Folgen. Fordern wir den Nutzer dagegen auf, in einer *Scrollbar*, deren Minimum auf 0 und deren Maximum auf 255 voreingestellt wurde, den *Regler* einzustellen – da kann er absolut nichts falsch machen.

Der *Objektinspektor der Scrollbar* liefert wieder die wichtigsten Möglichkeiten der Voreinstellung.

- Die *Ausrichtung der Scrollbar* wird mit der Eigenschaft `Kind` gewählt.
- *Minimum*, *Maximum* und *Startposition* des Reglers werden im Objektinspektor in den Zeilen mit den Beschriftungen `Min`, `Max` bzw. `Position` eingetragen.
- `SmallChange` legt fest, ob der Regler in kleinen oder großen Schritten „springt", wenn der Nutzer die Griffe an den Seiten der Scrollbar mit der Maus betätigt.

Ein *Radiobutton* allein ist eigentlich sinnlos. Denn der Nutzer kann ihn zwar „einschalten" (falls er nicht sogar schon diese Starteigenschaft über `Checked` bekommen hatte), aber er kann ihn nie wieder „ausschalten".

> Aus Windows ist es uns allgemein bekannt: Radiobuttons treten immer in Gruppen auf. Innerhalb der Gruppen kann der Nutzer dann umschalten.

Um solche *Gruppen von Radiobuttons* auf dem Formular zu platzieren, benötigt man zuerst aus der Kategorie bzw. dem Registerblatt STANDARD einen *Rahmen*. An einem solchen *Rahmen*, der von Delphi mit dem Namen `GroupBox1` usw. versehen wird, kann natürlich auch über seinen Objektinspektor die *Beschriftung* mit `Caption` und `Font` sowie die *Hintergrundfarbe* mit `Color` voreingestellt werden:

Anschließend werden dann die Radiobuttons in den/die Rahmen hineingezogen. Umgekehrt geht es nicht:

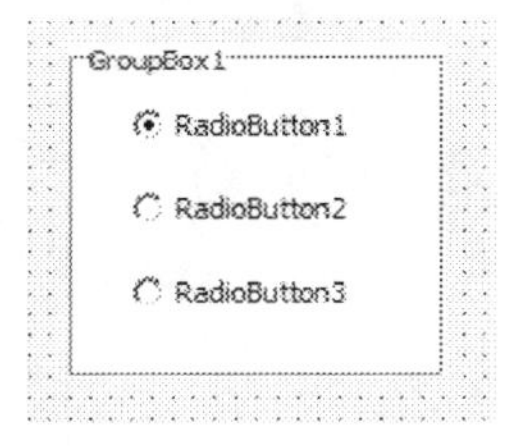

Diese Abbildung zeigt uns eine *Gruppe von Radiobuttons*, die mit ihren Beschriftungen in dem *Rahmen* mit dem derzeitigen Namen `Groupbox1` angeordnet wurden. Der oberste Radiobutton trägt beim Start die Markierung.

Soll ein *anderer Radiobutton* als der erste beim Start der Laufzeit die Markierung besitzen, dann ist im Objektinspektor dieses anderen Radiobuttons in der Zeile `Checked` die Eigenschaft `True` einzustellen.

Sehen wir uns abschließend noch eine Benutzeroberfläche mit einer *vertikalen* und einer *horizontalen Scrollbar* im Entwurf und später zur Laufzeit an:

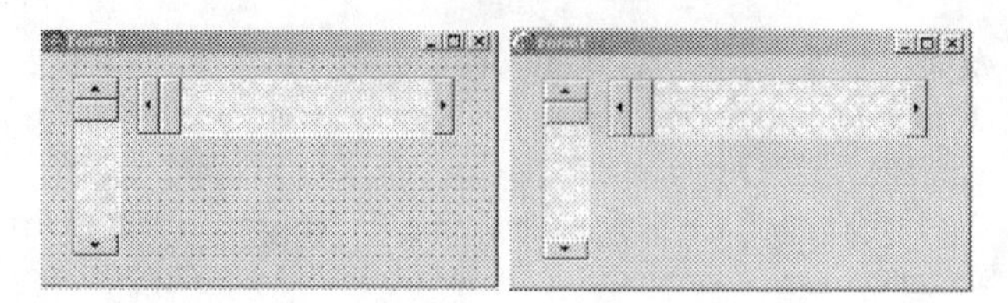

Und wir können uns überzeugen: Die beiden *Objektinspektoren* enthalten in der Zeile `Kind` tatsächlich die jeweilige Ausrichtung:

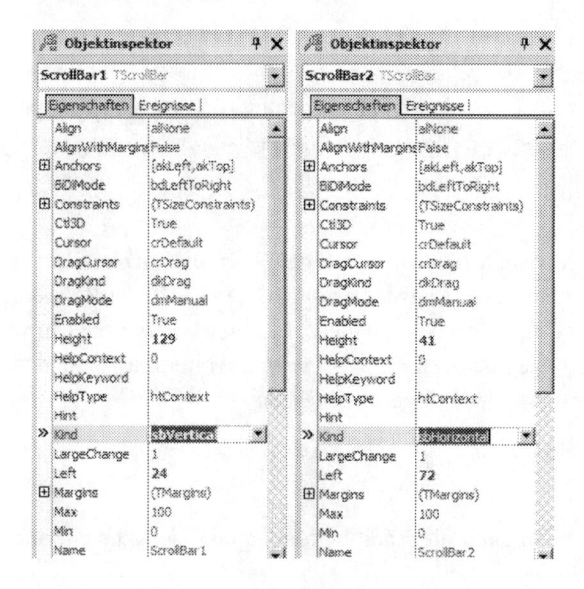

Objekt, Ereignis, Ereignisprozedur

2

Inhaltsverzeichnis

2.1 Der Objektbegriff 24
2.2 Einfache Ereignisprozeduren zum Standard-Ereignis 29
2.3 Einfache Ereignisprozeduren zu Nicht-Standard-Ereignissen 35

Im vorigen Kapitel wurde geschildert, wie Delphi gestartet wird, wie die Starteigenschaften der grundlegenden Arbeitsfläche, des Formulars, voreingestellt werden, wie man zweckmäßig speichert. Weiter wurde erläutert, wie die so genannte *Laufzeit* gestartet wird, in der die vorbereitete Arbeitsfläche dann tatsächlich erscheint und in der man kontrollieren kann, ob die vorbereitete Erscheinungsform des Formulars wie gewünscht zu sehen ist.

Daran anschließend folgten erste Anleitungen, wie wichtige *Bedienelemente* auf dem Formular platziert und ihrerseits für ihre wesentlichen Starteigenschaften voreingestellt werden können: *Button* (Schaltfläche), *Label* (Beschriftungsfeld), *Edit* (Texteingabefeld, Textfenster), *Checkbox* (Ja-Nein-Option), *Scrollbar* (Schieberegler) sowie *Radiobuttons* in *GroupBoxen* (gruppierte Auswahl).

Bis hierher ließ sich alles schön einfach, „rein handwerklich", schildern. Man nehme, man tue. Bis auf den Umgang mit einigen englischen Vokabeln, deren Kenntnis für die Suche nach den Eigenschaften und deren Bedeutung im *Objektinspektor* hilfreich ist, wurde unser Denkvermögen noch nicht auf harte Proben gestellt.

Doch wenn wir inhaltlich verstehen wollen, was tatsächlich bei der Delphi-Programmierung vor sich geht, wenn wir eigenen Anteil und die Leistungen des Delphi-Systems in ihrem Zusammenhang und Wechselspiel einordnen möchten, müssen wir uns näher mit dem Begriff des *Objektes* befassen.

W.-G. Matthäus, *Grundkurs Programmieren mit Delphi*, DOI 10.1007/978-3-658-14274-2_2

Denn schließlich werden wir in Wirklichkeit nichts Anderes als *OOP* betreiben – *Objektorientierte Programmierung*. Nur fünf Kapitel werden wir benötigen, und dann werden wir wissen, was wir tun.

Wir gehen in kleinen Schritten vor. Befassen wir uns zuerst mit den Begriffen *Objekt*, *Ereignis* und *Ereignisprozedur*.

2.1 Der Objektbegriff

2.1.1 Datenobjekte

Ein *Datenobjekt* besteht zuallererst aus einem *geschützten Datenkern*. Man sagt auch, die dort enthaltenen Daten sind gekapselt.

Wie der Datenkern im Einzelnen aufgebaut ist, das weiß nur derjenige Programmierer, der dieses Datenobjekt irgendwann einmal vorbereitet hat.

Ist ein Objekt vorbereitet (und beispielsweise in eine Objektsammlung aufgenommen worden), so können viele andere Programmierer damit arbeiten. Wir wollen diese zum Unterschied zu dem Vorbereiter des Objekts als *Nutz-Programmierer* bezeichnen.

Kein Nutz-Programmierer kann aber unmittelbar auf die Bestandteile des Datenkerns zugreifen.

Hätte ein Objekt nur den geschützten Datenkern, so wäre es offensichtlich sinnlos. Niemand, kein Nutz-Programmierer, könnte mit den Daten arbeiten. Deshalb enthält jedes Objekt zusätzlich gewisse Mechanismen, mit deren Hilfe jeder Nutz-Programmierer mit dem Datenkern umgehen kann.

In Abb. 2.1 sind die drei Mechanismen eingezeichnet, die zu jedem Delphi-Objekt gehören können:

- Eine *property* (Eigenschaft) dient dem schnellen aktiven und passiven Zugriff auf einzelne Bestandteile des Datenkerns. Verwendet ein Nutz-Programmierer eine property *aktiv*, dann *verändert* er mit ihrer Hilfe einen einzelnen Wert im Datenkern. *Passive Verwendung* dagegen *informiert* über die aktuelle Situation im Datenkern, ohne darin zu ändern.

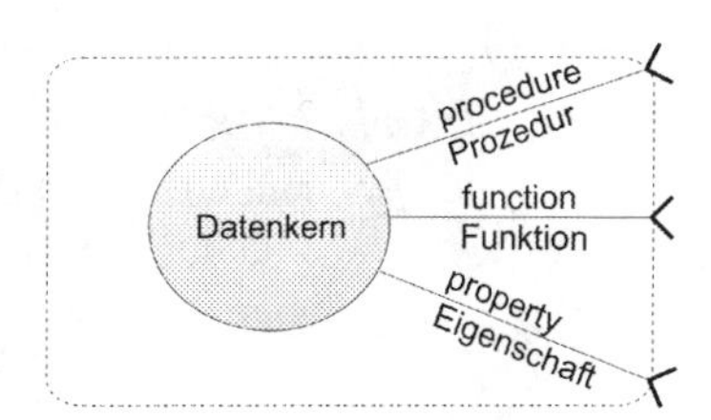

Abb. 2.1 Objekte in Delphi

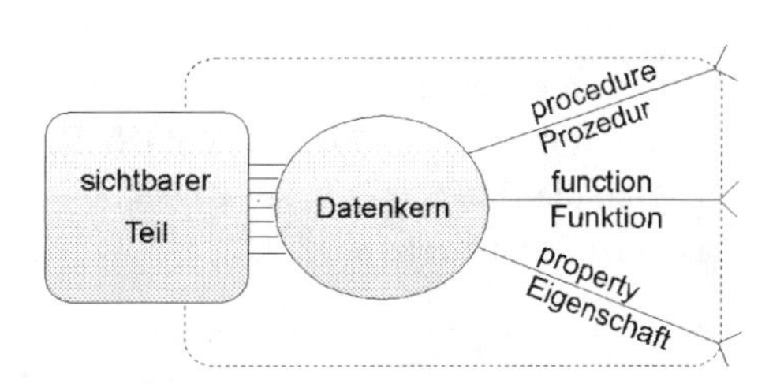

Abb. 2.2 Visuelles Objekt in Delphi

Wenn z. B. im Datenkern die Uhrzeit mit Stunde und Minute verwaltet wird, könnten über zwei properties sowohl die Einzelwerte abgefragt als auch verändert werden. Properties werden verwendet.

- Eine *function* (Funktion) liefert stets *einen einzelnen Wert*, den Ergebniswert, der in Zusammenhang mit dem Inhalt des Datenkerns steht.

Wird z. B. im Datenkern ein Text verwaltet, so könnte eine Funktion die aktuelle Anzahl der Zeichen liefern. Funktionen werden im Allgemeinen *passiv* verwendet. Funktionen können aber auch im Datenkern verändern. Ihr Ergebniswert muss dann nicht immer verarbeitet werden (siehe die Funktion `Add`, Abschn. 13.3.6). Dann wird die Funktion ausnahmsweise *aufgerufen*.

- Eine *procedure* (Prozedur) kann eine Vielfalt an *Wirkungen* haben: Sie kann im Datenkern verändern, sie kann viele Werte liefern, kurz, sie hat eine bestimmte Wirkung. Prozeduren werden *aufgerufen*.

2.1.2 Visuelle Objekte

Delphi enthält eine beachtliche Sammlung von vorbereiteten Objekten. Im ersten Kapitel haben wir davon schon – unbewusst – Gebrauch gemacht. Wir haben nämlich besondere Objekte, die als *visuelle Objekte* bezeichnet werden, im Entwurf vorbereitet und zur Laufzeit erzeugen lassen.

Visuelle Objekte (siehe Abb. 2.2) besitzen zusätzlich einen *sichtbaren Teil*, den wir als *Bedienelement* auf dem Formular erleben. Auch das Formular selbst ist nichts anderes als der sichtbare Teil eines entsprechenden visuellen Objektes. Alle Werte, die zum sichtbaren Teil gehören, sind im Datenkern des Objekts abgespeichert.

Dazu gehören zum Beispiel Position, Größe und Farbe jedes Bedienelements, Farbe und Start-Status des Formulars, Beschriftung des Labels oder Inhalt des Textfensters, dazu gehören die Belegung bei der Checkbox oder dem Radiobutton, die Position des Reglers bei einer Scrollbar usw.

Wird folglich *im Datenkern eines visuellen Objekts* irgendein Wert verändert, der mit dem sichtbaren Teil in Beziehung steht, sehen wir sofort eine *Änderung an dem Bedienelement*.

Und schon lässt sich auch erklären, was wir eigentlich taten, als wir unter Nutzung der Rubrik EIGENSCHAFTEN des Objektinspektors in den Abschn. 1.2.1 und 1.4 jeweils die Startsituation für Formular und Bedienelemente festlegten:

Abb. 2.3 zeigt es: Einige der *properties*, die in den Datenkern führen, können von uns bereits in der Entwurfsphase mit Hilfe des *Objektinspektors* voreingestellt werden. Zu Beginn der Laufzeit, wenn dann das visuelle Objekt tatsächlich erzeugt wird, transportiert Delphi die voreingestellten Werte über die *properties* in den Datenkern.

Dort sorgen sie sofort für entsprechende Darstellung des Bedienelements, also des sichtbaren Teils des visuellen Objekts: Das Label erhält die voreingestellte Beschriftung, die Checkbox die voreingestellte Belegung, die Scrollbar die voreingestellte Position, das Formular die voreingestellte Farbe und so weiter.

Nicht alle, sondern nur die wichtigsten Bestandteile des Datenkerns sind vorab durch den Objektinspektor mit Hilfe von *properties* einstellbar.

Im Abschn. 4.7.2 werden wir erfahren, wie weitere properties gefunden und genutzt werden können.

Abb. 2.3 Voreinstellung der Starteigenschaften im Objektinspektor

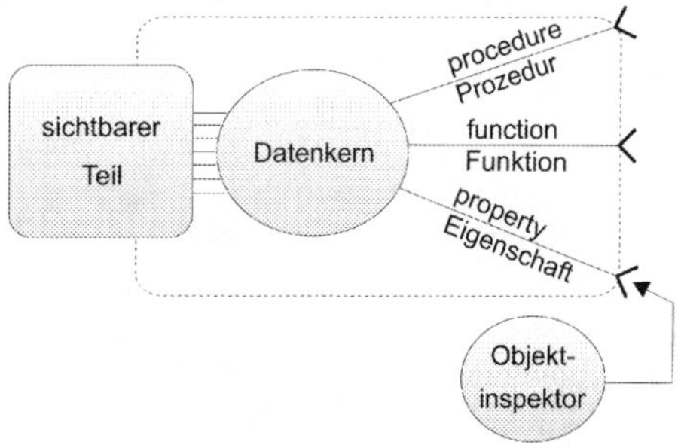

Abb. 2.4 Nutzereinwirkung ist ein Ereignis

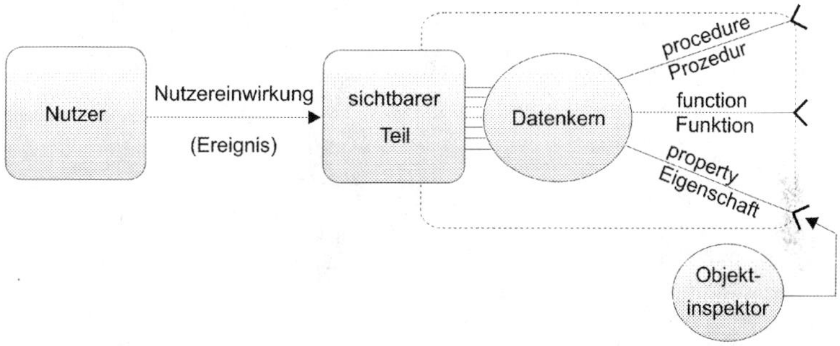

So weit, so gut. Doch was passiert zur Laufzeit, wenn das Formular mit den darauf platzierten Bedienelementen hergestellt ist? Dann gibt es *die Nutzerin* oder *den Nutzer* (der Einfachheit halber soll generell nur kurz vom *Nutzer* gesprochen werden).

Natürlich kann ein Nutzer, er wird es sogar, auf die *Bedienelemente einwirken*: Er wird auf den Button klicken, in das Textfenster eintragen, in der Checkbox den Haken setzen oder wegnehmen, in der Scrollbar den Regler verschieben usw. Das ist sein gutes Recht, das soll er auch. Schließlich wird die Benutzeroberfläche nicht zum begeisternden Ansehen vorbereitet und hergestellt, sondern zum *Entgegennehmen von Nutzereinwirkungen.*

In der Abb. 2.4 haben wir folglich das *Schema des visuellen Delphi-Objekts* erweitert durch *Nutzer* und dessen Möglichkeit, auf ein Bedienelement einzuwirken.

Jede Nutzereinwirkung wird dabei als *Ereignis* bezeichnet.

Damit können wir uns das Wechselspiel vorstellen:

- Wird im *Datenkern* ein Bestandteil, der zur sichtbaren Komponente gehört, geändert, ändert sich automatisch der sichtbare Teil, das *Bedienelement*.
- Erfolgt andererseits eine ändernde *Nutzereinwirkung* auf ein Bedienelement, ändert sich nicht nur dieses, sondern sofort wird auch im *Datenkern* diese Änderung registriert.

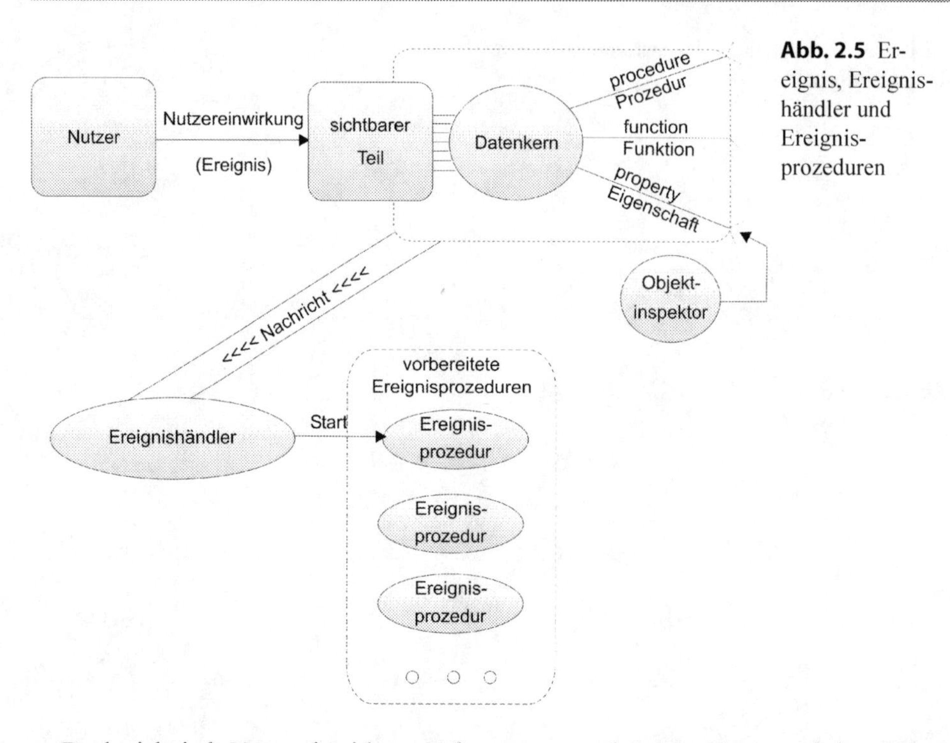

Abb. 2.5 Ereignis, Ereignishändler und Ereignisprozeduren

Doch nicht jede Nutzereinwirkung ändert etwas – so kann der Nutzer auf einen Button klicken, die Maus über dem Formular bewegen, auf ein Label klicken usw. Dabei wird nichts Sichtbares passieren, obwohl zweifelsohne eine Aktivität des Nutzers stattgefunden hat.

Wir brauchen einen übergeordneten Begriff, und das ist eben das *Ereignis*.

- Jede *Nutzerhandlung* am Formular oder an einem darauf befindlichen Bedienelement ist ein *Ereignis*.
- Einige dieser Ereignisse können zusätzlich noch Änderungen an den Bedienelementen bewirken. Finden solche Änderungen statt werden sie sofort im Datenkern des jeweiligen visuellen Objekts berücksichtigt.

2.1.3 Ereignisbehandlung

Klickt ein Nutzer zum Beispiel auf einen *Button,* dann will er, dass etwas *passiert*, dass eine *Reaktion* eintritt. Das ist sein gutes Recht – und warum gäbe es sonst überhaupt dieses Bedienelement Button?

Die Abb. 2.5 versucht darzustellen, wie es überhaupt dazu kommen kann, dass auf ein *vom Nutzer ausgelöstes Ereignis* schließlich eine *Reaktion* erfolgt.

- Wenn wir ein Bedienelement in der Entwurfsphase auf dem Formular platzieren, bereiten wir damit ein *visuelles Objekt* vor. Das Formular selbst wird dabei auch ein visuelles Objekt.
- Gleichzeitig wird *jedes vorbereitete visuelle Objekt* durch Delphi beim *Ereignishändler* angemeldet – wir müssen das nicht tun und merken auch nichts davon. Die Anmeldung erfolgt automatisch.
- Zur *Laufzeit*, wenn die *Benutzeroberfläche* (Formular mit darauf befindlichen Bedienelementen) tatsächlich hergestellt ist, wartet der Ereignishändler auf *Nachrichten* von den visuellen Objekten.
- Löst ein Nutzer durch eine Bedienhandlung ein *Ereignis an einem visuellen Objekt* aus, erhält der *Ereignishändler* eine entsprechende *Nachricht.*
- Der *Ereignishändler* prüft, ob es zu diesem Ereignis an diesem visuellen Objekt eine *vorbereitete Ereignisprozedur* gibt.
- Wenn es eine vorbereitete Ereignisprozedur für dieses bestimmte Ereignis an diesem Objekt gibt, wird sie *gestartet.*

Daraus folgt: Wollen wir, dass eine *Reaktion auf eine bestimmte Nutzerhandlung* an dem sichtbaren Teil eines bestimmten visuellen Objekts eintritt, müssen wir dafür sorgen, dass dafür eine *Ereignisprozedur* existiert.

Das bedeutet, dass wir uns nun mit der Frage beschäftigen müssen, wie wir Ereignisprozeduren herstellen können.

2.2 Einfache Ereignisprozeduren zum Standard-Ereignis

Jede Ereignisprozedur besteht aus dem Rahmen und dem Inhalt. Um den Rahmen brauchen wir uns bei Delphi nicht zu kümmern, der wird uns stets quasi „geschenkt“.

Zu jedem visuellen Objekt gibt es *zwei Arten von Ereignissen*: *Das Standard-Ereignis* und viele *andere Ereignisse*. Das sind dann die *Nicht-Standard-Ereignisse.*

Das Standard-Ereignis ist dasjenige, das in der Regel oder am häufigsten der Ausgangspunkt für eine Reaktion sein wird. Beim Bedienelement *Button* wäre es ziemlich verblüffend, wenn nicht der *Klick* mit der linken (Haupt-)Maustaste als Standard-Ereignis betrachtet würde.

Beginnen wir. Zuerst werden wir eine Reaktion auf das Standard-Ereignis an einem visuellen Objekt in einer Ereignisprozedur programmieren.

Den *Rahmen für Ereignisprozeduren zum Standard-Ereignis* erhalten wir in diesem Fall ganz einfach: Durch Doppelklick im Entwurf auf den sichtbaren Teil des visuellen Objekts.

Sehen wir uns das im Einzelnen für unsere bisher verwendeten visuellen Objekte an, d. h. für die sechs Bedienelemente und das Formular.

2.2.1 Button

Wichtiger Hinweis: Wer das folgende Delphi-Projekt nicht selbst entwickeln möchte, kann auf der Seite www.w-g-m.de/delphi.htm unter *Dateien für Kapitel 2* die Datei `DKap02.zip` herunter laden, die die Projektdatei `proj_221.dpr` enthält.

Beginnen wir: Auf einem kleinen *Formular* (es muss beim Start diesmal nicht den ganzen Bildschirm ausfüllen) platzieren wir ein *Bedienelement Button* und ändern mit der Eigenschaft `Caption` die Beschriftung auf *Start*:

Delphi schlägt für dieses Bedienelement den Namen `Button1` vor. Nun wird dazu die folgende Aufgabe formuliert: Bei einfachem Klick auf diesen Button soll der Nutzer eine Mitteilung „Der Button wurde geklickt" erhalten. Mehr erstmal nicht.

Der *einfache Klick* ist das *Standard-Ereignis* für das *Bedienelement Button.*

Folglich beschaffen wir uns den Rahmen für die Ereignisprozedur, indem wir mit der linken Maustaste doppelt auf den Button klicken. Es öffnet sich sofort ein so genanntes *Quelltextfenster*, in dem sich bereits drei, manchmal vier Programmzeilen befinden:

```
proj_221u   proj_221
26  procedure TForm1.Button1Click(Sender: TObject);
27  begin
28
29  end;
30
31  end.
```

Die `procedure`-Zeile und die Zeile mit `begin` bilden die beiden *Kopfzeilen* des Rahmens. Die Zeile mit `end;` mit dem Semikolon bildet die Fußzeile des Rahmens. Das letzte `end.` mit dem Punkt hat mit dem Rahmen der Ereignisprozedur nichts zu tun – es darf aber *niemals gelöscht* werden.

In der ersten Kopfzeile lesen wir rechts neben dem Punkt die Vokabel `Button1Click` – damit erkennen wir zur Kontrolle, dass wir tatsächlich den *Rahmen der Ereignisprozedur für das Ereignis Klick auf das Objekt mit dem Namen* `Button1` vor uns haben.

Der Zwischenraum zwischen `begin` und `end;` ist von uns mit dem *Inhalt der Ereignisprozedur* zu füllen.

Hier müssen wir *programmieren*, d. h. wir müssen die *passenden Befehle* in der *richtigen Reihenfolge* eintragen, wobei wir uns an die *Regeln der Sprache Delphi-Pascal* halten müssen:

```
procedure TForm1.Button1Click(Sender: TObject);        // 1. Kopfzeile
begin                                                  // 2. Kopfzeile
    Showmessage('Der Button wurde geklickt')                // Inhalt
end;                                                      // Fußzeile
```

Bevor wir mehr zu den ersten Pascal-Regeln erfahren, wollen wir uns das Ergebnis ansehen: Beim Klick auf den Button zur Laufzeit erscheint tatsächlich in der Mitte des Bildschirms das von uns verlangte Mitteilungsfenster (`ShowMessage`) mit dem programmierten Inhalt:

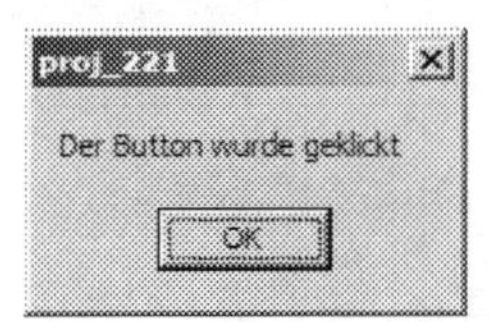

Der von uns programmierte *Inhalt der Ereignisprozedur* besteht erst einmal nur aus einem einzigen Befehl – keine Sorge, das wird sich bald ändern. Die zwei Schrägstriche machen den Rest der Zeile programmtechnisch unwirksam – dahinter kann man folglich Bemerkungen (*Kommentare*) eintragen.

Groß- und Kleinschreibung der Befehle sind in Pascal nicht wichtig, dieselbe Ereignisprozedur könnten wir auch so schreiben:

```
procedure TForm1.Button1Click(Sender: TObject)          // 1. Kopfzeile
begin
    showmessage('Der Button wurde geklickt')             // Inhalt
end;
```

Wir verlieren aber dabei sehr viel an Übersichtlichkeit; der auszugebende Text muss natürlich trotzdem den Regeln der deutschen Sprache genügen. Die Übersicht geht ebenso verloren, wenn wir darauf verzichten würden, eingerückt zu schreiben.

```
procedure TForm1.Button1Click(Sender: TObject);
begin
    ShowMessage('Der Button wurde geklickt')             // Inhalt
end;
```

Oder wenn man gar darauf verzichtet, die wichtigen *Rahmen-Schlüsselwörter* `begin` und `end;` allein auf je eine Zeile zu schreiben:

```
procedure TForm1.Button1Click(Sender: TObject);
begin ShowMessage('Der Button wurde geklickt') end;
```

> In Delphi-Pascal ist das Semikolon stets ein *Trennzeichen.*

Da der Inhalt unserer Ereignisprozedur diesmal nur aus einem Befehl bestand, war es überhaupt nicht notwendig, ein Semikolon zu setzen. Wir werden in weiteren Kapiteln sowieso noch genug Ärger mit diesem Semikolon bekommen.

Der Befehl `ShowMessage('Der Button wurde geklickt')` stellt in Wirklichkeit den *Aufruf der Prozedur* `ShowMessage` dar. Dabei wird der Text, der in dem Mitteilungsfenster erscheinen soll, in *einfache Hochkommas* `' '` gesetzt (auf der Tastatur meist gemeinsam mit dem Zeichen # zu finden).

2.2.2 Textfenster

Wichtiger Hinweis: Wer das folgende Delphi-Projekt nicht selbst entwickeln möchte, kann auf der Seite www.w-g-m.de/delphi.htm unter *Dateien für Kapitel 2* die Datei `DKap02.zip` herunter laden, die die Projektdatei `proj_222.dpr` enthält.

Rasch wird ein *Textfenster* auf dem Formular platziert (es bekommt von Delphi automatisch den Namen `Edit1`), und mit seinem Objektinspektor wird in der Zeile `Text` für den Start-Inhalt eine Zeichenfolge, zum Beispiel `Uenglingen`, vorbereitet:

Uenglingen

Dann wird mit der linken Maustaste doppelt auf das Textfenster geklickt. Schon erhalten wir den *Rahmen für die Ereignisprozedur zum Standard-Ereignis beim Textfenster*. Welches Ereignis wird es wohl sein?

Der obersten Zeile des „geschenkten" Rahmens können wir rechts vom Punkt die Vokabel `Edit1Change` ablesen. Das heißt, dass die Programmierer von Delphi der Meinung waren, dass eine *ändernde Nutzereinwirkung*, d. h. das Ereignis `Change` (Änderung) bei einem Textfenster, wohl am häufigsten der Ausgangspunkt für eine Reaktion sein wird. Nun brauchen wir nur noch den einen Informations-Befehl für den Inhalt zu schreiben:

```
procedure TForm1.Edit1Change(Sender: TObject);
begin
    ShowMessage('Es wurde geändert')                    // Inhalt
end;
```

Lassen wir ausführen, so stellen wir tatsächlich fest, dass das einfache Hineinklicken in die Textbox noch nicht zur Ausführung dieser Ereignisprozedur führt. Das Ereignis *Klick* ist eben ein anderes Ereignis als *Änderung*.

2.2.3 Checkbox

Preisfrage: Welche Nutzereinwirkung wird wohl bei dem Bedienelement *Checkbox* am häufigsten auftreten und oft zu einer Reaktion Anlass geben?

```
procedure TForm1.CheckBox1Click(Sender: TObject);
begin
    ShowMessage('Es wurde geklickt')                    // Inhalt
end;
```

Natürlich – in der ersten Kopfzeile ist es ablesbar: Das *Standardereignis beim Bedienelement Checkbox* ist der *einfache Klick*. Wobei dieses Ereignis natürlich sowohl eintritt, wenn der Nutzer den Haken in der Checkbox *setzt*, als auch, wenn er den Haken *wegnimmt*. Klick ist Klick.

2.2.4 Scrollbar

Für das *Bedienelement Scrollbar* besteht das *Standard-Ereignis* in der *Änderung der Position des Reglers*. Der Doppelklick auf dieses Bedienelement im Entwurfsmodus liefert sofort den *Rahmen für eine Ereignisprozedur*, mit der man auf diese Nutzereinwirkung reagieren könnte:

```
procedure TForm1.ScrollBar1Change(Sender: TObject);
begin
    ShowMessage('Es wurde am Regler geschoben')         // Inhalt
end;
```

2.2.5 Radiobutton

Für ein *Bedienelement Radiobutton*, das wohl niemals allein auftreten wird, sondern immer mit anderen zusammen in einer *Gruppe* (`GroupBox`), ist ebenfalls der *einfache Klick* das *Standard-Ereignis*.

Das erfährt man aus dem zugehörigen Rahmen der Ereignisprozedur:

```
procedure TForm1.RadioButton1Click(Sender: TObject);
begin
    ShowMessage('Es wurde geklickt')                    // Inhalt
end;
```

2.2.6 Label

Welche Antwort sollten wir geben, wenn wir nach dem *Standard-Ereignis zum Bedienelement Label* gefragt werden? Oder – anders formuliert – welche Nutzerhandlung ist an einem Label am wahrscheinlichsten und sollte zu einer Reaktion führen?

Ein *Label* wird eigentlich nur *passiv* benutzt, um etwas mitzuteilen. Folglich lautet die spontane Antwort: Keine. Welcher Nutzer klickt schon ein Label an? Warum sollte er das tun?

Trotzdem haben die Entwickler von Delphi auch für ein Label ein *Standard-Ereignis* festgelegt. Lassen wir uns überraschen: `Label1Click` steht in der Kopfzeile des *Rahmens für die Ereignisprozedur*. Das beschreibt das Label-Standard-Ereignis. Nehmen wir es zur Kenntnis.

Sollten wir einmal aus irgendeinem Grunde für den Klick eines Nutzers auf ein Label eine Ereignisprozedur zu schreiben haben, wissen wir folglich, dass wir damit das Standard-Ereignis am Label behandeln.

2.2.7 Formular

Wenn wir im Entwurf auf das *leere Formular* doppelt klicken erhalten wir sofort folgenden *Ereignisprozedur-Rahmen*:

```
procedure TForm1.FormCreate(Sender: TObject);
begin
                                                        // Inhalt
end;
```

Das bedeutet, dass bei dem grundlegenden visuellen Objekt, dem Formular, das *Erzeugen* (`Create`) das *Standardereignis* ist. Hier haben die Programmierer von Delphi keine direkte Nutzereinwirkung auf das Formular zum Standard-Ereignis erklärt. Stattdessen kann man als *Inhalt der Ereignisprozedur* alle Befehle hineinschreiben, die automatisch ausgeführt werden, wenn das *Formular hergestellt* wird. Wir werden davon bald, nämlich im Abschn. 4.7.5, Gebrauch machen.

2.3 Einfache Ereignisprozeduren zu Nicht-Standard-Ereignissen

Wie erfährt man überhaupt, für welche Ereignisse man Inhalte von Ereignisprozeduren programmieren kann?

Mit anderen Worten: Für welche Nutzereinwirkungen auf ein Bedienelement ist in Delphi eine Reaktion programmierbar?

Bisher wissen wir doch nur, wie wir eine *Reaktion beim* jeweiligen *Standard-Ereignis* erzeugen können.

2.3.1 Reaktionen auf Mausbewegungen

Was ist zu tun, wenn wir beispielsweise eine Reaktion programmieren wollen, die stattfindet, wenn der Nutzer die Maus lediglich *über einen Button bewegt*?

Zwei Fragen müssen dazu beantwortet werden:

- Erste Frage: Gibt es überhaupt die Möglichkeit in Delphi, zum Ereignis *Mausbewegung über einem Button* eine Ereignisprozedur schreiben zu können?
- Zweite Frage: Wie erhält man dann den *Rahmen für die Ereignisprozedur*?

Beide Antworten sind nicht schwierig zu erhalten: Nachdem wir einen Button auf dem Formular platziert haben (zum Beispiel mit der Beschriftung NORD), wählen wir im Objektinspektor das rechte Registerblatt mit der Überschrift EREIGNISSE aus. Und da ist sie schon, die *Liste aller in Delphi behandelbaren Button-Ereignisse*, d.h. die *Liste aller Arten von Nutzereinwirkungen am Button*, für die wir in Delphi Reaktionen programmieren können. Über die rechte Maustaste lässt sich die Anordnung entweder alphabetisch oder nach Kategorien geordnet anzeigen (siehe Abb. 2.6).

Und in dieser Abbildung können wir erkennen: Weit *mehr als ein Dutzend Ereignisse am Button* sind behandelbar; für sie könnten wir folglich Ereignisprozeduren vorbereiten.

Eines davon ist das bekannte Standard-Ereignis Klick, das sich natürlich auch in der Liste befindet. Dazu gibt es also beim *visuellen Objekt Button* eine Fülle behandelbarer *Nicht-Standard-Ereignisse*.

Wohlgemerkt: Diese Aussage bezieht sich auf das aktuelle Delphi, in anderen Entwicklungssystemen mit ähnlichem Aufbau kann es durchaus weniger oder mehr behandelbare

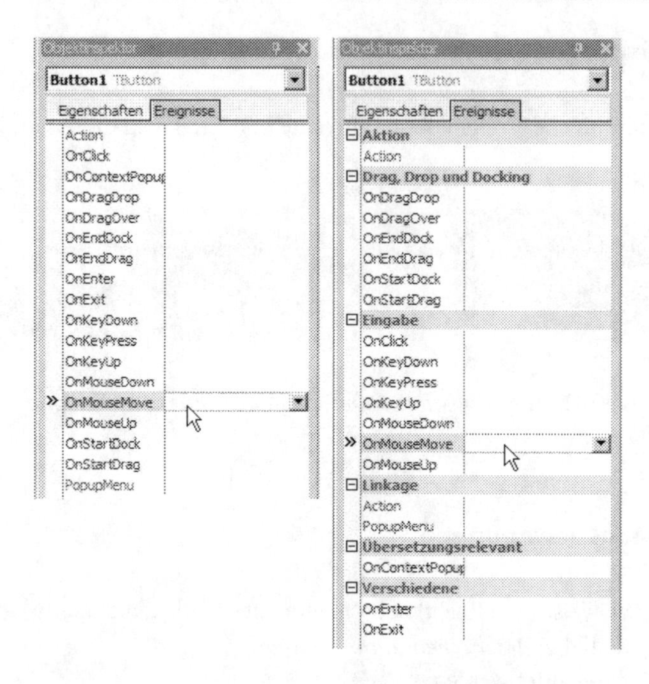

Abb. 2.6 Objektinspektor des Buttons, Registerblatt EREIGNISSE

Ereignisse geben. Auch können künftige Delphi-Versionen durchaus mit längeren Listen versehen sein.

Jedes Ereignis beginnt mit den zwei Buchstaben `On` – ins Deutsche am besten übersetzbar mit *bei*.

In einer Zeile erkennen wir das Ereignis `OnMouseMove`. Zu deutsch: *Bei-Maus-Bewegung*. Da haben wir es doch, wonach wir suchen. Folglich ist die erste Frage beantwortet: Wir können durchaus auch zum *Ereignis Mausbewegung über dem Button* eine Ereignisprozedur schreiben.

Dazu wählen wir in der Liste aller behandelbaren Ereignisse das Ereignis `OnMouseMove` aus. Dann öffnet sich rechts ein leeres weißes Feld:

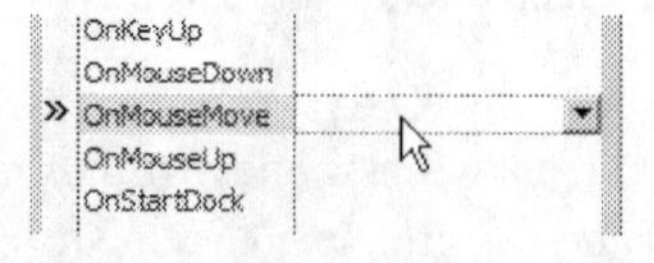

Wichtiger Hinweis: Wer das folgende Delphi-Projekt nicht selbst entwickeln möchte, kann auf der Seite www.w-g-m.de/delphi.htm unter *Dateien für Kapitel 2* die Datei `DKap02.zip` herunter laden, die die Projektdatei `proj_231.dpr` enthält.

Weiter geht es schließlich mit einem schnellen Doppelklick in dieses leere weiße Feld – und schon öffnet sich wieder wie bei den Standard-Ereignissen das *Quelltextfenster mit dem Rahmen der Ereignisprozedur*. Damit ist auch die zweite Frage beantwortet.

In der obersten Kopfzeile des *Rahmens der Ereignisprozedur* liest man dann rechts vom Punkt die Zeichenfolge `Button1MouseMove`, es handelt sich tatsächlich um den Rahmen für die Ereignisprozedur zum *Ereignis Mausbewegung über dem Button*. Für den *Inhalt der Ereignisprozedur* wollen wir vorerst wieder nur eine einfache Mitteilung wählen.

```
procedure TForm1.Button1MouseMove(
                                 Sender:TObject;
                                 Shift:TShiftState;
                                 X,Y:Integer
                                 );
begin
    ShowMessage('Der Mauszeiger bewegt sich über dem Button NORD')
                                                          // Inhalt
end;
```

Dabei ist die lange Kopfzeile hier aus schreibtechnischen Gründen zerlegt worden; im eigentlichen Delphi-Quelltextfenster ist das nicht nötig.

Zur Übung könnten *weitere drei Buttons* mit den Beschriftungen OST, WEST und SÜD an den entsprechenden Stellen, etwas entfernt voneinander, auf dem Formular platziert werden. Zu jedem Button wird dann für das Ereignis Mausbewegung der Rahmen der zugehörigen Ereignisprozedur beschafft, und anschließend wird jeweils die passende Mitteilung programmiert.

Was ist aber, wenn sich der Mauszeiger *nicht über einem der Buttons* befindet? Dann – logisch – befindet er sich über dem *Formular*. Die Liste der Formular-Ereignisse, zu denen eine Ereignisprozedur geschrieben werden kann, ist lang, sehr lang. Mehr als dreißig Einträge umfasst sie; natürlich befindet sich auch der Eintrag `OnMouseMove` in dieser Liste. Wer jedoch auf die logische Idee kommt, folglich eine fünfte Ereignisprozedur zum Ereignis *Mausbewegung über dem Formular* zu programmieren, der wird einstweilen viel Ärger bekommen.

Warum?

Nun, das Mitteilungsfenster, das mit dem Aufruf der Prozedur `ShowMessage` angefordert wird, wird von Delphi stets in der Mitte des Bildschirms geöffnet, also über dem Formular. Wenn man diese Mitteilung mit OK bestätigt und das Mitteilungsfenster verschwindet – wo befindet sich dann der Mauszeiger? Natürlich – wieder über dem Formular. Das Mitteilungsfenster erscheint unverzüglich wieder und so weiter. Man kommt aus dem Teufelskreis nur heraus, wenn das Mitteilungsfenster vor dem Schließen vorsichtig ganz an den oberen Rand des Bildschirms gezogen wird. Ein schöner Effekt, aus dem man viel lernen kann.

Für die beiden anderen behandelbaren Mausereignisse mit den Bezeichnungen `OnMouseDown` und `OnMouseUp` könnten wir ebenso interessante Reaktionen programmieren.

Übersetzen wir die beiden englischen Vokabeln in die deutsche Sprache:

- `OnMouseDown` = Beim *Runterdrücken der linken Maustaste*, während sich der Mauszeiger über dem Bedienelement oder dem Formular befindet.
- `OnMouseUp` = Beim *Loslassen der linken Maustaste*, während sich der Mauszeiger über dem Bedienelement oder dem Formular befindet.

2.3.2 Reaktionen auf Tastendruck

Wichtiger Hinweis: Wer das folgende Delphi-Projekt nicht selbst entwickeln möchte, kann auf der Seite www.w-g-m.de/delphi.htm unter *Dateien für Kapitel 2* die Datei `DKap02.zip` herunter laden, die die Projektdatei `proj_232.dpr` enthält.

Betrachten wir ein *Formular* mit einem darauf befindlichen *Textfenster* (Edit), in das der Nutzer selbst etwas eintragen kann oder in dem er eine vorhandene Eintragung verändern kann. Das *Ereignis Änderung* ist das *Standard-Ereignis* am Bedienelement Textfenster, wir haben es im Abschn. 2.2.2 schon kennen gelernt.

Wir stellen uns die Frage: Für wie viele und welche *Nicht-Standard-Ereignisse am Textfenster* könnten wir Reaktionen programmieren?

In der Registerkarte EREIGNISSE sind wiederum viele Einträge enthalten. Für die Nutzereinwirkung *Taste wurde gedrückt*, auf englisch `OnKeyPress`, ist bereits der *Rahmen der Ereignisprozedur* angefordert worden – erkennbar an dem Eintrag in dem weißen Feld neben `OnKeyPress`:

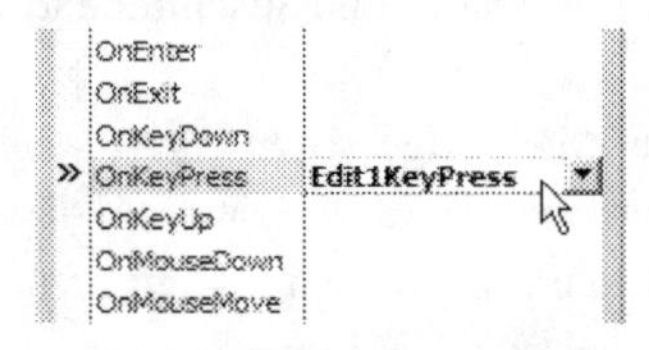

Der *Inhalt der Ereignisprozedur* besteht wieder vorerst nur aus dem einfachen Aufruf der Prozedur `ShowMessage`, mit dem der Nutzer über das Eintreten des Ereignisses informiert wird.

```
procedure TForm1.Edit1KeyPress(Sender: TObject; var Key: Char);
begin
   ShowMessage('Eine Taste wurde gedrückt')
end;
```

Wer die Ereignisprozedur testet, wird erstaunt feststellen, dass keinesfalls jeder Tastendruck die programmierte Reaktion hervorruft. Weder auf die *Shift*-Taste noch auf die Taste *Strg* noch auf die Funktionstasten F1 bis F12 gibt es eine Reaktion.

Ist das schlecht? Sicher nicht, denn sonst könnte jeder Programmierer mittels einer Ereignisprozedur diese wichtigen Tasten, die für die *Arbeit des Betriebssystems* unverzichtbar sind, einfach außer Betrieb nehmen oder in ihrer Wirkung verfälschen.

Für die beiden anderen Tastatur-Ereignisse

- `OnKeyDown` = *Bei heruntergedrückter Taste*,
- `OnKeyUp` = *Bei losgelassener Taste*,

werden wir später vielleicht interessante Anwendungen finden; ihre Nutzung im Zusammenhang mit der Prozedur `ShowMessage` ist nicht günstig.

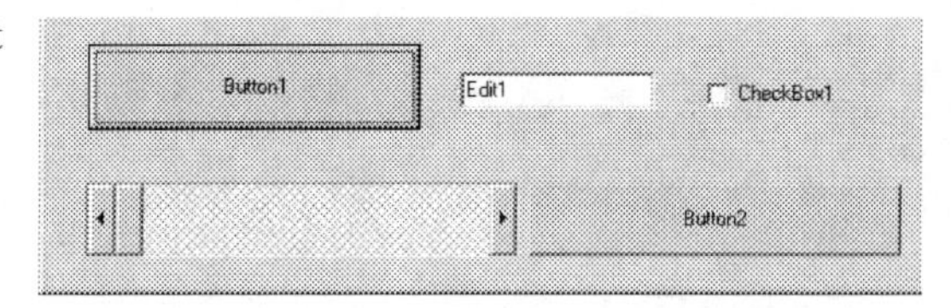

Abb. 2.7 Der Button oben links besitzt den Fokus

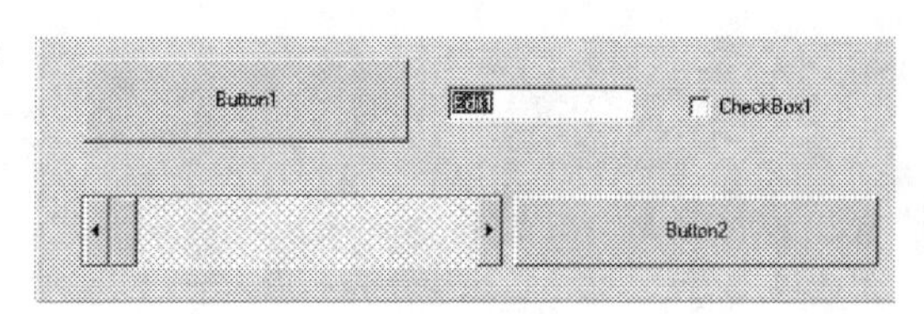

Abb. 2.8 Das Textfenster besitzt den Fokus

2.3.3 Fokus-Ereignisse

Wichtiger Hinweis: Wer das folgende Delphi-Projekt nicht selbst entwickeln möchte, kann auf der Seite www.w-g-m.de/delphi.htm unter *Dateien für Kapitel 2* die Datei `DKap02.zip` herunter laden, die die Projektdatei `proj_233.dpr` enthält.

Bevor wir uns den beiden *Nicht-Standard-Ereignissen* `OnEnter` und `OnExit` zuwenden, die für jedes Bedienelement behandelbar sind, müssen wir erst einmal den wichtigen Begriff des *Fokus* klären.

Zur Illustration platzieren wir auf einem Formular fünf Bedienelemente, und wählen dabei, um später den Wechsel des Fokus gut beobachten zu können, eine ganz bestimmte Reihenfolge: Zuerst kommt nach links oben die Schaltfläche `Button1`. Rechts daneben wird das Textfenster `Edit1` angeordnet. Erneuter Griff in die Liste der Bedienelemente, und links unten wird weiter die waagerechte `Scrollbar1` angeordnet. Rechts unten wird danach der `Button2` platziert, und zum Schluss ordnen wir rechts oben die `Checkbox1` ein. Die Entwurfsphase ist beendet, wir speichern `Unit` und `Projekt` nacheinander so, wie es in Abschn. 1.5 beschrieben wurde.

Ein Klick auf die Schaltfläche mit dem nach rechts gerichteten Dreieck oder ein Druck auf die Taste F9 – die *Laufzeit* beginnt. Sehen wir in Abb. 2.7 genau hin: Um die Beschriftung von `Button1` zieht sich eine gestrichelte Linie. Das bedeutet: Der erste Button *besitzt den Fokus*.

Nun sollten wir die Maus weglegen und die *Tabulator-Taste* auf der Tastatur suchen. Sie befindet sich ganz links und ist beschriftet mit zwei übereinander liegenden, entgegen gesetzten Pfeilen.

Abb. 2.8 zeigt uns, was sich *nach Druck auf die Tabulatortaste* ändert: Die Linie um die Beschriftung von `Button1` ist verschwunden, dafür ist der Inhalt von `Edit1` blau unterlegt. Die Unterschrift von Abb. 2.8 erklärt es: Der *Fokus*, d. h. die Markierung desjenigen Bedienelements, das *aktuell bedienbar* ist und Nutzereingaben entgegennehmen kann, ist zur *Textbox* gewandert.

Wohin wandert der *Fokus* beim nächsten Druck auf die Tabulatortaste? Wird er oben weiterwandern oder wird ein anderes Bedienelement fokussiert? In Abb. 2.9 sehen wir

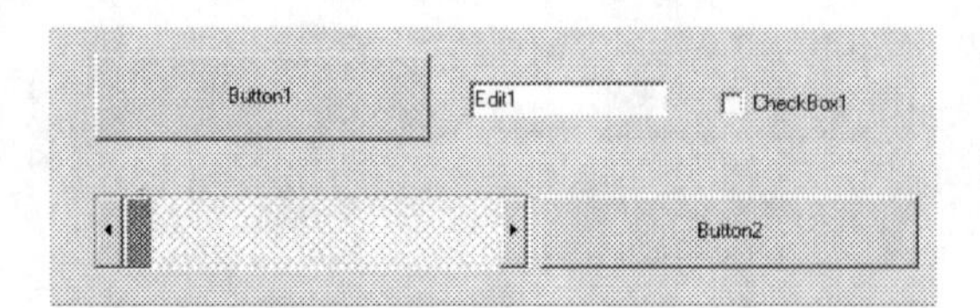

Abb. 2.9 Die Scrollbar ist nun fokussiert

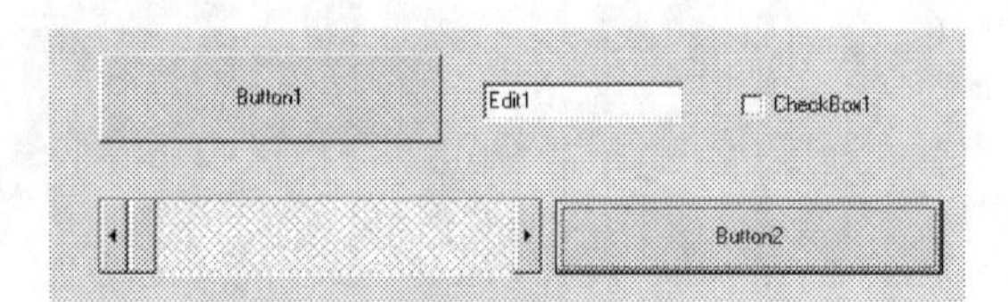

Abb. 2.10 Der Button unten rechts hat den Fokus

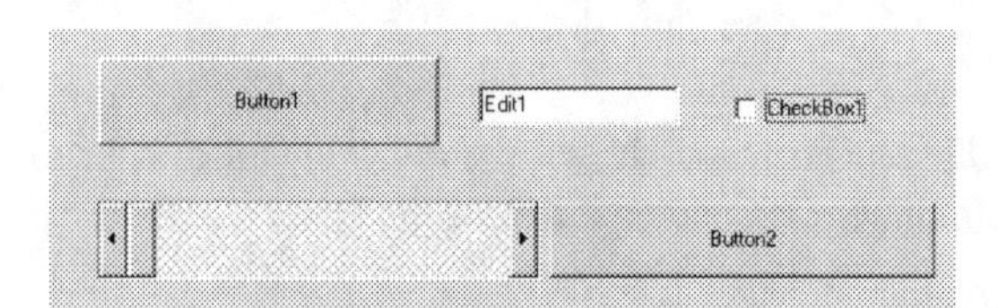

Abb. 2.11 Fokussierte Checkbox

die Antwort: Die *Scrollbar* bekommt den Fokus. Warum? Erinnern wir uns an die Reihenfolge, in der wir die Bedienelemente auf dem Formular platzierten. Hier zeigt sie sich.

Was kommt als Nächstes? Erinnern wir uns – danach hatten wir den *zweiten Button* auf das Formular gezogen. Erneuter Druck auf die Tabulatortaste fokussiert folglich den zweiten Button rechts unten (siehe Abb. 2.10).

Als letztes hatten wir die Checkbox angeordnet, demnach erhält sie, wie Abb. 2.11 zeigt, erst beim letzten Druck auf die Tabulatortaste den *Fokus*. Wer es ausprobiert, der stellt natürlich sofort fest, dass bei erneutem Druck auf die Tabulatortaste der *Fokus wieder reihum* wandert.

Wenn der Nutzer den Fokus auf ein Bedienelement setzt, will er es anschließend bedienen.

Am deutlichsten wird das bei einem Textfenster. Erst wird fokussiert – mit Tabulatortaste oder Maus wird editiert, eingetragen oder geändert oder gelöscht. Arbeitet der Nutzer mit der *Maus*, dann verbindet er im Regelfall das *Setzen des Fokus* sofort mit der Bedienung: Ein *Mausklick auf einen Button* setzt den Fokus auf diesen Button, gleichzeitig erfolgt bereits der Klick. Würde dagegen der Button nicht mit der Maus, sondern mit der Tabulator-Taste fokussiert, dann würde erst die Leertaste oder Enter-Taste den Klick auslösen.

Zu jedem Bedienelement kann festgestellt werden, ob ein Nutzer den Fokus auf dieses Bedienelement setzt. Dieses Ereignis heißt bei Delphi `OnEnter` – es ist offensichtlich unter der *Liste der Nicht-Standard-Ereignisse* zu suchen.

Lassen wir uns zum Beispiel mittels einer Ereignisprozedur mitteilen, wenn der erste Button mit dem Namen `Button1` den Fokus erhält. Was ist zu tun? Im Entwurfsmodus wird `Button1` und in der Registerkarte EREIGNISSE des Objektinspektors wird das Ereignis `OnEnter` ausgewählt:

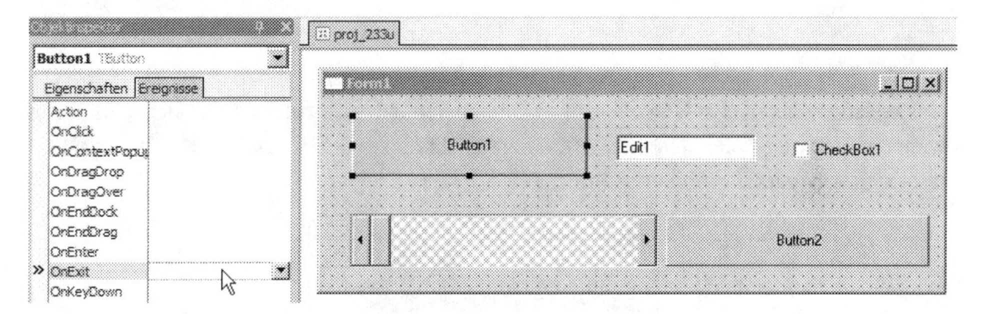

Ein Doppelklick in das leere weiße Feld, und schon erhalten wir den *Rahmen* für die entsprechende Ereignisprozedur, den wir wie bisher nur mit einem Aufruf der Prozedur `ShowMessage` füllen:

```
procedure TForm1.Button1Enter(Sender: TObject);
begin
    ShowMessage('Button1 hat den Fokus')
end;
```

In gleicher Weise können wir uns natürlich mit einer *Ereignisprozedur zum Ereignis* `OnExit` auch sagen lassen, wenn ein Bedienelement *den Fokus verliert*. Sehen wir uns beispielhaft auch dazu die Ereignisprozedur an.

```
procedure TForm1.Button2Exit(Sender: TObject);
begin
    ShowMessage('Button 2 verlor den Fokus')
end;
```

Später, im Abschn. 4.4, werden wir derartige Ereignisprozeduren nutzen, um den Nutzer beim Versuch zu ertappen, eine Textbox zu verlassen, ohne dass er darin die gewünschte Angabe eingetragen hat. Denn beim Wechsel zu einem anderen Bedienelement würde gerade das *Ereignis Fokusverlust des Textfensters* eintreten – und das können wir nun behandeln. Wir werden dann den Nutzer zum korrekten Eintrag zwingen, indem wir ihm eine entsprechende Mitteilung zukommen lassen und dann den Fokus zurücksetzen.

Kommen wir zum Schluss dieses Abschnitts noch einmal zur *Reihenfolge der Fokussierung* zurück.

Diese Reihenfolge ist deshalb so bedeutsam, weil es immer noch und immer wieder Nutzer gibt, die mit Hilfe der Tabulatortaste von Bedienelement zu Bedienelement wechseln, vor allem dann, wenn es sich um Textfenster handelt, in die etwas einzutragen ist oder in denen Einträge zu verändern sind. Denn diese Art der Bedienung geht wesentlich schneller als der Griff nach der Maus und das Suchen mit dem Mauszeiger.

Offenbar werden die Bedienelemente aber von Delphi so fokussiert, wie sie anfangs auf dem Formular platziert wurden.

Das bedeutet, dass das zuletzt eingefügte Bedienelement auch zuletzt fokussiert wird, selbst wenn es oben links stehen sollte. Mit BEARBEITEN → TABULATORREIHENFOLGE lässt sich das jedoch problemlos ändern:

Weitere Bedienelemente 3

Inhaltsverzeichnis

3.1 Bedienelement Liste (ListBox) 44
3.2 Bedienelement Combobox 46
3.3 Bedienelement Radiogruppe (RadioGroup) 48
3.4 Bedienelement Menü (MainMenu) 51

Nachdem das vorige Kapitel an den Rand des Theoretischen kam mit seinen vielen neuen Begriffen, wollen wir eine kurze geistige Ruhepause einlegen.

Aber war es denn wirklich so schlimm? Wenn eine Benutzeroberfläche entworfen und schön gestaltet ist, kann doch die nächste Arbeitsetappe nur darin bestehen, dass man die Benutzeroberfläche mit Leben erfüllt. Das heißt, dass man sich überlegt, bei welcher Nutzereinwirkung an welchem Bedienelement welche Reaktion erfolgen soll.

Drei Fragen *Wo – Wobei – Was* sollte man sich deshalb immer stellen:

- *Wo*: Welches Bedienelement soll überhaupt Ausgangspunkt für eine Reaktion sein? Soll etwas passieren, wenn der Nutzer sich mit dem Button beschäftigt oder wenn er im Textfenster ändert oder wenn er mit dem Mauszeiger am Schieberegler hantiert oder … oder … oder?
- *Wobei*: Welche Nutzereinwirkung soll eine Reaktion hervorrufen? Ist es das übliche *Standard-Ereignis*, auf das wir eine Antwort finden sollen, der Klick, die Änderung

W.-G. Matthäus, *Grundkurs Programmieren mit Delphi*, DOI 10.1007/978-3-658-14274-2_3

– oder wollen wir, dass bei exotischen *Nicht-Standard-Ereignissen* (z. B. Mausbewegung, Fokusverlust, Taste kommt hoch) etwas passiert?
- *Was*: Wie soll die Reaktion dann aussehen? Hier sind wir erst am Anfang, bisher können wir als einzige Reaktion nur die `ShowMessage`-Prozedur aufrufen. Dem *was* werden wir noch viele Kapitel widmen.

Und weil auch das grundlegende Formular, auf dem die Bedienelemente angeordnet werden, selbst zum Ausgangspunkt für Reaktionen werden kann, mussten wir uns vom engen *Begriff des Bedienelements* lösen und vielmehr vom *sichtbaren Teil eines visuellen Objekts* sprechen.

Weiter erfuhren wir dann, dass die beabsichtigte Reaktion stets durch den Start einer Ereignisprozedur erfolgt.

Ereignisprozeduren bestehen aus Rahmen und Inhalt.

Und den Rahmen – Delphi sei Dank – bekommen wir immer geschenkt. Da brauchten wir doch nur noch zu erfahren, wie man dieses Geschenk bestellt: Ein Doppelklick an der richtigen Stelle reicht. Ehrlich, war das wirklich so schwer?

Nun aber, wie angekündigt, zum geistigen Ausruhen ein handwerklicher Einschub: Wie platziert man Listen und Menüs auf einem Formular und stellt ihre Starteigenschaften ein?

3.1 Bedienelement Liste (ListBox)

Wenn wir eine (Auswahl-)Liste (ListBox) auf das Formular bringen wollen, müssen wir im *alten Delphi* im Registerblatt STANDARD der Komponentenpalette die entsprechende Schaltfläche auswählen. Im *neuen Delphi* finden wir das entsprechende Symbol in Kategorie STANDARD der Tool-Palette:

Dann wird das *Bedienelement Liste* auf dem Formular platziert; es bekommt von Delphi den Namen `ListBox1`. Die Größe wird so eingestellt, dass die später gewünschte Anzahl von Einträgen sichtbar sein wird. Wie Abb. 3.1 erkennen lässt, lassen sich über den *Objektinspektor der Liste* offenbar sehr viele *Starteigenschaften* voreinstellen. Dazu gehören natürlich die Hintergrundfarbe (`Color`) und die Schrift (`Font`).

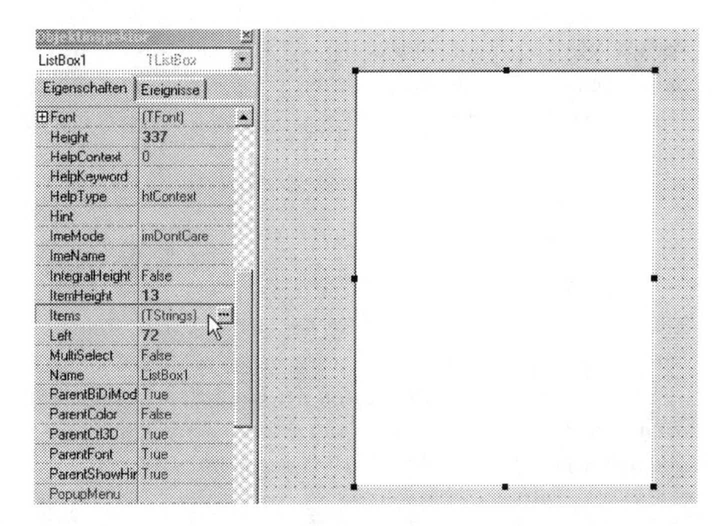

Abb. 3.1 Visuelles Objekt ListBox und Objektinspektor (Ausschnitt)

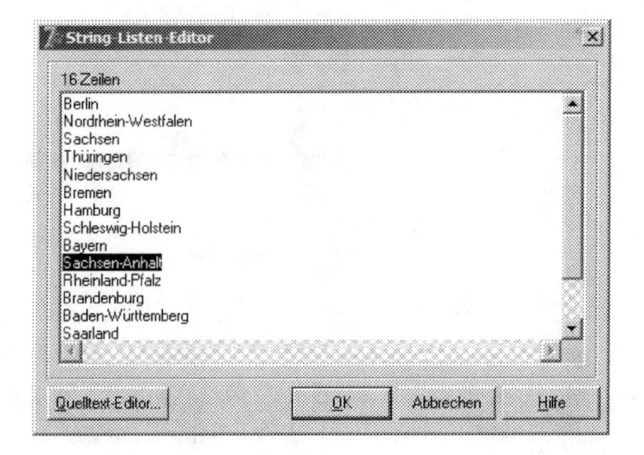

Abb. 3.2 Stringlisten-Editor

Doch wie können wir eine *Startbelegung für die Auswahlliste* erhalten?

Zuerst ist die Eigenschaft `Items` auszuwählen (siehe Abb. 3.1), dann wird mit der Maus auf die drei Punkte rechts neben (`TStrings`) geklickt. Schon öffnet sich der *Stringlisten-Editor* (Abb. 3.2), in dessen Fenster beispielsweise die Namen der sechzehn Bundesländer eingetragen werden können. Wie üblich, wird dabei der Zeilenwechsel durch die ENTER-Taste vorgenommen. Kurze Bestätigung mit `OK`, und schon hat die Auswahlliste die gewünschte Startbelegung.

Der *Objektinspektor der Liste* bietet uns leider keine Möglichkeit an, dafür zu sorgen, dass in der Auswahlliste zu Beginn der Laufzeit ein bestimmtes Bundesland, z. B. Sachsen-Anhalt, bereits ausgewählt ist.

Schade. Warten wir auf den Abschn. 4.7.5. Aber etwas anderes wollen wir nicht vergessen: Seit Abschn. 2.2 wissen wir, dass der *Doppelklick auf ein Bedienelement* uns sofort den *Rahmen für die Ereignisprozedur zum Standard-Ereignis* liefert:

```
procedure TForm1.ListBox1Click(Sender: TObject);
begin
    ShowMessage('Klick in der Listbox')
end;
```

Etwas erstaunlich: Nicht die *Änderung* der Auswahl, sondern bereits der *einfache Klick* wird als *Standard-Ereignis der Liste* angesehen.

Überzeugen wir uns: Zu Beginn der Laufzeit ist nichts ausgewählt – das können wir noch nicht. Klicken wir *Sachsen-Anhalt* an: Die Meldung `Klick in der Listbox` kommt, und Sachsen-Anhalt ist mit einem Balken markiert.

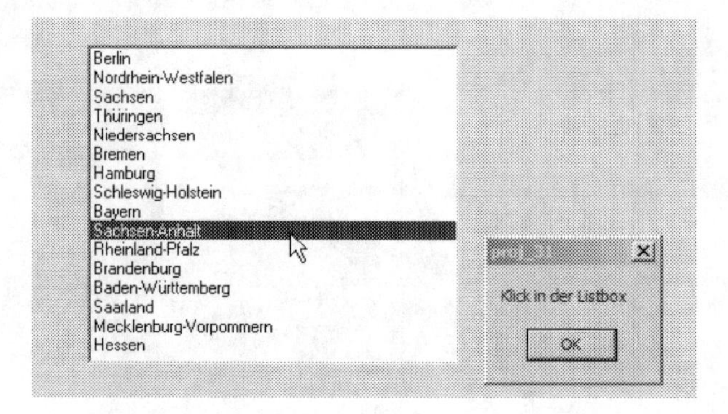

Wichtiger Hinweis: Wer das folgende Delphi-Projekt nicht selbst entwickeln möchte, kann auf der Seite www.w-g-m.de/delphi.htm unter *Dateien für Kapitel 3* die Datei `DKap03.zip` herunter laden, die die Projektdatei `proj_31.dpr` enthält.

Klicken wir noch einmal auf *Sachsen-Anhalt*: Wir bestätigen damit nur noch einmal die getroffene Auswahl, verändern nichts. Tatsächlich, die Meldung `Klick in der Listbox` kommt wieder. Das bedeutet, dass wir uns später besondere Mühe geben müssen, wenn wir *nur für echte Änderung der Auswahl* eine Reaktion programmieren wollen.

Übrigens befindet sich auch unter den *Nicht-Standard-Ereignissen* des visuellen Objekts `ListBox1` kein `OnChange`. Nehmen wir mal an, dass die Schöpfer von Delphi sich dabei schon etwas gedacht haben werden …

3.2 Bedienelement Combobox

Wenn wir eine *editierbare Auswahlliste* (`ComboBox`) auf das Formular bringen wollen, müssen wir im *alten Delphi* im Registerblatt STANDARD der Komponentenpalette bzw. im *neuen Delphi* in der gleichnamigen Kategorie `Standard` der Tool-Palette die entsprechende Schaltfläche auswählen:

Abb. 3.3 Bedienelement ComboBox zur Laufzeit

Dieses Bedienelement kombiniert eine einfache Auswahlliste mit einem Textfenster.

Die beiden wichtigsten Starteigenschaften, die hier vorab eingestellt werden können, sind wie folgt angegeben.

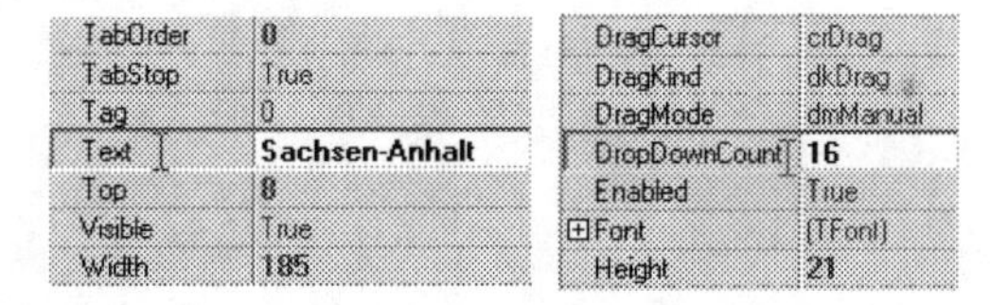

Mit der Eigenschaft `Text` wird die *Startbeschriftung* festgelegt, und die Eigenschaft `DropDownCount` steuert, wie viele Zeilen später aufgeblättert werden. Wie bei der einfachen Auswahlliste wird die Startbelegung der Liste über die Eigenschaft `Items` und dann mit dem *Stringlisten-Editor* vorgegeben.

Wichtiger Hinweis: Wer das folgende Delphi-Projekt nicht selbst entwickeln möchte, kann auf der Seite www.w-g-m.de/delphi.htm unter *Dateien für Kapitel 3* die Datei `DKap03.zip` herunter laden, die die Projektdatei `proj_32.dpr` enthält.

Abb. 3.3 zeigt das Bedienelement, das von Delphi den Namen `ComboBox1` bekam, zu Laufzeitbeginn und anschließend nach Auswahl eines anderen Eintrags.

Lassen wir uns auch hier überraschen, welche Art der Nutzereinwirkung die Schöpfer von Delphi hier als Standard-Ereignis ansehen. Ein *Doppelklick* im Entwurf auf das Bedienelement, und schon sehen wir es:

```
procedure TForm1.ComboBox1Change(Sender: TObject);
begin
    ShowMessage('Es wird irgendwas geändert')
end;
```

Diesmal wurde tatsächlich das Ereignis *Änderung* (`Change`) zum Standard-Ereignis erhoben; die Meldung *Es wird irgendwas geändert* kommt sogar zweimal: Wenn der Nutzer die Liste aufblättert und ein anderes Land wählt; sie erscheint aber auch, wenn der Nutzer den Namen des angezeigten Landes verändern will.

3.3 Bedienelement Radiogruppe (RadioGroup)

Erinnern wir uns an den Abschn. 1.4, in dem diese hübschen kleinen runden exklusiven Ja-Nein-Optionen, die *Radiobuttons*, vorgestellt wurden.

Einen Radiobutton kann man stets nur einschalten, seine Belegung verliert er automatisch, wenn ein anderer Radiobutton derselben Gruppe eingeschaltet wird.

Die Gruppenbildung ist demnach zwingend notwendig, wenn man, wie in folgendem Bild zu sehen, verschiedene Eigenschaften abfragen lassen will:

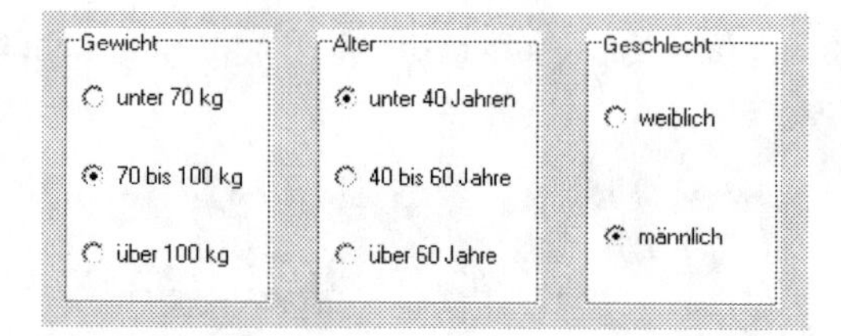

Ohne Gruppenbildung könnte stets nur ein einziger von diesen acht Radiobuttons eine Markierung besitzen.

Die Verwendung des Bedienelements *Gruppe* (`GroupBox`) ist eine Lösung des Problems.

Aber es ist zu beachten: Trotz der Gruppierung behält jeder Radiobutton seinen eigenen Namen. Wenn man beispielsweise wissen will, was der Nutzer gerade ausgewählt hat, muss man hier *acht Ereignisprozeduren* schreiben: Für die Information über das Standard-Ereignis am Radiobutton mit der Beschriftung unter 70 kg müssten wir schreiben

```
procedure TForm1.RadioButton1Click(Sender: TObject);
begin
    ShowMessage('1. Gruppe, oben, wurde ausgewählt')
end;
```

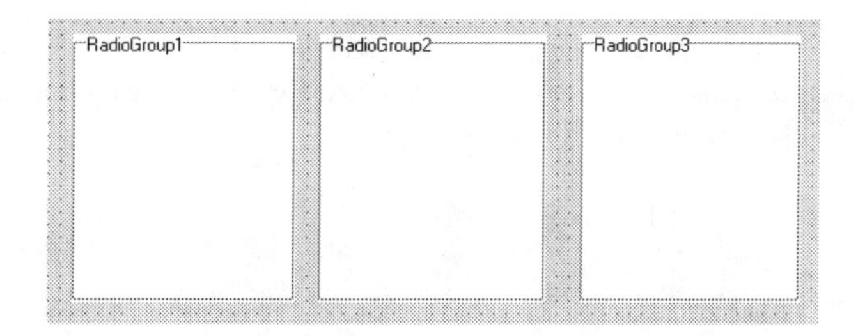

Abb. 3.4 Platzierung von Radiogruppen

und so weiter bis

```
procedure TForm1.RadioButton8Click(Sender: TObject);
begin
    ShowMessage('3. Gruppe, unten, wurde ausgewählt')
end;
```

Doch es geht auch einfacher. Dafür stellt Delphi das *visuelle Objekt Radiogruppe* (`RadioGroup`) zur Verfügung, das in folgender Weise im alten Delphi (links) bzw. im neuen Delphi (rechts) angefordert wird:

Bei der Platzierung der drei Bedienelemente der Art *Radiogruppe* sieht es anfangs so aus, als ob nur drei einfache Gruppen auf das Formular gezogen worden sind (siehe Abb. 3.4).

Im *Objektinspektor* können zuerst die üblichen Eigenschaften voreingestellt werden: Mit der Eigenschaft `Caption` wird für jede Radiogruppe die *Gruppenbeschriftung* festgelegt, mit der Eigenschaft `Color` die *Hintergrundfarbe.*

Betrachten wir die Menge der Eigenschaften genauer, dann finden wir die aus den beiden vorigen Abschnitten bekannte die Eigenschaft `Items`, und rechts daneben steht wieder (`TStrings`) mit den bekannten drei Punkten:

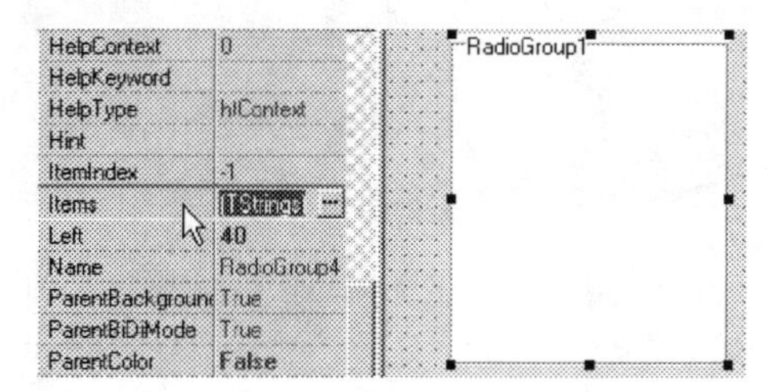

Deshalb werden – ganz anders als vorhin – keine eigenständigen Radiobuttons in den Rahmen eingefügt, sondern die Radiogruppe erhält eine interne Liste. Rein äußerlich dasselbe, aber intern eine andere Arbeitsweise:

Nun kann man Ereignisse an den einzelnen Radiobutton in einer Radiogruppe nicht mehr behandeln, sondern nur das Gruppen-Standard-Ereignis:

```
procedure TForm1.RadioGroup1Click(Sender: TObject);
begin
   ShowMessage('Innerhalb dieser Gruppe wurde irgendwie geklickt')
end;
```

Das ist die *Ereignisprozedur zum Standard-Ereignis*. In Abschn. 4.7.1 werden wir kennen lernen, wie man erfährt, welche Zeile ausgewählt wurde. Übrigens stellt hier der Objektinspektor mit der Eigenschaft `ItemIndex` die Möglichkeit bereit, dafür zu sorgen, dass bereits beim Beginn der Laufzeit ein bestimmter Eintrag der Gruppe ausgewählt ist.

Dabei ist aber unbedingt zu beachten, dass bei den visuellen Delphi-Objekten die *Zählung immer mit Null* beginnt:

Soll beispielsweise in der Gruppe *Gewicht* die Zeile unter 70 kg beim Start der Laufzeit bereits ausgewählt sein, ist die Eigenschaft `ItemIndex` im Objektinspektor auf *Null* zu setzen:

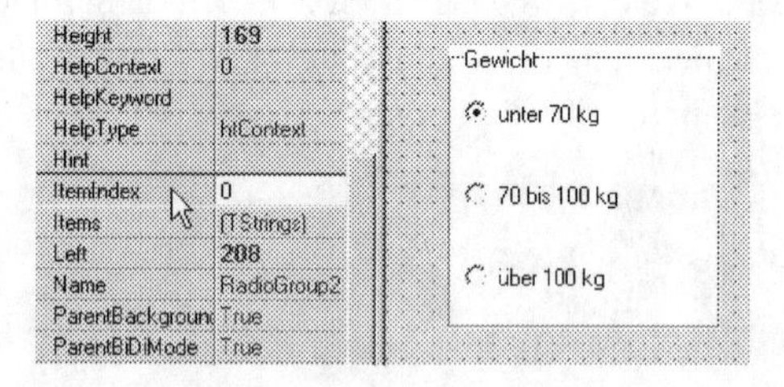

Sollte dagegen die unterste Zeile mit der Beschriftung über 100 kg zu Beginn der Laufzeit ausgewählt sein, wäre die Eigenschaft `ItemIndex` im Objektinspektor auf Zwei zu setzen.

Wichtiger Hinweis: Wer das folgende Delphi-Projekt nicht selbst entwickeln möchte, kann auf der Seite www.w-g-m.de/delphi.htm unter *Dateien für Kapitel 3* die Datei `DKap03.zip` herunter laden, die die Projektdatei `proj_33.dpr` enthält.

3.4 Bedienelement Menü (MainMenu)

Denken wir einfach an das gute alte Windows: Eine ordentliche Benutzeroberfläche kommt heutzutage ohne ein Menü nicht mehr aus. Die Nutzer sind daran gewöhnt; das alte Delphi bietet uns natürlich auch im Registerblatt STANDARD der Komponentenpalette bzw. das neue Delphi in der gleichnamigen Kategorie der Tool-Palette die entsprechende Schaltfläche an:

Gehen wir diesmal vom Ziel aus: Wir möchten gern unsere Benutzeroberfläche durch eine Menüleiste mit so genannten *DropDown-Menüs* attraktiver gestalten:

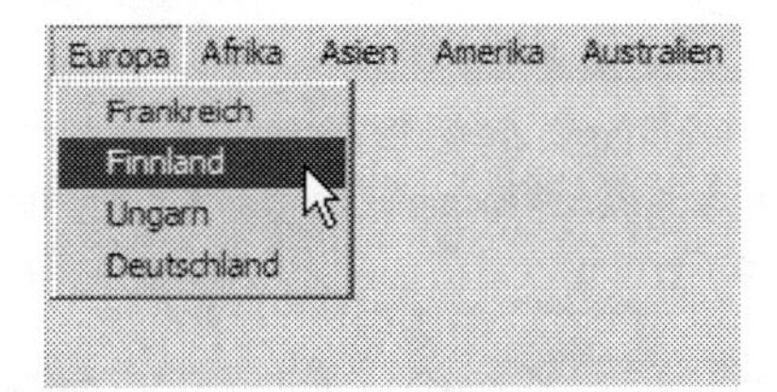

Kein Problem, einmal geübt, und schon kann man tolle Menüs herstellen:

- *Schritt 1*: Die Schaltfläche für das Bedienelement wird auf das Formular gezogen (wie z. B. in diesem Bild – sie verschwindet sowieso zur Laufzeit):

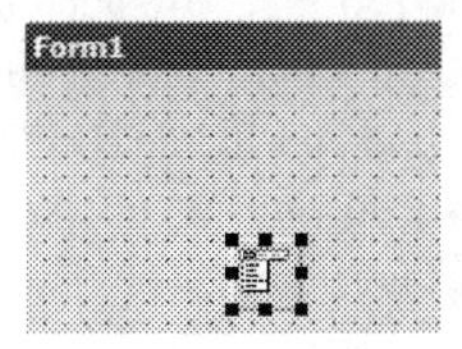

- *Schritt 2*: Im Registerblatt EIGENSCHAFTEN des zugehörigen Objektinspektors wird anschließend die Eigenschaft `Items` ausgewählt:

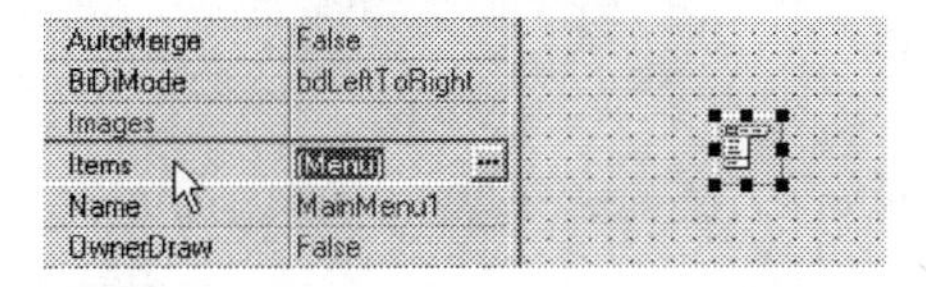

- *Schritt 3*: Der Klick auf die drei Punkte neben (Menü) öffnet den *Menü-Editor*. Gleichzeitig ändert sich das Registerblatt EIGENSCHAFTEN im Objektinspektor; es erscheint ein leeres weißes Feld neben `Caption`:

- *Schritt 4*: In dieses leere, weiße Feld wird die *Überschrift für das erste Menü* eingetragen und mit `Enter` bestätigt. Sie erscheint an der richtigen Stelle. Gleichzeitig erscheint rechts daneben ein neues, leeres Feld für den nächsten Eintrag der Menüleiste:

- *Schritt 5*: Ein Mausklick in das leere Feld rechts neben „Europa", schon wird das Feld neben der Eigenschaft `Caption` wieder leer, und es kann die nächste Beschriftung der Menüleiste eingetragen werden:

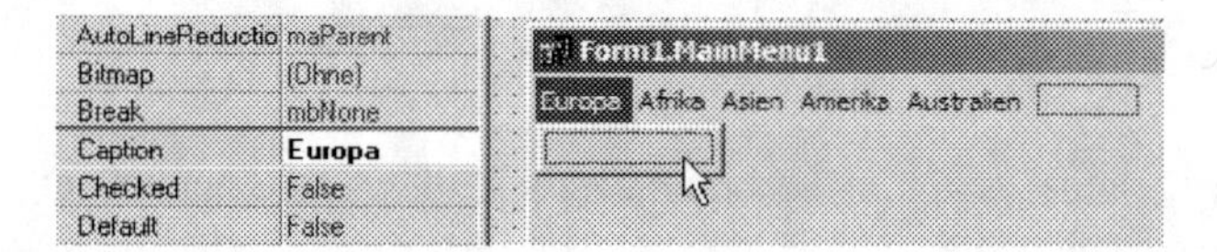

- *Schritt 6*: Wenn die *obere Menüleiste* fertig ist beginnt der Aufbau der so genannten *DropDown-Menüs*, das sind die Einträge, die nach unten aufgeblättert werden. Soll unter *Europa* ein solches Menü aufgebaut werden braucht man dazu lediglich mit der Maus auf die Beschriftung *Europa* zu klicken. Dann erscheint ein leerer Rahmen für die darunter einzutragende Beschriftung. Wenn er wird ausgewählt und *Frankreich* eingetragen wird, erscheint darunter wieder ein leerer Rahmen für *Finnland* und so weiter:

Dann kann *Afrika* nach unten ergänzt werden, anschließend *Asien*, *Amerika* und *Australien.*

Wichtiger Hinweis: Wer das folgende Delphi-Projekt nicht selbst entwickeln möchte, kann auf der Seite www.w-g-m.de/delphi.htm unter *Dateien für Kapitel 3* die Datei `DKap03.zip` herunter laden, die die Projektdatei `proj_34.dpr` enthält.

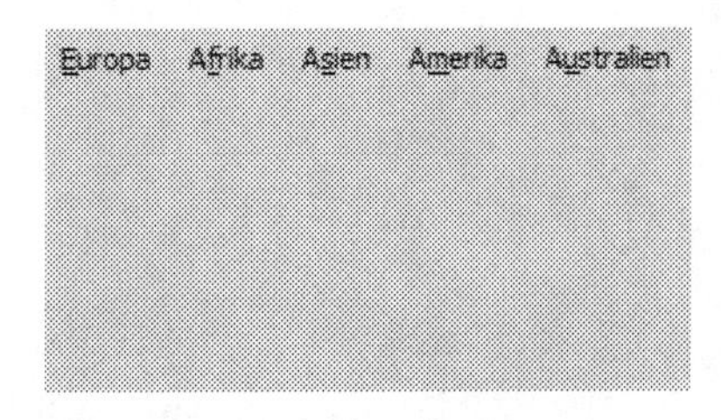

Abb. 3.5 Menü mit hervorgehobenen Schnellwahlbuchstaben

Für welche Nutzereinwirkung sollten wir Reaktionen programmieren?

Ersichtlich ist, dass ein Nutzerklick auf *Europa, Afrika* usw., d. h. auf eine Beschriftung der oberen, sichtbaren Menüleiste, lediglich das Aufblättern des jeweiligen Menüs zur Folge haben muss – das aber erledigt Delphi schon für uns. Wenn wir überhaupt Ereignisprozeduren herstellen müssen, dann für den *Klick auf einen der aufgeblätterten Einträge* in einem DropDown-Menü. Dieser Nutzerklick wird mit Sicherheit als Standard-Ereignis eingestellt sein.

Probieren wir es aus, klicken wir im Entwurf doppelt auf *Frankreich*. Schon bekommen wir den Rahmen für die zugehörige Ereignisprozedur geschenkt:

```
procedure TForm1.Frankreich1Click(Sender: TObject);
begin
    ShowMessage('Der Nutzer hat >Frankreich< ausgewählt')
end;
```

Was fehlt noch? Natürlich – die *Schnellwahlbuchstaben* fehlen.

Wählen wir einfach noch einmal das Symbol für das Menü auf dem Formular und noch einmal den *Menü-Editor*. Dann ändern wir die *Beschriftungen der Menüzeile* in folgender Weise ab:
Europa→ &Europa,
Afrika→ A&frika,
Asien→ A&sien,
Amerika→ A&merika,
Australien→ A&ustralien.

Damit sind die *Schnellwahlbuchstaben* festgelegt (siehe Abb. 3.5). Mit der üblichen Tastenkombination `Alt + Schnellwahlbuchstabe` können die Menüs dann direkt und schnell angewählt und aufgeblättert werden.

Ereignisprozeduren: Verwendung von properties 4

Inhaltsverzeichnis

4.1 Einfache Mitteilungen ... 56
4.2 Passiver Zugriff auf Datenkerne ... 56
4.3 Aktiver Zugriff auf Datenkerne ... 63
4.4 Aktiver und passiver Zugriff auf Datenkerne ... 69
4.5 Aktivierung und Deaktivierung von Bedienelementen ... 72
4.6 Verstecken von Bedienelementen ... 75
4.7 Namensbeschaffung für passende property ... 76

Nun ist die Zeit reif. Langsam wird es langweilig, immer nur als Inhalt einer Ereignisprozedur die Zeile

```
ShowMessage('dies oder das ist passiert')
```

zu programmieren. Ist das überhaupt schon richtiges „Programmieren"? Oder müssen wir beim richtigen Programmieren mehr denken? Wir werden sehen.

> Die Anfangsschwierigkeiten beim Umgang mit Delphi haben wir souverän überwunden. Wir können die einfachen Bedienelemente *Button, Label, Textfenster, Checkbox, Scrollbar, Gruppe mit Radiobuttons* auf dem *Formular* platzieren und im Objektinspektor jeweils voreinstellen, welche *Starteigenschaften* sie und das Formular haben sollen.

W.-G. Matthäus, *Grundkurs Programmieren mit Delphi*, DOI 10.1007/978-3-658-14274-2_4

Wir können auch die anspruchsvolleren Bedienelemente *Liste*, *Combobox*, *Radiogruppe* und sogar ein *Menü* in unsere Benutzeroberfläche aufnehmen.

Eigentlich wissen wir auch schon, wie wir für alles, was ein Nutzer so tun und machen kann, eine Reaktion erzeugen können:

Der Rahmen für die passende Ereignisprozedur ist zu beschaffen, der Inhalt ist zu schreiben. Fertig.

Doch da sind wir wieder beim *Inhalt der Ereignisprozeduren*. Das wird unser Thema werden. Beginnen wir erneut mit den Bildern aus dem Kap. 2.

4.1 Einfache Mitteilungen

Eine *Ereignisprozedur* kann im einfachsten Fall lediglich ein *Mitteilungsfenster* auf dem Bildschirm erscheinen lassen. Das haben wir bisher ausführlich erlebt.

Abb. 4.1 lässt das auch erkennen:

Ereignisprozeduren dieser Art *holen nichts* aus Datenkernen und *liefern nichts* in Datenkerne. Sie sorgen eben nur für ein Mitteilungsfenster. Mehr nicht.

4.2 Passiver Zugriff auf Datenkerne

Eine *property* (Eigenschaft) ist ein direkter Zugriffsmechanismus, mit dessen Hilfe schnell aktiv und passiv auf einzelne Bestandteile des Datenkerns zugegriffen werden kann. Sie kann in Ereignisprozeduren verwendet werden.

Lernen wir zuerst kennen, wie eine Ereignisprozedur *passiv* mit dem *eigenen Datenkern* umgehen kann.

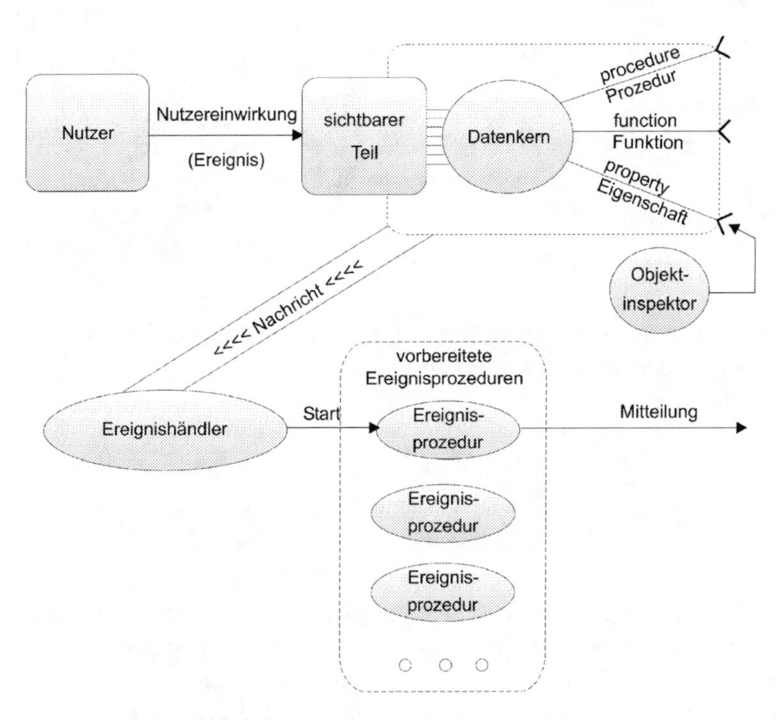

Abb. 4.1 Ereignisprozeduren einfachster Art

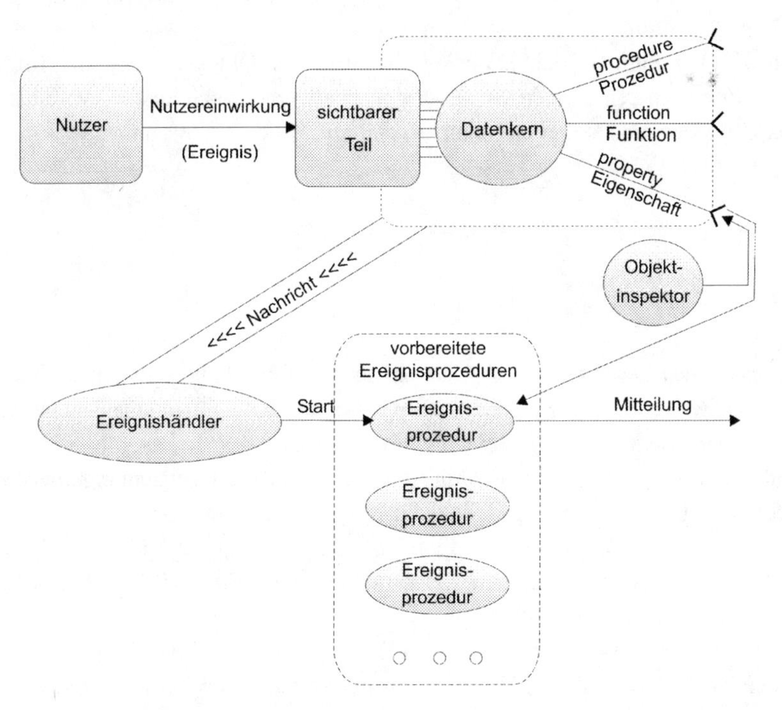

Abb. 4.2 Passiver Zugriff auf den eigenen Datenkern

4.2.1 Eigener Datenkern

Das Registerblatt EIGENSCHAFTEN des Objektinspektors informiert uns für jedes visuelle Objekt über die Namen der wichtigsten *properties*: Denn das sind genau die Bezeichnungen der entsprechenden Zeilen.

Beispielsweise wissen wir aus dem Umgang mit dem Objektinspektor, dass der *Inhalt eines Textfensters* mit der property `Text` vorbereitet werden kann.

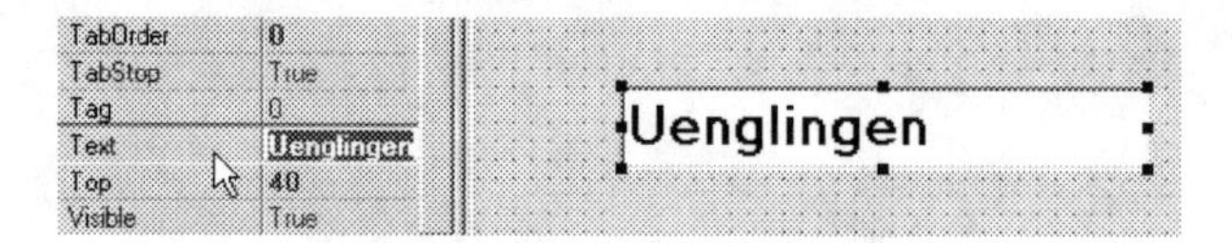

Der *Inhalt des Textfensters* befindet sich irgendwo im Datenkern. Aber weil wir wissen, dass eine *property* stets zweiseitig wirkt, könnten wir mit Text genau so gut auch den Fensterinhalt aus dem Datenkern herausholen und verarbeiten.

Gesagt – getan. Schnell den Rahmen für die meistbehandelte Nutzereinwirkung an dem Textfenster, d.h. für das Standard-Ereignis, durch Doppelklick beschafft (siehe Abschn. 2.2).

Nun wird verlangt, aus dem Datenkern des visuellen Objekts `Edit1` mit Hilfe der passenden property, deren Namen wir als Eigenschaft `Text` noch aus der Voreinstellung in Erinnerung haben, den aktuellen Inhalt zu erfahren. Sehen wir uns an, wie das geschrieben wird:

```
procedure TForm1.Edit1Change(Sender: TObject);
begin
   ShowMessage('Inhalt aktuell: '+ Edit1.Text)
end;
```

Wichtiger Hinweis: Wer das folgende Delphi-Projekt nicht selbst entwickeln möchte, kann auf der Seite www.w-g-m.de/delphi.htm unter *Dateien für Kapitel 4* die Datei `DKap04.zip` herunter laden, die die Projektdatei `proj_421.dpr` enthält.

Weil das funktioniert, können wir mit Abb. 4.2 unser Schema ergänzen: Eine Verbindung aus dem Datenkern in die Ereignisprozedur ist hinzugekommen.

Sehen wir uns die *Wirkung der Ereignisprozedur* an: Bei jeder Änderung, die der Nutzer am Inhalt des Textfensters mit dem Namen `Edit1` vornimmt, wird die Ereignisprozedur durch den Ereignishändler gestartet.

Die Ereignisprozedur holt dann aus dem Datenkern mit Hilfe der *Eigenschaft (property)* `Text` den aktuellen Inhalt des Textfensters und kettet ihn rechts an den statischen Text `'Inhalt aktuell: '` des Mitteilungsfensters an.

Das folgende Bild ist somit entstanden, als der Nutzer gerade den letzten Buchstaben vom Namen diese netten Altmark-Dorfes gelöscht hatte – auch das war eine Änderung:

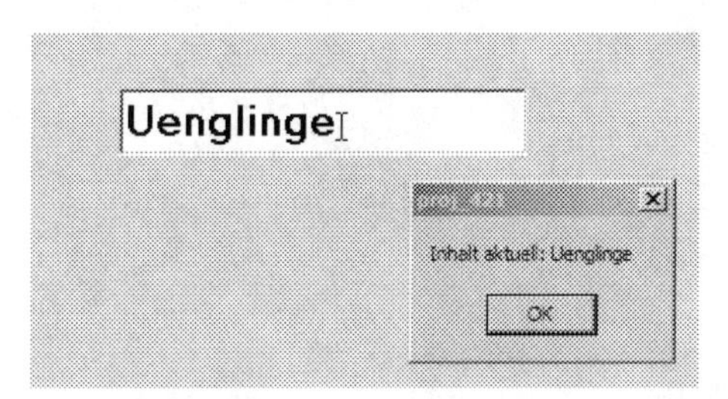

Ein zweites Beispiel: Der Objektinspektor informiert uns, dass diejenige *property*, mit deren Hilfe auf den Teil *Beschriftung des Datenkerns eines Button-Objekts* zugegriffen werden kann, den Namen `Caption` trägt – denn diese Zeile des Objektinspektors benutzten wir bereits bei den Voreinstellungen. Diese Information ist ausreichend.

Überzeugen wir uns: Platzieren wir zur Anwendung zusätzlich zu dem Textfenster `Edit1` einen *Button* (er bekommt von Delphi den Namen `Button1`) mit der Beschriftung *Uenglingen* auf dem Formular. Nun können wir dafür sorgen, dass *bei Klick des Nutzers auf den Button* (Standard-Ereignis) in einem Mitteilungsfenster über die Beschriftung des Buttons informiert wird:

```
procedure TForm1.Button1Click(Sender: TObject);
begin
    ShowMessage('Beschriftung:'+ Button1.Caption)
end;
```

Das folgende Bild lässt erkennen, dass alles auch so funktioniert, wie wir uns das vorgestellt haben.

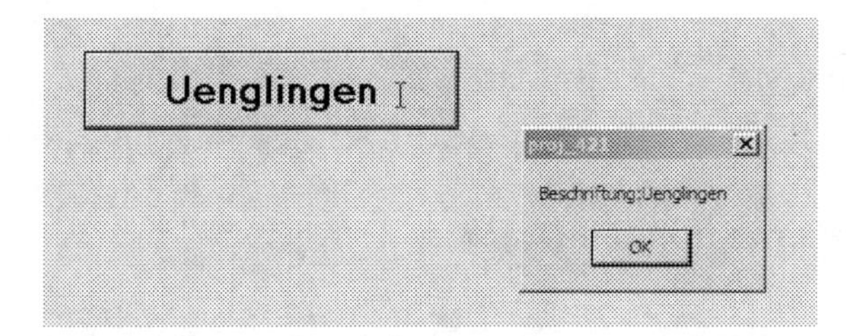

Kommen wir zum Regelwerk:

- Zuerst müssen wir den Namen desjenigen visuellen Objekts angeben, aus dessen Datenkern wir etwas erfahren wollen.

Mit den Möglichkeiten der Namenswahl der visuellen Objekte (eigene Wahl oder Akzeptieren des von Delphi vorgeschlagenen Namens) hatte sich schon der Abschn. 1.7.2

beschäftigt. Bisher arbeiteten wir konsequent mit den von Delphi vorgeschlagenen Namen.

Der *Name eines visuellen Objekts* ist im *Objektinspektor* sowohl in der Kopfzeile und zusätzlich noch neben der *Eigenschaft (property)* `Name`, d. h. in der Zeile mit der Beschriftung `Name`, abzulesen:

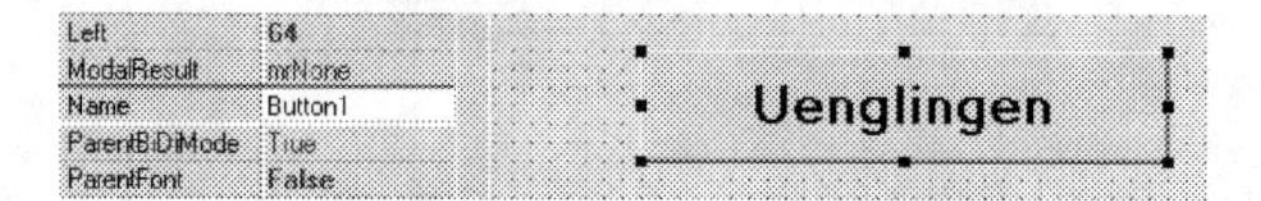

- Nach dem Namen kommt immer ein *Punkt*. Das gehört zum Regelwerk.
- Rechts vom Punkt kommt dann der Name derjenigen *property (Eigenschaft)*, die den Transportvorgang aus dem Datenkern vornimmt.

Den Namen der property erfuhren wir bisher stets aus der Registerkarte EIGENSCHAFTEN des Objektinspektors, insbesondere von den dort vorgenommenen Voreinstellungen.

Aber nicht alle properties, die in Delphi den direkten aktiven und passiven Zugriff auf den Datenkern eines Objektes erlauben, sind im Objektinspektor unter EIGENSCHAFTEN aufgelistet. Dort stehen nur die wichtigsten.

Im Abschn. 4.7.3 erfahren wir, wie man die Namen weiterer properties finden kann.

Liefert die *property* eine Zeichenfolge (einen Text), kann diese in einer `ShowMessage`-Prozedur sofort verwendet werden, gegebenenfalls in Verbindung mit einem erläuternden statischen Text – siehe unsere beiden Beispiele.

Als *Verkettungszeichen* dient dabei das bekannte Pluszeichen.

4.2.2 Datenkerne fremder Objekte

Wer sagt denn eigentlich, dass eine Ereignisprozedur nicht auch in die *Datenkerne fremder visueller Objekte* hineingreifen darf? Spricht irgendetwas dagegen?

Die Abb. 4.3 skizziert uns den Mechanismus, und an einem einfachen Beispiel werden wir uns überzeugen, dass wir dafür absolut nichts hinzulernen müssen.

Betrachten wir folgende einfache Aufgabe: Auf einem Formular sind rings um einen *Button* ein *Label*, ein *Textfenster*, eine *Checkbox* und ein *Radiobutton* mit ihren Inhalten bzw. Beschriftungen angeordnet:

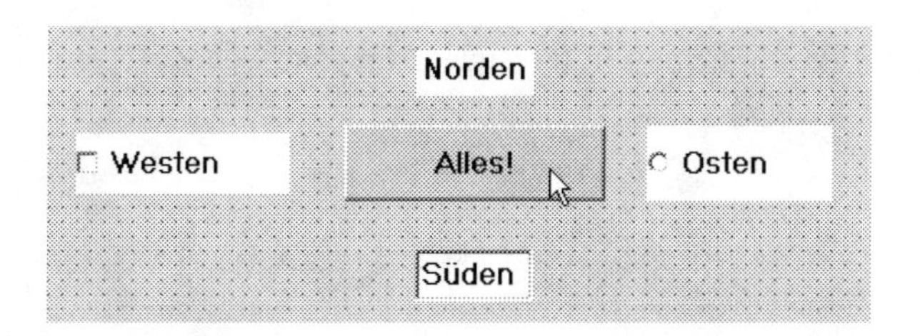

Bei *Klick auf den Button* sollen in einer Mitteilung der *Inhalt der Textbox* sowie die drei *Beschriftungen* von *Label*, *Checkbox* und *Radiobutton* zusammengefasst werden.

Wie sieht der zugehörige Inhalt der Ereignisprozedur zum Ereignis *Klick auf den Button* aus? Offenbar müssen in ihr mit Hilfe der vier passenden *Transport-properties* die jeweiligen Beschriftungen bzw. der Inhalt des Textfensters aus den Datenkernen geholt werden:

```
procedure TForm1.Button1Click(Sender: TObject);
begin
    ShowMessage(Label1.Caption   + Edit1.Text    +
          Checkbox1.Caption + RadioButton1.Caption)
end;
```

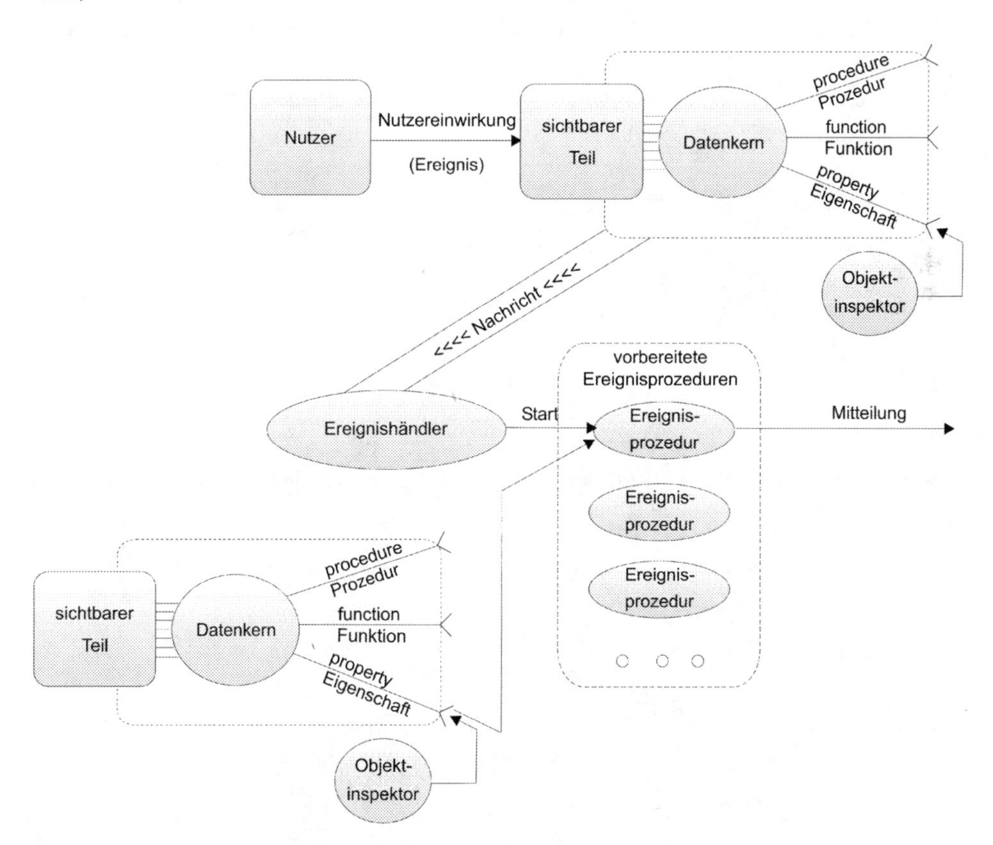

Abb. 4.3 Prinzip: Passiver Zugriff auf einen fremden Datenkern

Kontrollieren wir das Ergebnis – in folgender Abbildung sehen wir es:

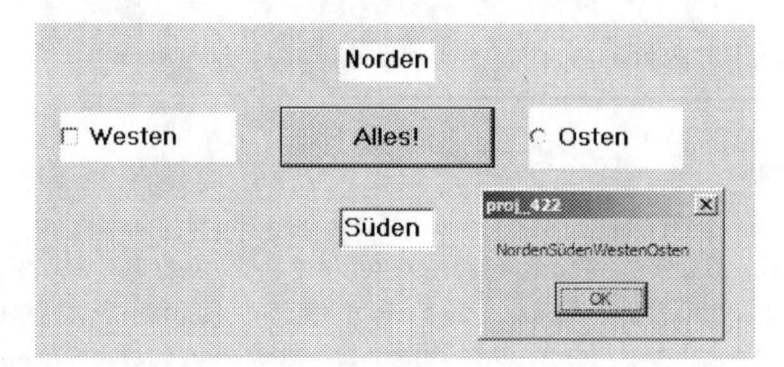

In der Ereignisprozedur wurde durch Verteilung auf mehrere Zeilen übersichtlich geschrieben, das ist auch erlaubt.

Wichtiger Hinweis: Wer das folgende Delphi-Projekt nicht selbst entwickeln möchte, kann auf der Seite www.w-g-m.de/delphi.htm unter *Dateien für Kapitel 4* die Datei `DKap04.zip` herunter laden, die die Projektdatei `proj_422.dpr` enthält.

Die vier Zeichenfolgen, die aus den vier Datenkernen geholt wurden, werden in obiger Abbildung unmittelbar aneinander geschrieben. Logisch – wir haben auch nichts Anderes programmiert.

Zur Verbesserung der Ausgabe sollten wir den Inhalt der Ereignisprozedur dreimal durch den statischen Text `'>>'` erweitern:

```
procedure TForm1.Button1Click(Sender: TObject);
begin
    ShowMessage(Label1.Caption+'>>'+
        Edit1.Text+'>>'+
        Checkbox1.Caption+'>>'+
        RadioButton1.Caption
          )
end;
```

Dann erhalten wir beim Klick auf den Button natürlich eine andere, bessere Ausgabe, wie man hier sehen kann:

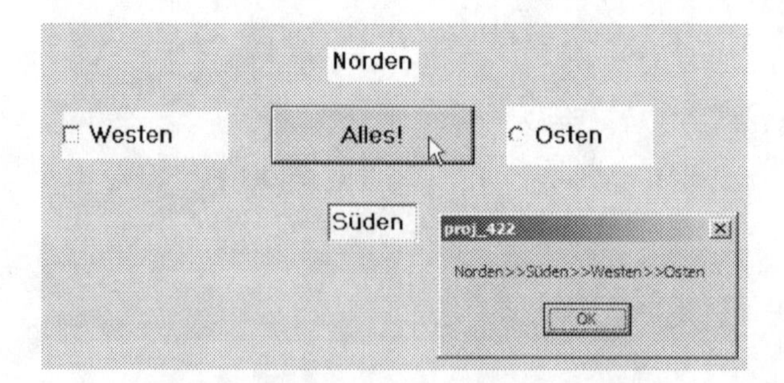

Übrigens – wem der Name oder zumindest die Schreibweise des einen oder anderen visuellen Objekts entfallen sollte: Im *Kopf des Objektinspektors* befindet sich eine Combobox mit allen Namen aller Objekte, die sich derzeit auf dem Formular befinden, einschließlich des Formularnamens:

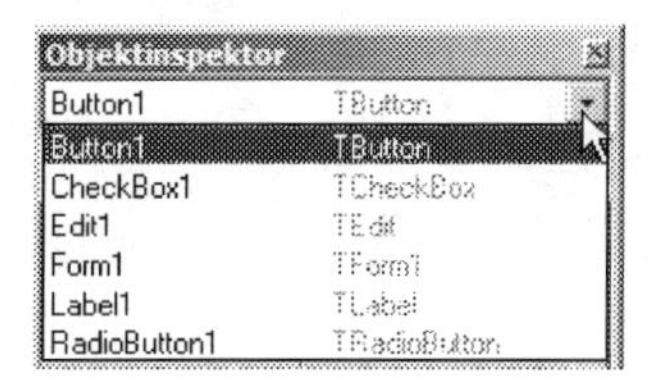

4.3 Aktiver Zugriff auf Datenkerne

4.3.1 Eigener Datenkern

Wichtiger Hinweis: Wer das folgende Delphi-Projekt nicht selbst entwickeln möchte, kann auf der Seite www.w-g-m.de/delphi.htm unter *Dateien für Kapitel 4* die Datei `DKap04.zip` herunter laden, die die Projektdatei `proj_431.dpr` enthält.

Eine ganz einfache Aufgabenstellung soll uns den Zugang zur Lösung derartiger Probleme öffnen: Auf einem Formular befindet sich ein Button, anfangs trägt er die Beschriftung *Start*.

Beim Klick auf den Button soll sich seine eigene Beschriftung in *Stop* ändern. Betrachten wir dazu gleich die Ereignisprozedur.

```
procedure TForm1.Button1Click(Sender: TObject);
begin
    Button1.Caption:='Stop'
end;
```

Der Inhalt der Ereignisprozedur besteht aus dem Befehl

```
Button1.Caption:='Stop'
```

> Das ist ein *Zuweisungsbefehl*. Rechts steht die Quelle, links steht das Ziel. Das Zeichen := mit dem Doppelpunkt und dem Gleichheitszeichen sollte als *ergibt sich aus* gesprochen werden.

Dieser Zuweisungsbefehl sorgt dafür, dass der statische Text `'Stop'` mittels der Eigenschaft (property) `Caption` in den Datenkern des visuellen Objekts `Button1` hinein transportiert wird. Kommt der neue Text dort an, wird sofort der sichtbare Teil verändert – die Beschriftung wechselt. Links sehen wir das Formular vor dem ersten Klick, rechts nach dem ersten Klick:

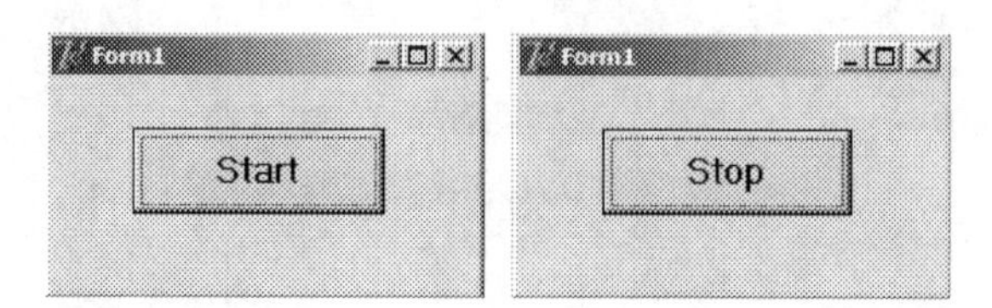

Wird anschließend noch einmal auf den Button geklickt, passiert natürlich nichts mehr. Oder doch? Überlegen wir: Beim *zweiten Klick* wird wiederum der statische Text `'Stop'` via Datenkern zur Beschriftung des Buttons geschickt. Wir bemerken das nur nicht, weil sich dann die Beschriftung nicht mehr ändert. Dasselbe beim dritten, vierten, fünften Klick usw. Folglich passiert doch jedes Mal etwas, wir *bemerken es nur nicht*.

4.3.2 Datenkerne fremder Objekte

Jetzt wird es langsam interessant. Eben haben wir erlebt, wie mittels einer Ereignisprozedur eine bestimmte Belegung in einen Datenkern hineingebracht werden kann und folglich am jeweiligen Bedienelement sichtbare Veränderungen erzeugen kann. Natürlich funktioniert das auch in fremden Datenkernen – wir brauchen uns dazu nur noch einmal die Skizze in Abb. 4.3 anzusehen.

Ein paar Beispiele dazu: Zuerst platzieren wir auf dem Formular einen Button und ein Label. Das Label ohne Startbeschriftung.

Wichtiger Hinweis: Wer das folgende Delphi-Projekt nicht selbst entwickeln möchte, kann auf der Seite www.w-g-m.de/delphi.htm unter *Dateien für Kapitel 4* die Datei `DKap04.zip` herunter laden, die die Projektdatei `proj_432.dpr` enthält.

Beim *Klick auf den Button* (Standardereignis) soll das Label beschriftet werden mit der schönen Zeichenfolge *Uenglingen*. Die Lösung:

```
procedure TForm1.Button1Click(Sender: TObject);
begin
    Label1.Caption:='Uenglingen'
end;
```

Nächstes Beispiel: Auf dem Formular werden zusätzlich ein *zweiter Button* und eine *waagerechte Scrollbar* angeordnet. Starteinstellung der Scrollbar: *Maximum* = *100*, *Minimum* = *0*, *Position* = *0* (wie in ihrem Objektinspektor neben den Eigenschaften `Max`, `Min` und `Position` angeboten). Aufgabe: Beim Klick auf den Button soll die *Position des Reglers* auf 75 wechseln. Sehen wir uns die Ereignisprozedur an:

```
procedure TForm1.Button2Click(Sender: TObject);
begin
    ScrollBar1.Position:=75
end;
```

Nun steht auf der rechten (Quell-)Seite des Zuweisungsbefehls eine Zahl; das ist auch korrekt, weil die Position des Reglers in der Scrollbar eben durch einen *Zahlenwert* beschrieben wird. Man erlebt tatsächlich, dass sich nach dem Klick die Stellung des Reglers wie vorgesehen verändert:

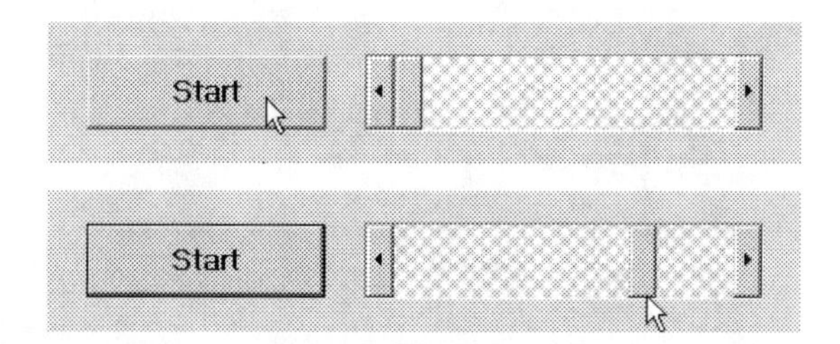

Im nächsten Beispiel wollen wir eine frühere Aufgabe umgekehrt lösen. Auf dem Formular sind rings um einen weiteren *Button* ein *Label*, eine *Checkbox*, ein *Radiobutton* mit ihren Beschriftungen und ein *Textfenster* mit seinem Startinhalt angeordnet. Die Beschriftungen (siehe Abschn. 4.2.2) lauten *Norden*, *Westen*, *Osten*, das Textfenster hat anfangs den *Inhalt Süden*. Aufgabe: Beim *Klick auf den Button* (Standard-Ereignis) sollen sie stattdessen die Beschriftungen *Nord*, *West*, *Ost* bzw. den *Inhalt Süd* erhalten:

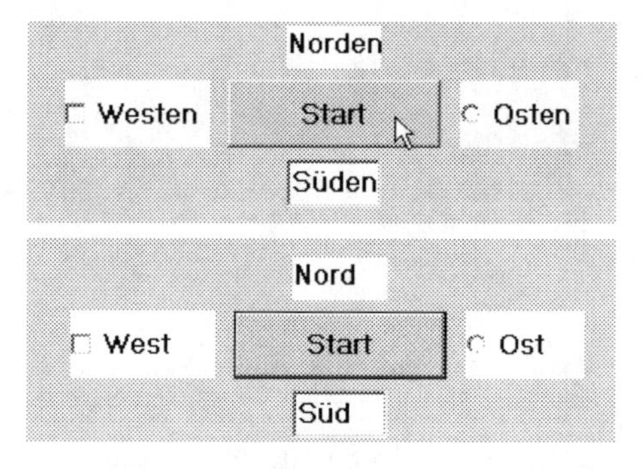

In der zugehörigen Ereignisprozedur sehen wir erstmalig das *Semikolon als Trennzeichen* zwischen den Zuweisungsbefehlen.

Auch wenn die Befehle untereinander stehen sollten – das Zeilenende kann niemals das trennende Semikolon ersetzen.

```
procedure TForm1.Button3Click(Sender: TObject);
begin
    Label2.Caption:='Nord';                    // Trennzeichen nötig
    RadioButton1.Caption:='Ost';               // Trennzeichen nötig
    Edit1.Text:='Süd';                         // Trennzeichen nötig
    CheckBox1.Caption:='West'
end;
```

Erweitern wir die Aufgabenstellung: Nun soll zusätzlich beim *Klick auf den Button* (d. h. bei demselben Ereignis) die *Checkbox* den *Haken* und der *Radiobutton* die *Markierung* bekommen:

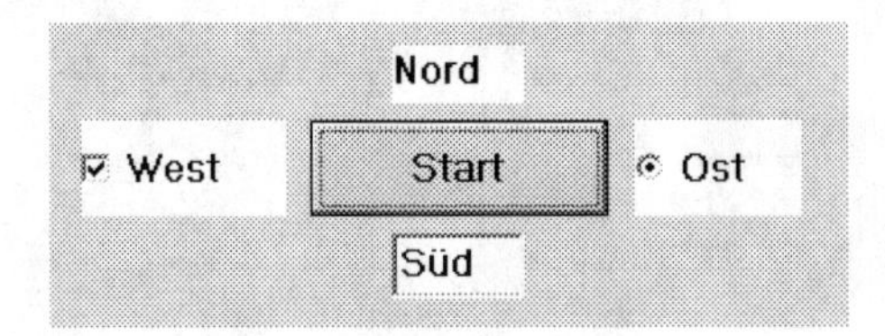

Welche Zuweisungsbefehle müssen wir für diese erweiterte Aufgabenstellung zusätzlich in die Ereignisprozedur aufnehmen?

Sehen wir uns zuerst die Lösung an.

```
procedure TForm1.Button3Click(Sender: TObject);
begin
    Label2.Caption:='Nord';                    // Trennzeichen nötig
    RadioButton1.Caption:='Ost';               // Trennzeichen nötig
    Edit1.Text:='Süd';                         // Trennzeichen nötig
    CheckBox1.Caption:='West';                 // Trennzeichen nötig
    Checkbox1.Checked:=True;                   // Trennzeichen nötig
    RadioButton1.Checked:=True
end;
```

Warum mussten wir die Vokabel `True` auf die rechten Seiten der beiden hinzugekommenen Zuweisungen schreiben?

Die Antwort darauf finden wir, wieder einmal, im Registerblatt EIGENSCHAFTEN der Objektinspektoren für Checkbox und Radiobutton.

Dort finden wir zuerst, dass die beiden Eigenschaften (properties), die die Belegungen im Datenkern veranlassen (oder liefern), beide Male auf den Namen `Checked` hören (vergleiche auch den Abschn. 2.2.3):

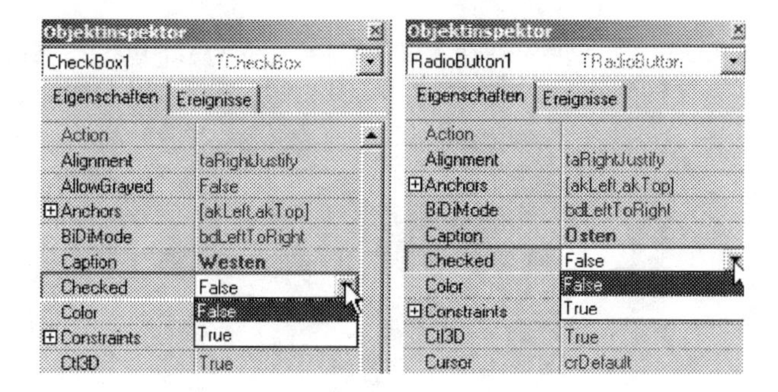

Was ist zu erkennen?

> Die *property* `Checked` muss bei beiden Bedienelementen mit einem der beiden *logischen Werte* `False` (falsch) oder `True` (wahr) belegt werden.

Vorletztes Beispiel in diesem Abschnitt: Auf dem Formular befindet sich weiter eine Radiogruppe (vgl. Abschn. 3.3), belegt mit den Namen der sechzehn deutschen Landeshauptstädte. Zu Beginn der Laufzeit soll keine Landeshauptstadt die Markierung besitzen.

Nun soll die folgende Aufgabe gelöst werden: Bei jedem *Klick in der Radiogruppe* (Standard-Ereignis) soll nicht etwa die ausgewählte Landeshauptstadt die Markierung bekommen, sondern stets die Zentrale, Berlin.

Was auch der Nutzer immer anklicken mag, bei jedem Klick soll immer (ob der Nutzer will oder nicht) die Markierung zur Bundeshauptstadt springen:

Der *Rahmen für die Ereignisprozedur* ist schnell beschafft, da es sich um das *Standard-Ereignis der Radiogruppe* handelt. Doch welchen Zuweisungsbefehl muss man eintragen? Wie heißt die passende Eigenschaft (property)?

Suchen wir im Objektinspektor der Radiogruppe nach derjenigen Eigenschaft, die die *Markierung auf eine bestimmte Zeile* setzt. Es ist die Eigenschaft `ItemIndex`.

Wir lesen ab: Rechts neben `ItemIndex` steht eine *ganze Zahl*. Folglich muss dieser Eigenschaft, wenn sie als property in einer Ereignisprozedur verwendet wird, stets eine Zahl zugewiesen werden. Hier ist es die Null.

Warum gerade die Null? Nun, weil Berlin der erste Eintrag ist, und *mit Null die Zählung beginnt*.

```
procedure TForm1.RadioGroup1Click(Sender: TObject);
begin
   RadioGroup1.ItemIndex:=0
end;
```

Fassen wir zusammen:

- Verlangt eine property einen *Text* (eine *Zeichenfolge*), muss auf der rechten (Quell-)Seite der Zuweisung ein *statischer Text* stehen, kenntlich an den beiden Hochkommas 'und'.
- Verlangt eine property eine *ganze Zahl*, muss auf der rechten Seite der Zuweisung eine *ganze Zahl* stehen.
- Verlangt eine property einen *Wahrheitswert*, muss auf der rechten Seite der Zuweisung entweder `True` oder `False` stehen.

Nun zum letzten Beispiel. Auf unserem Formular werden weitere *vier Buttons* mit den Beschriftungen *Flensburg* , *Garmisch* , *Görlitz* und *Aachen* platziert, sie erhalten die Namen `Button4` bis `Button8`. In der Mitte befindet sich dazu ein weiteres *Label*, das soll anfangs leer sein. Es bekommt von Delphi den Namen `Label3`.

Nun die Aufgabe: Wird der Mauszeiger über einem der Buttons bewegt, soll im Label die Beschriftung des gerade „überflogenen" Buttons erscheinen; wird der Mauszeiger dagegen über dem Zwischenraum bewegt, soll „Deutschland" im Label erscheinen.

Eine ähnliche Aufgabe wurde schon in Abschn. 2.3.1 gelöst, dort jedoch ging es nur um eine einfache Mitteilung.

Wir erinnern uns jedoch, dass die Mauszeiger-Bewegung kein Standard-Ereignis ist.

Folglich beschaffen wir uns mit Hilfe des Registerblattes EREIGNISSE der Objektinspektoren die fünf Rahmen für die fünf Ereignisprozeduren.

Dann erinnern wir uns daran, dass die *Beschriftung eines Labels* mit Hilfe der *property* `Caption`, deren Name wir aus dem Registerblatt EIGENSCHAFTEN des Label-Objektinspektors kennen, verändert werden kann. Das ist schon alles, und nun können wir uns die fünf fertigen Ereignisprozeduren ansehen:

```
procedure TForm1.Button4MouseMove(Sender: TObject; Shift:
                                   TShiftState; X, Y: Integer);
begin
    Label3.caption:='Flensburg'
end;
procedure TForm1.Button5MouseMove(Sender: TObject; Shift:
                                   TShiftState; X, Y: Integer);
begin
    Label3.caption:='Görlitz'
end;
procedure TForm1.Button6MouseMove(Sender: TObject; Shift:
                                   TShiftState; X, Y: Integer);
begin
    Label3.caption:='Garmisch'
end;
procedure TForm1.Button7MouseMove(Sender: TObject; Shift:
                                   TShiftState; X, Y: Integer);
begin
    Label3.caption:='Aachen'
end;
procedure TForm1.FormMouseMove(Sender: TObject; Shift:
                                   TShiftState; X, Y: Integer);
begin
    Label3.Caption:='Deutschland'
end;
```

Ist es nicht eine schöne Geste von Delphi, dass uns die *Rahmen der Ereignisprozeduren* immer geschenkt werden? Ganze fünf Zuweisungsbefehle mussten wir jeweils zwischen `begin` und `end;` schreiben, und schon hat die Benutzeroberfläche genau die Funktionalität, die durch die Aufgabe vorgegeben war. Übrigens – was wird denn im Label angezeigt, wenn der Nutzer den Mauszeiger über eben diesem Label bewegen wird? Natürlich: *„Deutschland"*.

4.4 Aktiver und passiver Zugriff auf Datenkerne

Wir haben gelernt, wie man Eigenschaften (properties) benutzt, um aus den Datenkernen des eigenen oder fremder Objekte etwas „herauszuholen", wir haben gelernt, wie man properties benutzt, um in die Datenkerne des eigenen oder fremder Objekte etwas „hineinzubringen" – was soll uns daran hindern, beides zu tun?

Blättern wir noch einmal zurück zu Abb. 4.3 im Abschn. 4.2.2. Eigentlich beschreibt dieses Bild genau die Situation, um die es nun geht.

- In einer Ereignisprozedur kann es aktive und passive Zugriffe auf die Datenkerne des eigenen Objekts und fremder Objekte geben.

Fangen wir ganz einfach an. Ein Formular besitze zwei übereinander liegende Scrollbars.

Wichtiger Hinweis: Wer das folgende Delphi-Projekt nicht selbst entwickeln möchte, kann auf der Seite www.w-g-m.de/delphi.htm unter *Dateien für Kapitel 4* die Datei `DKap04.zip` herunter laden, die die Projektdatei `proj_44.dpr` enthält.

Lösen wir die folgende Aufgabe: Wenn der Nutzer in der oberen Scrollbar die Position des Reglers ändert (Standard-Ereignis), soll sich die Position des Reglers in der unteren Scrollbar automatisch anpassen. Ändert der Nutzer dagegen in der unteren Scrollbar, so soll sich die obere Scrollbar automatisch anpassen.

Sehen wir uns gleich die beiden Ereignisprozeduren an. Zuerst die Ereignisprozedur für die Verschiebung des Reglers in der oberen Scrollbar, d. h. der Änderung am Objekt mit dem Namen `ScrollBar1`:

```
procedure TForm1.ScrollBar1Change(Sender: TObject);
begin
    Scrollbar2.Position:=Scrollbar1.Position
end;
```

Dann die Ereignisprozedur für die Änderung im unteren Objekt mit dem von Delphi vergebenen Namen `ScrollBar2`:

```
procedure TForm1.ScrollBar2Change(Sender: TObject);
begin
    Scrollbar1.Position:=Scrollbar2.Position
end;
```

Die Abb. 4.4 beschreibt jeweils die Situation: Geholt wird in beiden Fällen aus dem eigenen Datenkern, transportiert wird in den fremden Datenkern.

Betrachten wir ein nächstes Beispiel: Auf der Benutzeroberfläche befinde sich zusätzlich ein *Textfenster* mit dem Namen `Edit1`, darunter sei ein *Label* angeordnet, das von Delphi den Namen `Label1` bekommt. Bei jeder Änderung, die der Nutzer im Textfenster vornimmt (Standard-Ereignis), soll automatisch *der aktuelle Inhalt des Textfensters* als *Beschriftung des Labels* angezeigt werden.

Überlegen wir uns den Inhalt der Ereignisprozedur zum Ereignis *Änderung im Textfenster*: Die Quelle ist hier der Datenkern des Textfensters `Edit1`, (der eigene Datenkern), das Ziel ist der Datenkern von `Label1`.

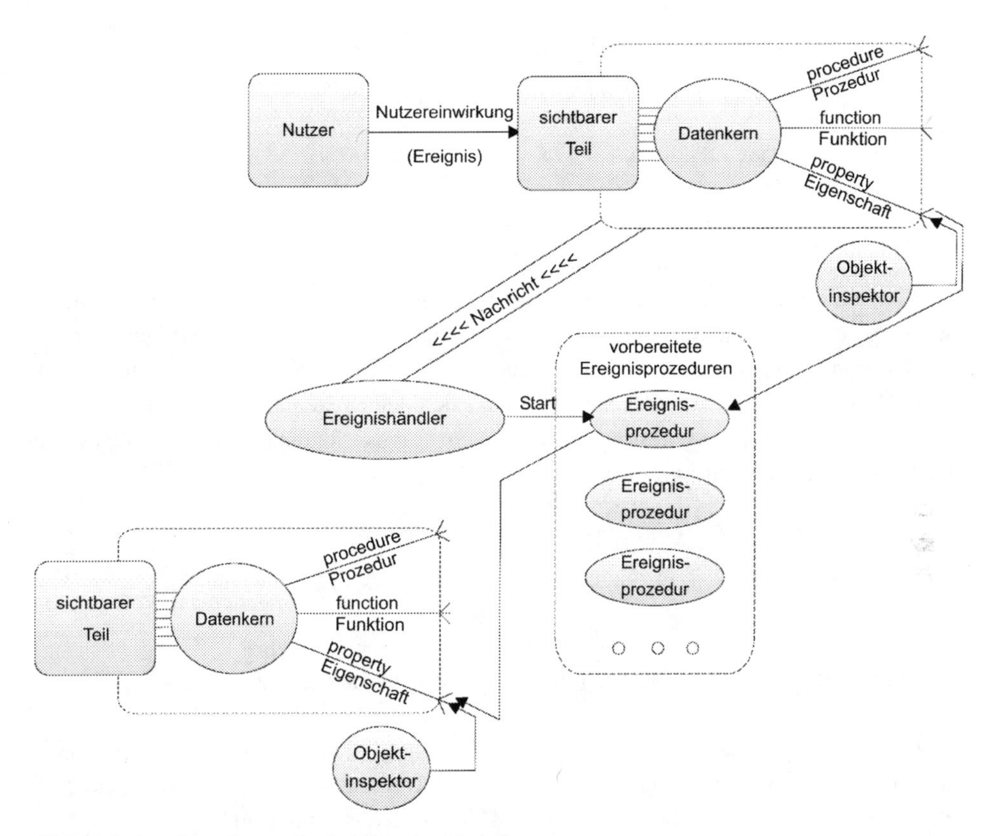

Abb. 4.4 Aus dem eigenen in den fremden Datenkern

Nun brauchen wir nur noch die richtigen Eigenschaften (properties) auszuwählen:

```
procedure TForm1.Edit1Change(Sender: TObject);
begin
    Label1.Caption:=Edit1.Text
end;
```

Die in Abb. 4.4 geschilderte Situation „aus dem eigenen in den fremden Datenkern" liegt auch bei dem nächsten Beispiel vor, dort sogar zweimal:

Erweitern wir unsere Benutzeroberfläche ein drittes Mal. Nebeneinander werden *zwei Checkboxen* platziert: Links befinde sich eine Checkbox mit dem Namen `CheckBox1`, rechts daneben eine andere Checkbox mit dem Namen `CheckBox2`. Wird vom Nutzer in der linken Checkbox geklickt (ein oder aus), soll automatisch die rechte Checkbox dieselbe Belegung annehmen. Wird vom Nutzer in der rechten Checkbox geklickt (ein oder aus), soll automatisch die linke Checkbox dieselbe Belegung annehmen.

Beide Ereignisprozeduren können wir sofort schreiben, da wir den Namen der passenden property `Checked` aus dem Registerblatt EIGENSCHAFTEN der Objektinspektoren der Checkboxen kennen:

```
procedure TForm1.CheckBox1Click(Sender: TObject);
begin
    Checkbox2.Checked:=Checkbox1.Checked
end;
procedure TForm1.CheckBox2Click(Sender: TObject);
begin
    Checkbox1.Checked:=Checkbox2.Checked
end;
```

Nun noch ein letztes Beispiel, denn es ist wirklich nicht schwer: Die Benutzeroberfläche wird ergänzt durch einen *Button* mit der Beschriftung *Weiter* , darunter wird eine weitere *Scrollbar* mit Standard-Starteinstellung platziert: *Minimum Null*, *Maximum 100*, *Position Null*. Diese Scrollbar bekommt von Delphi folglich den Namen `Scrollbar3`.

Bei jedem *Klick auf den Button* soll sich die Position des Reglers um 10 Einheiten weiter nach rechts verschieben.

```
procedure TForm1.Button1Click(Sender: TObject);
begin
    ScrollBar3.Position:=ScrollBar3.Position+10
end;
```

Das Schema in Abb. 4.5 verdeutlicht diesmal das etwas andere Vorgehen:

- Die Ereignisprozedur zum *Klick auf den Button* holt mittels der property `Position` zuerst die gewünschte Angabe aus dem Datenkern der Scrollbar (fremdes Objekt).
- Dann verarbeitet sie diese Angabe, indem sie die Zahl 10 hinzu addiert.
- Schließlich transportiert sie den neuen Wert wieder mit einer property desselben Namens zurück in den Datenkern der Scrollbar (fremdes Objekt), womit sofort die neue Position des Reglers sichtbar wird.

4.5 Aktivierung und Deaktivierung von Bedienelementen

Wir alle kennen es von Windows: Keinesfalls immer ist es sinnvoll, dass der Nutzer jedes Bedienelement, das sich auf einem Formular befindet, auch jederzeit bedienen können sollte.

Ein neues Beispiel dazu: Auf einem Formular befinden sich ein anfangs leeres *Textfenster*, ein *Button* mit der Beschriftung *Übernehmen* und ein anfangs ebenfalls unbeschriftetes *Label*. Beim Klick auf den Button soll der aktuelle Inhalt des Textfensters zur Beschriftung des Labels werden.

Jetzt soll uns aber nicht vordergründig der Inhalt der Ereignisprozedur für das Standard-Ereignis *Klick auf den Button* beschäftigen – dieser ist inzwischen bekannt (siehe Abschn. 4.4). Nein, vielmehr wollen wir kennen lernen, wie man dafür sorgt, dass der Nutzer *bei leerem Textfenster* den Button *überhaupt nicht bedienen* kann.

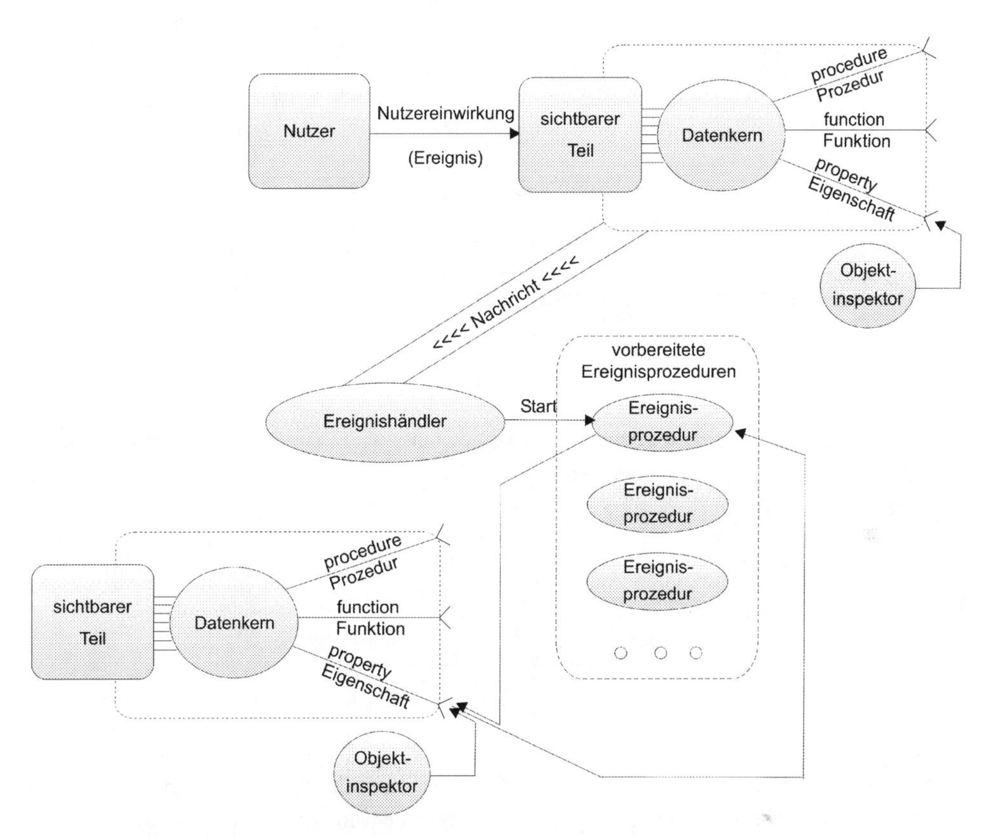

Abb. 4.5 Aktiver und passiver Zugriff auf fremden Datenkern

Dazu gibt es zwei Möglichkeiten:

Der Button wird *völlig unsichtbar* gemacht, solange das Textfenster leer ist – oder er wird *inaktiv* geschaltet.

Das letztere bedeutet, dass er zwar sichtbar bleibt, aber keinen Klick entgegennimmt. Damit wollen wir uns zuerst beschäftigen.

4.5.1 property `Enabled`

Dazu gibt es im Objektinspektor die Zeile mit der Eigenschaft `Enabled`:

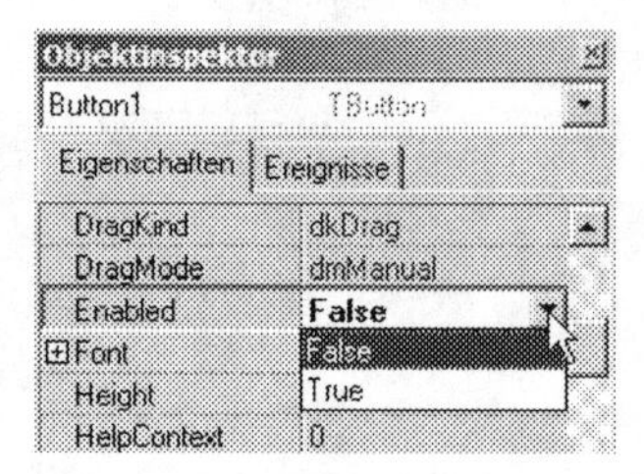

Wie in der Abbildung zu erkennen ist, muss dieser *property* einer der beiden logischen Werte `False` oder `True` zugewiesen werden. Sehen wir uns den Unterschied zwischen aktivem und inaktivem Button an:

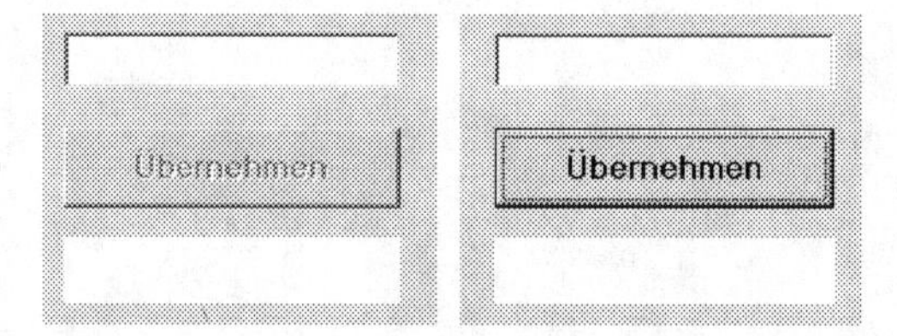

Wenn zu Beginn der Laufzeit das *Textfenster leer* ist, sollte zu Beginn der Laufzeit der Button inaktiv sein: Eine Bedienung durch den Nutzer wäre zu diesem Zeitpunkt sinnlos. Im Objektinspektor wird folglich die Zeile `Enabled` für den *Start der Laufzeit* auf `False` gesetzt.

4.5.2 Aktivierung des Bedienelements

Wichtiger Hinweis: Wer das folgende Delphi-Projekt nicht selbst entwickeln möchte, kann auf der Seite www.w-g-m.de/delphi.htm unter *Dateien für Kapitel 4* die Datei `DKap04.zip` herunter laden, die die Projektdatei `proj_452.dpr` enthält.

Wann aber wird die Bedienung des Buttons sinnvoll? Antwort: Wenn der Nutzer in das Textfenster etwas eingibt.

Das heißt, wir beschaffen uns den Rahmen für die Ereignisprozedur zum Ereignis *Änderung im Textfenster* (Standard-Ereignis) und tragen dort den Zuweisungsbefehl zur Aktivierung des Buttons ein. Den Namen der passenden *property* kennen wir aus der Eigenschaft, mit deren Hilfe wir die Voreinstellung vornahmen. Sie heißt `Enabled`.

```
procedure TForm1.Edit1Change(Sender: TObject);
begin
    Button1.Enabled:=True
end;
```

Sehen wir uns die Wirkung an: Sobald durch den Nutzer die erste Eingabe in das Textfenster erfolgt, wird der Button automatisch aktiv und damit bedienbar:

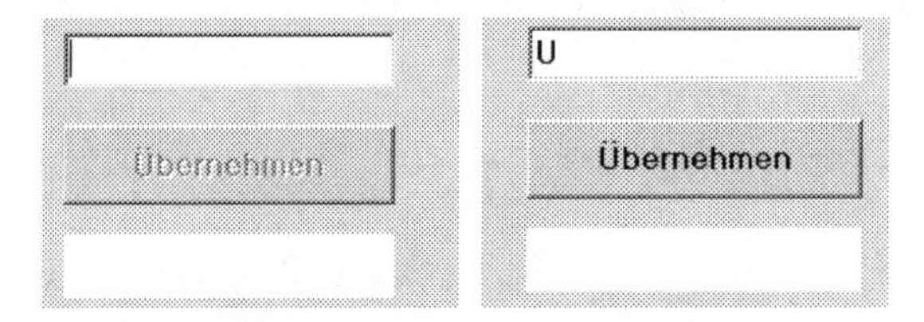

Natürlich müssten wir noch dafür sorgen, dass der Button wieder inaktiv wird, wenn der Nutzer den Inhalt des Textfensters löscht. Etwas Geduld bitte – dazu kommen wir im Abschn. 5.1.2.

4.5.3 Inaktive Menü-Einträge

In der folgenden Abbildung ist zu sehen, dass man – wie in allen Windows-Anwendungen oft praktiziert – auch Einträge in Menüs aktiv und inaktiv einstellen kann. Hier soll der Nutzer *Finnland* und *Ungarn* zwar sehen, aber nicht auswählen dürfen:

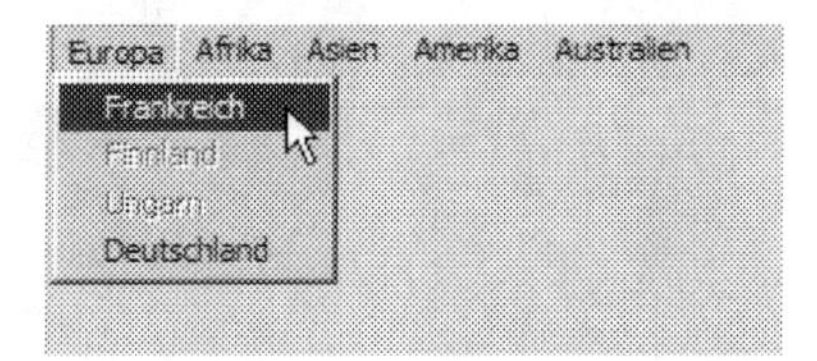

4.6 Verstecken von Bedienelementen

4.6.1 property `Visible`

Mit der Eigenschaft (property) `Visible`, die sich als gleichnamige property in Ereignisprozeduren verwenden lässt, können visuelle Objekte sogar *sichtbar* und *unsichtbar* gemacht werden:

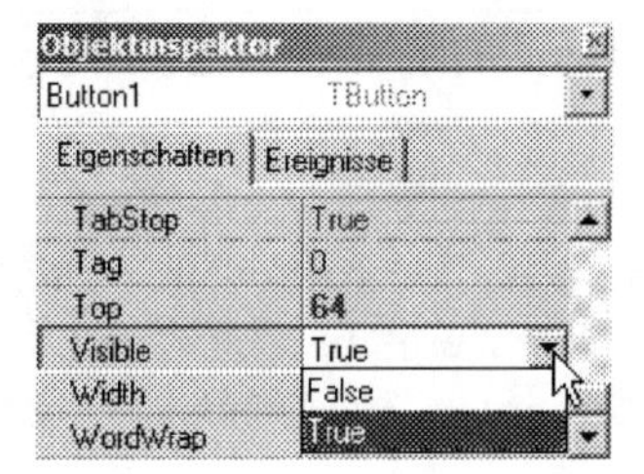

Wenn wir dem Nutzer den Button überhaupt erst dann zeigen wollen, wenn er im Textfenster etwas eingetragen hat, müssen wir die Eigenschaft `Visible` im Objektinspektor des Buttons für den Start der Laufzeit auf `False` setzen.

4.6.2 Bedienelement sichtbar machen

Wichtiger Hinweis: Wer das folgende Delphi-Projekt nicht selbst entwickeln möchte, kann auf der Seite www.w-g-m.de/delphi.htm unter *Dateien für Kapitel 4* die Datei `DKap04.zip` herunter laden, die die Projektdatei `proj_462.dpr` enthält.

Erst beim Eintreten des Ereignisses *Änderung in der Textbox* sorgen wir mittels der property `Visible` dafür, dass der Button sichtbar wird. Sehen wir uns zuerst die Ereignisprozedur und dann die Situation bei Beginn der Laufzeit und nach der ersten Eingabe in das Textfenster an:

```
procedure TForm1.Edit1Change(Sender: TObject);
begin
    Button1.Visible:=True
end;
```

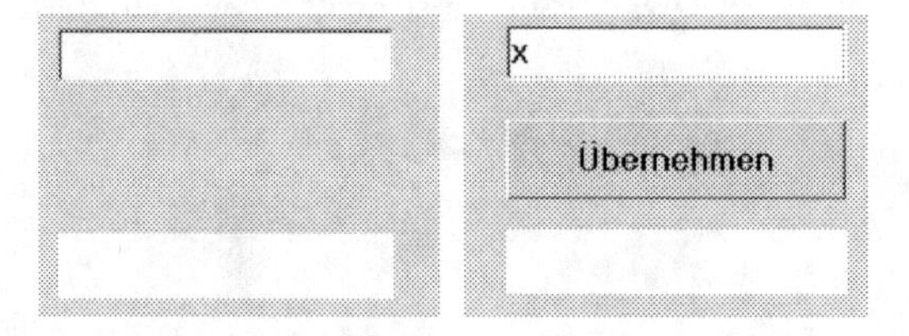

Das wechselseitige Verstecken und Anzeigen von Bedienelementen mit Hilfe der property `Visible` wird insgesamt viel seltener verwendet als die Aktivierung bzw. Deaktivierung von Bedienungselementen. Das ist auch fair gegenüber dem Nutzer:

Er soll schließlich wissen, was die Benutzeroberfläche für ihn bereithält, auch wenn er das inaktive Bedienelement im Moment nicht bedienen darf und kann.

4.7 Namensbeschaffung für passende property

Betrachten wir die Abb. 4.6, die uns den bisherigen Mechanismus noch einmal erklärt, wie eine Ereignisprozedur passiv und/oder aktiv mittels einer passenden property auf den eigenen oder einen fremden Datenkern zugreifen kann, um damit vom Bedienelement etwas zu erfahren bzw. am oder im Bedienelement etwas zu verändern.

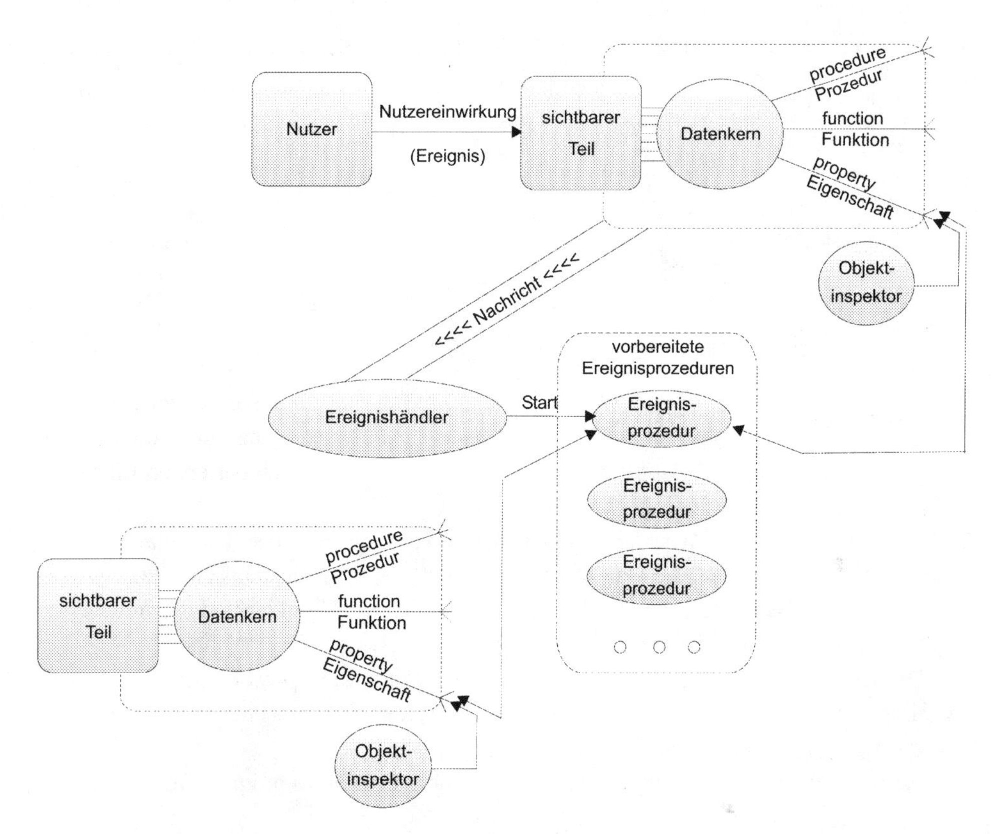

Abb. 4.6 Quelle und Ziel einer Ereignisprozedur

Dieser Mechanismus funktioniert aber nur, wenn man genau weiß, wie die entsprechende Eigenschaft (property) heißt, mit der auf den Datenkern zugegriffen wird.

4.7.1 property-Namen im Objektinspektor finden

Wichtiger Hinweis: Wer das folgende Delphi-Projekt nicht selbst entwickeln möchte, kann auf der Seite www.w-g-m.de/delphi.htm unter *Dateien für Kapitel 4* die Datei `DKap04.zip` herunter laden, die die Projektdatei `proj_471.dpr` enthält.

Sehen wir uns das Vorgehen noch einmal an einem Beispiel an. In zwei *Radiogruppen* (siehe auch Abschn. 3.3) mit den Namen `RadioGroup1` und `RadioGroup2` befinden sich nebeneinander die Namen der deutschen Bundesländer und deren Hauptstädte:

Bundesländer	Hauptstädte	Bundesländer	Hauptstädte
Berlin	Berlin	Berlin	Berlin
Nordrhein-Westfalen	Düsseldorf	Nordrhein-Westfalen	Düsseldorf
Sachsen	Dresden	Sachsen	Dresden
Thüringen	Erfurt	Thüringen	Erfurt
Niedersachsen	Hannover	Niedersachsen	Hannover
Bremen	Bremen	Bremen	Bremen
Hamburg	Hamburg	Hamburg	Hamburg
Schleswig-Holstein	Kiel	Schleswig-Holstein	Kiel
Bayern	München	Bayern	München
Sachsen-Anhalt	Magdeburg	Sachsen-Anhalt	Magdeburg
Rheinland-Pfalz	Mainz	Rheinland-Pfalz	Mainz
Brandenburg	Potsdam	Brandenburg	Potsdam
Baden-Württemberg	Stuttgart	Baden-Württemberg	Stuttgart
Saarland	Saarbrücken	Saarland	Saarbrücken
Mecklenburg-Vorpommern	Schwerin	Mecklenburg-Vorpommern	Schwerin
Hessen	Wiesbaden	Hessen	Wiesbaden

Die Aufgabe ist einfach: Wird links ein Bundesland ausgewählt, so soll automatisch rechts die zugehörige Hauptstadt die Markierung erhalten. Wird dagegen rechts eine Landeshauptstadt durch den Nutzer ausgewählt, so soll das zugehörige Bundesland die Markierung bekommen.

Die Rahmen der beiden Ereignisprozeduren sind durch *Doppelklick* schnell beschafft, weil es sich in beiden Fällen um das jeweilige *Standard-Ereignis* handelt. Für den Inhalt ist das Wesentliche auch klar:

Wird in der Ländergruppe gewählt, muss offenbar Folgendes programmiert werden:

```
Städte-Gruppe.Positionsproperty := Länder-Gruppe.Positionsproperty
```

Wird in der Städtegruppe gewählt, ist dagegen folgender Zuweisungsbefehl aufzuschreiben:

```
Länder-Gruppe.Positionsproperty:= Städte-Gruppe.Positionsproperty
```

Die Länder-Gruppe heißt `RadioGroup1`, die Städte-Gruppe heißt `RadioGroup2`, das sagt uns der Objektinspektor.

Doch wie heißt die *property*, die die Position holt und bringt?

Erinnern wir uns an den Abschn. 3.3: Die gesuchte *property* heißt `ItemIndex`.

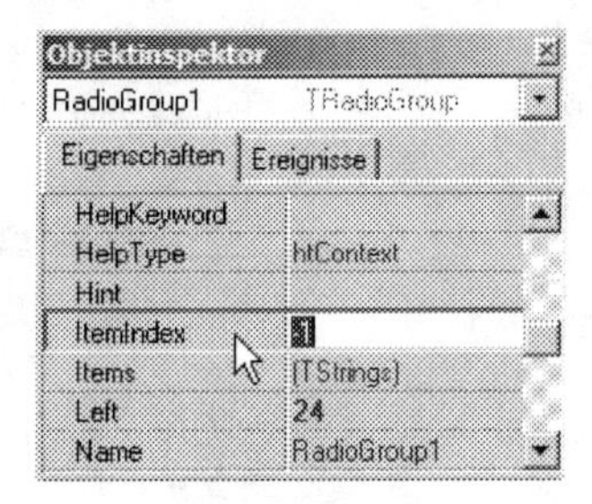

Die property `ItemIndex` hat – wie alle properties, mit denen wir bisher arbeiteten – das Privileg, dass sie sogar im Registerblatt EIGENSCHAFTEN des Objektinspektors zu finden ist. Wird in der Zeile `ItemIndex` der Wert minus Eins eingetragen gibt es anfangs keine Markierung in der Radiogruppe. Ansonsten beginnt die Zählung der Position immer mit Null. (Für die Markierung von Sachsen-Anhalt bzw. Magdeburg müsste demnach die Neun eingetragen werden).

Nun sind alle Informationen verfügbar, der Name der passenden *property* ist bekannt, und die Inhalte der beiden Ereignisprozeduren können programmiert werden:

```
procedure TForm1.RadioGroup1Click(Sender: TObject);
begin
    RadioGroup2.ItemIndex:=RadioGroup1.ItemIndex
end;
procedure TForm1.RadioGroup2Click(Sender: TObject);
begin
    RadioGroup1.ItemIndex:=RadioGroup2.ItemIndex
end;
```

4.7.2 Eigenschaft fehlt im Objektinspektor

Wichtiger Hinweis: Wer das folgende Delphi-Projekt nicht selbst entwickeln möchte, kann auf der Seite www.w-g-m.de/delphi.htm unter *Dateien für Kapitel 4* die Datei `DKap04.zip` herunter laden, die die Projektdatei `proj_472.dpr` enthält.

Betrachten wir ein scheinbar gleichwertiges Problem: Die Länder und Landeshauptstädte befinden sich jetzt in *zwei Listen*, d. h. in zwei Bedienelementen mit den von Delphi vergebenen Namen `ListBox1` und `ListBox2`:

Wiederum soll zu Beginn der Laufzeit keine Markierung gesetzt sein, und wiederum soll sich bei Wahl in der linken Liste die Markierung rechts automatisch anpassen und umgekehrt.

Die *Rahmen der Ereignisprozeduren* bekommen wir sofort durch den Doppelklick, schließlich wollen wir auch hier Reaktionen auf die Standard-Ereignisse (siehe Abschn. 3.1) programmieren.

Für den *Inhalt* der Ereignisprozeduren ist auch vom Prinzip her wieder alles klar. Wird in der *Länderliste* gewählt, muss folgendes programmiert werden:

```
Städte-Liste.Positionsproperty:=Länder-Liste.Positionsproperty
```

Wird in der *Städteliste* gewählt, ist folgender Zuweisungsbefehl aufzuschreiben:

```
Länder-Liste.Positionsproperty:=Städte-Liste.Positionsproperty
```

Doch nun kommt ein Problem, das wir bisher nicht kannten:

Wir können das Registerblatt EIGENSCHAFTEN im Objektinspektor zum Objekt mit dem Namen `ListBox1` immer und immer wieder studieren. Wir können dabei auch alle englischen Vokabeln fleißig ins Deutsche übersetzen, Handbücher zu Hilfe nehmen:

> Es wird uns nicht gelingen, dort eine Zeile zu finden, mit deren Hilfe die Position der Markierung in einer Listbox voreingestellt werden kann. Eine derartige property scheint zu fehlen.

Oder wurde sie nur nicht in das Registerblatt EIGENSCHAFTEN des Objektinspektors aufgenommen?

Damit stehen wir vor dem Problem der *Suche nach dem Namen* derjenigen *property*, die die Position der Markierung aus einem Listen-Datenkern herausholt und/oder in einen Listen-Datenkern hineinbringt. Gibt es sie überhaupt?

Die Lösung lautet: Die gesuchte property gibt es, aber sie muss an anderer Stelle gesucht und gefunden werden.

4.7.3 Information durch die Punktliste

Die folgende Abbildung zeigt es: Wenn man beim Schreiben vom Inhalt der Ereignisprozedur, nach dem Namen des Objekts, beim Eintippen des Punktes, knapp eine Sekunde wartet, erlebt man das Aufklappen eines besonderen Menüs. Es erscheint eine Anzeige, die wir wegen des Vorgehens zu ihrer Beschaffung ab jetzt die *Punktliste* nennen wollen.

In der *Punktliste* befinden sich sowohl diejenigen properties, die bereits als Eigenschaften aus dem Objektinspektor der Liste bekannt sind, als auch viele weitere, bisher unbekannte, zusätzliche properties:

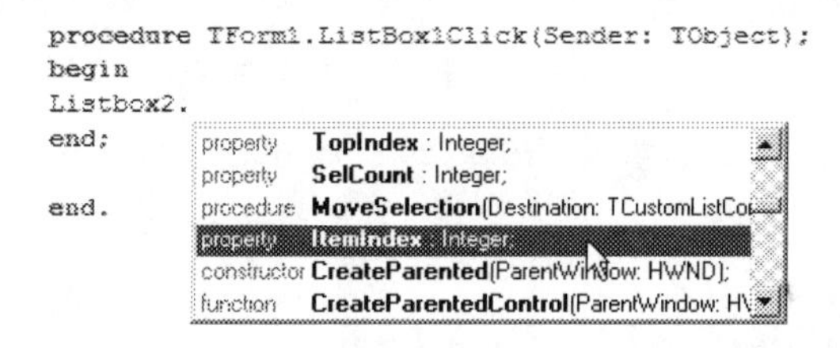

Man erkennt sie alle an dem Schlüsselwort property. Allerdings: Ihr Name darf nicht mit On beginnen.

- Alle properties, d. h. alle Mechanismen zum aktiven und/oder passiven Zugriff auf Datenkerne von visuellen Objekten, erkennt man in der Punktliste daran, dass sie mit der Typ-Erklärung *property* versehen sind und dass ihr Name *nicht mit den beiden Buchstaben* `On` beginnt.

4.7.4 Information über die Art der Zuweisung

Erinnern wir uns an eine frühere Abbildung: Ist eine *property* im Registerblatt EIGENSCHAFTEN des Objektinspektors aufgelistet, erkennt man rechts daneben, was diese property liefert und braucht.

Doch wie erfährt man, was eine property liefert und braucht, wenn sie nicht so privilegiert ist, dass sie im Objektinspektor aufgelistet ist?

Sehen wir uns als Antwort auf diese Frage die hervorgehobene Zeile aus der Punktliste an:

```
property ItemIndex: Integer
```

Rechts vom Doppelpunkt können wir die gleichwertige Information ablesen.

- Die property `ItemIndex`, mit der die Position der Markierung in einer Liste aus dem Datenkern geholt bzw. in den Datenkern gebracht werden kann, liefert bzw. benötigt eine *ganze Zahl* (`Integer`).

Jetzt sind alle Informationen vorhanden, die wir zur Lösung der Aufgabe benötigen.

Die beiden visuellen Objekte heißen `ListBox1` und `ListBox2`, die *property* für die Position der Markierung heißt `ItemIndex`. Somit können wir die Rahmen der beiden Ereignisprozeduren anfordern und deren Inhalte schreiben:

```
procedure TForm1.ListBox1Click(Sender: TObject);
begin
    Listbox2.ItemIndex:=Listbox1.ItemIndex
end;
procedure TForm1.ListBox2Click(Sender: TObject);
begin
    Listbox1.ItemIndex:=Listbox2.ItemIndex
end;
```

4.7.5 Start-Markierung in Listen setzen

Im Objektinspektor von Listen gibt es, das erfuhren wir eben, keine *property* zur Voreinstellung der Start-Markierung in einer Liste.

Ist damit solch eine Voreinstellung generell unmöglich?

Nein. Mit Hilfe der gefundenen property `ItemIndex` lässt sich durch eine bestimmte Ereignisprozedur dafür sorgen, dass *bei Beginn der Laufzeit* die Zeile *Sachsen-Anhalt* mit der Hauptstadt *Magdeburg* bereits die Markierung trägt.

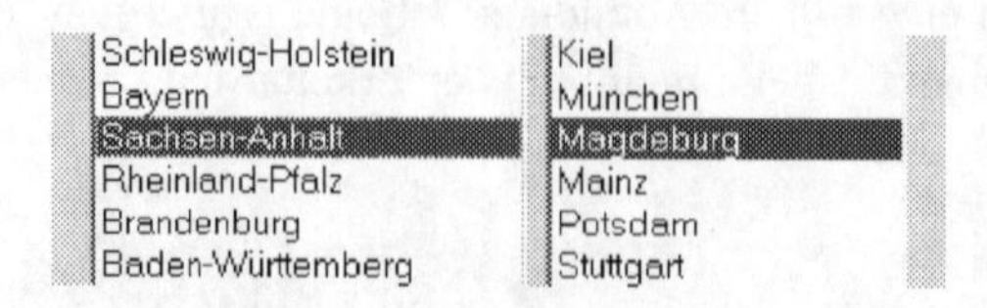

Ein *Doppelklick auf das Formular* (siehe Abschn. 2.2.7) liefert uns bekanntlich den Rahmen für die Ereignisprozedur zum Ereignis `Create`: Das Formular wird erzeugt. Folglich brauchen wir als Inhalt dieser Ereignisprozedur nur die Start-Markierung zu programmieren, wobei wegen der zwei Zuweisungen das *Semikolon als Trennzeichen* zu beachten ist:

```
procedure TForm1.FormCreate(Sender: TObject);
begin
    Listbox1.ItemIndex:=9; Listbox2.ItemIndex:=9
end;
```

4.7.6 Passiver und aktiver Zugriff auf Zeilen in einer Listbox

Betrachten wir ein weiteres Beispiel, das uns auch wieder zwingen wird, in der *Punktliste* nach einer *passenden property* zu suchen.

Auf der Benutzeroberfläche sollen sich wieder die Liste der Bundesländer und diesmal rechts daneben ein Textfenster befinden. Die folgende Abbildung zeigt die Startbelegung:

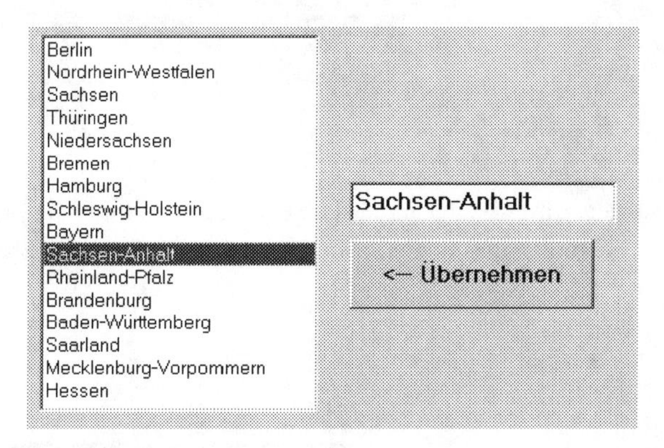

Wichtiger Hinweis: Wer das folgende Delphi-Projekt nicht selbst entwickeln möchte, kann auf der Seite www.w-g-m.de/delphi.htm unter *Dateien für Kapitel 4* die Datei `DKap04.zip` herunter laden, die die Projektdatei `proj_476.dpr` enthält.

Für die Startbelegung reichen zwei Zuweisungsbefehle in der Ereignisprozedur zum Standard-Ereignis `Create` – Herstellung des Formulars aus:

```
procedure TForm1.FormCreate(Sender: TObject);
begin
    Listbox1.ItemIndex:=9; Edit1.Text:='Sachsen-Anhalt'
end;
```

Betrachten wir zuerst die folgende Aufgabe: Wenn der Nutzer in der Liste mit den Ländernamen eine Auswahl trifft, soll automatisch dieser Ländername in dem Textfenster erscheinen.

Den *Rahmen für die Ereignisprozedur* bekommen wir sofort, denn zu behandeln ist das *Listen-Standard-Ereignis* (s. Abschn. 3.1):

```
procedure TForm1.ListBox1Click(Sender: TObject);
begin
    Edit1.Text:=...???........
end;
```

Die linke Seite, d. h. die Ziel-Seite des Befehls, ist völlig klar: Den Namen `Text` der passenden property zum Transport in die Inhalts-Komponente des Datenkerns eines Textfenster-Objekts kennen wir aus dem Objektinspektor. Aber die rechte Seite? Dort muss die *Beschriftung derjenigen Zeile* stehen, auf die der Nutzer gerade die Markierung gesetzt hat.

Die Position der aktuellen Markierung findet man mit der *property* `ItemIndex`. Aber wie findet man die *Beschriftung* an einer bestimmen Position der Liste?

Eines dürfte mittlerweile bekannt sein: Eine Zeile in einer Liste heißt `Item` auf Englisch. Folglich tippen wir nach `Listbox1` den Punkt ein, warten eine Sekunde und suchen dann in der *Punktliste*:

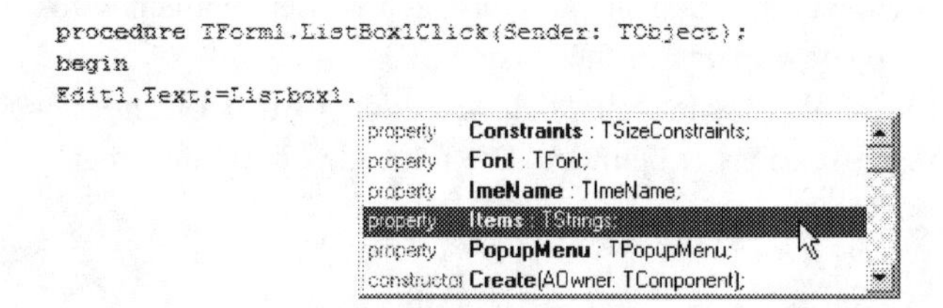

Versuchen wir es: Tippen wir `Edit1.Text:=Listbox1.Items` ein. Geht nicht – es gibt eine Fehlermeldung.

Folglich versuchen wir es weiter in der Punktliste, tragen hinter `Items` einen weiteren Punkt ein, warten abermals, und suchen dann zielgerichtet in der *nächsten Punktliste*:

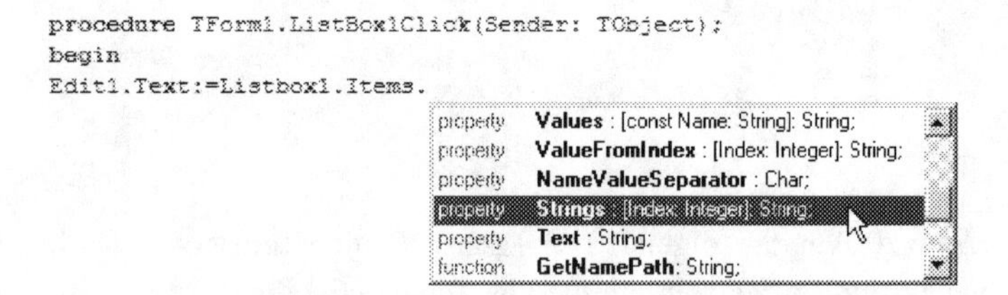

Nun sind wir am Ziel:

> Die gefundene *property* `Items.Strings` liefert bzw. benötigt eine Zeichenfolge, sofern sie *in den eckigen Klammern* die *betreffende Position* erfährt.

Sehen wir uns die fertige Ereignisprozedur an:

```
procedure TForm1.ListBox1Click(Sender: TObject);
begin
   Edit1.Text:=Listbox1.Items.Strings[Listbox1.ItemIndex]
end;
```

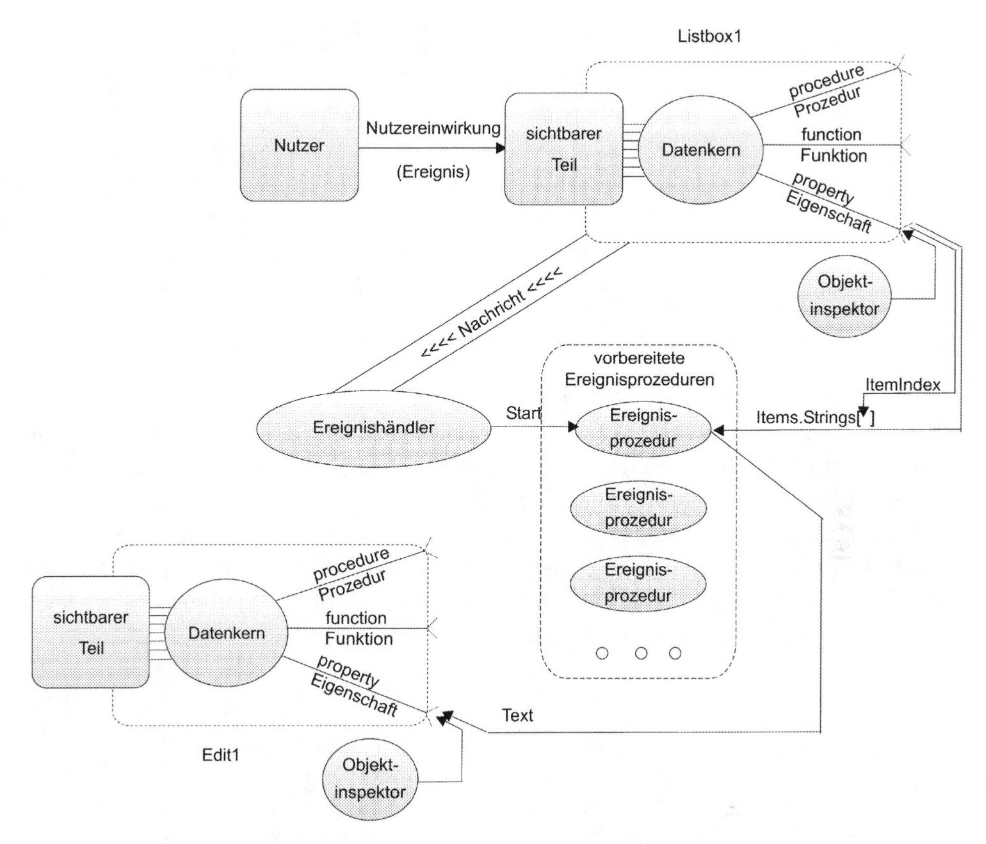

Abb. 4.7 Schema der Arbeit der Ereignisprozedur

Der Inhalt der Ereignisprozedur (siehe auch Abb. 4.7) sollte von rechts nach links und von innen nach außen gelesen werden.

- Bei *Nutzereinwirkung auf die Liste* holt sich die Ereignisprozedur zuerst aus dem eigenen Listen-Datenkern die Position der Markierung mit Hilfe der property `ItemIndex`.
- Danach holt sie weiter aus dem eigenen Listen-Datenkern mit Hilfe der in der Punktliste gefundenen property `Items.String[..]` den Inhalt (die Beschriftung) der Zeile für diese Position.
- Anschließend wird mit der property `Text` in den Datenkern des Textfensters (fremdes Objekt) transportiert.

Zur weiteren Übung wollen wir uns vorstellen, dass der Nutzer die Gelegenheit bekommen soll, im Textfenster an dem Ländernamen etwas ändern zu dürfen.

Mit Hilfe eines Buttons mit der Aufschrift *Änderung eintragen* soll er diese Änderung dann auch in die Liste übertragen können:

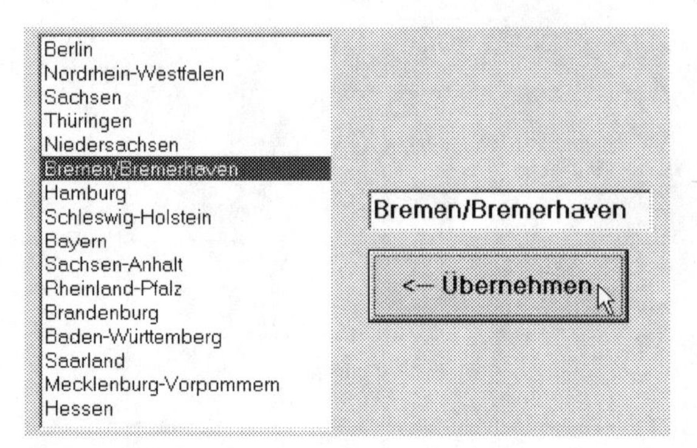

Der *Rahmen der Ereignisprozedur* zum *Klick auf den Button* ist sofort beschafft, es handelt sich um das Standard-Ereignis. Für den *Inhalt der Ereignisprozedur* ist lediglich ein einziger Zuweisungsbefehl zu programmieren.

Rechts, auf der Quellseite, steht bei dieser Aufgabenstellung der Inhalt des Textfensters, mit der property `Text` aus dem eigenen Datenkern geholt. Links auf der Zielseite steht die property `Items.Strings[...]` zur Veränderung der Beschriftung; sie verwendet die durch die property `ItemIndex` gelieferte Position der Markierung.

```
procedure TForm1.Button1Click(Sender: TObject);
begin
    Listbox1.Items.Strings[Listbox1.ItemIndex]:=Edit1.Text
end;
```

Die Abbildung zeigt eine mögliche Wirkung: Ein Nutzer war der Meinung, dass im kleinsten Bundesland unbedingt die zweite Stadt erwähnt werden sollte. Also setzte er in der Liste die Markierung auf *Bremen*, ergänzte im Textfenster, und schickte den korrigierten Eintrag per Klick auf den Button in die Liste zurück.

4.7.7 Vereinfachungen durch verkürzte property `Items[...]`

Delphi hat sich im Laufe der Zeit entwickelt, dabei wurden für die Bequemlichkeit der Programmierer verschiedene Vereinfachungen zugelassen. Eine erste Vereinfachung wollen wir kennen lernen.

Es ist erlaubt, anstelle der ausführlichen Zuweisungsbefehle
`Listbox1.Items.Strings[Listbox1.ItemIndex]:=Edit1.Text`
und
`Edit1.Text:=Listbox1.Items.Strings[Listbox1.ItemIndex];`
die beiden Verkürzungen zu verwenden, die durch Weglassen der Unterproperty `Strings` entstehen:

```
Listbox1.Items[Listbox1.ItemIndex]:=Edit1.Text
und
Edit1.Text:=Listbox1.Items[Listbox1.ItemIndex];
```

Wenden wir diese *verkürzte Schreibweise* auf ein letztes Beispiel in diesem Kapitel an, mit dem wir gleichzeitig einstimmen wollen auf die Verwaltung von Datenbeständen, die in Listen erfasst sind.

Wichtiger Hinweis: Wer das folgende Delphi-Projekt nicht selbst entwickeln möchte, kann auf der Seite www.w-g-m.de/delphi.htm unter *w* die Datei `DKap04.zip` herunter laden, die die Projektdatei `proj_477.dpr` enthält.

Aufgabe: Unter den *drei Listen* mit Bundesländern, ihren Hauptstädten und Autokennzeichen der Hauptstädte sollen sich zwei Buttons mit den Aufschriften *Voriger* und *Nächster* befinden. Zu Beginn der Laufzeit soll die Zeile von *Sachsen-Anhalt* ausgewählt sein: Dazu schreiben wir wieder den inzwischen bekannten Inhalt der Ereignisprozedur zum Standard-Ereignis `Create` des Formulars.

Bei *Klick auf einen Button* soll die Markierung nach oben bzw. unten in der richtigen Weise wandern. Die Beschriftungen sollen zusätzlich in drei Labels angezeigt werden:

Für drei Ereignisprozeduren müssen die *Rahmen beschafft* und die *Inhalte programmiert* werden: Für das Ereignis *Erzeugung des Formulars* sowie wie für die beiden *Klick-Ereignisse der Buttons*.

Die Ereignisprozeduren zu den Ereignissen *Klick auf den Button* mit der Beschriftung *Voriger* sowie *Klick auf den Button* mit der Beschriftung *Nächster* unterscheiden sich nur in den drei ersten Zuweisungsbefehlen.

Beim linken Button wird die Position, nachdem sie mittels der property `ItemIndex` aus dem Datenkern geholt wurde, um eins reduziert und zurückgeschickt. Dadurch wandert die Markierung nach oben.

```
procedure TForm1.Button1Click(Sender: TObject);
begin
Listbox1.ItemIndex:=Listbox1.ItemIndex-1;
Listbox2.ItemIndex:=Listbox2.ItemIndex-1;
Listbox3.ItemIndex:=Listbox3.ItemIndex-1;
Label1.Caption:=Listbox1.Items[Listbox1.ItemIndex];
Label2.Caption:=Listbox2.Items[Listbox2.ItemIndex];
Label3.Caption:=Listbox3.Items[Listbox3.ItemIndex]
end;
```

Beim rechten Button wird die Position, nachdem sie mit Hilfe der property `ItemIndex` aus dem Datenkern geholt wurde, um eins erhöht und zurückgeschickt. Dadurch wandert die Markierung nach unten.

```
procedure TForm1.Button2Click(Sender: TObject);
begin
Listbox1.ItemIndex:=Listbox1.ItemIndex+1;
Listbox2.ItemIndex:=Listbox2.ItemIndex+1;
Listbox3.ItemIndex:=Listbox3.ItemIndex+1;
Label1.Caption:=Listbox1.Items[Listbox1.ItemIndex];
Label2.Caption:=Listbox2.Items[Listbox2.ItemIndex];
Label3.Caption:=Listbox3.Items[Listbox3.ItemIndex]
end;
```

Einfache Tests und Alternativen 5

Inhaltsverzeichnis

5.1 Einfacher Test 90
5.2 Alternative 100

Das vorige Kapitel brachte den Durchbruch. Wir lernten in ihm ausführlich kennen, wie wir in Inhalten von Ereignisprozeduren mit Hilfe von *properties* (Eigenschaften) auf den Datenkern des eigenen visuellen Objekts oder fremder visueller Objekte zugreifen lassen können.

Da alle Merkmale des sichtbaren Teils jedes *visuellen Objekts* in seinem *Datenkern* gespeichert sind, können wir auf diese Weise unmittelbar auf die Beschriftung eines Labels oder den Inhalt eines Textfensters zugreifen lassen, auf die Beschriftung eines Buttons, auf die Position des Reglers in einer Scrollbar, auf Beschriftungen und Belegungseigenschaften von Checkboxen und Radiobuttons, auf die Position der Markierung in einer Radiogruppe und Liste.

Schließlich ist auch der Zugriff auf eine Zeile in einer Liste möglich.

Dabei ist die Vokabel *zugreifen* jeweils passiv oder aktiv oder auch in beiderlei Hinsicht möglich: Wir können programmieren, dass eine Ereignisprozedur mit Hilfe einer *property* nur etwas erfährt und geeignet verarbeitet, wir können aber auch programmieren, dass eine Ereignisprozedur etwas bewirkt und damit am eigenen oder fremden Objekt Veränderungen vornimmt.

Wir können sogar mit dem interessanten Zuweisungsbefehl aus Abschn. 4.4

```
ScrollBar1.Position:=ScrollBar1.Position+10
```


W.-G. Matthäus, *Grundkurs Programmieren mit Delphi*, DOI 10.1007/978-3-658-14274-2_5

dafür sorgen, dass die Ereignisprozedur zuerst mit Hilfe der property `Position` die Stellung des Reglers aus dem Datenkern holt und anschließend, vergrößert um zehn Einheiten, wieder per property `Position` die Stellung des Reglers neu festlegt. Das führt zum Ergebnis: Der Regler springt um 10 Einheiten nach rechts.

Ja, das war schon *Programmieren*, was da im Kap. 4 in vielen Beispielen vorgeführt wurde. Und, war es so schlimm?

Drei Voraussetzungen müssen erfüllt sein, damit wir unser Denkvermögen anwerfen und *Inhalte von Ereignisprozeduren* schreiben können:

- Ohne die *Namen der visuellen Objekte* geht nichts. Der Autor schlägt dazu jedem Anfänger vor, grundsätzlich die von Delphi *automatisch vergebenen Namen* zu verwenden. Einschließlich der Groß- und Kleinschreibung, das macht das Ganze ziemlich übersichtlich.
- Weiter brauchen wir die genauen *Namen* der benötigten *properties*, um programmieren zu können, wenn auf Datenkerne zugegriffen werden soll.
- Für die *wichtigsten properties* finden wir deren Namen über die Registerkarte EIGENSCHAFTEN des Objektinspektors.
- Wenn uns der Objektinspektor aber im Stich lässt, weil er in seinen Zeilen nur wenige, ausgewählte Eigenschaften (properties) präsentiert, dann müssen wir nach dem *Eintippen des Punktes* hinter dem Objektnamen auf die *Punktliste* warten und unter den dann erscheinenden Einträgen mit der Bezeichnung *property* gezielt suchen.
- Für den Fall, dass mittels einer property ein bestimmter Wert oder eine feste Belegung in einen Datenkern gebracht werden soll, müssen wir schließlich noch wissen, was die property verarbeitet – eine *Zahl*, einen der beiden *Wahrheitswerte* `True` oder `False`, einen *Text*. Wir erfahren es entweder aus dem Objektinspektor oder lesen es hinter dem Doppelpunkt in der Punktliste.

Was kommt nun? Nun wollen wir uns weiter mit der *Programmierung von Inhalten von Ereignisprozeduren* beschäftigen.

Wir werden den Fall behandeln, dass ein Befehl oder eine Menge von Befehlen nicht immer, sondern nur manchmal ausgeführt werden soll. Wie bisher, werden wir uns der Sache mit vielen Beispielen nähern.

5.1 Einfacher Test

5.1.1 Bedingtes Aktivieren/Deaktivieren von Buttons

Wir wollen gleich das letzte Beispiel des vorigen Kapitels fortsetzen. In einem visuellen Objekt *Liste* mit dem Namen `ListBox1` ist ein Datenbestand gespeichert – bei uns sind es wieder die Namen der sechzehn Bundesländer:

Die `Listbox1` wird später unsichtbar gemacht (aber erst, wenn alles funktioniert).

Es ist nämlich grundsätzlich nicht üblich, Datenbestände öffentlich zu präsentieren.

Wichtiger Hinweis: Wer das folgende Delphi-Projekt nicht selbst entwickeln möchte, kann auf der Seite www.w-g-m.de/delphi.htm unter *Dateien für Kapitel 5* die Datei `DKap05.zip` herunter laden, die die Projektdatei `proj_511.dpr` enthält.

Die Starteinstellung *Sachsen-Anhalt* wird über die Ereignisprozedur zum Standard-Ereignis `Create` (= Herstellung des Formulars) veranlasst. Zur Verwaltung des Datenbestandes soll es vier Buttons geben, deren Bedeutung aus ihren Beschriftungen hervorgeht. Sehen wir uns an, was für die Inhalte der vier Ereignisprozeduren zum Button-Klick jeweils zu programmieren ist:

Klick auf den Button mit der Beschriftung *Erster*:

```
Listbox1.ItemIndex:=0;Label1.Caption:=Listbox1.Items[0]
```

Klick auf den Button mit der Beschriftung *Voriger*:

```
Listbox1.ItemIndex:=Listbox1.ItemIndex-1;
Label1.Caption:=Listbox1.Items[Listbox1.ItemIndex]
```

Klick auf den Button mit der Beschriftung *Nächster*:

```
Listbox1.ItemIndex:=Listbox1.ItemIndex+1;
Label1.Caption:=Listbox1.Items[Listbox1.ItemIndex]
```

Klick auf den Button mit der Beschriftung *Letzter*:

```
Listbox1.ItemIndex:=15;Label1.Caption:=Listbox1.Items[15]
```

Wo liegt das Problem? Wählt der Nutzer durch Klick auf den Button mit der Beschriftung *Erster* den ersten Eintrag im Datenbestand aus und klickt danach, unkonzentriert, auf den Button mit der Beschriftung *Voriger*, gibt es eine geharnischte *Fehlermeldung*. Klar.

Folglich müssen wir dafür sorgen, dass ein Nutzer, wenn der *erste Eintrag des Datenbestands* erreicht wird, die beiden linken Buttons nicht noch einmal drücken darf.

Wie das geht? Nun, wir setzen einfach die property `Enabled` der beiden linken Buttons auf `False` und schalten damit die beiden Buttons aus:

```
procedure TForm1.Button1Click(Sender: TObject);
begin
Listbox1.ItemIndex:=0;Label1.Caption:=Listbox1.Items[0];
Button1.Enabled:=False; Button2.Enabled:=False;
Button3.Enabled:=True; Button4.Enabled:=True
end;
```

Doch für den Fall, dass vorher der *letzte Eintrag des Datenbestandes* ausgewählt worden war und damit die rechten beiden Buttons inaktiv waren, müssen wir sie wieder aktivieren, denn sie sind sinnvoll.

Sehen wir uns beispielhaft an, wie die beiden linken Buttons inaktiv geschaltet sind, wenn die oberste Zeile der Liste erreicht wurde:

Genauso ist vorzugehen, wenn der *letzte Eintrag im Datenbestand* erreicht wird. Dann müssen die beiden rechten Buttons deaktiviert werden:

```
procedure TForm1.Button4Click(Sender: TObject);
begin
Listbox1.ItemIndex:=15;Label1.Caption:=Listbox1.Items[15];
Button1.Enabled:=True; Button2.Enabled:=True;
Button3.Enabled:=False; Button4.Enabled:=False
end;
```

Nun zum Button mit der Aufschrift *Voriger*. Wenn der Nutzer ihn drückt, ist eines klar: Die beiden rechten Buttons sind immer sinnvoll, müssen aktiv sein. Aber die beiden linken Buttons?

Nun müssen wir etwas Neues programmieren, einen *einfachen Test*:

Nur dann, wenn die oberste Zeile die Markierung bekommen hat (wenn die property `ItemIndex` die *Null* liefert), sind die *beiden linken Buttons* zu deaktivieren.

Wie schreibt man das gemäß den Pascal-Delphi-Regeln?

```
if Listbox1.ItemIndex=0 then
    begin
      Button1.Enabled:=False; Button2.Enabled:=False
    end
```

In gleicher Weise müssen wir vorgehen, wenn wir das Ereignis *Klick auf den Button* mit der Aufschrift *Nächster* behandeln:

```
if Listbox1.ItemIndex=15 then
    begin
      Button3.Enabled:=False; Button4.Enabled:=False
    end
```

Sehen wir uns zum Schluss die beiden Ereignisprozeduren komplett an, wobei jetzt langsam klar wird, wie wichtig eine *gute und strukturierte Schreibweise* für das Verständnis von Ereignisprozeduren ist.

```
procedure TForm1.Button2Click(Sender: TObject);    // Button „Voriger"
begin
    Button3.Enabled:=True; Button4.Enabled:=True;
    Listbox1.ItemIndex:=Listbox1.ItemIndex-1;
    Label1.Caption:=Listbox1.Items[Listbox1.ItemIndex];
    if Listbox1.ItemIndex=0 then
      begin
        Button1.Enabled:=False; Button2.Enabled:=False
      end
end;
```

```
procedure TForm1.Button3Click(Sender: TObject);  // Button „Nächster"
begin
     Button1.Enabled:=True; Button2.Enabled:=True;
     Listbox1.ItemIndex:=Listbox1.ItemIndex+1;
     Label1.Caption:=Listbox1.Items[Listbox1.ItemIndex];
     if Listbox1.ItemIndex=15 then
       begin
         Button3.Enabled:=False; Button4.Enabled:=False
       end
end;
```

Zusatzfrage: Bei sechzehn Bundesländern hat die letzte Zeile der Liste die Position 15. Das ist sicher, das ist bekannt. Aber was machen wir, wenn wir nicht genau wissen, wie viele Einträge sich überhaupt im Datenbestand befinden?

> Kann uns die Listbox nicht selber mittels einer passenden *property* sagen, wie viele Zeilen sie besitzt?

Bereits die Suche im ersten *Punkt-Menü* führt zum Erfolg. Dort werden wir fündig:

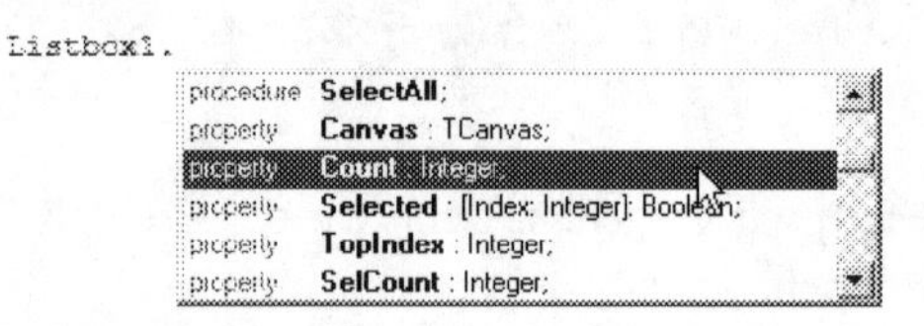

Im Text der Ereignisprozedur zum Klick auf den Button mit der Beschriftung *Letzter* kann nun die vorhin fest einprogrammierte Zahl 15 ersetzt werden durch *Anzahl aller Einträge minus 1*:

```
procedure TForm1.Button4Click(Sender: TObject);   // Button „Letzter"
begin
Listbox1.ItemIndex:=Listbox1.Count-1;
Label1.Caption:=Listbox1.Items[Listbox1.Count-1];
Button3.Enabled:=False; Button4.Enabled:=False;
Button1.Enabled:=True; Button2.Enabled:=True
end;
```

In der Ereignisprozedur zum Klick auf den Button mit der Beschriftung *Nächster* braucht anschließend nur einmal die Zahl 15 durch `Listbox1.Count-1` ersetzt zu werden.

Damit können wir Ereignisprozeduren programmieren, die auch bei 13 oder 17 oder 100 oder 10.000 Einträgen den Datenbestand stets korrekt verwalten.

5.1.2 Einklick oder Ausklick?

Wichtiger Hinweis: Wer das folgende Delphi-Projekt nicht selbst entwickeln möchte, kann auf der Seite www.w-g-m.de/delphi.htm unter *Dateien für Kapitel 5* die Datei `DKap05.zip` herunter laden, die die Projektdatei `proj_512.dpr` enthält.

Wenn ein Nutzer eine *Checkbox* anklickt, kann dieser Klick entweder ein *Einklick* oder ein *Ausklick* sein, je nachdem, ob der Haken durch die Nutzereinwirkung gesetzt oder beseitigt wurde:

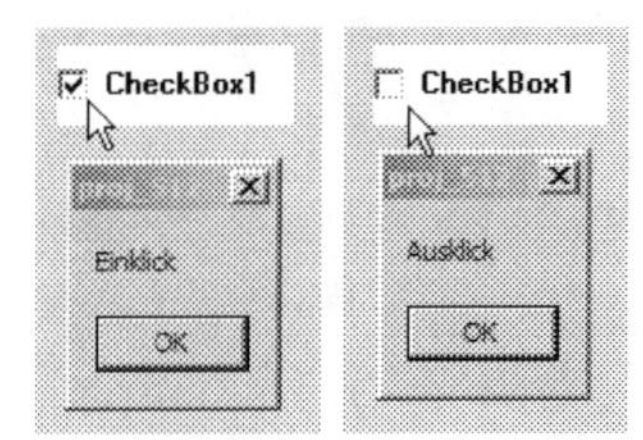

Wie sieht die Ereignisprozedur zum Ereignis *Klick auf die Checkbox* aus, die uns diese differenzierte Information liefert?

Den *Rahmen der Ereignisprozedur* erhalten wir ganz einfach, schließlich behandeln wir das *Standard-Ereignis* (siehe Abschn. 2.2.3). Für den *Inhalt der Ereignisprozedur* nutzen wir unsere gerade erworbenen Kenntnisse, indem wir *zwei einfache Tests* programmieren.

```
procedure TForm1.CheckBox1Click(Sender: TObject);
begin
if Checkbox1.Checked=True then
     begin
     ShowMessage('Einklick')
     end;                    // Semikolon nötig, es folgt noch ein Test
if Checkbox1.Checked=False then
     begin
     ShowMessage('Ausklick')
     end;
end;
```

Im Kommentar ist schon auf die Notwendigkeit des Semikolons hingewiesen worden; an dieser Stelle wird es als *Trennzeichen* unbedingt gebraucht

Lernen wir noch eine Pascal-Delphi-Ausnahmeregel kennen:

- Ist bei erfülltem Test nur ein einziger Befehl auszuführen können die Anweisungsklammern `begin` und `end` entfallen.

Diese Ausnahmeregel ist bei uns anwendbar und reduziert unseren Schreibaufwand erheblich:

```
procedure TForm1.CheckBox1Click(Sender: TObject);
begin
    if Checkbox1.Checked=True then ShowMessage('Einklick');
    if Checkbox1.Checked=False then ShowMessage('Ausklick')
end;
```

Die Ausnahmeregel ist aber *sehr, sehr gefährlich*. Wird zum Beispiel in

```
if Listbox1.ItemIndex=0 then
    begin
      Button1.Enabled:=False; Button2.Enabled:=False
    end
```

das Paar der Anweisungsklammern `begin...end` weggelassen, gehört nur noch der erste Befehl

```
Button1.Enabled:=False
```

zum Test, er wird nicht immer, sondern nur manchmal ausgeführt. Der Befehl

```
Button2.Enabled:=False
```

würde dagegen anschließend immer ausgeführt.

Die tatsächliche Wirkung sähe dann so aus:

```
if Listbox1.ItemIndex=0 then Button1.Enabled:=False;
Button2.Enabled:=False
```

5.1.3 Links-Rechts-Steuerung

Wichtiger Hinweis: Wer das folgende Delphi-Projekt nicht selbst entwickeln möchte, kann auf der Seite www.w-g-m.de/delphi.htm unter *Dateien für Kapitel 5* die Datei `DKap05.zip` herunter laden, die die Projektdatei `proj_513.dpr` enthält.

Auf einer Benutzeroberfläche befinden sich: Ein Bedienelement *Gruppe* (`GroupBox`), darauf links ein *Radiobutton* mit der Beschriftung *nach links*, in der Mitte eine *Scrollbar* und rechts ein zweiter *Radiobutton* mit der Beschriftung *nach rechts*:

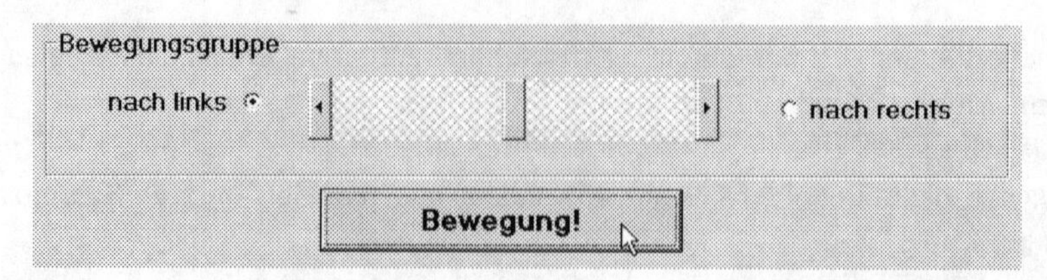

Die Starteinstellung des Reglers sei in der Mitte, *Minimum Null, Maximum 100.* Anfangs soll der *linke Radiobutton ausgewählt* sein. All dies lässt sich mit dem Objektinspektor vorbereiten.

Zusätzlich soll der Button mit der Beschriftung *Bewegung* existieren; wird er geklickt, soll sich der Regler zehn Einheiten nach links oder nach rechts bewegen – je nach der Wahl, die der Nutzer mit den Radiobuttons vorgenommen habe. Betrachten wir zuerst die Langform der Ereignisprozedur:

```
procedure TForm1.Button1Click(Sender: TObject);
begin
    if RadioButton1.Checked=True then
      begin Scrollbar1.Position:=ScrollBar1.Position-10 end;
    if RadioButton2.Checked=True then
      begin Scrollbar1.Position:=ScrollBar1.Position+10 end
end;
```

Gefährlich, aber hier auch möglich, ist das Weglassen der Anweisungsklammern:

```
procedure TForm1.Button1Click(Sender: TObject);
begin
    if RadioButton1.Checked=True then Scrollbar1.
    Position:=ScrollBar1.Position-10;
    if RadioButton2.Checked=True then Scrollbar1.
    Position:=ScrollBar1.Position+10
end;
```

Alles funktioniert, es gibt auch überraschend keine Fehlermeldung, wenn der Regler rechts oder links „anstößt".

Doch warum sorgen wir nicht selbst dafür, dass die Bewegungsrichtung sich dann selbst umkehrt? Das ist nämlich ziemlich einfach, wir brauchen nur den Inhalt der Ereignisprozedur am Anfang durch die beiden Zeilen

```
if Scrollbar1.Position=100 then RadioButton1.Checked:=True;
if Scrollbar1.Position=0 then RadioButton2.Checked:=True;
```

zu ergänzen. Nun macht es schon richtig Spaß, mit der Benutzeroberfläche zu spielen. Wir werden bald später (im Abschn. 6.6) sogar die Kolbenbewegung in einem Vierzylinder-Motor simulieren können.

5.1.4 Tasten wegfangen

Wichtiger Hinweis: Wer das folgende Delphi-Projekt nicht selbst entwickeln möchte, kann auf der Seite www.w-g-m.de/delphi.htm unter *Dateien für Kapitel 5* die Datei `DKap05.zip` herunter laden, die die Projektdatei `proj_514.dpr` enthält.

Es ist wichtig. Sehr wichtig. In dieses Textfenster darf der Nutzer nur Ziffern eintippen. Sonst bricht ein Programm zusammen, oder die Welt erstirbt oder das Universum implodiert.

Nun gut, so schlimm wird's schon nicht werden, obwohl es schon Programmfehler gegeben hat, die Milliarden kosteten.

Was meinen Sie aber, liebe Leserin, lieber Leser: Wird uns diese nett geschriebene Aufforderung

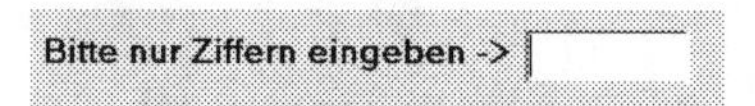

davor bewahren, dass ein unkonzentrierter Nutzer sich vertippt oder ein anderer Nutzer versucht, doch ein X oder ein Minus oder ein Prozentzeichen einzugeben?

Sie haben Recht: *Nutzer sind unberechenbar*.

> Wir müssen absichern, dass unerlaubte Nutzereingaben vermieden werden. Wir, die Programmierer.

Dafür gibt es grundsätzlich zwei Methoden:

- Wir lassen den Nutzer eingeben, was er will und analysieren *anschließend* seine Eingabe. Wenn sie unkorrekt ist, wird er darüber informiert und aufgefordert, seine Eingabe zu wiederholen.
- Wenn er dann wieder unkonzentriert arbeitet, findet dasselbe noch einmal statt und so weiter – solange, bis er endlich wach wird. Oder, man kennt das von den Geldautomaten, man lässt nur wiederholen, bis eine erlaubte Anzahl von Versuchen erschöpft ist. Dreimal die falsche PIN, und die Karte ist weg.

Das ist Variante eins der Problemlösung; wir werden sie im Abschn. 12.4.4 kennen lernen.

Doch nun die zweite Methode:

- Wenn der Nutzer eine Taste drückt, analysieren wir in einer passenden Ereignisprozedur, ob *dieser Tastendruck überhaupt erlaubt* ist. Wenn nicht, *annullieren wir den Tastendruck*.

Diese zweite Methode werden wir jetzt umsetzen. Dafür brauchen wir zuerst den *Rahmen der Ereignisprozedur* für das Ereignis *Tastendruck am visuellen Objekt Textfenster* `Edit1`. Es handelt sich nicht um das Standard-Ereignis, folglich beschaffen wir uns den Rahmen der Ereignisprozedur (s. Abschn. 2.3.2) mit Hilfe des Registerblattes EREIGNISSE des Objektinspektors des Textfensters durch Doppelklick in das Feld rechts neben `OnKeyPress`:

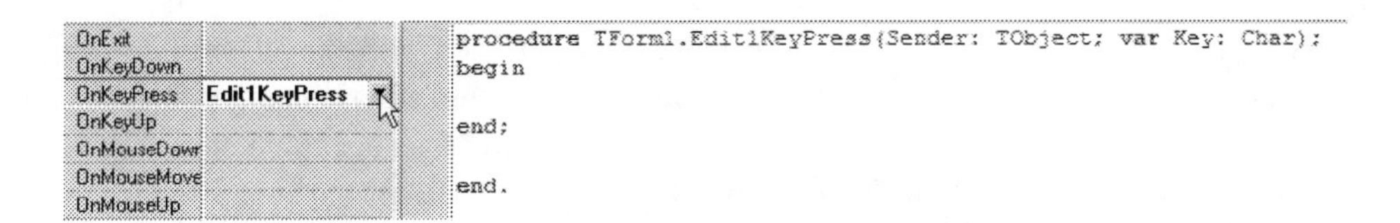

Nun ist alles recht einfach: Der Rahmen dieser Ereignisprozedur sorgt bereits dafür, dass uns unter der Bezeichnung `Key` dasjenige Zeichen übergeben wird, das der Nutzer gerade auf der Tastatur gedrückt hat. Lassen wir testen, ob die gedrückte Taste *falsch* ist. Sie ist falsch, wenn das Zeichen auf der Taste links vom „Zeichen Null" oder rechts vom „Zeichen Neun" steht (für Einzelheiten siehe Abschn. 10.2):

```
if (Key < '0') or (Key > '9') then ShowMessage('Taste falsch')
```

Testen wir und genießen den Teilerfolg: Es werden tatsächlich *alle unerlaubten Zeichen erkannt*. Aber schlecht – sie werden trotzdem eingetragen

Versuchen wir, das zu verhindern, indem wir bei erfülltem Test dieses `Key` dann eben mit einem passenden anderen Zeichen belegen:

```
if (Key < '0') or (Key > '9') then Key:=' '
```

Prima, aber wird für jedes falsch getippte Zeichen ein Leerzeichen eingegeben:

Bitte nur Ziffern eingeben -> 12 2 77 6

In dem Textfenster sieht es aus wie im kindlichen Gebiss eines Schulanfängers. Ist das die Lösung?

Machen wir's kurz und verweisen gleichzeitig auf den Abschn. 10.2: Was auch immer zwischen die beiden Hochkommas geschrieben wird – es ersetzt die falsche Taste und wird stattdessen eingetragen.

Doch `Key:=''` ist verboten, da kommt eine geharnischte Fehlermeldung. Was tun?

Die Lösung kommt, indem wir ein Pseudo-Zeichen zuweisen, eine Taste, die *keine Eintrage-Wirkung* hat. Beispielsweise die Escape-Taste *Esc*. Dazu muss man die (später erklärte) `Chr`-Funktion verwenden:

```
procedure TForm1.Edit1KeyPress(Sender: TObject; var Key: Char);
begin
    if (Key < '0') or (Key > '9') then Key:=Chr(27)
end;
```

Das ist die Lösung, nun werden falsche Tasten einfach ignoriert; wir können absolut sicher sein, dass das Textfenster, sofern es nicht überhaupt leer ist, nur Ziffern enthält. Bei weiterer Programmierung können wir uns darauf verlassen. Hundertprozentig. Unbedingt.

Zum Schluss wollen wir noch das neu Gelernte zusammenfassen:

- Einfache Tests dürfen in Pascal-Delphi mit den Schlüsselwörtern `or` (für „oder") und `and` (für „und") verknüpft werden. Dabei sind die einzelnen Tests in runde Klammern zu setzen und stets vollständig zu formulieren. Streng verboten ist zum Beispiel solch ein Unsinn:

```
if (Key < '0' or > '9') then...
```

- Verknüpfung zweier Tests mit „und":

```
if (...test1...) and (...test2...) then
  begin
  ...
  end
```

- Verknüpfung zweier Tests mit „oder":

```
if (...test1...) or (...test2...) then
  begin
  ...
  end
```

- Ist *ausnahmsweise* bei erfülltem Test nur *ein einziger Befehl* auszuführen, kann die *Ausnahmeregel* benutzt werden:

```
if (...test1...) and (...test2...) then ...genau ein Befehl...
if (...test1...) or (...test2...) then ...genau ein Befehl...
```

5.2 Alternative

Einfache Tests bewirken nur, dass *bei ihrer Erfüllung* etwas passiert. Ist der Test *nicht erfüllt*, passiert eben *nichts*.

Damit kann man schon viele Programmieraufgaben lösen. Aber nicht alle – und das wollen wir uns an einem typischen Beispiel ansehen.

5.2.1 Ein Nachttischlampen-Schalter

Wichtiger Hinweis: Wer das folgende Delphi-Projekt nicht selbst entwickeln möchte, kann auf der Seite www.w-g-m.de/delphi.htm unter *Dateien für Kapitel 5* die Datei `DKap05.zip` herunter laden, die die Projektdatei `proj_521.dpr` enthält.

So etwas soll es immer noch geben: Ein Druck auf den Schalter, die Lampe *geht an*, wieder *derselbe Druck* auf den Schalter, die Lampe *geht aus*. Und so weiter.

Betrachten wir dafür einen *Button* mit der Start-Beschriftung *Ein*. Wird er geklickt, soll die Beschriftung wechseln in *Aus*. Wird er wieder geklickt, soll wieder *Ein* auf dem Button stehen usw.:

Kein Problem, denkt sich der wissende Programmierer, besorgt sich den *Rahmen für die Ereignisprozedur* und schreibt einen auf den ersten Blick tollen und scheinbar richtigen Inhalt:

```
procedure TForm1.Button1Click(Sender: TObject);
begin
if Button1.Caption='Ein' then                          // erster Test
    begin Button1.Caption:='Aus' end;
if Button1.Caption='Aus' then                          // zweiter Test
    begin Button1.Caption:='Ein' end
end;
```

Probieren wir es aus: Wir können klicken, wie und so oft wir wollen – wir bekommen niemals die Beschriftung *Aus* zu sehen. Was haben wir falsch gemacht?

Denken wir gemeinsam nach. Die Laufzeit beginnt, auf dem Button steht *Ein*. Erster Klick, erster Test. Der ist erfüllt, die Beschriftung wechselt zu *Aus*. Doch die Ereignisprozedur ist gerade erst *zur Hälfte abgearbeitet*: Eine Millionstel-Sekunde später kommt nämlich sofort der zweite, der folgende Test. Dort aber wird gefragt, ob nun *Aus* auf dem Button steht. Das ist der Fall – folglich wird die Beschriftung wieder auf *Ein* gestellt.

> Ein toller Denkfehler führt hier zu einem absolut falschen Inhalt der Ereignisprozedur.

Hier brauchen wir eine andere Testkonstruktion. Sie muss so aussehen:

- Wenn auf dem Button *Ein* steht, dann schreibe *Aus*. Andernfalls schreibe *Ein*.

Solch eine Wenn-dann-andernfalls-Konstruktion nennt man *Alternative*. Die Pascal-Delphi-Regeln für ihre Umsetzung sehen wir in der richtigen Ereignisprozedur.

```
procedure TForm1.Button1Click(Sender: TObject);
begin
if Button1.Caption='Ein' then
    begin                                  // Befehle des JA-Zweiges
      Button1.Caption:='Aus'
    end
                else                                   // andernfalls
    begin                                // Befehle des NEIN-Zweiges
      Button1.Caption:='Ein'
    end
end;
```

Die englische Vokabel `else` gehört zu den diversen *false friends* (falschen Freunden), die diese Sprache für uns Deutsche bereit hält: `else` heißt nicht *also*, sondern *andernfalls*. Wer sich das merkt, programmiert richtig.

Alternativen besitzen einen Ja- und einen Nein-Zweig.

- Bei *erfülltem Test* wird der Ja-Zweig ausgeführt, bei nicht erfülltem Test der Nein-Zweig.

Enthält einer der Zweige speziell nur einen einzigen Befehl, so kann (muss aber nicht) dort wiederum das `begin-end`-Paar der Anweisungsklammern weggelassen werden:

```
procedure TForm1.Button1Click(Sender: TObject);
begin
    if Button1.Caption='Ein' then Button1.Caption:='Aus'
                                  else Button1.Caption:='Ein'
end;
```

5.2.2 Zu- und Abschalten von Buttons

Wichtiger Hinweis: Wer das folgende Delphi-Projekt nicht selbst entwickeln möchte, kann auf der Seite www.w-g-m.de/delphi.htm unter *Dateien für Kapitel 5* die Datei `DKap05.zip` herunter laden, die die Projektdatei `proj_522.dpr` enthält.

Wir wollen noch einmal zu einer Aufgabe ähnlich wie im Abschn. 4.5.2 zurückkehren, wo es um die *Aktivierung und Deaktivierung eines Buttons* ging.

Zwei *leere Textfenster* sind auf dem Formular anzuordnen, darunter ein Button mit der Aufschrift *Füge zusammen*, darunter ein *leeres Label*.

Die Aufgabe lautet: Wenn der Nutzer in die *beiden Textfenster* etwas eingetragen hat, sollen beim Klick auf den Button die beiden Inhalte mit einem Bindestrich zusammengefügt und im Label angezeigt werden:

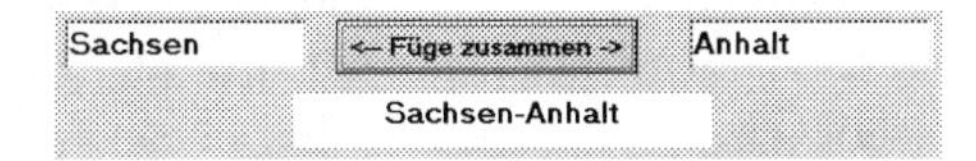

Über die Ereignisprozedur zum *Klick auf den Button* brauchen wir gar nicht mehr zu reden, so einfach ist sie:

```
procedure TForm1.Button1Click(Sender: TObject);
begin
    Label1.Caption:=Edit1.Text + '-' + Edit2.Text
end;
```

Doch welche Situation liegt eigentlich vor, wenn eines der beiden Textfenster oder sogar alle beide leer sind? Dann wäre doch eine *Bedienung des Buttons sinnlos*. Folglich muss die property `Enabled` des Buttons auf jeden Fall für den Start der Laufzeit auf `False` gesetzt werden:

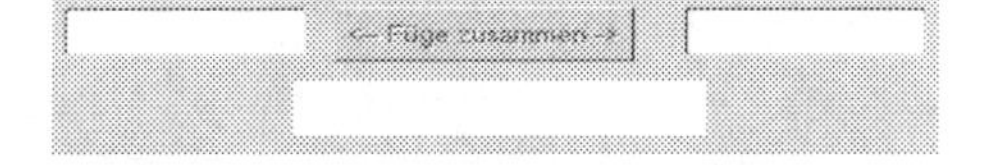

Nun kommt der interessante Teil der Aufgabe: Bei *jeder Änderung in einem der Textfenster* muss geprüft werden, ob *beide Textfenster nicht leer* sind. Wenn das der Fall ist, wird der Button zugeschaltet. Andernfalls muss der Button wieder deaktiviert werden:

```
procedure TForm1.Edit1Change(Sender: TObject);
begin
if (Edit1.Text<>'') and (Edit2.Text<>'') then
    Button1.Enabled:=True
                                              else
    Button1.Enabled:=False
end;
procedure TForm1.Edit2Change(Sender: TObject);
begin
if (Edit1.Text<>'') and (Edit2.Text<>'') then
    Button1.Enabled:=True
                                              else
    Button1.Enabled:=False
end;
```

Der Test zeigt es: Erst wenn beide Textfenster einen Inhalt haben, wird der Button aktiv. Wird auch nur ein Inhalt gelöscht, wird der Button sofort automatisch wieder inaktiv. Somit ist eine gelungene Benutzeroberfläche entstanden, deren Bedienungselemente nur dann aktiv (folglich bedienbar) sind, wenn eine Nutzereinwirkung auf sie überhaupt sinnvoll ist.

Was haben wir außerdem gelernt?

- In Pascal-Delphi besitzt die Zeichenkombination <> die Bedeutung ungleich.
- Ein Test auf einen vorhandenen Inhalt wird so formuliert, dass gefragt wird, ob der *Inhalt nicht leer* ist: In Pascal wird dieses *leer* mit *zwei nebeneinander stehenden Hochkommas* `''` beschrieben.

Wäre es hier eigentlich falsch, wenn man den Inhalt der Ereignisprozeduren mit zwei einfachen Tests programmierte? Sehen wir es uns an:

```
procedure TForm1.Edit1Change(Sender: TObject);
begin
if (Edit1.Text<>'') and (Edit2.Text<>'') then
    Button1.Enabled:=True;          // Semikolon nötig, ein Test folgt
if (Edit1.Text='') or (Edit2.Text='') then
    Button1.Enabled:=False
end;
procedure TForm1.Edit2Change(Sender: TObject);
begin
if (Edit1.Text<>'') and (Edit2.Text<>'') then
    Button1.Enabled:=True;          // Semikolon nötig, ein Test folgt
if (Edit1.Text='') or (Edit2.Text='') then
    Button1.Enabled:=False
end;
```

Sofern die Logik beider einfacher Tests (einmal *und*, einmal *oder*) richtig bedacht ist, kann man auch so programmieren.

> Zwei einfache Tests anstelle der `if...then...else`-Kombination sind diesmal hier nicht falsch.

Timer und Timer-Ereignisse 6

Inhaltsverzeichnis

6.1 Timer: Begriff und Bedeutung 106
6.2 Einrichtung und Starteinstellung 109
6.3 Arbeit mit Timern 113
6.4 Permanente Prüfung im Hintergrund 116
6.5 Rot-Gelb-Grün: Die Ampel an der Kreuzung 118
6.6 Der Vierzylinder-Motor 123
6.7 Städte-Raten 125
6.8 Ein einfacher Bildschirmschoner 127

Es geht voran. Im vorigen Kapitel lernten wir mit den `if...then`- und später mit den `if...then...else`-Konstruktionen wichtige Möglichkeiten kennen, mit denen wir erreichen können, dass manche Befehle im Inneren von Ereignisprozeduren *nicht immer*, sondern *nur manchmal* abgearbeitet werden. Oder im Wechsel mit anderen Befehlen bzw. Befehlsgruppen.

Entweder ... oder, das ist die Alternative. Die lateinische Vokabel alter heißt auch nichts anderes als das andere. Politiker oder Fußballreporter, die nach dritten und vierten Alternativen suchen, haben demnach im Lateinunterricht geschlafen oder bei dieser Vokabel gerade gefehlt.

Die *Alternative* als Sprachelement braucht man unbedingt bei dem geschilderten Nachttischlampen-Beispiel; andere Beispiele, wie die Zu- und Abschaltung von Buttons, können wahlweise mit Alternative oder zwei einfachen Tests programmiert werden.

Auch die in Abschn. 5.1.2 gestellte Aufgabe, dass beim Klick auf eine Checkbox mitgeteilt werden soll, ob es ein *Einklick* oder ein *Ausklick* war, hätte sich, das wissen wir nun,

W.-G. Matthäus, *Grundkurs Programmieren mit Delphi*, DOI 10.1007/978-3-658-14274-2_6

mit der Alternative eleganter programmieren lassen. Genauso ließe sich die Alternative auch anwenden bei der *Bewegungssteuerung der Scrollbar* (Abschn. 5.1.3).

Nun gönnen wir uns wieder eine Verschnaufpause, bevor erst im Kap. 9 mit der Zählschleife das nächste leistungsfähige, aber auch geistig anspruchsvolle Sprachelement eingeführt werden wird.

6.1 Timer: Begriff und Bedeutung

6.1.1 Bisherige Möglichkeiten und Grenzen

Was können wir bisher? Viel. Wir können ein *Formular* herstellen, auf dem *Bedienelemente* angeordnet sind. Wir können sowohl für das Formular als auch für die Bedienelemente die Gestaltung für eine Vielzahl von Merkmalen mit Hilfe des Registerblattes EIGENSCHAFTEN des Objektinspektors *voreinstellen.*

Beim *Beginn der Laufzeit* werden diese Voreinstellungen dann mittels der *properties* in die Datenkerne der entstehenden visuellen Objekte transportiert.

Da die Datenkerne visueller Objekte unmittelbar *mit den sichtbaren Teilen verbunden* sind, sehen wir zum Beginn der Laufzeit das, was wir vorher eingestellt haben.

Sollte ein Merkmal sich ausnahmsweise nicht über den Objektinspektor voreinstellen lassen, da die entsprechende *property* dort fehlt (z. B. die Startmarkierung in einer Liste), lässt sich dem abhelfen mit Hilfe der speziellen Ereignisprozedur zum Ereignis *Erzeugung des Formulars* (`create`) und unter Verwendung geeigneter weiterer properties, die dann in der Punktliste zu suchen sind (siehe Abschn. 4.7.3).

Weitere Ereignisprozeduren werden außerdem vorbereitet, damit bei bestimmten Nutzerhandlungen an den sichtbaren Teilen gewisser visueller Objekte die gewünschten Reaktionen eintreten.

Was *wo* und *wobei* passieren soll, das muss man aus der Aufgabenstellung entnehmen. Das haben wir an vielen Beispielen schon trainiert und werden es weiter trainieren.

Die Reaktionen können im einfachsten Fall nur *Mitteilungen* sein, sie können aber auch in Änderungen an Merkmalen des sichtbaren Teils des eigenen oder anderer visueller Objekte bestehen.

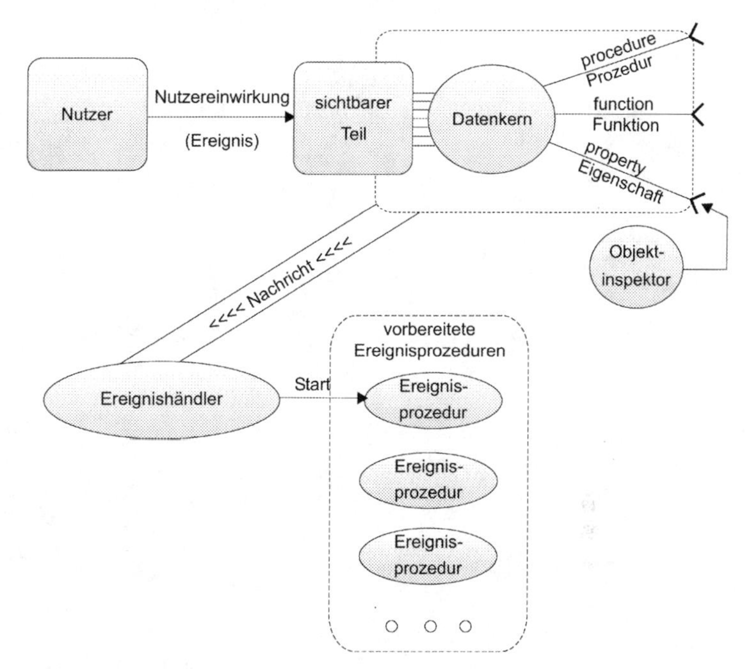

Abb. 6.1 Bisherige Situation: Ohne Nutzer passiert nichts

Möglich wird das alles durch die Verwendung von *properties*, mit deren Hilfe wir den Zugriff auf Datenkerne visueller Objekte passiv und aktiv programmieren können.

Alles prima. Doch ein Teil eines Satzes soll hier noch einmal hervorgehoben werden:

- … damit bei bestimmten Nutzerhandlungen an den sichtbaren Teilen gewisser visueller Objekte die gewünschten Reaktionen eintreten.

Das heißt doch im Klartext genau das, was in der Unterschrift von Abb. 6.1 steht: *Ohne Nutzer passiert nichts*.

Doch auch dann, wenn ein Nutzer vorhanden ist und sich begeistert den hübsch gestalteten Bildschirm ansieht, passiert nichts. Wir müssen genauer formulieren:

- *Ohne eine Bedienhandlung eines Nutzers* wird bisher nicht eine einzige Ereignisprozedur gestartet und abgearbeitet.

Na und, könnte man da einwenden? Schließlich wird doch eine Benutzeroberfläche gerade dafür gemacht, dass ein Nutzer mit ihr umgeht.

Doch es gibt auch noch andere Arten von Aufgabenstellungen. So haben wir die vielen Spiele, die geradezu davon leben, dass zunächst ohne Nutzereinwirkung auf der Benutzeroberfläche etwas passiert, worauf der Nutzer reagieren soll.

Auch der Begriff der *Simulation* wird uns noch beschäftigen: Ohne Einwirkung von außen sollen Prozesse im Zeitrhythmus ablaufen, die man dann beobachten kann – beispielsweise die Steuerung einer Ampel an einer Kreuzung.

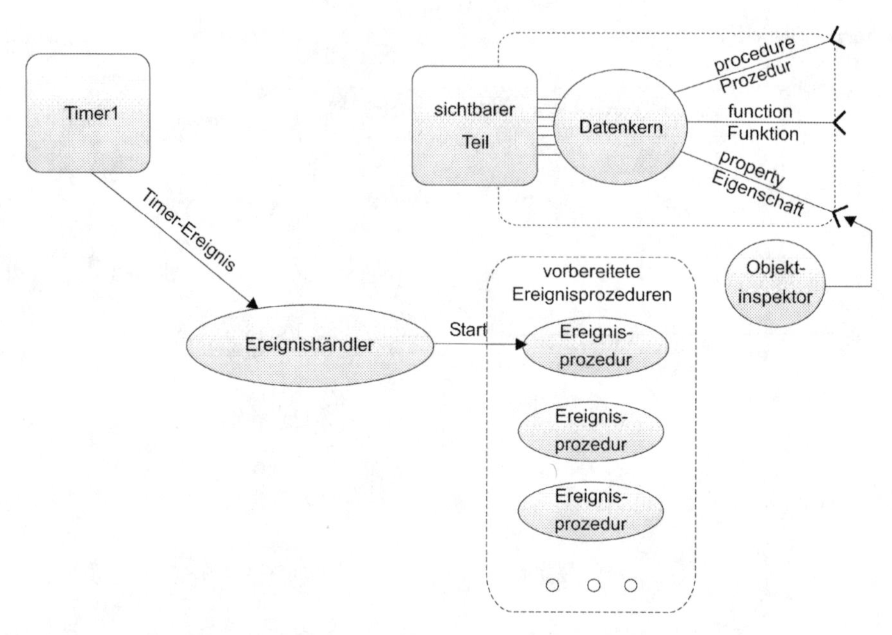

Abb. 6.2 Timer und Timer-Ereignis

Oder denken wir an *Präsentations- und Informationsprogramme*. Wenn der Inhaber eines Reisebüros am Samstagmittag einen PC-Bildschirm in sein Schaufenster stellt und mit dem Beginn der Laufzeit eine Benutzeroberfläche herstellt, soll natürlich ohne Zutun der Betrachter eine Präsentation ablaufen.

Schließlich sollten wir auch an einen *Bildschirmschoner* denken, der ohne jeglichen Anstoß durch eine Nutzereinwirkung plötzlich startet und pausenlos verschiedenartigste Bilder produziert.

6.1.2 Timer

Ein Timer ist ein Zeitgeber, der – sofern er aktiv ist – in bestimmten Abständen ein Ereignis auslöst, das *Timer-Ereignis*.

Zum Timer-Ereignis können in der zugehörigen Ereignisprozedur vielfältige Reaktionen programmiert werden (siehe Abb. 6.2).

Ein Timer ist ein Objekt, das in seinem gekapselten Datenkern die Merkmale verwaltet. In seinem Objektinspektor sind die Eigenschaften aufgelistet, mit deren Hilfe die Situation des Timers beim Start der Laufzeit voreingestellt werden kann.

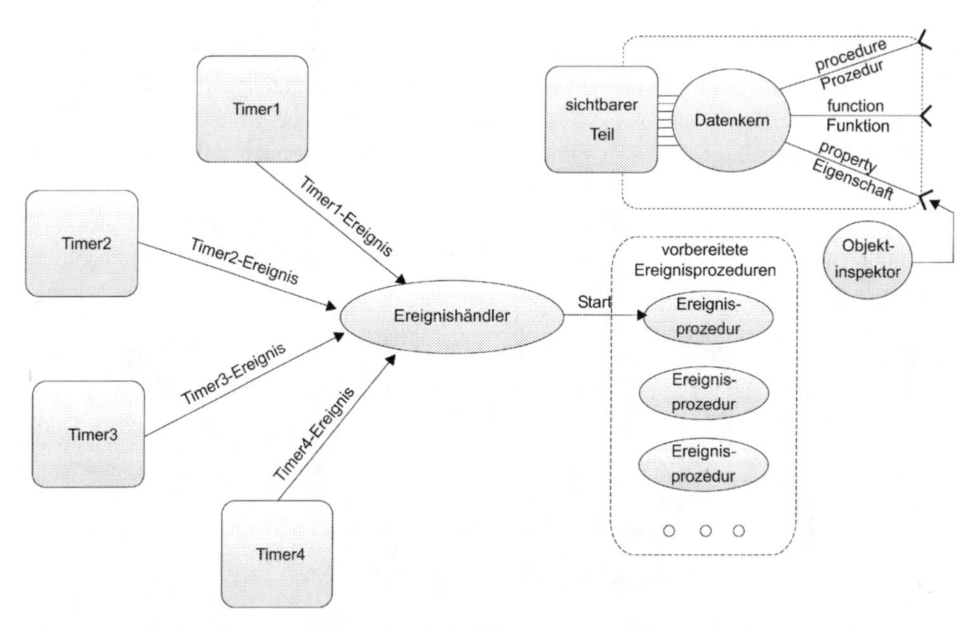

Abb. 6.3 Mehrere Timer und Timer-Ereignisse

Mit Hilfe einiger *properties* kann in Ereignisprozeduren aller Art auf den Datenkern eines Timers zugegriffen werden. Möglichkeiten der unmittelbaren Nutzereinwirkung auf einen Timer gibt es nicht. Folglich zählt ein Timer wohl nicht zu den visuellen Objekten.

Delphi bietet die Möglichkeit, mehrere Timer zu verwenden (siehe Abb. 6.3). Für jeden einzelnen Timer kann ein bestimmtes Intervall eingestellt werden. Die Menge der Ereignisprozeduren, in denen auf Nutzereinwirkungen reagiert wird, kann nun ergänzt werden durch *vielfältige Ereignisprozeduren zu den Timer-Ereignissen.*

6.2 Einrichtung und Starteinstellung

Obwohl ein Timer kein visuelles Objekt ist, kann er doch ebenso wie die bisher bekannten visuellen Objekte eingerichtet werden.

6.2.1 Platzieren des Timer-Symbols

Das Timer-Symbol (Uhr) finden wir im alten Delphi auf der Registerkarte SYSTEM der Komponentenleiste. Im neuen Delphi muss in der Tool-Palette auf SYSTEM umgestellt werden:

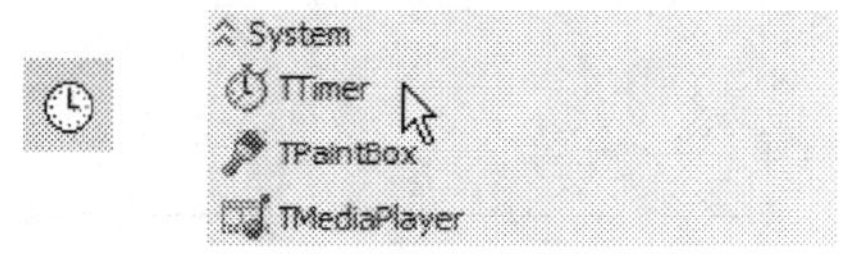

Das *Timer-Symbol* kann irgendwohin auf das Formular gezogen werden. Es ist zur Laufzeit nicht zu sehen; es ist unwichtig, wo es auf dem Formular platziert wird. Delphi vergibt automatisch die Namen `Timer1`, `Timer2` usw. für die platzierten Timer.

Der Objektinspektor gibt – wie immer – die Möglichkeit voreinzustellen, wie der jeweilige Timer *zu Beginn der Laufzeit* eingerichtet sein soll.

Durch den Timer-Objektinspektor sind gleichzeitig auch die Namen wichtiger properties bekannt, mit denen innerhalb von anderen Ereignisprozeduren auf den Datenkern eines Timers aktiv und passiv zugegriffen werden kann.

Die wichtigsten properties, als Timer-Eigenschaften enthalten in dessen Objektinspektor, haben die Namen `Enabled` und `Interval`.

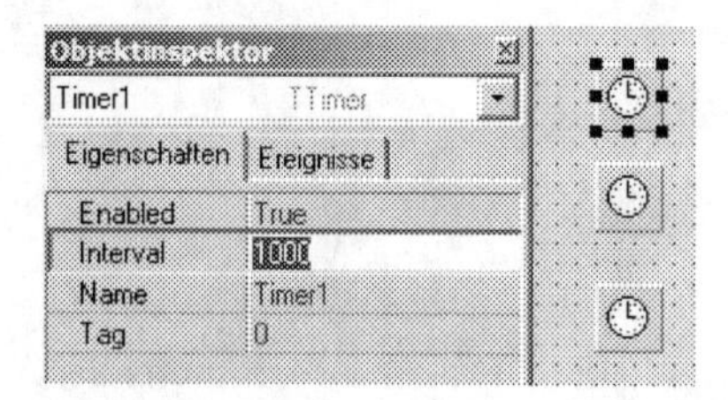

Ist die property `Enabled` auf `True` gesetzt, so läuft der Timer, d. h. das Timer-Ereignis tritt mit dem eingestellten Intervall auf. Mit `Enabled:=False` wird der Timer angehalten, ohne dass das Intervall verändert wird. Erneute Umstellung auf `Enabled:=True` startet den Timer wieder.

Mit der property `Interval` (Achtung – nur ein „l") wird die *Pause zwischen zwei Timer-Ereignissen* in Millisekunden festgelegt.

In der Abbildung ist derjenige Timer, der von Delphi den Namen `Timer1` bekommen hat, so eingestellt, dass sein Timer-Ereignis *einmal pro Sekunde* eintritt (1000 Millisekunden = 1 Sekunde).

- Die *Frequenz von Timern* ist im Allgemeinen begrenzt: Es ist sinnlos, einen Timer auf ein extrem kleines Intervall zu setzen; im Einzelnen hängt die dieses Minimalintervall von verschiedenen Faktoren, z. B. dem Betriebssystem, ab. Bei Delphi 7 beträgt der kleinstmögliche Wert 55 ms.

6.2.2 Einfache Ereignisprozeduren

Wichtiger Hinweis: Wer das folgende Delphi-Projekt nicht selbst entwickeln möchte, kann auf der Seite www.w-g-m.de/delphi.htm unter *Dateien für Kapitel 6* die Datei `DKap06.zip` herunter laden, die die Projektdatei `proj_622.dpr` enthält.

Zur Demonstration wollen wir drei *Timer* untereinander auf dem Formular platzieren und daneben jeweils eine *Scrollbar* setzen:

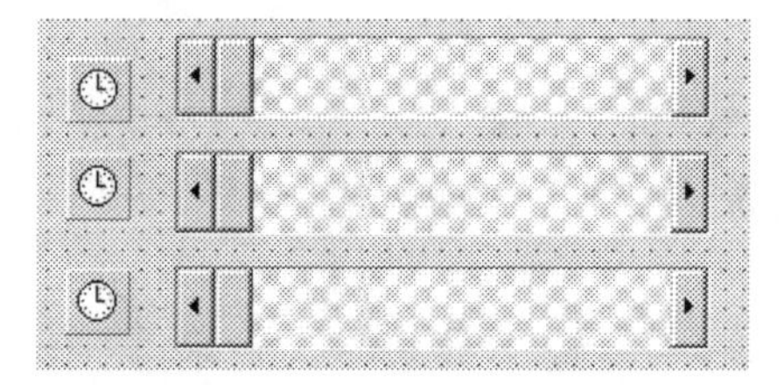

Jede Scrollbar besitzt dieselbe Standard-Starteinstellung: *Minimum 0, Maximum 100, Position 0.*

Alle drei Timer werden *aktiv* voreingestellt, aber mit verschiedenen Intervallen:

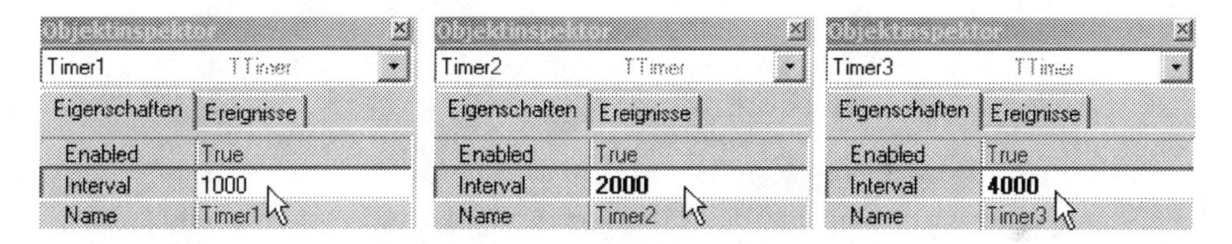

Timer1 kommt jede Sekunde, Timer2 aller 2 Sekunden, und Timer3 lässt sich am meisten Zeit: Er löst nur aller vier Sekunden sein Timer-Ereignis aus.

Bei den bisher behandelten visuellen Objekten gab es durchweg das Standard-Ereignis und viele andere Nicht-Standard-Ereignisse. Wir mussten jeweils genau überlegen, für welche Ereignis-Art der Rahmen der Ereignisprozedur beschafft werden sollte.

Beim Timer gibt es nur ein einziges Ereignis, für das eine Reaktion programmiert werden kann – die diesbezügliche Liste im Objektinspektor schrumpft folglich auf einen einzigen Eintrag zusammen.

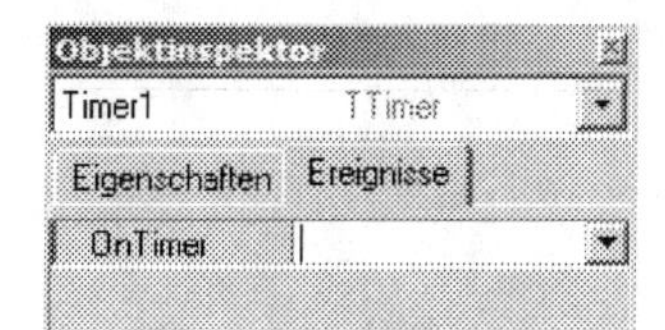

Ein Doppelklick in das leere Feld neben `OnTimer` oder ein Doppelklick auf das Timer-Symbol auf dem Formular liefert uns dann sofort den *Rahmen für die Ereignisprozedur* zum Ereignis *Timer kommt* (Timer-Ereignis):

```
procedure TForm1.Timer1Timer(Sender: TObject);
begin
     ............                    // Inhalt der Ereignisprozedur
end;
```

Kehren wir zu unserem Beispiel zurück: Wenn das jeweilige Timer-Ereignis eintritt, soll sich die Position des Reglers in der zugehörigen Scrollbar um zehn Einheiten nach rechts verschieben:

```
procedure TForm1.Timer1Timer(Sender: TObject);
begin
    ScrollBar1.Position:=ScrollBar1.Position+10
end;
procedure TForm1.Timer2Timer(Sender: TObject);
begin
    ScrollBar2.Position:=ScrollBar2.Position+10
end;
procedure TForm1.Timer3Timer(Sender: TObject);
begin
    ScrollBar3.Position:=ScrollBar3.Position+10
end;
```

In den folgenden vier Abbildungen, die die Situation nach einer, nach zwei und drei, nach vier und fünf und schließlich nach sechs und sieben Sekunden wiedergeben, können wir wunderbar verfolgen, wann sich welcher Timer meldet: Während der Regler der obersten `ScrollBar1` nach jeder Sekunde weiterrückt und in den betrachteten sieben Sekunden siebenmal nach rechts gewandert ist, hat es der Regler der untersten `ScrollBar3` auf gerade eine Veränderung gebracht; er würde sich erst bei Sekunde acht zum zweiten Mal bewegen.

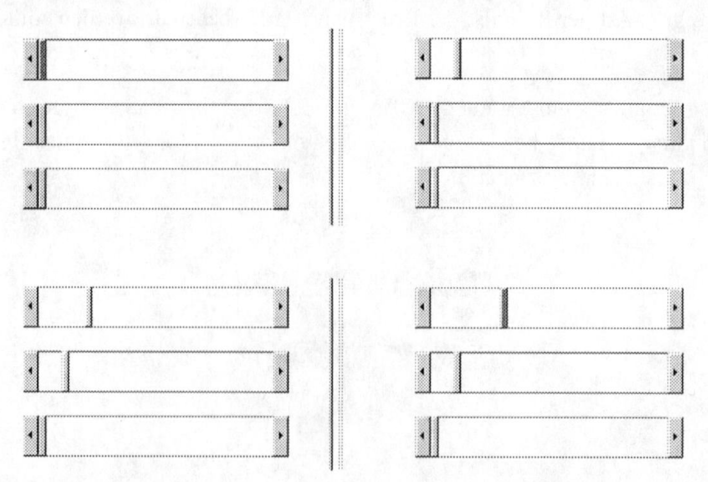

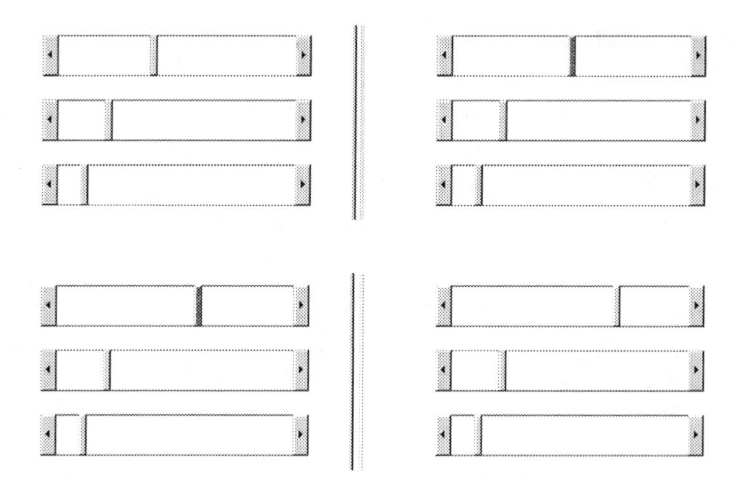

6.3 Arbeit mit Timern

6.3.1 Start und Selbst-Stopp

Wichtiger Hinweis: Wer das folgende Delphi-Projekt nicht selbst entwickeln möchte, kann auf der Seite www.w-g-m.de/delphi.htm unter *Dateien für Kapitel 6* die Datei `DKap06.zip` herunter laden, die die Projektdatei `proj_631.dpr` enthält.

Aufgabe: Mit *Beginn der Laufzeit* soll erst einmal fünf Sekunden lang überhaupt nichts passieren. Dann soll genau einmal das Timer-Ereignis stattfinden, bei dem ein Regler einer Scrollbar zehn Einheiten nach rechts springt, anschließend nie wieder.

Lösung: Wir betrachten zur Demonstration diesmal nur *einen Timer* und *eine Scrollbar*. Im Objektinspektor wird der Timer auf *aktiv* und auf ein *Intervall von 5000 ms* vorbereitet:

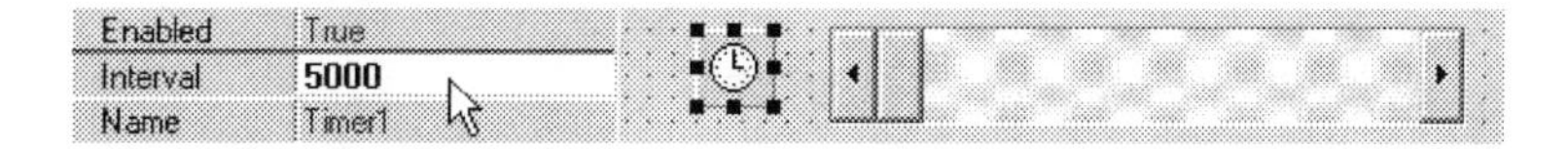

Die Ereignisprozedur beschreibt dann den Rest der Lösung der Aufgabe:

```
procedure TForm1.Timer1Timer(Sender: TObject);
begin
    ScrollBar1.Position:=ScrollBar1.Position+10;   // Semikolon nötig
    Timer1.Enabled:=False
end;
```

Mit der property `Enabled` kann aus jeder Ereignisprozedur auf den Datenkern des Objekts `Timer1` zugegriffen werden. Das wurde hier genutzt; der Timer schaltet sich selber aus. So einfach ist das.

6.3.2 Halt und Weitermachen

Wichtiger Hinweis: Wer das folgende Delphi-Projekt nicht selbst entwickeln möchte, kann auf der Seite www.w-g-m.de/delphi.htm unter *Dateien für Kapitel 6* die Datei `DKap06.zip` herunter laden, die die Projektdatei `proj_632.dpr` enthält.

Betrachten wir nun dir folgende Aufgabe: Zusätzlich zu dem *Timer* und der *Scrollbar* soll sich noch ein *Button* mit der Anfangsbeschriftung *Halt* auf dem Formular befinden:

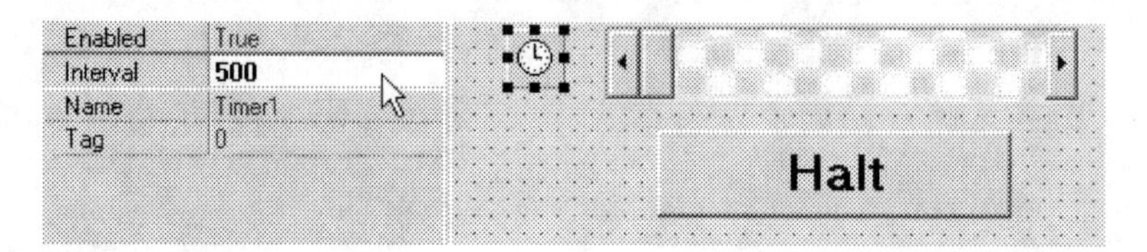

Der Timer, hier auf eine halbe Sekunde eingestellt, soll wie oben lediglich die Position verschieben, weiter nichts.

Beim *ersten Klick auf den Button* soll der *Timer ausgeschaltet* werden und die *Beschriftung des Buttons* soll wechseln in *Weiter*.

Beim *nächsten Klick auf den Button* soll der Timer wieder *eingeschaltet* werden, die Beschriftung wechselt zu *Halt* und so weiter:

Wir wollen dem Nutzer damit die Möglichkeit geben, dass er den Timer beliebig anhalten und später wieder weiterlaufen lassen kann.

Sehen wir uns zuerst die *Ereignisprozedur zum Timer-Ereignis* an:

```
procedure TForm1.Timer1Timer(Sender: TObject);
begin
    ScrollBar1.Position:=ScrollBar1.Position+10
end;
```

Viel interessanter dagegen ist die Ereignisprozedur zum Ereignis *Klick auf den Button* – in ihr wird die *Alternative* aus dem „Nachttischlampen-Programm" aus Abschn. 5.2.1 wiederholt und ausgebaut.

Über die *Abfrage der Beschriftung des Buttons* stellt die Ereignisprozedur fest, welche Situation gerade vorliegt. Steht die Beschriftung auf *Halt* (dann läuft der Timer), werden die Befehle des Ja-Zweiges ausgeführt: Die Beschriftung wechselt, der Timer wird ausgeschaltet.

Andernfalls werden die beiden Befehle des Nein-Zweiges ausgeführt: Die Beschriftung wechselt erneut, der Timer wird wieder angeschaltet.

```
procedure TForm1.Button1Click(Sender: TObject);
begin
if Button1.Caption='Halt' then
    begin                                                   // JA-Zweig
      Button1.Caption:='Weiter'; Timer1.Enabled:=False
    end
            else
    begin                                                 // NEIN-Zweig
      Button1.Caption:='Halt'; Timer1.Enabled:=True
    end
end;
```

Die *Ausnahmeregel* kann hier nicht in Anspruch genommen werden, da sowohl im Ja-Zweig als auch im Nein-Zweig *je zwei Befehle* stehen.

Zu beachten sind deshalb die beiden *trennenden Semikolons* zwischen den beiden Befehlen in Ja- und Nein-Zweig.

6.3.3 Blinkende Schrift

Wichtiger Hinweis: Wer das folgende Delphi-Projekt nicht selbst entwickeln möchte, kann auf der Seite www.w-g-m.de/delphi.htm unter *Dateien für Kapitel 6* die Datei `DKap06.zip` herunter laden, die die Projektdatei `proj_633.dpr` enthält.

Betrachten wir die folgende Aufgabe: Ein *Label* mit der Startbeschriftung *Achtung* wird auf dem Formular platziert. Die Schrift kann schön groß sein, zum Beispiel 24 pt und fett. Nach zwei Sekunden soll die Schrift für eine Sekunde verschwinden, dann wieder zwei Sekunden zu lesen sein, dann wieder für eine Sekunde verschwinden, und so weiter. Wie die Überschrift schon sagt – gesucht ist eine *blinkende Schrift*.

Wie kann man diese Aufgabe lösen? Die Abbildung zeigt einen Lösungsansatz: Wir arbeiten mit *zwei Timern*, die sich *gegenseitig ein- und ausschalten*. Der erste Timer ist anfangs aktiv, kommt nach 2000 Millisekunden. Der zweite Timer ist anfangs ausgeschaltet; wenn er eingeschaltet ist, meldet er sich nach jeweils 1000 Millisekunden:

Eigenschaften	Ereignisse
Enabled	True
Interval	**2000**
Name	Timer1

Eigenschaften	Ereignisse
Enabled	**False**
Interval	1000
Name	Timer2

Die beiden Ereignisprozeduren lassen das Vorgehen erkennen:

```
procedure TForm1.Timer1Timer(Sender: TObject);
begin
    Label1.Caption:='';
    Timer1.Enabled:=False; Timer2.Enabled:=True
end;
procedure TForm1.Timer2Timer(Sender: TObject);
begin
    Label1.Caption:='Achtung';
    Timer1.Enabled:=True; Timer2.Enabled:=False
end;
```

Nach dem Start wartet `Timer1`, es vergehen zwei Sekunden. Dann kommt sein Timer-Ereignis, `Timer1` löscht den Inhalt des Labels, schaltet *sich selber aus*, schaltet dafür `Timer2` an.

Nun vergeht eine Sekunde, in der im Label nichts steht, dann kommt der `Timer2`. Er schreibt erneut ins Label, schaltet sich dann selber aus, schaltet wieder `Timer1` ein. `Timer1` wartet wieder seine zwei Sekunden, dann kommt sein Ereignis und so weiter.

Übrigens – so ein Label hat eine besondere Eigenschaft: Es passt sich in seiner Größe dem Inhalt an. Das bedeutet in unserem Fall, dass das Label extrem klein wird, wenn nichts drin steht.

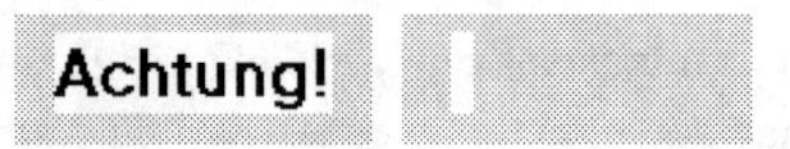

Wollen wir das?

Wenn nicht, müssen wir im Objektinspektor des Labels die Eigenschaft (property) `AutoSize` auf `False` setzen – dann behält das Label seine Form, auch wenn der Inhalt sich ändert.

6.4 Permanente Prüfung im Hintergrund

Wechseln wir doch schnell einmal zu unserem guten alten Textverarbeitungsprogramm WORD und sagen DATEI→DRUCKEN. Schon erscheint das entsprechende Dialogfenster, und links unten werden wir gefragt, was wir denn so drucken wollen:

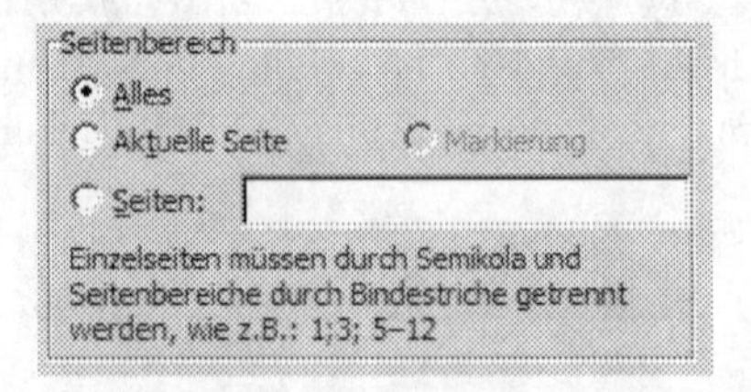

Standardmäßig ist *Alles* voreingestellt. Trifft auch meist zu.

Manchmal allerdings möchte man nur eine bestimmte Seite aus dem Drucker kommen lassen. Folglich wechselt man in das Textfenster neben dem Radiobutton mit der Beschriftung *Seiten* und trägt die gewünschten Seitenzahlen ein.

Was passiert aber gleichzeitig, wie durch ein Wunder? Auch wenn wir als Nutzer den Radiobutton mit dieser Beschriftung überhaupt nicht bedient haben – er erhält, völlig ohne unser Zutun, automatisch, plötzlich die nun zutreffende Markierung:

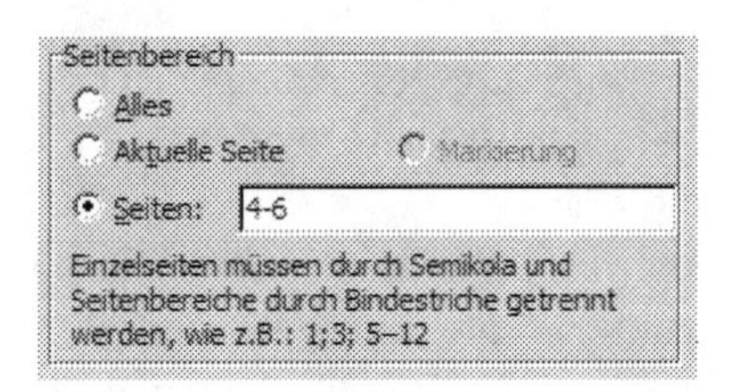

Wer aber tat das? Jetzt wissen wir es und könnten es selbst programmieren: Im Hintergrund könnte zum Beispiel ein Timer laufen, der so oft wie möglich das Textfenster testet. Wird dabei plötzlich ein Inhalt festgestellt wird eben der passende Radiobutton zugeschaltet.

Wichtiger Hinweis: Wer das folgende Delphi-Projekt nicht selbst entwickeln möchte, kann auf der Seite www.w-g-m.de/delphi.htm unter *Dateien für Kapitel 6* die Datei `DKap06.zip` herunter laden, die die Projektdatei `proj_64.dpr` enthält.

Prüfen wir konstruktiv nach, ob unsere Vermutung stimmt. Platzieren wir zuerst auf dem Formular eine entsprechende *Radiogruppe* mit *Textfenster* und *Timer*. In ihr sorgen wir über die Eigenschaft `Items` mit dem Stringlisten-Editor für den anfänglichen Inhalt. Das Zeichen & kennzeichnet dabei den *Schnellwahlbuchstaben* (siehe Abschn. 3.4).

Der `ItemIndex` der Radiogruppe mit dem Namen `RadioGroup1` wird auf Null gesetzt – die Markierung soll anfangs natürlich auf der ersten Zeile, auf *Alles* stehen:

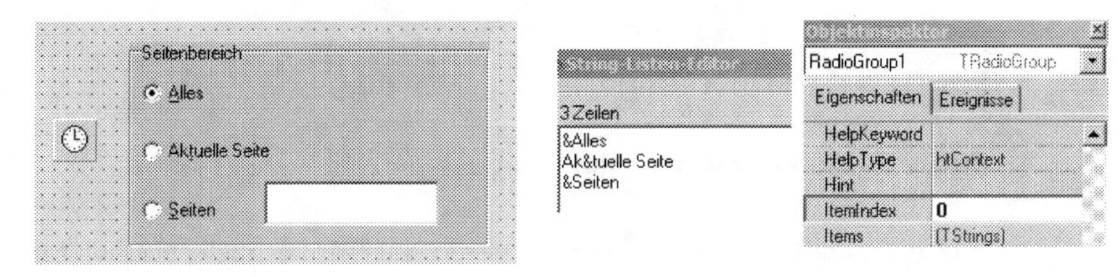

Das *Timer-Symbol* wird irgendwohin auf das Formular gezogen; der Timer wird auf eine hohe Frequenz (z. B. 55 ms) eingestellt, und natürlich soll er vom Start weg arbeiten:

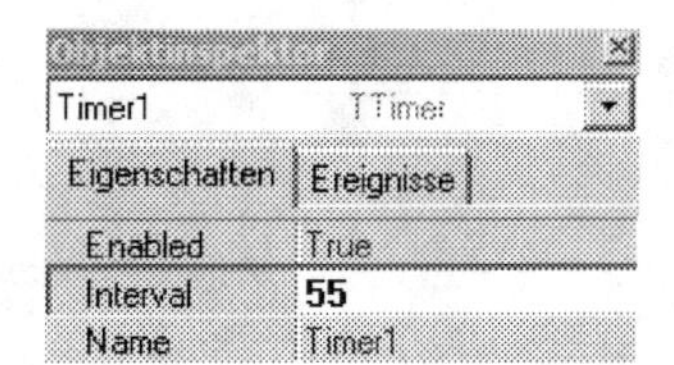

Nun brauchen wir nur noch eine einzige Ereignisprozedur mit Inhalt zu versehen, nämlich die Ereignisprozedur zum *Timer-Ereignis*:

```
procedure TForm1.Timer1Timer(Sender: TObject);
begin
    if Edit1.Text<>'' then RadioGroup1.ItemIndex:=2
end;
```

So einfach ist das: Wenn der Timer in seiner andauernden Prüftätigkeit, ungefähr achtzehn Mal pro Sekunde, plötzlich eine nichtleere Textbox bemerkt, schaltet er eben in der Radiogruppe auf den dritten Radiobutton um.

Allerdings haben wir nur die Hälfte programmiert. Was wird, wenn der Nutzer sich plötzlich anders besinnt und die Seitenzahl wieder löscht? Was macht WORD dann? WORD schaltet dann auf *Alles* zurück. Das können wir auch:

```
procedure TForm1.Timer1Timer(Sender: TObject);
begin
if Edit1.Text<>'' then RadioGroup1.ItemIndex:=2
                  else RadioGroup1.ItemIndex:=0
end;
```

Das Geheimnis ist gelüftet:

- Scheinbar automatisches Zu- oder Abschalten von Bedienelementen in Word oder Excel oder PowerPoint oder jeder anderen Windows-Anwendung kann z. B. auf nichts anderem als auf mitlaufenden Prüf-Timern basieren, die in Sekundenbruchteilen die Situation an den sichtbaren Teilen aller interessierenden visuellen Objekte beobachten und sofort passend reagieren.

6.5 Rot-Gelb-Grün: Die Ampel an der Kreuzung

6.5.1 Ganze Zahlen in wiederholter Folge

Fangen wir klein an: Ein *Timer* und eine *Scrollbar* werden auf einem Formular platziert. Der Timer mit dem Namen `Timer1` soll sofort aktiv sein, die Frequenz soll eine Sekunde betragen:

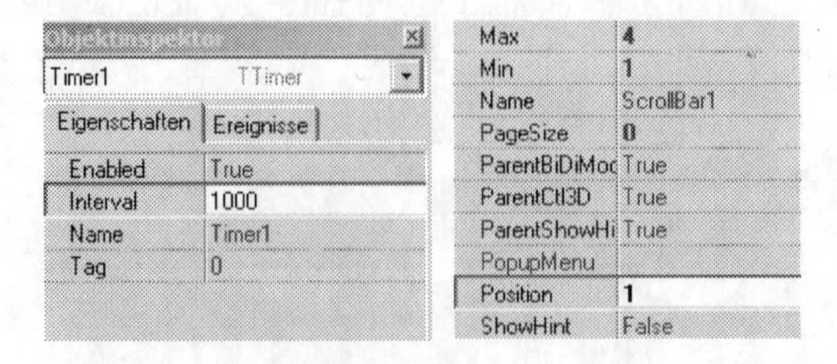

Die Scrollbar mit dem Namen `ScrollBar1` wird voreingestellt mit *Minimum 1, Maximum 4, Position 1.*

Lösen wir nun folgende Aufgabe: Wenn das *Timer-Ereignis* eintritt soll sich die *Position des Reglers* um eine Einheit nach rechts verschieben. Sollte die Position jedoch auf den Wert 4 kommen, ist sie wieder zurück auf 1 zu setzen. Das heißt, die Ereignisprozedur soll dafür sorgen, dass der Regler der Scrollbar pausenlos die Zahlenfolge 1→2→3→4→1→2→3→4→1→2→... durchläuft.

Der Inhalt der Ereignisprozedur muss offensichtlich mit Hilfe einer *Alternative* dafür sorgen, dass der Regler nicht rechts herauswandert:

```
procedure TForm1.Timer1Timer(Sender: TObject);
begin
if Scrollbar1.Position < 4 then
       Scrollbar1.Position:=Scrollbar1.Position+1
                           else
       Scrollbar1.Position:=1
end;
```

Versuchen wir, dieselbe Wirkung mit *zwei einfachen Tests* zu erzielen:

```
procedure TForm1.Timer1Timer(Sender: TObject);
begin
if Scrollbar1.Position<4 then
       Scrollbar1.Position:=Scrollbar1.Position+1;
                                                      //Semikolon
if Scrollbar1.Position=4 then
              Scrollbar1.Position:=1
end;
```

Erst einmal brauchen wir bei der zweiten Version am Ende des ersten Tests ein Semikolon, was ihn vom nachfolgenden zweiten Test trennt. Und dann – probieren wir es aus:

Die zweite Version des Inhalts der Ereignisprozedur ist *logisch falsch.*

Denn der rechte Rand der Scrollbar wird so nie erreicht, der Regler kommt niemals auf den Wert 4. Warum? Denken wir nach: Ist der Wert des Reglers auf 3 gekommen, wird durch den ersten einfachen Test der Wert auf 4 hoch gesetzt. Bis hierhin richtig, korrekt. Aber eine millionstel Sekunde später kommt doch noch der zweite einfache Test, und der ist schon erfüllt. Folglich setzt die Ereignisprozedur nach der 3 sofort auf die 1 zurück. Die 4 wird nie erreicht. Wieder ein Beispiel dafür, dass die Alternative gebraucht wird.

6.5.2 Die Verkehrsampel

Wichtiger Hinweis: Wer das folgende Delphi-Projekt nicht selbst entwickeln möchte, kann auf der Seite www.w-g-m.de/delphi.htm unter *Dateien für Kapitel 6* die Datei `DKap06.zip` herunter laden, die die Projektdatei `proj_652.dpr` enthält.

Zuerst zeigt die Ampel *Gelb* – Frühaufsteher wissen das. Dann kommt *Rot*, dann *Rot plus Gelb*, dann *Grün*, danach wieder *Gelb*.

Das ist der Zyklus, den wir auf einer Benutzeroberfläche nachbilden wollen.

Der Zyklus besteht aus vier Phasen, die sich wiederholen. Kurzes Nachdenken – das hatten wir doch eben schon einmal, da waren es die vier Stellungen des Reglers, die immer wiederkehrten.

Da haben wir doch die richtige Idee: Wir verknüpfen die Stellungen des Reglers mit entsprechender Ampelanzeige:

Stellung 1: Gelb *Stellung 2: Rot* *Stellung 3: Rot plus Gelb* *Stellung 4: Grün*

Setzen wir die Idee um: Zuerst brauchen wir eine Ampel. Die drei Lampen müssen auf einer Grundplatte befestigt werden. Dafür bietet sich ein *Panel* an, das sich im alten Delphi auf dem Registerblatt STANDARD der Komponentenpalette und im neuen Delphi in der gleichnamigen Kategorie der Tool-Palette befindet:

Im Objektinspektor wählen wir als *Startfarbe für das Panel* eine neutrale Farbe (Eigenschaft `Color` entsprechend vorwählen), die *Beschriftung* (Eigenschaft `Caption`) löschen wir.

Dann werden drei Labels untereinander auf das Panel gezogen:

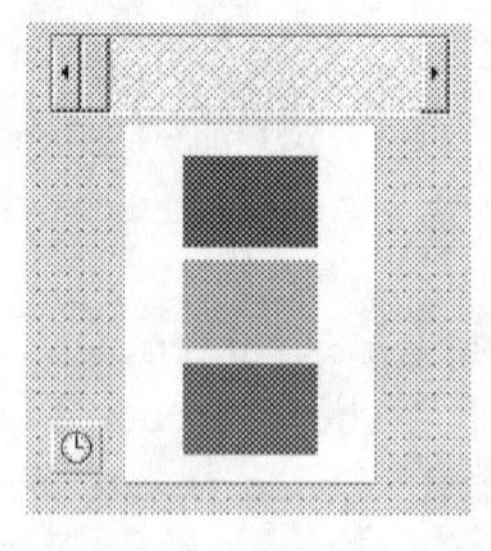

Ihre Eigenschaft `AutoSize` wird auf `False` gesetzt; damit verhindern wir das Schrumpfen der Labels bei fehlender Beschriftung. Die Farben der Labels werden von oben nach unten mit *rot*, *gelb* und *grün* eingestellt.

Was soll zuerst zu sehen sein – ach ja, das Gelb in der Mitte. Folglich wählen wir für die Starteinstellung des oberen Labels in der Eigenschaft `Visible` die Belegung `False`, ebenso `False` für die Sichtbarkeit des unteren Labels.

Bei *Beginn der Laufzeit* ist nur das mittlere Label *Gelb* zu sehen, die Scrollbar steht auf dem (Start-)Wert Eins, der Timer beginnt sein Werk.

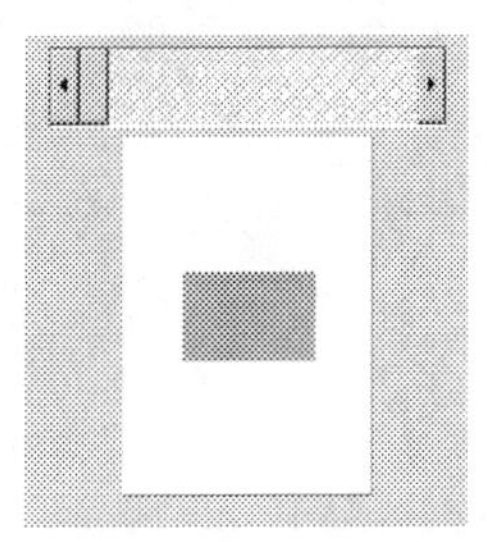

Was ist zu tun? Wenn der *Timer* nach einer Sekunde das erste Mal kommt, wenn also die *Position des Reglers* auf die 2 springt ist *Rot* sichtbar zu machen, *Gelb* wird unsichtbar und *Grün* bleibt unsichtbar:

```
if Scrollbar1.Position=2 then
begin
    Label1.Visible:=True;Label2.Visible:=False;Label3.Visible:=False
end;
```

Falls beim Eintreten des Timer-Ereignisses die Position des Reglers auf der 3 sein sollte soll „Rot" und „Gelb" gemeinsam erscheinen:

```
if Scrollbar1.Position=3 then
begin
    Label1.Visible:=True;Label2.Visible:=True;Label3.Visible:=False
end;
```

In der folgenden Abbildung kann das Wechselspiel zwischen der *Position des Reglers*, die durch den *Timer* gesteuert wird, und der entsprechenden *Ampel-Anzeige* für den Start der Laufzeit und die ersten vier Sekunden danach beobachtet werden:

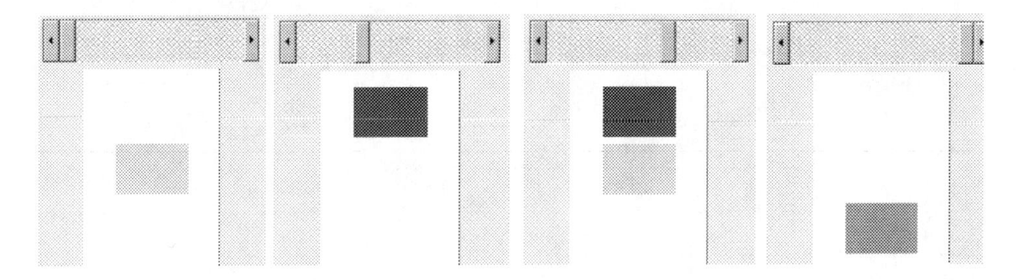

So geht es also; sehen wir uns nun die komplette Ereignisprozedur zum Timer-Ereignis an.

```
procedure TForm1.Timer1Timer(Sender: TObject);
begin
if Scrollbar1.Position<4 then              //Steuerung der ScrollBar
    Scrollbar1.Position:=Scrollbar1.Position+1
              else
    Scrollbar1.Position:=1;
if Scrollbar1.Position=2 then          //Zu- und Abschalten der Label
    begin
    Label1.Visible:=True;Label2.Visible:=False;Label3.Visible:=False
    end;
if Scrollbar1.Position=3 then
    begin
    Label1.Visible:=True;Label2.Visible:=True;Label3.Visible:=False
    end;
if Scrollbar1.Position=4 then
    begin
    Label1.Visible:=False;Label2.Visible:=False;Label3.Visible:=True
    end;
if Scrollbar1.Position=1 then
    begin
    Label1.Visible:=False;Label2.Visible:=True;Label3.Visible:=False
    end;
end;
```

Da alles so funktioniert, wie wir uns das vorgestellt haben, benötigen wir die Scrollbar doch eigentlich nicht mehr.

Falsch! Dreimal falsch Natürlich *benötigen* wir sie noch – aber wir müssen sie *nicht mehr sehen*. Das ist ein entscheidender Unterschied. Setzen wir für die `Scrollbar1` die Starteigenschaft `Visible` auf `False`, dann können wir jedem Nutzer eine perfekte Ampel vorspielen, die im Sekundentakt brav die Farben wechselt.

Wer weiter den Wunsch verspürt, mit Hilfe von *zwei Ampeln* die Situation an einer richtigen Kreuzung zu simulieren, der muss sich zuerst klar machen, wie viele und welche Phasen der Zyklus dann hat.

Phase	Ampel_1	Ampel_2
1	Rot	Grün
2	Rot+Gelb	Gelb
3	Grün	Rot
4	Gelb	Rot+Gelb
5: wie 1	Rot	Grün

Vier Phasen würden auch hier reichen – wer aber meint, dass eine Rot-Ampel erst dann auf Rot-Gelb umspringt, wenn die andere Seite schon richtig Rot hat, der müsste wohl mit fünf oder sechs Phasen arbeiten.

Runde Ampelaugen, die nicht unsichtbar werden, sondern entweder neutrales glas-grau oder ihre Farbe anzeigen, wären ebenfalls wünschenswert. Das kommt alles noch – wenn wir in Abschn. 10.1.2 das Bedienelement *Shape* und seine Färbung mit der `RGB`-Funktion behandeln werden. Etwas Geduld, bitte.

6.6 Der Vierzylinder-Motor

Fangen wir wieder ganz einfach an: Eine *senkrechte Scrollbar*, ein *Timer*, eine *Checkbox* mit der Beschriftung *Runter*. Starteinstellung der Scrollbar: *Minimum 0*, *Maximum 1000*, *Position 0*. Der aktive Timer soll schnell laufen, zum Beispiel aller 55 Millisekunden sein Ereignis aussenden.

Die *Checkbox* soll zu Beginn der Laufzeit einen Haken besitzen (Eigenschaft `Checked` auf `True` voreinstellen).

Eine *senkrechte Scrollbar* erhält man durch Einstellung der Eigenschaft `Kind` auf `sbVertical`:

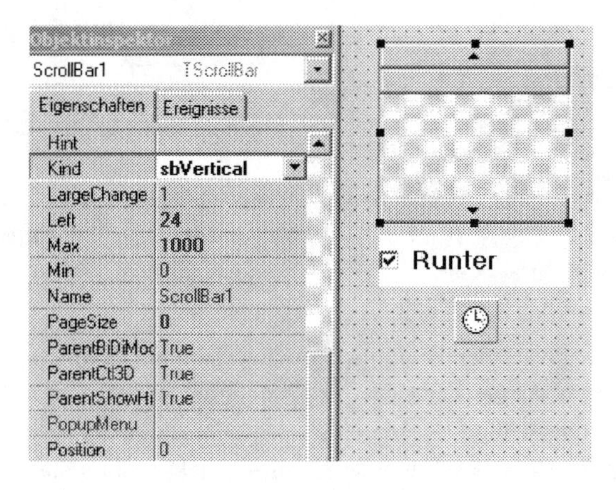

Vier Aufgaben ergeben sich für den Inhalt der Ereignisprozedur zum Timer-Ereignis:

- Wenn die Checkbox den Haken hat (Eigenschaft `Checked` ist `True`), soll sich die Position des Reglers um 100 Einheiten nach unten verschieben.
- Hat die Checkbox keinen Haken, geht die Verschiebung nach oben.
- Anschließend ist, falls die Position 1000 erreicht wurde, der Haken in der Checkbox zu beseitigen.
- Wurde die Position 0 erreicht, ist der Haken wieder zu setzen.

Sehen wir uns gleich die komplette Ereignisprozedur an. Sie ist überraschend kurz, löst aber trotzdem alle vier gestellten Aufgaben:

```
procedure TForm1.Timer1Timer(Sender: TObject);
begin
if CheckBox1.Checked=True then
    Scrollbar1.Position:=Scrollbar1.Position+100
                      else
    Scrollbar1.Position:=Scrollbar1.Position-100;        //Semikolon
if Scrollbar1.Position=1000 then CheckBox1.Checked:=False;
if Scrollbar1.Position=0 then CheckBox1.Checked:=True
end;
```

Das besonders hervorgehobene *Semikolon* trennt die Alternative von dem folgenden *einfachen Test*, an dessen Ende wiederum ein Trennzeichen benötigt wird, denn es kommt der nächste *einfache Test*. Sowohl in der Alternative als auch in den einfachen Tests wurde von der *Ausnahmeregelung* Gebrauch gemacht.

War in der Überschrift nicht von einem *Vierzylinder-Motor* die Rede?

Kein Problem, wir setzen schnell drei weitere senkrechte Scrollbars mit darüber befindlichen Checkboxen auf das Formular. Die Starteinstellungen können aus der folgenden Abbildung abgelesen werden:

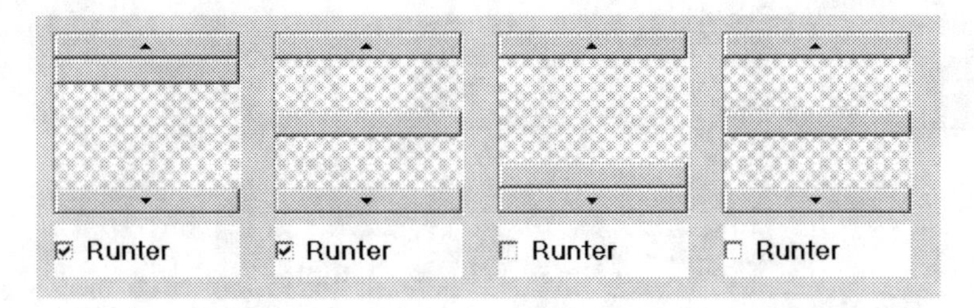

Natürlich bleibt es bei der einen Ereignisprozedur. Sie muss im Inhalt nur erweitert werden durch die jeweiligen Lösungen der vier Aufgaben für die zweite, dritte bzw. vierte Scrollbar. Das schafft man durch fleißiges Kopieren …

Wichtiger Hinweis: Wer das folgende Delphi-Projekt nicht selbst entwickeln möchte, kann auf der Seite www.w-g-m.de/delphi.htm unter *Dateien für Kapitel 6* die Datei `DKap06.zip` herunter laden, die die Projektdatei `proj_66.dpr` enthält.

Bemerkung: Die *Checkboxen* könnten sogar als Symbole für die Zündkerzen gedeutet werden – wenn es sich um einen Zweitakter handelt. Viertakter sind schwierig.

6.7 Städte-Raten

Wichtiger Hinweis: Wer das folgende Delphi-Projekt nicht selbst entwickeln möchte, kann auf der Seite www.w-g-m.de/delphi.htm unter *Dateien für Kapitel 6* die Datei `DKap06.zip` herunter laden, die die Projektdatei `proj_67.dpr` enthält.

Ein kleines, einfaches Ratespiel soll ein weiteres Mal zeigen, wie sich das Steuerelement *Timer* attraktiv anwenden lässt.

Der ratende Nutzer sieht auf einem Formular links die Liste aller sechzehn Bundesländer, rechts eine Städteliste, die zusätzlich zu allen Landeshauptstädten weitere Städte enthält:

Klickt der Nutzer auf den Button *Start*, soll dessen Beschriftung in *Stopp* wechseln. Gleichzeitig soll die Markierung schnell und pausenlos von oben nach unten und wieder von oben nach unten usw. über die Länderliste laufen.

Stoppt der Nutzer durch nachfolgenden Klick auf den Button, bleibt die Markierung auf irgendeinem Land stehen, die Beschriftung des Buttons wechselt wieder in *Start*.

Jetzt bekommt der Nutzer die Möglichkeit, die die richtige Hauptstadt in der Städte-Liste auszuwählen. Solange soll der Timer warten.

Klickt der Nutzer dann in der Städteliste eine Stadt an, soll er durch eine `ShowMessage` eine Information bekommen, ob er richtig oder falsch gewählt hat (wie in der Abbildung rechts zu sehen).

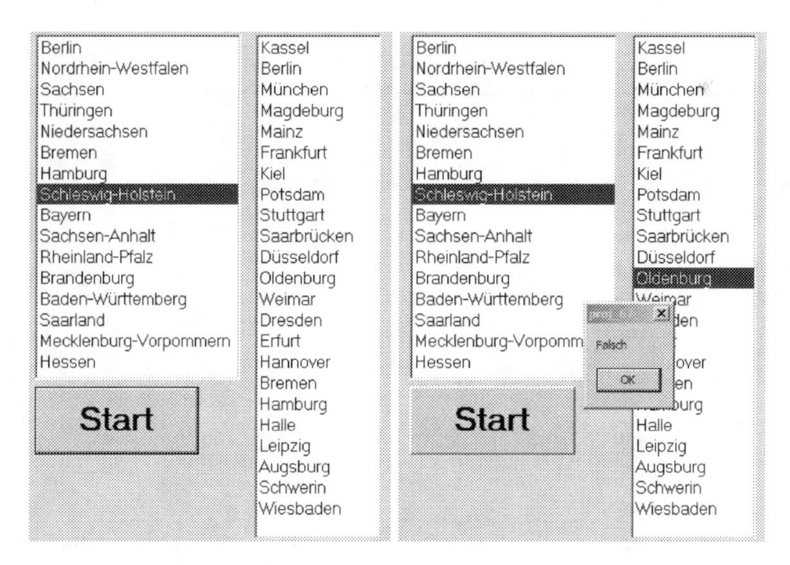

Wenn er die Information, ob die von ihm ausgewählte Landeshauptstadt richtig oder falsch ist, bestätigt hat, verschwinden beide Markierungen in den Listen, der Nutzer kann erneut starten und sein Wissen wieder unter Beweis stellen.

Wie wird diese Aufgabe programmtechnisch gelöst? Wie kann der Rechner überhaupt wissen, welche Landeshauptstadt die richtige ist?

Er kann es nicht wissen, wir müssen es ihm mitteilen. Den Trick dazu verrät die folgende Abbildung: Es gibt nämlich eine dritte Liste, die die richtigen Hauptstadtnamen an den richtigen Positionen enthält. Diese Liste wird dem Nutzer aber nicht gezeigt; weil sie von Anfang an auf *unsichtbar* eingestellt wird.

Damit können wir mit der Programmierung der drei Ereignisprozeduren beginnen.

Bei Klick auf den Button soll die Beschriftung wechseln und der Timer starten bzw. anhalten:

```
procedure TForm1.Button1Click(Sender: TObject);
begin
    if Button1.Caption='Start' then
    begin
        Button1.Caption:='Stopp';Timer1.Enabled:=True
    end
                else
    begin
        Button1.Caption:='Start';Timer1.Enabled:=False
    end
end;
```

Bei jedem Timer-Ereignis soll in der ersten und dritten Liste die Markierung nach unten wandern. Wenn sie die unterste Position 15 erreicht hat, soll oben in der ersten Zeile mit Position 0 wieder begonnen werden:

```
procedure TForm1.Timer1Timer(Sender: TObject);
begin
      if Listbox1.ItemIndex<15 then
      begin
        Listbox1.ItemIndex:=Listbox1.ItemIndex+1;
        Listbox3.ItemIndex:=Listbox3.ItemIndex+1
      end
                else
      begin Listbox1.ItemIndex:=0;Listbox3.ItemIndex:=0
      end
end;
```

Beim *Nutzerklick auf die mittlere Liste* sollen die Inhalte der markierten Zeilen in der mittleren Liste und der rechten (unsichtbaren) Liste verglichen werden, eine entsprechende Mitteilung soll kommen und es sollen alle Markierungen verschwinden (d. h. `Position` auf −1 setzen).

Dafür erinnern wir uns an den Abschn. 4.7.7, in dem sowohl die property `ItemIndex` als auch die property `Items[..]` vorgestellt wurden; beide fanden sich nicht im Objektinspektor und mussten in der *Punktliste* gesucht werden.

```
procedure TForm1.ListBox2Click(Sender: TObject);
begin
if ListBox2.Items[ListBox2.ItemIndex]=
    Listbox3.Items[Listbox3.ItemIndex]    then ShowMessage('Richtig')
                                          else ShowMessage('Falsch');
                                     // Semikolon, es kommt Weiteres
Listbox1.ItemIndex:=-1;Listbox2.ItemIndex:=-1;Listbox3.ItemIndex:=-1
end;
```

Am Ende der Alternative muss das Semikolon stehen, weil anschließend die drei Befehle zum Löschen der Markierungen in den Listen kommen. Auch sie müssen durch Semikolon jeweils getrennt werden.

6.8 Ein einfacher Bildschirmschoner

Wichtiger Hinweis: Wer das folgende Delphi-Projekt nicht selbst entwickeln möchte, kann auf der Seite www.w-g-m.de/delphi.htm unter *Dateien für Kapitel 6* die Datei `DKap06.zip` herunter laden, die die Projektdatei `proj_68.dpr` enthält.

Lösung wir eine weitere Aufgabe: Drei *Timer* und drei visuelle Objekte der Art *waagerechte Scrollbar* sind auf dem Formular zu platzieren.

Die Timer sind mit unterschiedlichen Intervallen, `Timer1` mit 60 ms, `Timer2` mit 150 ms, `Timer3` mit 300 ms einzustellen. Alle drei Timer sollen *bei Start der Laufzeit* sofort *aktiv* sein.

Die *Scrollbars* sind jeweils mit *Minimum 0, Maximum 255, Startposition 0* (bzw. 255) für den Start der Laufzeit einzustellen:

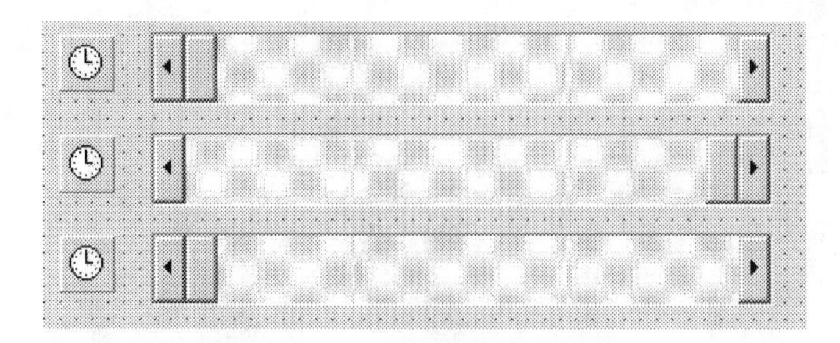

Bei jedem *Timer-Ereignis* soll in der zugehörigen Scrollbar der Regler um *fünf Einheiten* nach rechts bzw. links wandern; wird dabei ein Rand erreicht, soll am anderen Rand wieder begonnen werden usw.

Eigentlich braucht nur überlegt zu werden, wie der Inhalt der ersten Timer-Ereignisprozedur aussieht, der Rest ergibt sich durch konzentriertes Kopieren:

```
procedure TForm1.Timer1Timer(Sender: TObject);
begin
if ScrollBar1.Position<255 then
     ScrollBar1.Position:=ScrollBar1.Position+5
                else
     ScrollBar1.Position:=0
end;
```

Und wo ist nun, bitte schön, der Bildschirmschoner? Immerhin erzeugen wir bis jetzt durch unsere drei Timer und Scrollbars permanent irgendwelche *Dreierkombinationen von Zahlen zwischen Null und 255.*

Nun ist es aber so, dass Farben im Computer stets aus drei Bestandteilen zusammengesetzt werden: einem Rot-Anteil, einem Grün-Anteil und einem Blau-Anteil.

Wählt man *Rot-Anteil = 0, Grün-Anteil = 0* und *Blau-Anteil = 0,* so strahlt freundliches *Schwarz* vom Bildschirm.

Wählt man dagegen alle drei Anteile maximal, wird ein strahlendes *Weiß* zusammengemixt. Und dieser Maximalwert für jeden Anteil ist – der Leser ahnt es – eben diese magische Zahl 255.

Folglich wird mit *Rot-Anteil = 255, Grün-Anteil = 255* und *Blau-Anteil = 255* reines Weiß erzeugt. Die Kombination *(255,0,0)* liefert sattes *Rot*, *(0,255,0)* bringt klares, reines *Grün*, und *(0,0,255)* bringt uns *Blau.*

Alle 256 * 256 * 256 = 16.777.216 Zwischenwerte erzeugen gemischte Farben.

Die Idee des Bildschirmschoners besteht darin, die erzeugten Farbwert-Dreierkombinationen zu verwenden, um das Formular in pausenlos wechselnder Hintergrundfarbe erstrahlen zu lassen.

Was muss man dazu tun? Es reicht aus, die Ereignisprozedur zum ersten Timer-Ereignis durch einen Zuweisungsbefehl zu ergänzen, mit dem die Farbwerte über die `RGB`-Funktion der Color-property des Objekts `Form1` zugewiesen werden. `RGB` steht dabei für *Rot-Grün-Blau.*

```
procedure TForm1.Timer1Timer(Sender: TObject);
begin
if ScrollBar1.Position<255 then
     ScrollBar1.Position:=ScrollBar1.Position+5
                    else
     ScrollBar1.Position:=0;                              // Semikolon nötig
Form1.Color:=RGB(ScrollBar1.Position,
     ScrollBar2.Position,
     ScrollBar3.Position)
end;
```

Die Ereignisprozedur zum zweiten Timer-Ereignis unterscheidet sich nur in der Steuerung der zugehörigen Scrollbar; selbstverständlich enthält die Farbzuweisung wieder die komplette Abfrage aller drei Regler-Positionen:

```
procedure TForm1.Timer2Timer(Sender: TObject);
begin
if ScrollBar2.Position>0 then
     ScrollBar2.Position:=ScrollBar2.Position-5
                    else
     ScrollBar2.Position:=255;                            // Semikolon nötig
Form1.Color:=RGB (ScrollBar1.Position,
                  ScrollBar2.Position,
                  ScrollBar3.Position)
end;
```

In der folgenden Abbildung sind die Scrollbars noch nicht unsichtbar gemacht worden. Später könnten sie versteckt werden: So erlebt man nur noch wie von Geisterhand gesteuerte Farbspiele auf dem Formular. Bescheidener Anfang, aber immerhin ein erster „Bildschirmschoner".

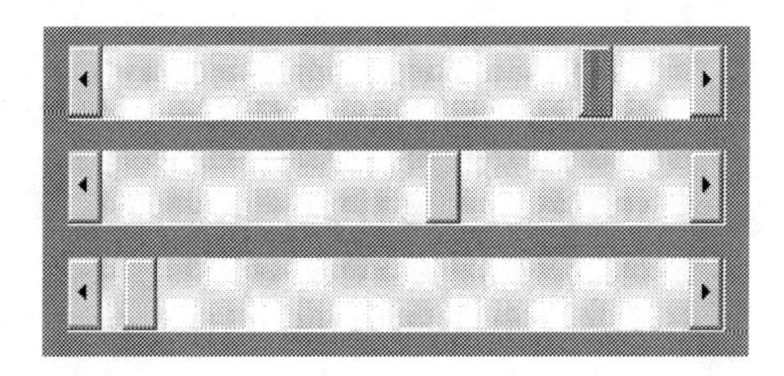

Ganze Zahlen

7

Inhaltsverzeichnis

7.1 Die Funktionen `IntToStr` und `StrToInt` 132
7.2 Speicherplätze für ganze Zahlen 140
7.3 Vereinbarungen von ganzzahligen Speicherplätzen 144
7.4 Anwendungen von ganzzahligen Speicherplätzen 146

Langsam fällt es auf: Wir haben uns bisher vor den *Zahlen* regelrecht gedrückt.

Sicher, wir haben schon mit den *properties* `Position` (bei *Scrollbar*-Objekten), `ItemIndex` (bei *Listen* und *Radiogruppen*) oder `Items.Count` (bei *Listen*) echte Zahlenwerte, ganze Zahlen, aus Datenkernen herausholen können.

Aber was programmierten wir anschließend? Wir steckten die Zahlenwerte sofort wieder mit Hilfe derselben oder anderer *properties* (Eigenschaften), die Zahlen verarbeiten können, in Datenkerne von Objekten hinein.

Zuletzt erlebten wir es bei dem Bildschirmschoner in Abschn. 6.8: Die drei Positionen der drei Regler, d. h. drei ganze Zahlen, wurden sofort wieder als Farbanteilswerte in die `RGB`-Funktion geleitet, die daraus eine Farbe zusammenstellte und diese Farbinformation über die *property* `Color` in den Datenkern des visuellen Objekts `Form1` transportierte.

Niemals bisher haben wir aber einen Zahlenwert zu sehen bekommen, genau so wenig, wie wir bisher Aufgaben gelöst haben, bei denen der Nutzer Zahlen eintippen sollte, die dann weiter verarbeitet wurden. Woran liegt es?

W.-G. Matthäus, *Grundkurs Programmieren mit Delphi*, DOI 10.1007/978-3-658-14274-2_7

Ab jetzt wird uns der folgende Merksatz stets und ständig begleiten:

- Auch wenn der *Inhalt eines Textfensters*, die *Beschriftung eines Labels*, die *Beschriftung einer Zeile* in einer Liste oder Radiogruppe oder Combobox *aussehen sollte wie eine Zahl* – es ist trotzdem nur *Text*. Es ist zwar Text, der *sich zu einer Zahl machen lassen kann*. Aber es bleibt *Text*.

Folglich lässt sich der Inhalt dieser Bedienelemente prinzipiell nur als Text verarbeiten. Kann dieser Text im Spezialfall aber zu einer Zahl gemacht werden, muss der Programmierer selbst für die *Umwandlung von Text in Zahl* sorgen.

Diesen Vorgang bezeichnet man als Konvertierung.

Umgekehrt kann eine Zahl nicht unmittelbar in ein Textfenster oder als Beschriftung in ein Label gebracht oder für eine Zeile in einer Liste verwendet werden. Hier muss vor dem Transport die *umgekehrte Konvertierung* von Zahl zu Text gesorgt werden.

Während die Konvertierung *Zahl zu Text* immer möglich ist, ist die Konvertierung *Text zu Zahl* natürlich nur dann möglich, wenn der Text aussieht wie eine Zahl.

Deswegen werden wir zuerst die *Ausgabe von Zahlen* kennen lernen.

7.1 Die Funktionen `IntToStr` und `StrToInt`

Dieses Kapitel handelt nur von ganzen Zahlen. Jedes Mal, wenn irgendwie von Zahl oder Zahlen gesprochen wird, sind in diesem Kapitel nur *ganze Zahlen* gemeint.

Der Umgang mit Dezimalzahlen, noch um einige Grade komplizierter, wird erst im Kap. 12 besprochen werden.

Wichtiger Hinweis: Wer das folgende Delphi-Projekt nicht selbst entwickeln möchte, kann auf der Seite www.w-g-m.de/delphi.htm unter *Dateien für Kapitel 7* die Datei `DKap07.zip` herunter laden, die die Projektdatei `proj_71.dpr` enthält.

7.1.1 Ganzzahlige Werte ausgeben

Eine erste, kleine Aufgabe: Auf dem Formular werden eine waagerechte Scrollbar und daneben ein Label platziert. Die Scrollbar soll anfangs Minimum 0, Maximum 255 und Position 0 haben. Das Label beginnt mit der Startbeschriftung 0:

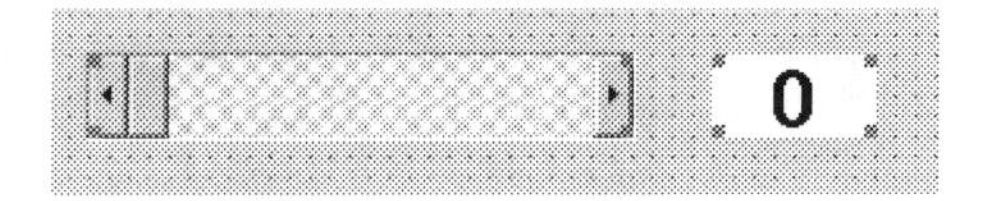

Zu lösen ist folgende Aufgabe: Wenn der Nutzer den *Regler der Scrollbar* bewegt (Standard-Ereignis), soll der *aktuelle Wert des Reglers* im *Label* angezeigt werden:

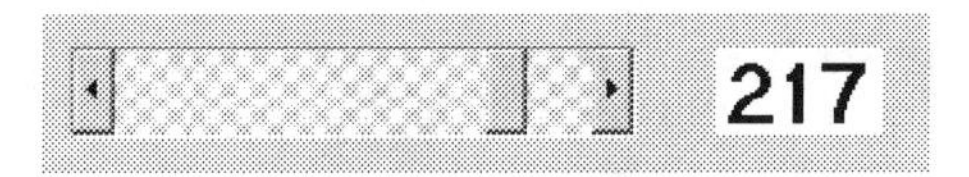

Die Ereignisprozedur zeigt uns, wie wir für die Zahlenausgabe in das Label die *Konvertierungsfunktion* `IntToStr` verwenden müssen:

```
procedure TForm1.ScrollBar1Change(Sender: TObject);
begin
    Label1.Caption:=IntToStr(ScrollBar1.Position)
end;
```

Lesen wir von rechts nach links, von innen nach außen: Der Wert der Position, das ist eine Zahl, wird an die Konvertierungsfunktion `IntToStr` (auf Deutsch: ganze Zahl zu Text) übergeben, diese Funktion erzeugt den Text, der so aussieht wie die Zahl, dieser Text kommt dann als *Beschriftung* in das Label.

Da in Pascal Groß- und Kleinschreibung keine Rolle spielt, könnten wir auch schreiben `inttostr` oder `INTTOSTR` oder `intTOstr`. Alles wäre erlaubt.

> Doch die Schreibweise `IntToStr`, die wir in der Ereignisprozedur sahen, hat sich allgemein eingebürgert, und sie drückt die Aufgabe der Funktion wohl auch am besten aus. Wir sollten dabei bleiben.

Noch ein zweites Beispiel: In einem zweiten Label neben einer Liste soll jedes Mal, wenn der Nutzer in der Liste eine Auswahl trifft (Standard-Ereignis), die *aktuelle Position der Markierung* zu lesen sein:

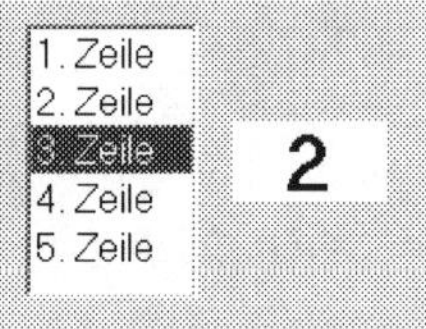

Wir müssen uns daran gewöhnen: Die *Position fängt immer bei Null an* zu zählen.

```
procedure TForm1.ListBox1Click(Sender: TObject);
begin
    Label2.Caption:=IntToStr(Listbox1.ItemIndex)
end;
```

Soll speziell die *Zeilennummer* gezeigt werden, müsste *vor der Konvertierung* noch eine Eins addiert werden:

```
procedure TForm1.ListBox1Click(Sender: TObject);
begin
    Label2.Caption:=IntToStr(Listbox1.ItemIndex+1)    // f. Zeilen-Nr.
end;
```

7.1.2 Ganzzahlige Werte erfassen

Gehen wir erst einmal – obwohl es sehr unwahrscheinlich ist – von einem hochkonzentrierten Nutzer aus, der in zwei Textfenster tatsächlich zwei *Zeichenfolgen* eingibt, die sich *als ganze Zahlen lesen* lassen, zum Beispiel die Zeichenfolgen Eins→Zwei und Eins→Drei:

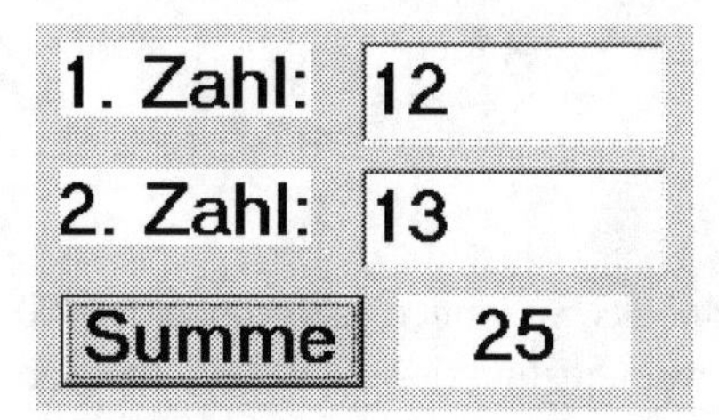

Beim *Klick auf den Button* soll die Summe der beiden *Zeichenfolgen, die sich als Zahlen 12 und 13 lesen lassen*, ermittelt und danach als Beschriftung des Labels angezeigt werden.

Wie sieht die *richtige* Ereignisprozedur aus?

```
procedure TForm1.Button1Click(Sender: TObject);
begin
    Label5.Caption:=IntToStr (StrToInt(Edit1.Text)+
                              StrToInt(Edit2.Text))
end;
```

Es ist logisch:

- Die beiden *Text-Inhalte* von `Edit1` und `Edit2` werden mit der Konvertierungsfunktion `StrToInt` jeweils zu Zahlen gemacht.
- Diese Zahlen werden klassisch addiert.
- Die Ergebnis-Zahl 25 muss ihrerseits mit der anderen Konvertierungsfunktion `IntToStr` zur Zeichenfolge Zwei→Fünf gemacht werden, die schließlich mit der property `Caption` problemlos in den Datenkern des Label-Objekts `Label5` gebracht werden kann.

Wer denkt, dass es einfacher geht, der probiere es aus:

```
procedure TForm1.Button1Click(Sender: TObject);
begin
    Label5.Caption:=Edit1.Text+Edit2.Text
end;
```

Die Abbildung zeigt, was dann im Label angezeigt wird:

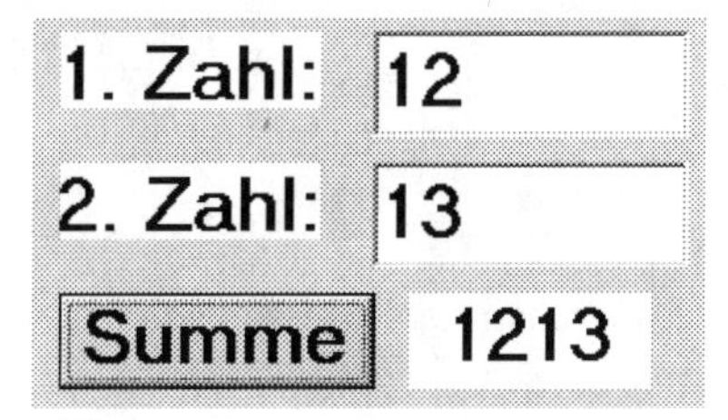

Es ist die *verkettete Zeichenfolge* Eins→Zwei→Eins→Drei.

Nun sollten wir uns aber endlich von dem unerreichbaren Ideal des extrem aufmerksamen, munteren, gutwilligen, hochkonzentrierten Nutzers lösen – den gibt es sowieso nicht.

Was passiert aber, wenn ein Nutzer sich vertippt, zum Beispiel anstelle der Ziffer Null den Buchstaben o eingibt:

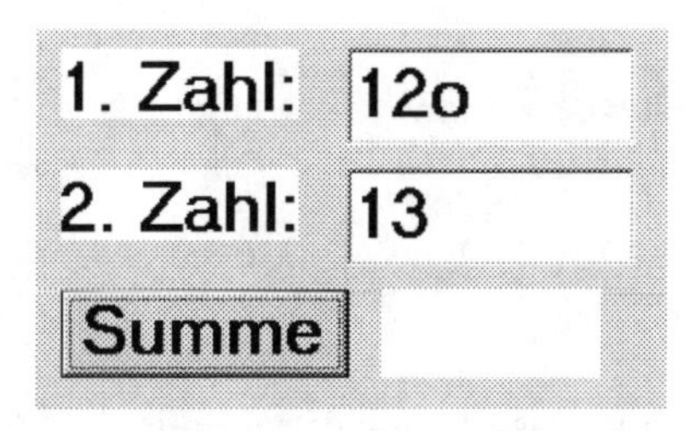

Dann schlägt (das alte) Delphi (bis Version 7) wahrhaft zu: Eine geharnischte *Fehlermeldung*, für den Laien absolut unverständlich, erscheint drohend in der Mitte des Bildschirms:

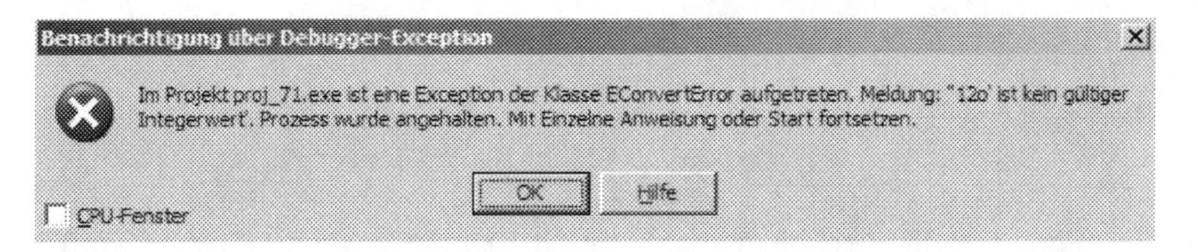

Klickt man auf das *OK*, so verschwindet zwar diese Meldung, aber eine giftig blaue Linie zeigt uns sofort die Stelle in der Ereignisprozedur, wo der Fehler bemerkt wurde:

```
begin
  Application.Initialize;
  Application.CreateForm(TForm1, Form1);
  Application.Run;
end.
```

Außerdem ist die *Laufzeit angehalten*, wir müssen erneut starten, und bekommen noch eine weitere Fehlerinformation:

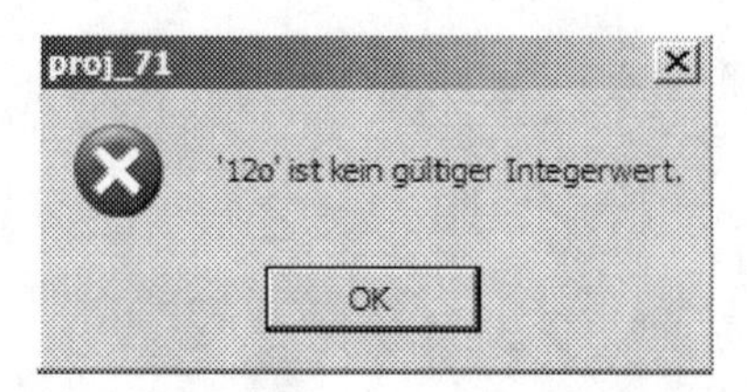

Erst dann kann die Benutzeroberfläche geschlossen werden.

Wenn nebenbei noch andere Anwendungen laufen (z. B. ein schönes Spiel) kann es sogar sein, der Computer stürzt richtiggehend ab und muss neu gestartet werden. Lässt ein Nutzer ein Textfenster leer, passiert übrigens (beim alten Delphi) dasselbe.

Die *neuen Delphi-Versionen* dagegen ersparen uns diese umständliche und unverständliche Vielfalt. Ein leeres Textfenster erzeugt überhaupt keine Fehlermeldung mehr, und bei offensichtlichen Fehleingaben erscheint nur das Wichtigste – die klare und verständliche Fehlerinformation „... *ist kein gültiger Integerwert*"

Trotzdem: Das sollte ausreichen, um uns hochgradig zu motivieren, *Fehlbedienungen des Nutzers* programmtechnisch abzufangen oder sogar von vornherein zu verhindern.

- Als Erstes sorgen wir dafür, dass der Inhalt der Ereignisprozedur überhaupt nur dann ausgeführt wird, wenn *beide Textfenster nicht leer* sind:

```
procedure TForm1.Button1Click(Sender: TObject);
    begin
    if (Edit1.Text<>'') and (Edit2.Text<>'') then
    Label5.Caption:=IntToStr( StrToInt(Edit1.Text)+
                                StrToInt(Edit2.Text) )
end;
```

So, diese Fehlerquelle ist schon einmal beseitigt. Der entscheidende Befehl wurde hier in seiner Schreibweise auf mehrere Zeilen verteilt – auch das ist erlaubt, und es gibt Programmierer, die dies bevorzugen, weil sie Übersicht gewinnen.

Wie *verhindern wir aber Falscheingaben*? *Nur Ziffern* dürfen eingetippt werden, das wollen wir zumindest erstmal festlegen. (Wer hier einwendet, dass auch minus 12 eine ganze Zahl ist, der hat natürlich recht. Bitte noch ein wenig warten, dann können wir auch das Minuszeichen vor der ersten Ziffer erlauben).

Bleiben wir vorerst bei vorzeichenlosen, positiven ganzen Zahlen, d. h. *reinen Ziffernfolgen*. Das hatten wir doch schon einmal? Richtig, im Abschn. 5.1.4 wurde es ausführlich erklärt: Wir können mit Hilfe von zwei weiteren Ereignisprozeduren zu den Ereignissen *Tastendruck in* `Edit1` und *Tastendruck in* `Edit2` falsche Tasten „wegfangen". Der Nutzer drückt sie zwar, aber sie werden nicht weitergeleitet. Sie werden ersetzt durch die unschädliche ESC-Taste.

- Folglich erzeugen wir als Zweites mit Hilfe der Registerblätter EREIGNISSE der Objektinspektoren der Textfenster die beiden Rahmen für die beiden Ereignisprozeduren zu den (Nicht-Standard-)Ereignissen `OnKeyPress` und tragen als Inhalt jeweils ein:

```
if (Key < '0') or (Key > '9') then Key:=Chr(27)
```

Ein anderer Weg, wir werden ihn später in Abschn. 13.4.4 andeuten, könnte darin bestehen, dass der Button „Summe berechnen" nur dann aktiviert wird, wenn *vernünftige Inhalte in den beiden Textfenstern* vorliegen.

7.1.3 Anwendungen

Wichtiger Hinweis: Wer das folgende Delphi-Projekt nicht selbst entwickeln möchte, kann auf der Seite www.w-g-m.de/delphi.htm unter *Dateien für Kapitel 7* die Datei `DKap07.zip` herunter laden, die die Projektdatei `proj_713.dpr` enthält.

Betrachten wir zuerst die herzustellende Benutzeroberfläche: Drei *Textfenster* mit passenden Beschriftungen, dazu ein *Button*:

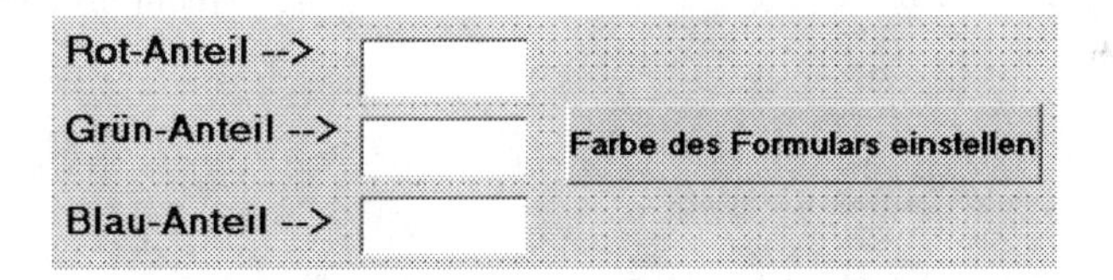

Die *Beschriftung des Buttons* erklärt die Aufgabe: Beim Klick sind die Farbanteilswerte aus den Textfenstern zu holen und so zu verarbeiten, dass der Hintergrund der Benutzeroberfläche entsprechend eingefärbt wird. Neben den drei Ereignisprozeduren zum Wegfangen falscher Tasten (s. Abschn. 5.1.4) löst die folgende Ereignisprozedur zum Ereignis *Klick auf den Button* endgültig die gestellte Aufgabe:

```
procedure TForm1.Button1Click(Sender: TObject);
  begin
  if (Edit1.Text<>'') and (Edit2.Text<>'') and (Edit3.Text<>'') then
  Form1.Color := RGB(      StrToInt(Edit1.Text),
                           StrToInt(Edit2.Text),
                           StrToInt(Edit3.Text)   )
  end;
```

Überlegung: Kann tatsächlich nichts mehr passieren? Ist das Programm jetzt sicher?

Nun, eine Fehlerquelle besteht immer noch: Ein Nutzer kann für den Rot-Wert 500, für den Grün-Wert 600 und für den Blau-Wert 1000 eintippen. Daran hindert ihn vorerst niemand. Es kommt zwar – gottlob – keine Fehlermeldung oder ein Absturz, aber ein sinnlos zartes Lila stellt sich ein.

Weiter geht es, der Inhalt der Ereignisprozedur ist weiter zu verbessern:

```
procedure TForm1.Button1Click(Sender: TObject);
begin
  if (Edit1.Text<>'')and (Edit2.Text<>'')and (Edit3.Text<>'')
      and (StrToInt(Edit1.Text)<=255)
      and (StrToInt(Edit2.Text)<=255)
      and (StrToInt(Edit3.Text)<=255)
  then
      Form1.Color := RGB(StrToInt(Edit1.Text),
                         StrToInt(Edit2.Text),
                         StrToInt(Edit3.Text) )
end;
```

Nun kann der Nutzer jenseits der 255 eintippen, was er will – es passiert nichts.

Können wir zufrieden sein? Natürlich nicht, denn der arme Nutzer bekommt überhaupt keine Information, welche Zahlenwerte er eintippen darf und warum manchmal keine Reaktion erfolgt. Weiter machen? Weiter basteln? Nein.

Viel zu selten wird das Bedienelement *Scrollbar* für derartige Aufgaben genutzt. Erweitern wir doch unsere Benutzeroberfläche zusätzlich mit *drei Scrollbars* und *drei Labels* und einem *zweiten Button* (die Textfenster und erster Button werden nicht noch einmal gezeigt):

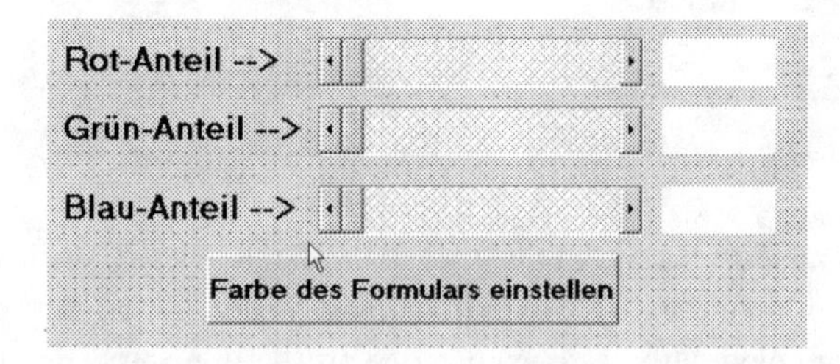

Fangen wir mit der Ereignisprozedur zum Klick auf den zweiten Button an: Die drei *Positionen der Regler* – es sind Zahlenwerte mit ganzen Zahlen – werden zuerst in die *Labels* geschrieben. Dafür müssen wir die `IntToStr`-Funktion verwenden. Anschließend werden die Regler-Positionen in der `RGB`-Funktion verwendet:

```
procedure TForm1.Button2Click(Sender: TObject);
begin
      Label4.Caption:=IntToStr(Scrollbar1.Position);
      Label5.Caption:=IntToStr(Scrollbar2.Position);
      Label6.Caption:=IntToStr(Scrollbar3.Position);
  Form1.Color := RGB(Scrollbar1.Position,
                     Scrollbar2.Position,
                     Scrollbar3.Position)
end;
```

Zufrieden? Natürlich nicht. Denn während der Nutzer einstellt (mehr als 255 geht nicht, so sollten wir das Maximum jeder Scrollbar festlegen), sieht er die eingestellten Werte doch noch gar nicht.

Viel besser: Erweitern wir unser Programm durch die drei Ereignisprozeduren zu den Ereignissen *Veränderung am Regler jeder Scrollbar*:

```
procedure TForm1.ScrollBar1Change(Sender: TObject);
  begin Label4.Caption:=IntToStr(ScrollBar1.Position) end;
procedure TForm1.ScrollBar2Change(Sender: TObject);
  begin Label5.Caption:=IntToStr(ScrollBar2.Position) end;
procedure TForm1.ScrollBar3Change(Sender: TObject);
  begin Label6.Caption:=IntToStr(ScrollBar2.Position) end;
```

Dann kann in der *Button-Klick-Ereignisprozedur* natürlich die Übernahme der Farbwerte in die Labels entfallen, sie wird kürzer:

```
procedure TForm1.Button2Click(Sender: TObject);
begin
  Form1.Color := RGB(Scrollbar1.Position,
                     Scrollbar2.Position,
                     Scrollbar3.Position)
end;
```

Und das haben wir bisher programmiert: Zuerst wird mit den Scrollbars nur *vorbereitet*. Erst anschließend wird durch *Klick auf den Button* tatsächlich bestätigt und gefärbt.

> Manchmal ist dieses Vorgehen richtig, der Nutzer soll durchaus noch einmal darüber nachdenken können, ob die getroffene Wahl richtig ist.

Denken wir nur an das Homebanking: Da wäre es doch schlimm, wenn jeder Tastendruck sofort an den Bankrechner weitergegeben würde …

Aber hier? Hier ist doch eigentlich diese Zwei-Stufen-Bedienung überflüssig: Wenn dem Nutzer die Farbe nicht gefällt, regelt er eben anders ein. Folglich nehmen wir den Button ganz *außer Betrieb* und stecken die Farbeinstellung gleich zusätzlich in die drei *Scrollbar-Ereignisprozeduren*:

```
procedure TForm1.ScrollBar1Change(Sender: TObject);
begin
  Label4.Caption:=IntToStr(ScrollBar1.Position);
  Form1.Color :=RGB( Scrollbar1.Position,
                     Scrollbar2.Position,
                     Scrollbar3.Position)
end;
```

```
procedure TForm1.ScrollBar2Change(Sender: TObject);
begin
  Label5.Caption:=IntToStr(ScrollBar2.Position);
  Form1.Color :=RGB( Scrollbar1.Position,
                     Scrollbar2.Position,
                     Scrollbar3.Position)
end;
procedure TForm1.ScrollBar3Change(Sender: TObject);
begin
  Label6.Caption:=IntToStr(ScrollBar2.Position);
  Form1.Color :=RGB( Scrollbar1.Position,
                     Scrollbar2.Position,
                     Scrollbar3.Position)
end;
```

Überlegen wir: Wo hat der Nutzer jetzt noch irgendeine Möglichkeit, etwas falsch machen zu können? Fehlermeldungen oder gar Abstürze sind absolut ausgeschlossen. So soll es sein.

7.2 Speicherplätze für ganze Zahlen

7.2.1 Motivation

Wichtiger Hinweis: Wer das folgende Delphi-Projekt nicht selbst entwickeln möchte, kann auf der Seite www.w-g-m.de/delphi.htm unter *Dateien für Kapitel 7* die Datei `DKap07.zip` herunter laden, die die Projektdatei `proj_72.dpr` enthält.

Die folgende Abbildung zeigt, in welcher Form vier visuelle Objekte *Checkbox* und ein Objekt *Button* auf dem Formular angeordnet werden sollen. Alle Checkboxen haben anfangs keinen Haken (property `Checked` auf `False` voreingestellt):

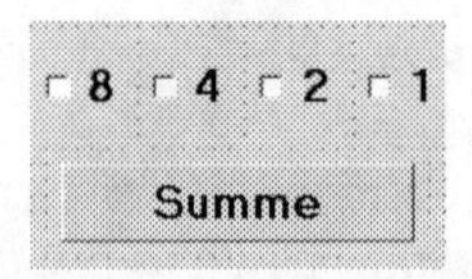

Aus einem bestimmten Grund, der später erläutert wird, sollen die Checkboxen von rechts nach links auf dem Formular angeordnet sein, d. h. `CheckBox1` mit der Beschriftung 1, `CheckBox2` mit der Beschriftung 2, `CheckBox3` mit der Beschriftung 4 und `CheckBox4` mit der Beschriftung 8.

Nun kann ein Nutzer in einigen oder allen Checkboxen den Haken setzen oder auch wieder wegnehmen. Hat ein Nutzer den Haken gesetzt soll bei nachfolgendem *Klick auf den Button*, so wie gezeigt, die entstehende Summe berechnet und angezeigt werden:

Beginnen wir, diese Ereignisprozedur muss sich doch programmieren lassen:

```
procedure TForm1.Button1Click(Sender: TObject);
begin
if    (CheckBox1.Checked=False) and (CheckBox2.Checked=False) and
      (CheckBox3.Checked=False) and (CheckBox4.Checked=False) then
      ShowMessage('Summe=0');
if    (CheckBox1.Checked=True) and (CheckBox2.Checked=False) and
      (CheckBox3.Checked=False) and (CheckBox4.Checked=False) then
      ShowMessage('Summe=1');
.......................................................
```

Halt und Hilfe, Hilfe und Halt Das wären doch – kurzes Überlegen – allen Ernstes sechzehn solche Dreizeiler; unsere Ereignisprozedur für diese Kleinigkeit von Aufgabe hätte einen Inhalt von 48 Zeilen. Geht es nicht einfacher?

7.2.2 Verwendung eines Speicherplatzes

> Jetzt haben wir die Grenzen der einfachen Arbeit mit properties erreicht.

Wir brauchen etwas Neues, wir brauchen Dinge, neuartige Sprachelemente vielleicht, mit dem wir auch solche Aufgaben rationell lösen können.

Diese „Dinge" sind schon Dutzende Jahre alt, sie sind viel, viel älter als Benutzeroberflächen, visuelle Objekte und Ereignisprozeduren.

Es sind die *Speicherplätze*.

Mit Hilfe eines einzigen Speicherplatzes `sum` schreibt sich unsere Ereignisprozedur ganz kurz, ganz elegant, und vor allem leicht lesbar:

```
procedure TForm1.Button1Click(Sender: TObject);
var sum: Integer;                                  // Vereinbarungsteil
begin                                                 // Ausführungsteil
      sum:=0;
      if Checkbox1.Checked=True then sum:=sum+1;
      if Checkbox2.Checked=True then sum:=sum+2;
      if Checkbox3.Checked=True then sum:=sum+4;
      if Checkbox4.Checked=True then sum:=sum+8;
      ShowMessage('Summe='+IntToStr(sum))
end;
```

Betrachten wir zuerst denjenigen Teil der Ereignisprozedur, der in das `begin...end`-Paar eingeschlossen ist, und den wir ab jetzt als *Ausführungsteil der Ereignisprozedur* bezeichnen werden.

In ihm wird gearbeitet, man sagt auch *ausgeführt*: Zuerst erhält der Speicherplatz sum durch den Befehl sum:=0 den Inhalt 0.

Rechts die Quelle, links das Ziel – dieser fundamentale Leitsatz wird natürlich bei der Verwendung eines Speicherplatzes nicht außer Kraft gesetzt.

Anschließend wird im *einfachen Test* geprüft, ob die ganz rechts stehende `Checkbox1` den Haken hat. Wenn ja, ist der Befehl `sum:=sum+1` auszuführen, das heißt, zum alten Inhalt des Speicherplatzes `sum` wird eine Eins addiert, anschließend wird das Ergebnis dieser Rechnung wieder in den Speicherplatz `sum` transportiert.

- Wir machen uns das Denken und damit das Programmieren leicht, wenn wir uns dafür die passende Sprachregelung angewöhnen, nämlich `sum` ergibt sich aus `sum` plus eins.

  Eigentlich hätten wir schreiben müssen

```
if Checkbox1.Checked=True then
begin
    sum:=sum+1   // Semikolon nicht nötig, kein weiterer Befehl folgt
end;                    // Semikolon nötig, da ein weiterer Test folgt
```

Das *Semikolon* wäre dann nach der Eins nicht mehr nötig gewesen, da im Inneren des Ja-Zweiges kein weiterer Befehl folgt. Stattdessen müsste es nach dem `end` stehen, da sich ein weiterer Test anschließt.

Da der Inhalt des einfachen Tests aber nur aus einem einzigen Befehl besteht, können wir uns die *Ausnahmeregelung* zu Nutze machen: Wir dürfen die `begin...end`-Anweisungsklammer weglassen.

Dann folgen die drei weiteren einfachen Tests mit *Ausnahmeregelung*. Schließlich sorgt die Zeile

```
ShowMessage('Summe='+IntToStr(sum))
```

zuerst für die Ausgabe des statischen Textes 'Summe='. Dieser Text wird ergänzt durch den Inhalt des Zahlen-Speicherplatzes `sum`, nachdem dieser mittels der `IntToStr`-Funktion in eine Zeichenfolge konvertiert wurde.

Der Befehl `ShowMessage('Summe='+sum)` führt, wie wir sofort nachprüfen können, zu einer Fehlermeldung.

- Ebenso wenig, wie man Feuer und Wasser vereinen kann, kann man Text und Zahl zusammenfügen.

Fassen wir zusammen:

> Wenn in einer Ereignisprozedur einer oder mehrere *Speicherplätze* verwendet werden, bekommt die Ereignisprozedur *drei Bestandteile*:
> - die *Kopfzeile*: Sie beginnt mit dem Schlüsselwort `procedure`,
> - den *Vereinbarungsteil*: Er beginnt mit dem Schlüsselwort `var`,
> - den *Ausführungsteil*: Er beginnt mit dem ersten `begin` und endet mit dem letzten `end;`.

Im Vereinbarungsteil *müssen* unbedingt alle Speicherplätze aufgelistet werden, die später im Ausführungsteil verwendet werden. Wird zum Beispiel ein vereinbarter Speicherplatz `x` im Ausführungsteil nicht verwendet, so gibt es keine Fehlermeldung, sondern nur einen Hinweis in der folgenden Art:

```
[Hinweis] proj_72u.pas(35): Variable 'x' wurde deklariert, aber in
'TForm1.Button1Click' nicht verwendet
```

Die Schöpfer von Delphi sind nämlich von folgender Überlegung ausgegangen: Wenn ein Programmierer einen vereinbarten Speicherplatz später nicht verwendet, hat er möglicherweise einen Befehl vergessen oder sich vertippt. Er wird darauf hingewiesen, dass er sich seinen Ausführungsteil noch einmal kritisch ansehen soll.

> Wird ein Speicherplatz dagegen verwendet, ohne vorher vereinbart zu sein gibt es immer eine Fehlermeldung:

```
[Fehler] proj_72u.pas(37): Undefinierter Bezeichner: 'sum'
```

Später werden wir noch andere „Dinge" kennen lernen, die ebenfalls vereinbart werden müssen – deshalb die neutrale Vokabel *Bezeichner* in der Fehlermeldung. Besonders wertvoll ist dabei: Wird mit der *linken Maustaste* doppelt auf die Fehlermeldung geklickt, wird im Text der Ereignisprozedur die Zeile hervorgehoben, in der der Fehler erkannt wurde:

```
procedure TForm1.Button1Click(Sender: TObject);
begin
sum:=0;
if Checkbox1.Checked=True then sum:=sum+1;
if Checkbox2.Checked=True then sum:=sum+2;
if Checkbox3.Checked=True then sum:=sum+4;
if Checkbox4.Checked=True then sum:=sum+8;
```

Solch eine hervorgehobene Zeile befindet sich *immer unterhalb des Fehlers*, weil der Text einer Ereignisprozedur stets *von oben nach unten* analysiert wird.

7.3 Vereinbarungen von ganzzahligen Speicherplätzen

7.3.1 Bit und Byte

Kehren wir zu unserem Beispiel zurück. Das folgende Bild zeigt uns, dass wir *mit vier Checkboxen* alle *ganzen Zahlen von 0 bis 15* darstellen können:

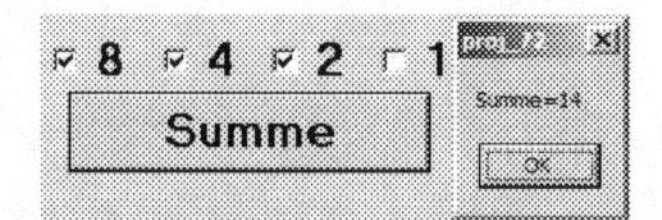

Erweitern wir unsere Benutzeroberfläche um weitere vier Checkboxen und die Ereignisprozedur entsprechend, so sehen wir in der nächsten Abbildung, dass mit acht Checkboxen alle ganzen Zahlen von 0 bis 255 darstellbar sind:

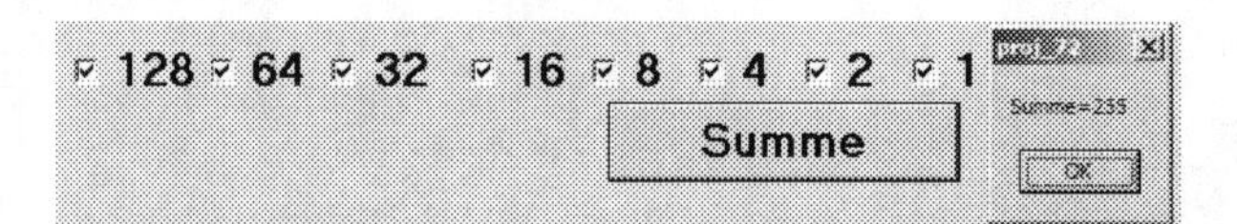

Eine kleine Fleißaufgabe ist es schon – aber nicht unlösbar: Mit *16 Checkboxen* und der weiteren Beschriftung 256, 512, 1024 usw. kann man in der Tat *alle ganzen Zahlen von 0 bis 65.535* darstellen.

Mit 24 Checkboxen geht es von 0 bis 16.777.215, und mit 32 Checkboxen können wir den riesigen Zahlenbereich der ganzen Zahlen von 0 bis 4.294.967.295 überstreichen

So, und nun ersetzen wir die Vokabel *Checkbox* durch die Vokabel *Bit*. Dann sind wir nämlich im Inneren jedes Computers, wo die Zahlen eben in genau der Art gespeichert werden, wie es unsere Checkboxen vormachen.
Ein *Bit* ist die *kleinste Speichereinheit im Rechner*, und sie kann nur die Werte 0 (leer) und 1 (belegt) annehmen.

Wenn wir wissen, dass in einem Speicherplatz mit Sicherheit nur Zahlen zwischen 0 und 255 abzuspeichern sind, reicht es aus, diesen Speicherplatz als *8-Bit-Speicherplatz* anzufordern. Wissen wir, dass die abzuspeichernden Zahlen größer werden, zwischen 0 und 65.535 liegen werden müssen wir schon einen *16-Bit-Speicherplatz* anfordern.

Werden die Zahlen nur zwischen 0 und 15 liegen, würden wir mit einem *4-Bit-Speicherplatz* auskommen. Den gibt es aber in Delphi nicht

- Für ganze Zahlen gibt es in Delphi-Pascal nur 8-Bit-, 16-Bit- und 32-Bit-Speicherplätze. Das wurde so festgelegt.

Und weil *8 Bit* gleich *1 Byte* ist, gibt es folglich in

- Delphi-Pascal für ganze Zahlen *1-Byte*, *2-Byte* und *4-Byte*-Speicherplätze.

Bevor wir uns in einer Übersicht noch einmal die Zahlenbereiche ansehen, wollen wir uns zusätzlich klarmachen, dass ein 16-Bit-Speicherplatz (2 Byte) einerseits alle ganzen Zahlen von 0 bis 65.535 und andererseits alle ganzen Zahlen von −32.768 bis 32.767 aufnehmen kann.
Im zweiten Fall wird das erste Bit als so genanntes Vorzeichen-Bit betrachtet.

7.3.2 Integer-Datentypen

- Wenn wir in einer Ereignisprozedur einen Speicherplatz zur Aufnahme ganzer Zahlen verwenden wollen, müssen wir ihn *vereinbaren*. Die Vereinbarung besteht darin, dass man durch Angabe des zutreffenden Delphi-Pascal-Schlüsselwortes mitteilt, welchen Zahlenbereich der Inhalt überstreichen soll:

var x: Byte	1 Byte	Der Speicherplatz kann ganze Zahlen zwischen 0 und 255 aufnehmen.
var x: ShortInt	1 Byte	Der Speicherplatz kann ganze Zahlen zwischen −128 und 127 aufnehmen.
var x: Word	2 Byte	Der Speicherplatz kann ganze Zahlen zwischen 0 und 65.535 aufnehmen.
var x: Cardinal	4 Byte	Der Speicherplatz kann ganze Zahlen zwischen 0 und 4.294.967.295 aufnehmen.
var x: Integer	4 Byte	Der Speicherplatz kann ganze Zahlen zwischen −2.147.483.648 und 2.147.483.647 aufnehmen.
var x: Long	4 Byte	Der Speicherplatz kann ganze Zahlen zwischen −2.147.483.648 und 2.147.483.647 aufnehmen.

Wenn wir uns kritisch die Ereignisprozedur aus dem Abschn. 7.2.2 ansehen, müssen wir feststellen, dass wir dort mit furchtbar großen Kanonen auf kleine Spatzen geschossen haben. Mit `var sum: Integer`; haben wir einen *4-Byte-Speicherplatz* angefordert; die größte Zahl, die dort jemals hinein kommen konnte, war aber die 15. Es hätte dort vollkommen ausgereicht, `var sum: Byte;` zu schreiben.

7.4 Anwendungen von ganzzahligen Speicherplätzen

7.4.1 Grundsätze, Namensgebung

Werden in einer Ereignisprozedur *Speicherplätze* verwendet, kann sich die Übersichtlichkeit und Verständlichkeit der Ereignisprozedur um ein Vielfaches erhöhen. Dazu trägt die *Namensgebung der Speicherplätze* viel bei:

- Ein Speicherplatz sollte stets einen *sprechenden Namen* haben. Das heißt, der Name eines Speicherplatzes sollte auf die Bedeutung des Inhalts hinweisen.

  Für die *Namensgebung* gibt es strenge Vorschriften:

- Ein *Name eines Speicherplatzes* darf *nur mit einem Buchstaben* oder dem *Unterstrich* _ beginnen. Anschließend können Buchstaben und/oder Ziffern folgen. Verboten sind Leerzeichen und Sonderzeichen. Namen sollten nicht zu lang sein.

7.4.2 Erhöhung der Übersichtlichkeit

Wichtiger Hinweis: Wer das folgende Delphi-Projekt nicht selbst entwickeln möchte, kann auf der Seite www.w-g-m.de/delphi.htm unter *Dateien für Kapitel 7* die Datei `DKap07.zip` herunter laden, die die Projektdatei `proj_742.dpr` enthält.

Kommen wir wieder einmal zu einem Datenbestand, der sich in einer *Liste* befindet:

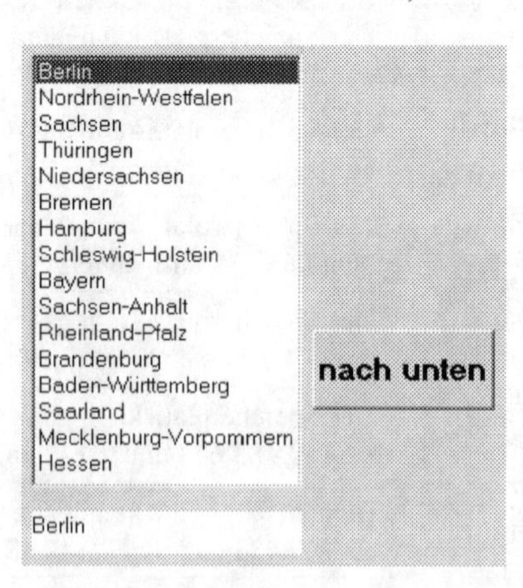

Eigentlich soll die Liste unsichtbar sein – bis die Aufgabe gelöst ist, lassen wir sie aber sichtbar.

Zum *Start der Laufzeit* soll der oberste Eintrag (Erste Zeile, *Position 0*) in der Liste die Markierung besitzen, gleichzeitig soll er im Label zu sehen sein. Diese Aufgabe lösen wir wieder mit der Ereignisprozedur zum Ereignis `Create` – Herstellung des Formulars (s. Abschn. 4.7.5). Sie ist so einfach, dass wir mit den properties `ItemIndex` und `Items[..]` der *ListBox* und der property `Caption` des *Labels* auskommen:

```
procedure TForm1.FormCreate(Sender: TObject);
begin
    ListBox1.ItemIndex:=0; Label1.Caption:=ListBox1.Items[0]
end;
```

Die nächste Aufgabe ergibt sich aus der Beschriftung des Navigations-Buttons. Wird er geklickt, soll die Markierung in der Liste um eine Zeile nach unten wandern, bei gleichzeitiger Anzeige im Label. Ist die unterste Zeile erreicht, so soll mit der ersten Zeile wieder begonnen werden, es ist ein „Rundumlauf“ zu programmieren.

Sehen wir uns an, wie programmiert werden kann, wenn *zwei Speicherplätze* `pos` (für die *Position*) und `lepos` (für die *letzte Position*) verwendet werden:

```
procedure TForm1.Button1Click(Sender: TObject);
var pos,lepos: Byte;                                  // Vereinbarungen
begin
                       // Eingangsdaten werden in Speicherplätze geholt
    lepos:=ListBox1.Items.Count-1;
    pos:=ListBox1.ItemIndex;
                                                 // nun wird "gerechnet"
    if pos<lepos then pos:=pos+1
                  else pos:=0;
                       // Ergebnisse werden an Bedienelemente übergeben
    Listbox1.ItemIndex:=pos;
    Label1.Caption:=ListBox1.Items[pos]
end;
```

Im Vereinbarungsteil werden die beiden Speicherplätze auf die Namen `pos` und `lepos` getauft. Damit erkennt man stets die Bedeutung ihres Inhalts.

Der Datenbestand lässt keine negativen Zahlen erwarten und keine Zahlen, die größer als 255 werden – folglich reichen *1-Byte-Speicherplätze* (Type `Byte`) völlig aus.

So sieht unsere neue Programmierungsstrategie nun aus:

- Zu Beginn des Ausführungsteils werden zuerst die interessanten Daten aus den *Datenkernen der Bedienelemente* herausgeholt und in *Speicherplätze* gebracht.
- Anschließend wird *nur und ausschließlich* mit den *Speicherplätzen* gearbeitet.
- Am Ende des Ausführungsteils werden die Ergebnisse schließlich aus den *Speicherplätzen* zurück in die *Datenkerne der Bedienelemente* übergeben.

Diese Vorgehensweise werden wir ab jetzt grundsätzlich praktizieren. Wir entlasten damit die Inhalte unserer Ereignisprozeduren von diesen langen Ausdrücken auf Quell- und Zielseite der Befehle, zusammengesetzt aus Objektnamen, Punkt und property, wie sie bisher notwendig waren.

7.4.3 Ganze Zufallszahlen, Slot-Maschine

Delphi-Pascal besitzt die Funktion `Random` und die Prozedur `Randomize`, mit deren Hilfe man sich *zufällige ganze Zahlen* herstellen und in einen entsprechenden Speicherplatz bringen lassen kann.

Beginnen wir gemäß folgendem Bild:

Auf dem Formular wird nur ein *Label* und der *Button* mit der Beschriftung *Start* angeordnet. Das Label soll anfangs leer sein.

Wichtiger Hinweis: Wer das folgende Delphi-Projekt nicht selbst entwickeln möchte, kann auf der Seite www.w-g-m.de/delphi.htm unter *Dateien für Kapitel 7* die Datei `DKap07.zip` herunter laden, die die Projektdatei `proj_743.dpr` enthält.

Für das Standard-Ereignis *Klick auf den Button* beschaffen wir uns zuerst in üblicher Weise den *Rahmen der Ereignisprozedur*, die dann einen *Vereinbarungsteil* und einen *Ausführungsteil* bekommt:

```
procedure TForm1.Button1Click(Sender: TObject);
var wert: Byte;
begin
    wert:=Random(10);              // ganze Zufallszahlen von 0 bis 9
    Label1.Caption:=IntToStr(wert)
end;
```

Der Kommentar in der interessanten vierten Zeile erklärt es: Die Random-Funktion `Random(grenze)` liefert einen zufälligen ganzen Wert im Bereich von 0 bis *grenze−1*.

Doch wenn wir ausführen lassen, erhalten wir bei jedem Start dieselben Werte. Spätestens nach dem dritten Start kennen wir die Anfangswerte auswendig – was soll denn danach zufällig sein? Das ist so wie beim dritten Besuch beim Augenarzt in der Kleinstadt – da kennt man auch schon die halbe Tafel auswendig.

> Der Grund: Tatsächlich produziert der Rechner so genannte *Pseudo-Zufallszahlen*, er berechnet sie sich nach einer bestimmten, ziemlich komplizierten Vorschrift. Diese aber wird bei jedem Start eben neu und immer wieder in der gleichen Schrittfolge abgearbeitet.

Die Lösung: Das Einfügen des Prozeduraufrufes *Randomize* sorgt jedes Mal für andere Startbedingungen:

```
procedure TForm1.Button1Click(Sender: TObject);
var wert: Byte;
begin
    Randomize;        // Initialisierung des Zufallszahlen-Generators
    wert:=Random(10);              // ganze Zufallszahlen von 0 bis 9
    Label1.Caption:=IntToStr(wert)
end;
```

Nun ist die Zeit schon reif für die Simulation eines *einarmigen Banditen*, auch unter dem Namen *Slot-Maschine* bekannt.

Dazu brauchen wir einen *Timer*, der schnell (Interval auf 55 voreinstellen), aber anfangs inaktiv sein soll (`Enabled` auf `False`), drei *Labels* mit schön großer Schrift, anfangs alle mit Null belegt (property `Caption` auf 0 voreinstellen) und einen *Button* mit der Beschriftung *Start*:

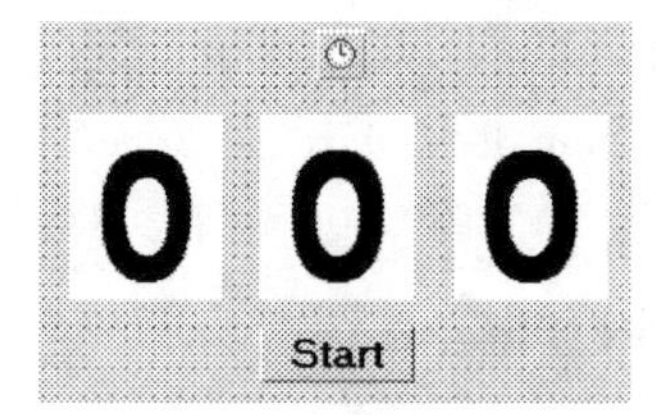

Die Wirkungsweise dieses uralten Glücksspielautomaten dürfte bekannt sein: Bei *Klick auf Start* wechselt die Beschriftung des Buttons auf *Stopp*. Es startet der Timer und füllt bei jedem Timer-Ereignis jedes Label mit einer zufälligen ganzen Zahl aus dem Bereich von 0 bis 9:

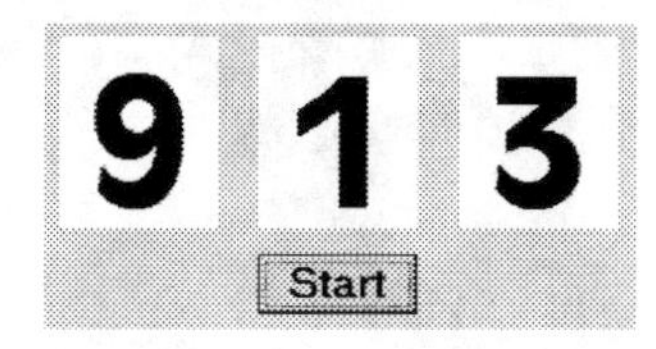

Bei *Stopp* soll angehalten werden. Sehen wir uns die beiden Ereignisprozeduren an:

```
procedure TForm1.Button1Click(Sender: TObject);
begin
if Button1.Caption='Start' then
      begin Timer1.Enabled:=True; Button1.Caption:='Stopp' end
                       else
      begin Timer1.Enabled:=False; Button1.Caption:='Start' end
end;
procedure TForm1.Timer1Timer(Sender: TObject);
var wert1,wert2,wert3:Byte;                           // Vereinbarungen
begin                                                 // Ausführungsteil
    Randomize;        // Initialisierung des Zufallszahlen-Generators
    wert1:=Random(10);wert2:=Random(10);wert3:=Random(10);
    Label1.Caption:=IntToStr(wert1);       // Zuweisung in Datenkerne
    Label2.Caption:=IntToStr(wert2);
    Label3.Caption:=IntToStr(wert3)
end;
```

Wer möchte, kann die Simulation noch ausgiebig weiterführen und ergänzen: Treten bei *Stopp* drei gleiche Ziffern auf, kann ein Glückwunsch und eine Gewinnmitteilung ausgegeben werden. Vielleicht ist der Automat auch so großzügig, dass er schon bei zwei gleichen Ziffern etwas rausrückt.

Der sofortige, abrupte Halt bei *Stopp* entspricht auch nicht der Praxis. Vielmehr kommt der Automat langsam zur Ruhe; die Zahlen erscheinen immer langsamer, bis sie schließlich in der Ausgabe stehen bleiben. Das realistisch umzusetzen, ist sehr reizvoll: Man könnte beispielsweise bei *Stopp* einen zweiten, langsameren Timer zuschalten, der nur einmal kommt und neue Zufallszahlen bringt, sich selbst ausschaltet und einen dritten, noch langsameren Timer aktiviert, der wiederum sich selbst auch stoppt und den letzten Timer einschaltet. Dieser bringt die letzten Zahlen und haucht dann sein Leben aus.

Wer noch perfekter sein will, der arbeitet von Anfang an mit verschieden schnellen Timern für die drei Ziffern …

Und für alle, die ihren Kindern, Enkeln oder jüngeren Geschwistern etwas ganz besonders Schönes zaubern wollen, nun der *Einarmige Bandit mit Bildern.*

7.4.4 Slot-Maschine mit Bildern

Wichtiger Hinweis: Wer das folgende Delphi-Projekt nicht selbst entwickeln möchte, kann auf der Seite www.w-g-m.de/delphi.htm unter *Dateien für Kapitel 7* die Datei `DKap07.zip` herunter laden, die die Projektdatei `proj_744.dpr` enthält.

So wie in folgendem Bild soll es aussehen, wenn es fertig ist:

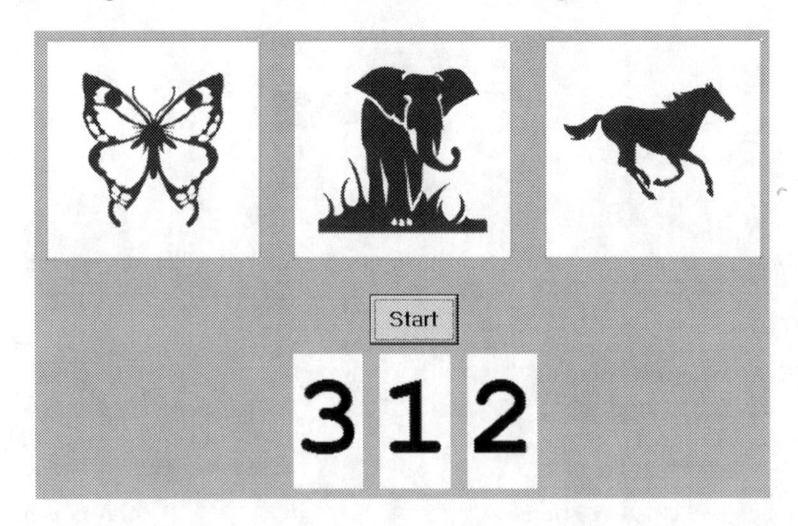

Drei Bilder erscheinen zufällig in den drei Bildfenstern. Unter dem *Button* befinden sich noch die mitlaufenden Ziffern aus dem vorigen Abschnitt; sie werden natürlich später unsichtbar gemacht.

Der Einfachheit halber wird nur mit den Ziffern 1, 2 und 3 gearbeitet (weil es nur drei Bilder gibt). Diese drei Zufallszahlen erhalten wir mit `wert1:=1+Random(3)`, weil `Random(3)` nur 0 bis 2 liefert.

Zuerst müssen auf dem Formular drei *visuelle Objekte* `Image` vorbereitet werden. Diese *Bilderrahmen* findet man im alten Delphi im Registerblatt ZUSÄTZLICH der Komponentenpalette und im neuen Delphi in der Kategorie ZUSÄTZLICH der Tool-Palette:

Die drei *Bilderrahmen* bekommen von Delphi automatisch die Namen `Image1`, `Image2` und `Image3`. Im Entwurf sind sie nur durch gestrichelte Linien auf dem Formular zu erkennen:

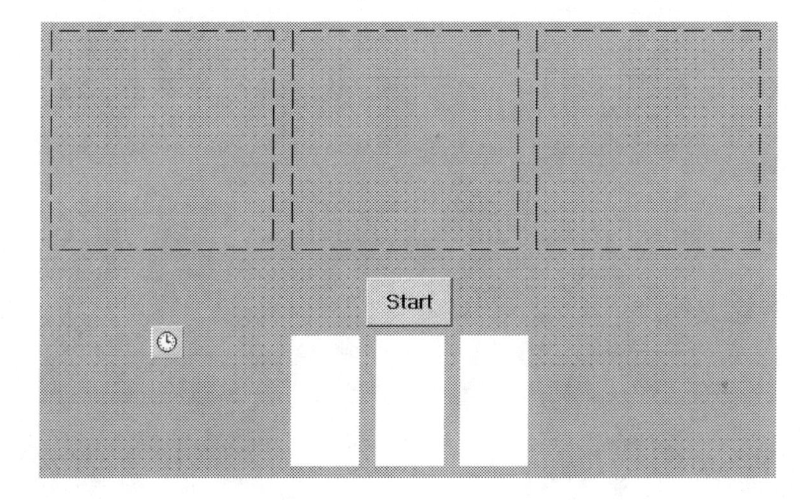

Wenn ein Bilderrahmen bereits zum *Start der Laufzeit* einen Inhalt haben sollte, müsste über die property `Picture` mit Hilfe des *Bildeditors* die Datei mit dem Startbild ausgewählt werden:

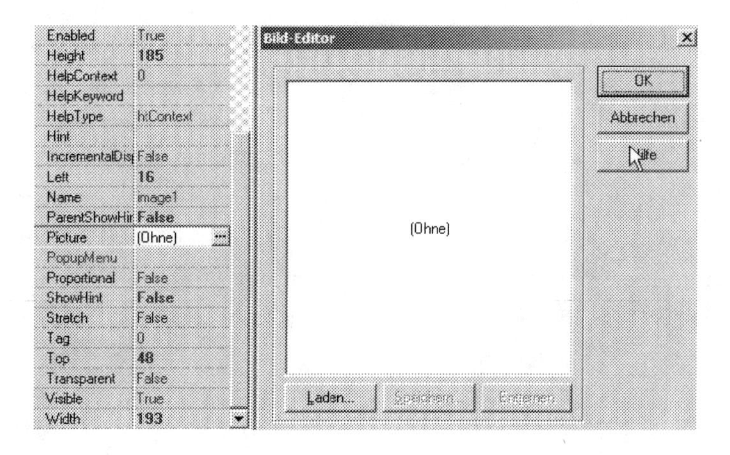

Bei unserer *Baby-Slot-Maschine* soll es *keine Startbelegung* geben. Deshalb wird die *property* `Picture` nicht voreingestellt.

Dafür ist die *Ereignisprozedur zum Timer-Ereignis* durch insgesamt *neun einfache Tests* zu ergänzen: Für jedes der drei visuellen Objekte `Image1`, `Image2` bzw. `Image3` ist in Abhängigkeit vom Zahlenwert der augenblicklichen Beschriftung des darunter stehenden *Labels* das jeweilige Bild zu laden.

Der Text der Ereignisprozedur liefert die Einzelheiten dazu:

```
procedure TForm1.Timer1Timer(Sender: TObject);
var wert1,wert2,wert3:Byte;
begin
Randomize;
wert1:=1+Random(3); wert2:=1+Random(3); wert3:=1+Random(3);
if wert1=1 then image1.Picture.LoadFromFile('C:\delphibuch\pferd.
bmp');
if wert1=2 then image1.Picture.LoadFromFile('C:\delphibuch\butterfl.
bmp');
if wert1=3 then image1.Picture.LoadFromFile('C:\delphibuch\elefant.
bmp');
if wert2=1 then image2.Picture.LoadFromFile('C:\delphibuch\pferd.
bmp');
if wert2=2 then image2.Picture.LoadFromFile('C:\delphibuch\butterfl.
bmp');
if wert2=3 then image2.Picture.LoadFromFile('C:\delphibuch\elefant.
bmp');
if wert3=1 then image3.Picture.LoadFromFile('C:\delphibuch\pferd.
bmp');
if wert3=2 then image3.Picture.LoadFromFile('C:\delphibuch\butterfl.
bmp');
if wert3=3 then image3.Picture.LoadFromFile('C:\delphibuch\elefant.
bmp');
Label1.Caption:=IntToStr(wert1);
Label2.Caption:=IntToStr(wert2);
Label3.Caption:=IntToStr(wert3);
end;
```

Die Vokabel `Picture.LoadFromFile(...)` benennt dabei eine *Prozedur*, die aufgerufen wird. Deswegen gibt es im Ja-Zweig aller einfachen Tests weder Quelle noch Ziel. Es empfiehlt sich, die drei Bilddateien in dem Ordner `C:\delphibuch` abzuspeichern.

Überall wurde die *Ausnahmeregelung* in Anspruch genommen, sonst wäre die Ereignisprozedur mindestens doppelt so lang geworden.

> Im Abschn. 13.3 werden wir uns mit Funktionen und Prozeduren visueller Objekte ausführlicher beschäftigen.

7.4.5 Teilbarkeit

Acht ist eine gerade Zahl, weil sie *durch zwei teilbar* ist. Achtzehn ist durch drei teilbar, das wissen wir. Neunzehn ist nur durch sich und durch eins teilbar – folglich ist 19 eine *Primzahl*. Das wissen wir auch, das haben wir gelernt. Wenn's auch lange her sein sollte. Wie ist es aber im Rechner? Weiß der das auch?

Wenn wir beispielsweise auf einer Benutzeroberfläche mit zwei Eingabefenstern *Edit* und einer Schaltfläche *Button*

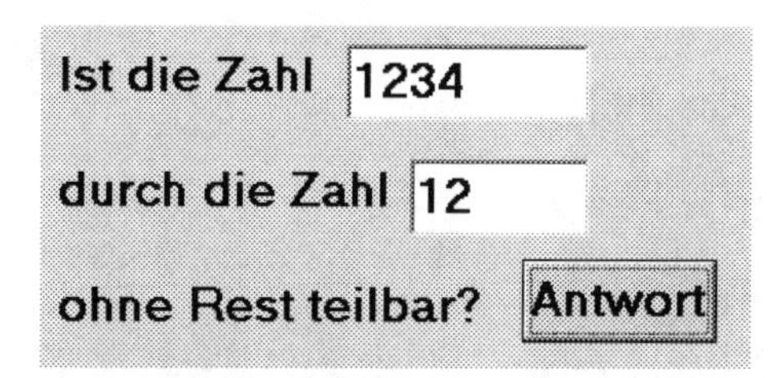

die *Frage nach der Teilbarkeit* formulieren – wie muss der Inhalt der *Ereignisprozedur zum Klick auf den Button* programmiert werden, damit wir richtige Antworten bekommen?

Bevor wir uns mit dieser Frage auseinandersetzen, sollten wir Grundsätzliches berücksichtigen. Das bedeutet, dass wir jegliche Fehlhandlung eines Nutzers von vornherein ausschließen müssen.

Deshalb stellen wir den *Button* für den Beginn der Laufzeit auf *inaktiv* und platzieren zusätzlich einen *Prüf-Timer*, der aller 55 Millisekunden kommt und prüft, ob inzwischen in *beide* Textfenster vom Nutzer etwas eingetragen wurde. Nur dann wird der Button aktiviert:

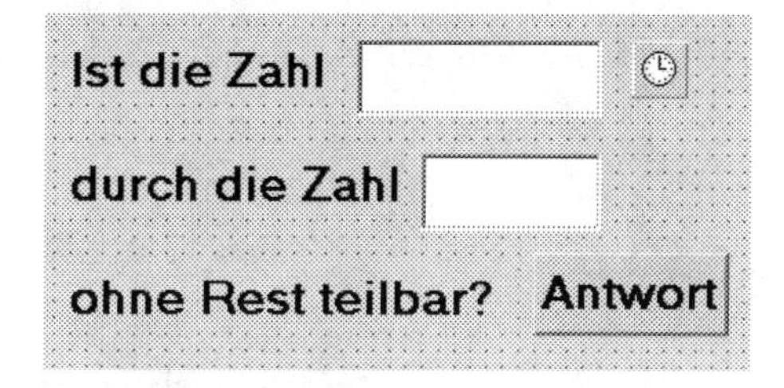


```
procedure TForm1.Timer1Timer(Sender: TObject);
  begin
    if (Edit1.Text<>'') and (Edit2.Text<>'') then Button1.
    Enabled:=True
                         else Button1.Enabled:=False
  end;
```

Falsche Tasten fangen wir durch zwei Ereignisprozeduren zu den Ereignissen *Tastendruck in* `Edit1` und *Tastendruck in* `Edit2` weg:

```
procedure TForm1.Edit1KeyPress(Sender: TObject; var Key: Char);
begin
    if (Key<'0') or (Key>'9') then Key:=Chr(27)
end;
procedure TForm1.Edit2KeyPress(Sender: TObject; var Key: Char);
begin
    if (Key<'0') or (Key>'9') then Key:=Chr(27)
end;
```

Und nun kommt die Ereignisprozedur zum Ereignis *Klick auf den Button* mit der Beschriftung *Antwort*:

```
procedure TForm1.Button1Click(Sender: TObject);
var gross_zahl, klein_zahl: Integer;                    // Vereinbarungen
begin                                                    // Ausführungsteil
gross_zahl:=StrToInt(Edit1.Text);        // Transport in Speicherplätze
klein_zahl:=StrToInt(Edit2.Text);
if gross_zahl mod klein_zahl = 0 then           // mod liefert den Rest
      ShowMessage('Die Zahl '+ IntToStr(gross_zahl)+
        ' ist durch '+ IntToStr(klein_zahl)+
        ' ohne Rest teilbar')
                  else
      ShowMessage('Die Zahl '+ IntToStr(gross_zahl)+
        ' ist nicht durch '+IntToStr(klein_zahl)+
        ' teilbar')
end;
```

Bei dieser Aufgabenstellung ist nicht von vornherein klar, welche Größenordnung die Zahlen haben werden, die der Nutzer eingibt.

Deshalb wurden die beiden Speicherplätze `gross_zahl` und `klein_zahl` vorsichtshalber als `Integer` vereinbart – damit befinden wir uns auf der sicheren Seite.

```
Wie erkennt der Rechner aber die Teilbarkeit?
```

Ganz einfach, er rechnet wie wir:

- 13 durch 4 ist 3, *Rest* 1. Der *Rest* ist *nicht Null*, folglich *keine Teilbarkeit*,
- 12 durch 4 ist 3, *Rest* 0. Der *Rest* ist *Null*, folglich *Teilbarkeit*.

Die Berechnung des Rests erfolgt mittels `mod`:

```
if gross_zahl mod klein_zahl = 0 then ...       // mod liefert den Rest
```

So einfach ist das.

Und wie reagiert das Programm, wenn oben 4 und unten 8 steht? Es ist richtig: 4 ist eben nicht durch 8 teilbar

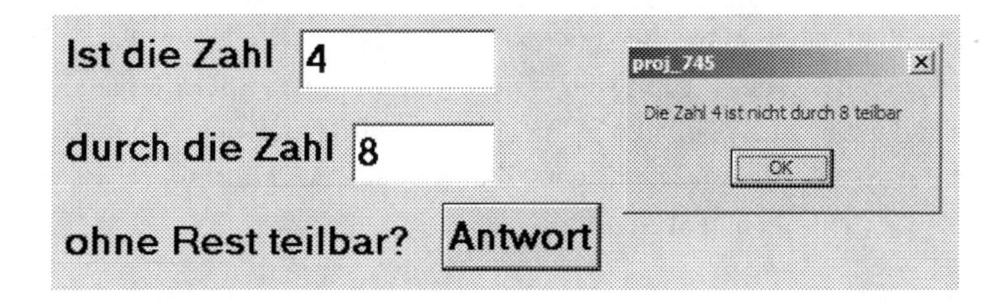

Was wäre hier zu tun? Es gibt mehrere Möglichkeiten.

Die *erste Möglichkeit* besteht darin, dass man alles so lässt, wie es ist. Ist ja nicht absolut falsch, diese Auskunft.

Die *zweite Möglichkeit*: Steht oben weniger als unten, wird der gesamte Inhalt der Button-Klick-Ereignisprozedur einfach nicht ausgeführt:

```
procedure TForm1.Button1Click(Sender: TObject);
var gross_zahl, klein_zahl: Integer;                // Vereinbarungen
begin                                               // Ausführungsteil
gross_zahl:=StrToInt(Edit1.Text);       // Transport in Speicherplätze
klein_zahl:=StrToInt(Edit2.Text);
if gross_zahl>klein_zahl then           // Nur bei sinnvoller Belegung
  begin
  if gross_zahl mod klein_zahl = 0 then        // mod liefert den Rest
      ShowMessage('Die Zahl '+         // Ja-Zweig für die Teilbarkeit
          IntToStr(gross_zahl)+ ' ist durch '+
          IntToStr(klein_zahl)+ ' ohne Rest teilbar'
          )
                    else          // Nein-Zweig, falls nicht teilbar
      ShowMessage('Die Zahl '+
          IntToStr(gross_zahl)+ ' ist nicht durch '+
          IntToStr(klein_zahl)+ ' teilbar'
          )
  end
end;
```

Die *dritte Möglichkeit*: Man ergänzt die Ereignisprozedur zum Timer-Ereignis so, dass der *Button* auch *nur dann aktiviert* wird, wenn die obere Zahl größer oder gleich der unteren Zahl ist.

Welchen Inhalt bekommt dann die Timer-Ereignisprozedur?

```
procedure TForm1.Timer1Timer(Sender: TObject);
begin
if (Edit1.Text<>'')
    and (Edit2.Text<>'')
    and (StrToInt(Edit1.Text)>StrToInt(Edit2.Text))
                                  then Button1.Enabled:=True
                                  else Button1.Enabled:=False
end;
```

Viertens: Man kann auch gutwillig sein, und in der Button-Klick-Ereignisprozedur zuerst fragen lassen, wo die größere Zahl steht. Diese kommt in den Speicherplatz `gross_zahl`. Die andere in den Speicherplatz `klein_zahl`. Dann wird untersucht. Auch das ist möglich.

Wenn die Aufgabenstellung nicht ganz klar und eindeutig formuliert ist sind übrigens alle vorgeschlagenen Lösungen richtig.

Grafikprogrammierung

8

Inhaltsverzeichnis

8.1 Grundbegriffe 157
8.2 Geometrische Gebilde erzeugen 159
8.3 Text verändern 168
8.4 Bildschirmschoner 169
8.5 Animationen und Spiele 172
8.6 Malen auf dem Bildschirm 180

8.1 Grundbegriffe

Ausgangspunkt für unsere jetzigen Überlegungen ist eine Benutzeroberfläche mit einem *einzigen großen Bilderrahmen.* In Abschn. 7.4.4 hatten wir – damals zur Herstellung der *Slot-Maschine für Kleinkinder* – bereits kennen gelernt, wie ein *Bilder-Rahmen-Objekt* `Image` angefordert wird. Das zugehörige Symbol finden wir im Registerblatt oder der Kategorie ZUSÄTZLICH von Komponenten- oder Tool-Palette:

Wenn der Bilderrahmen auf der Benutzeroberfläche platziert ist, bekommt er von Delphi den Namen `Image1`. Das Bilderrahmen-Objekt ist anfangs nur im Entwurf durch die gestrichelte Randlinie zu erkennen; wird die Benutzeroberfläche hergestellt, ist dann (scheinbar) überhaupt nichts zu sehen:

W.-G. Matthäus, *Grundkurs Programmieren mit Delphi*, DOI 10.1007/978-3-658-14274-2_8

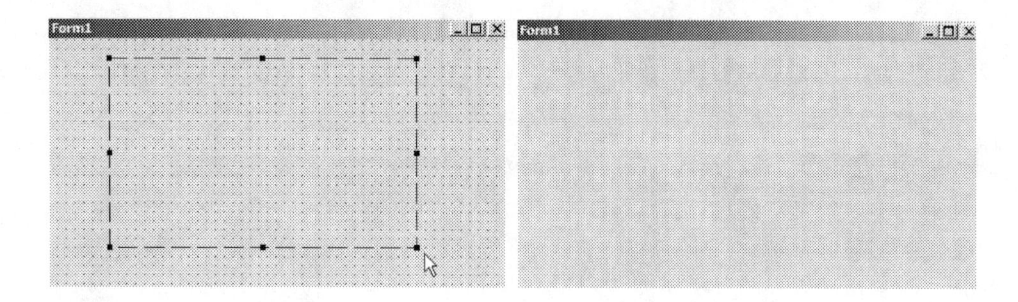

Wir wollen aber nicht, wie im genannten Abschnitt, für einen bestimmten Bild-Inhalt dieses Rahmens sorgen, sondern *das Bild-Innere als unsere Malfläche* betrachten.

- Delphi gibt uns die Möglichkeit, jeden einzelnen Bildpunkt (Pixel) eines Image-Objekts wie auf einer Malfläche differenziert bearbeiten zu können. Das bedeutet, wir können *mit Delphi malen.*

Wenn ein Maler seine Vorbereitungen für ein neues Bild beginnt, spannt er zuerst als Malfläche eine *Leinwand* auf. Das englische Wort für *Leinwand* ist *canvas*. Dieses Wort *canvas* wird die wichtigste Vokabel dieses Abschnitts werden.

Das Schema von Abb. 8.1 erklärt die neue Situation: Wir sollten uns vorstellen, dass sich im Datenkern des Bilderrahmen-Objektes mit dem Namen `Image1` ein wiederum abgesetzter Bereich mit dem Namen `Canvas` befindet.

Dieser innere Bereich `Canvas` enthält alle Angaben zu den einzelnen Bildpunkten des Bilderrahmen-Objekts, und mit Hilfe von vielen bereitgestellten Eigenschaften und Methoden kann *entweder jeder einzelne Bildpunkt eingefärbt* werden oder es können mit ihnen auch gleichzeitig *mehrere Bildpunkte gefärbt* werden.

In Abb. 8.1 sind die Namen von einigen der wichtigsten Färbe-Mechanismen für Bildpunkte eingetragen; sie werden bereits im nächsten Abschnitt benötigt.

- Überaus wichtig ist die Vorstellung, dass mit den angegebenen Zugriffs-Mechanismen auf `Canvas` nicht *gemalt*, sondern *eingefärbt* wird. Es ist dann wie bei einem Maler: Wenn die Farbe trocken ist kann das Gemalte nur dadurch wieder beseitigt werden, dass man es mit der Hintergrundfarbe übermalt.

Es wird deshalb in den folgenden Abschnitten die Vokabel *Löschen* nur selten geben. Sondern meist die zutreffenderen Vokabeln *färben* und *übermalen.*

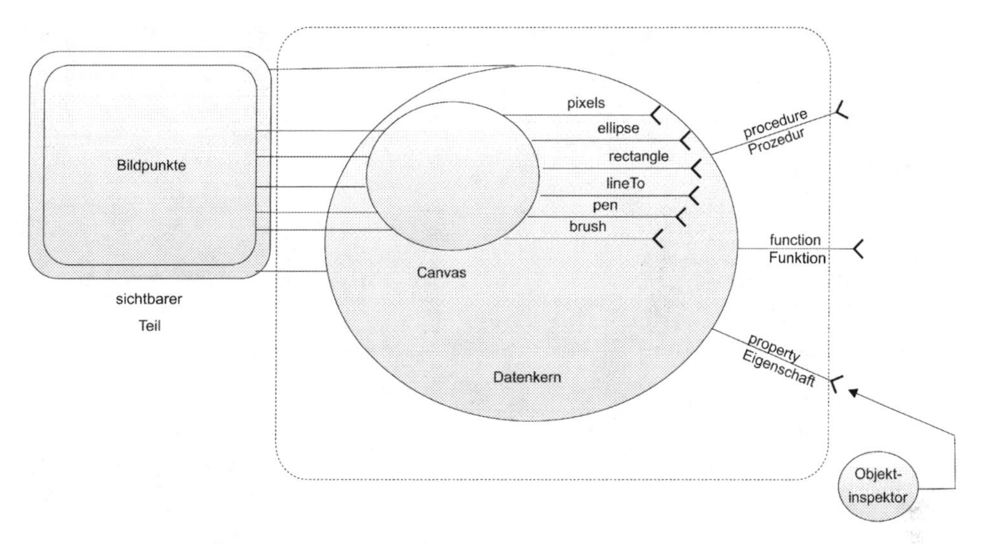

Abb. 8.1 Objekt `Image1` und Bereich `Canvas` seines Datenkerns

8.2 Geometrische Gebilde erzeugen

8.2.1 Das Koordinatensystem

Die Abb. 8.2 zeigt, dass im Inneren jedes Bilderrahmens links oben mit der Zählung begonnen wird.

- Die linke obere Ecke jedes `Canvas`-Objekts besitzt stets den *Pixel[0,0]*.

Wichtiger Hinweis: Wer das folgende Delphi-Projekt nicht selbst entwickeln möchte, kann auf der Seite www.w-g-m.de/delphi.htm unter *Dateien für Kapitel 8* die Datei `DKap08.zip` herunter laden, die die Projektdatei `proj_8?.dpr` enthält. Das Fragezeichen steht dabei für die Nummer des Unterabschnittes.

Rechts neben dem Bildpunkt in der linken oberen Ecke des Bilderrahmen-Inhalts befindet sich dann der Pixel[1,0] bis – speziell in Abb. 8.2 – ungefähr zum Pixel[750,0]. Die zweite Pixelreihe beginnt links mit dem Pixel[0,1], rechts daneben kommt der Pixel[1,1] und so weiter.

Erstreckt sich der Bilderrahmen über den ganzen Bildschirm, kann es oben nach rechts bis zum Pixel[1150,0] gehen – je nach Auflösung. Am linken Bildschirmrand kann es dann nach unten bis zum Pixel[0,815] gehen – je nach Auflösung.

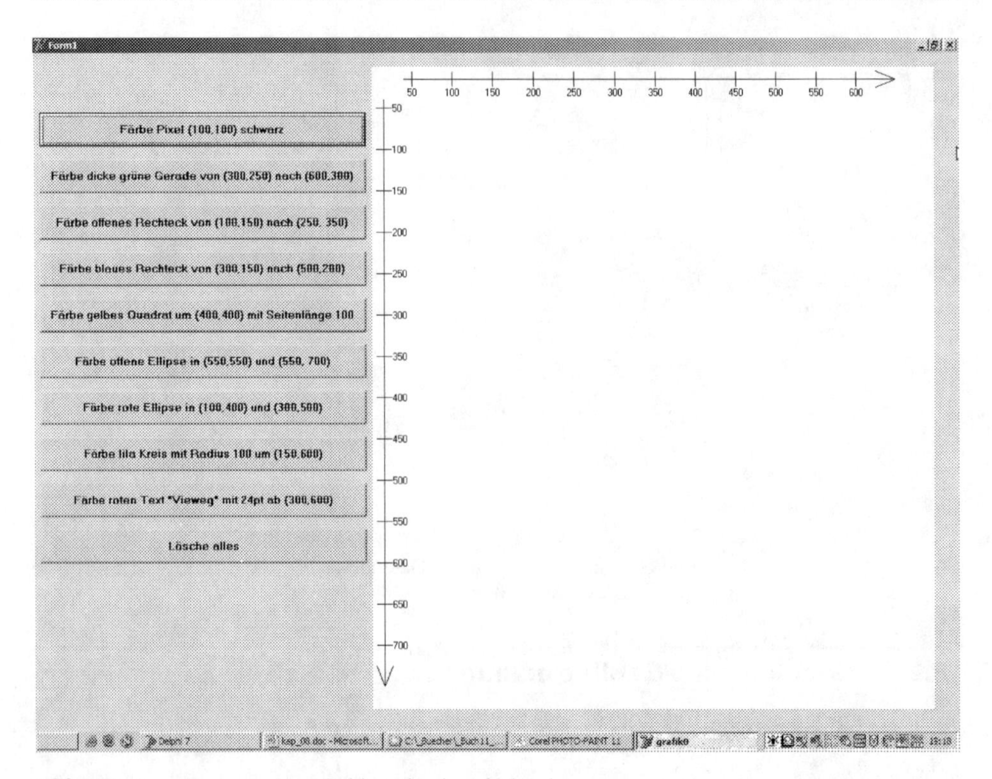

Abb. 8.2 Koordinatensystem, Zählung beginnt *links oben*

Bei vollem Bildschirm hätte dann der letzte Bildpunkt rechts unten die Bezeichnung `Pixel[1150,815]` (in dem Bilderrahmen von Abb. 8.2 schaffen wir es, wie zu sehen, aber nur bis ungefähr zum `Pixel[750,800]`).

Wie gehen wir weiter vor? In der Abb. 8.3 sind acht geometrische Figuren sowie ein Text zu sehen. Sie alle sind jeweils mittels Klick auf einen der Buttons durch *geeignetes Färben von Pixeln* entstanden.

Indem wir uns die Inhalte der neun Ereignisprozeduren ansehen, lernen wir die jeweilige Vorgehensweise zum passenden Einfärben kennen.

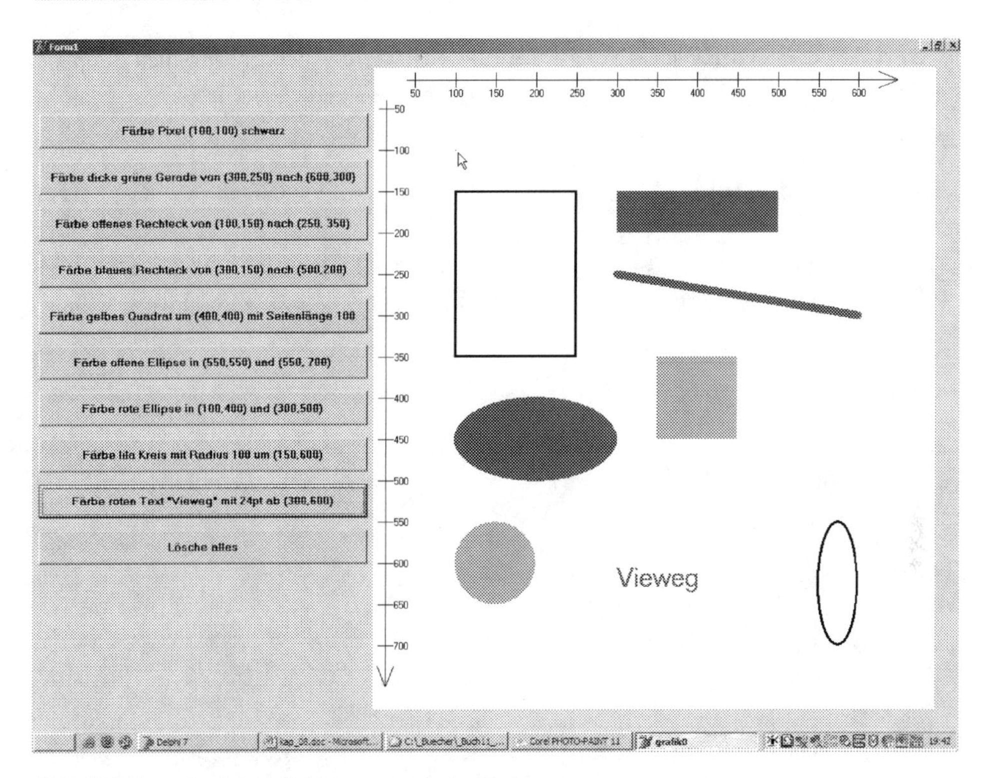

Abb. 8.3 Erzeugte (*eingefärbte*) geometrische Figuren

8.2.2 Einzelner Pixel

Die Beschriftung *Färbe Pixel (100,100) schwarz* des ersten Buttons formuliert die Aufgabe. Sie ist einfach zu lösen:

```
procedure TForm1.Button1Click(Sender: TObject);
var x1,y1: Integer;
begin
     x1:=100;y1:=100;
     image1.canvas.Pixels[x1,y1]:=RGB(0,0,0)
end;
```

Offensichtlich wird ein bestimmter Pixel, ein einziger, mit dem Auge kaum erkennbarer Bildpunkt, dadurch eingefärbt, dass zuerst auf der linken Seite der Quelle-Ziel-Anweisung in die eckigen Klammern dessen Position, folglich der Abstand vom linken und vom oberen Bildrand, eingetragen wird.

Auf der rechten Seite der Quelle-Ziel-Anweisung werden in den runden Klammern der RGB-Funktion dazu die drei *Farbanteilswerte* (jeweils 0 bis 255) für rot, grün und blau eingetragen. Null für Rot, Null für Grün, Null für Blau – das liefert das verlangte Schwarz.

In Abb. 8.3 zeigt der Mauszeiger auf den beim Klick erscheinenden einzelnen Bildpunkt; denn er ist, wie gesagt, mit bloßem Auge nur mit Mühe zu erkennen.

8.2.3 Gerade Linie

Die Beschriftung *Färbe dicke grüne Gerade von (300,250) nach (600,300)* des zweiten Buttons formuliert die nächste Aufgabe. Sie wird mit der folgenden Ereignisprozedur gelöst:

```
procedure TForm1.Button2Click(Sender: TObject);
var x1,y1,x2,y2: Integer;
begin
    x1:=300;y1:=250;                          // Anfangspunkt festlegen
    image1.canvas.moveTo(x1,y1);             // Sprung zum Anfangspunkt
    x2:=600;y2:=300;                              // Endpunkt festlegen
    image1.canvas.Pen.Color:=RGB(0,255,0);               // Linienfarbe
    image1.canvas.Pen.Width:=10;                        // Linienstärke
    image1.canvas.LineTo(x2,y2)                     // Gerade zeichnen
end;
```

Die nach den beiden Schrägstrichen // stehenden *Kommentare* erklären das Vorgehen: Zuerst muss der *Anfangspunkt der Geraden* festgelegt werden, der `moveTo`-Befehl veranlasst den Sprung dorthin. Nachdem der *Endpunkt* festgelegt ist, sollte vor dem Einfärben der Geraden (hier mit dem Wort zeichnen eigentlich falsch beschrieben) zuerst die *Linienfarbe* und *-stärke* mit den `Canvas`-Methoden `Pen.Color` und `Pen.Width` festgelegt werden.

8.2.4 Offenes Rechteck

Beim Klick auf den dritten Button *Färbe offenes Rechteck von (100,150) nach (250,350)* soll der *Rechteckumriss* eingefärbt werden, dessen linke obere Ecke sich im Punkt (100,150) befindet und dessen rechte untere Ecke bei (250,350) ist.

Auch hier können wir aus den Kommentaren in der zugehörigen Ereignisprozedur das Vorgehen entnehmen:

```
procedure TForm1.Button3Click(Sender: TObject);
var x1,y1,x2,y2: Integer;
begin
x1:=100;y1:=150;                           // Ecke links oben festlegen
x2:=250;y2:=350;                          // Ecke rechts unten festlegen
image1.canvas.Pen.Color:=RGB(0,0,0);                   // Umriss-Farbe
image1.canvas.Pen.Width:=3;                            // Umriss-Stärke
image1.Canvas.Brush.Color:=RGB(255,255,255);              // Füll-Farbe
image1.canvas.Rectangle(x1,y1,x2,y2)            // Rechteck zeichnen
end;
```

Bemerkenswert ist hier, dass unbedingt eine *Füll-Farbe* angegeben werden muss. Damit aber nur der *Rechteck-Umriss* zu sehen ist, muss als Füll-Farbe auf der rechten Seite der Eigenschaft `Brush.Color` exakt die *Hintergrundfarbe der Malfläche* (hier ist es weiß) angegeben werden.

Es wird in Wirklichkeit ein *komplettes Rechteck*, bestehend aus Umriss `Pen` und Inhalt `Brush`, eingefärbt. Da der Inhalt aber dieselbe Farbe wie der Hintergrund hat, merkt es der Betrachter nicht und sieht nur den Rechteck-Rahmen.

8.2.5 Rechteckfläche

Nun wollen wir den vierten Button *Färbe blaues Rechteck von (300,150) nach (500,200)* und die zugehörige Ereignisprozedur betrachten. Ihr Inhalt unterscheidet sich vom Inhalt der vorigen Ereignisprozedur nur dadurch, dass sowohl für den Umriss `Pen` als auch für den Inhalt `Brush` des Rechtecks *dieselbe Farbe* eingestellt wird, die sich von der *Hintergrundfarbe der Leinwand* unterscheidet (hier: blau):

```
procedure TForm1.Button4Click(Sender: TObject);
var x1,y1,x2,y2: Integer;
begin
x1:=300;y1:=150;                            // Anfangspunkt festlegen
x2:=500;y2:=200;                               // Endpunkt festlegen
image1.canvas.Pen.Color:=RGB(0,0,255);        // Umriss-Farbe blau
image1.canvas.Pen.Width:=1;                       // Umriss-Stärke
image1.Canvas.Brush.Color:=RGB(0,0,255);         // Füll-Farbe blau
image1.canvas.Rectangle(x1,y1,x2,y2)          // Rechteck zeichnen
end;
```

8.2.6 Quadratfläche

Der fünfte Button *Färbe gelbes Quadrat um (400,400) mit Seitenlänge 100* verlangt solche Befehle innerhalb der Ereignisprozedur, die zur Einfärbung eines Quadrats mit vorgegebenem Mittelpunkt und vorgegebener Seitenlänge führen sollen:

```
procedure TForm1.Button5Click(Sender: TObject);
var x,y,seite,x1,y1,x2,y2: Integer;
begin
x:=400;y:=400;seite:=100;                     // vorgegebene Daten
x1:=x-seite div 2;y1:=y-seite div 2;     // Anfangspunkt festlegen
x2:=x+seite div 2;y2:=y+seite div 2;        // Endpunkt festlegen
image1.canvas.Pen.Color:=RGB(255,255,0);      // Umriss-Farbe gelb
image1.canvas.Pen.Width:=1;                       // Umriss-Stärke
image1.Canvas.Brush.Color:=RGB(255,255,0);       // Füll-Farbe gelb
image1.canvas.Rectangle(x1,y1,x2,y2)          // Rechteck zeichnen
end;
```

Der letzte Kommentar lässt es erkennen – ein Quadrat wird erzeugt, indem es *als Rechteck mit gleichen Seitenlängen* vorbereitet wird:

Dazu müssen, ausgehend vom gegebenen Mittelpunkt und gegebener Seitenlänge, zuerst die Positionen der linken oberen und rechten unteren Ecke berechnet werden. Anstelle des üblichen *Divisionszeichen /* muss hier, da es sich um *ganzzahlige Division* handelt, das Schlüsselwort `div` verwendet werden. Der Rest der Ereignisprozedur spricht dann für sich.

8.2.7 Ellipsen-Umriss

Sollen die Bildpunkte eines Bilderrahmen-Inhalts Canvas so eingefärbt werden, dass eine offene oder gefüllte Ellipse entsteht, verlangt Delphi, dafür den linken oberen und den rechten unteren Eckpunkt desjenigen *Rechtecks* anzugeben, in das die Ellipse *einbeschrieben* wird. So ist auch die Beschriftung des sechsten Buttons *Färbe offene Ellipse in (550,550) und (550,700)* zu verstehen.

Demzufolge stimmt der Inhalt der zugehörigen Ereignisprozedur – mit Ausnahme des letzten Befehls `image1.canvas.Ellipse(x1,y1,x2,y2)` – mit der Ereignisprozedur zum Erzeugen eines Rechteckrahmens völlig überein:

```
procedure TForm1.Button6Click(Sender: TObject);
var x1,y1,x2,y2: Integer;
begin
x1:=550;y1:=550;                            // Anfangspunkt festlegen
x2:=600;y2:=700;                              // Endpunkt festlegen
image1.canvas.Pen.Color:=RGB(0,0,0);        // Umriss-Farbe schwarz
image1.canvas.Pen.Width:=3;                          // Umriss-Stärke
image1.Canvas.Brush.Color:=RGB(255,255,255);        // Füll-Farbe weiß
image1.canvas.Ellipse(x1,y1,x2,y2)                // Ellipse zeichnen
end;
```

8.2.8 Ellipsen-Fläche

Ebenso gilt für die Ereignisprozedur zum Klick auf den Button mit der Aufschrift *Färbe rote Ellipse in (100,400) und (300,500)* die enge Verwandtschaft mit dem Inhalt derjenigen Ereignisprozedur, mit der ein gefülltes Rechteck mit *gleicher Umriss- und Inhaltsfarbe* erzeugt wird:

```
procedure TForm1.Button7Click(Sender: TObject);
var x1,y1,x2,y2: Integer;
begin
x1:=100;y1:=400;                            // Anfangspunkt festlegen
x2:=300;y2:=500;                              // Endpunkt festlegen
image1.canvas.Pen.Color:=RGB(255,0,0);            // Umriss-Farbe rot
image1.canvas.Pen.Width:=3;                          // Umriss-Stärke
image1.Canvas.Brush.Color:=RGB(255,0,0);            // Füll-Farbe rot
image1.canvas.Ellipse(x1,y1,x2,y2)                // Ellipse zeichnen
end;
```

8.2.9 Kreisfläche

Ist speziell eine Menge von Bildpunkten so einzufärben, dass die mit dem achten Button gegebene Aufgabe *Färbe lila Kreis mit Radius 100 um (150,600)* gelöst wird, dann müssen aus den gemachten Angaben für *Mittelpunkt* und *Radius* zuerst die Eckpunkte (links oben und rechts unten) eines *passenden Quadrats* berechnet werden.

Dann wird die *in das Quadrat einbeschriebene Ellipse* nämlich zu dem *gewünschten Kreis*:

```
procedure TForm1.Button8Click(Sender: TObject);
var x,y,radius,x1,y1,x2,y2: Integer;
begin
x:=150;y:=600;radius:=100;                  // Daten der Aufgabenstellung
x1:=x-radius div 2;y1:=y-radius div 2;          // Quadratecke links oben
x2:=x+radius div 2;y2:=y+radius div 2;        // Quadratecke rechts unten
image1.canvas.Pen.Color:=RGB(0,255,255);             // Umriss-Farbe lila
image1.canvas.Pen.Width:=1;                                // Umriss-Stärke
image1.Canvas.Brush.Color:=RGB(0,255,255);             // Füll-Farbe lila
image1.canvas.Ellipse(x1,y1,x2,y2)                       // Kreis zeichnen
end;
```

8.2.10 Text

Die Beschriftung *Färbe roten Text „Vieweg" mit 24pt ab (300,600)* des vorletzten Buttons verlangt, eine Menge von Bildpunkten so einzufärben, dass ein vorgegebener *Text* mit vorgegebener Schriftgröße und -farbe rechts unter der genannten Position erscheint. Die zugehörige Ereignisprozedur erklärt das Vorgehen:

```
procedure TForm1.Button9Click(Sender: TObject);
var x1,y1: Integer;tx: String;
begin
x1:=300;y1:=600;                                 // Bezugspunkt festlegen
image1.Canvas.Brush.Color:=RGB(255,255,255);          // Füll-Farbe weiß
tx:='Vieweg';                                       // Vorgegebener Text
image1.canvas.Font.Color:=RGB(255,0,0);             // Schrift-Farbe rot
image1.canvas.Font.Size:=24;                           // Schrift-Stärke
image1.canvas.TextOut(x1,y1,tx)                     // Schrift einfärben
end;
```

8.2.11 Löschen

Wenn auch auf dem Button *Lösche alles* steht, so widerspricht das nicht der eingangs gemachten Aussage, dass grundsätzlich nicht gelöscht werden könne.

Es kann nur *neu eingefärbt werden*, wenn alles „verschwinden" soll. Die einfachste Vorgehensweise besteht darin, ein Rechteck vom Bildpunkt `Pixel[0,0]` (oben links) über die gesamte Malfläche zu legen und neu mit der Hintergrundfarbe einzufärben.

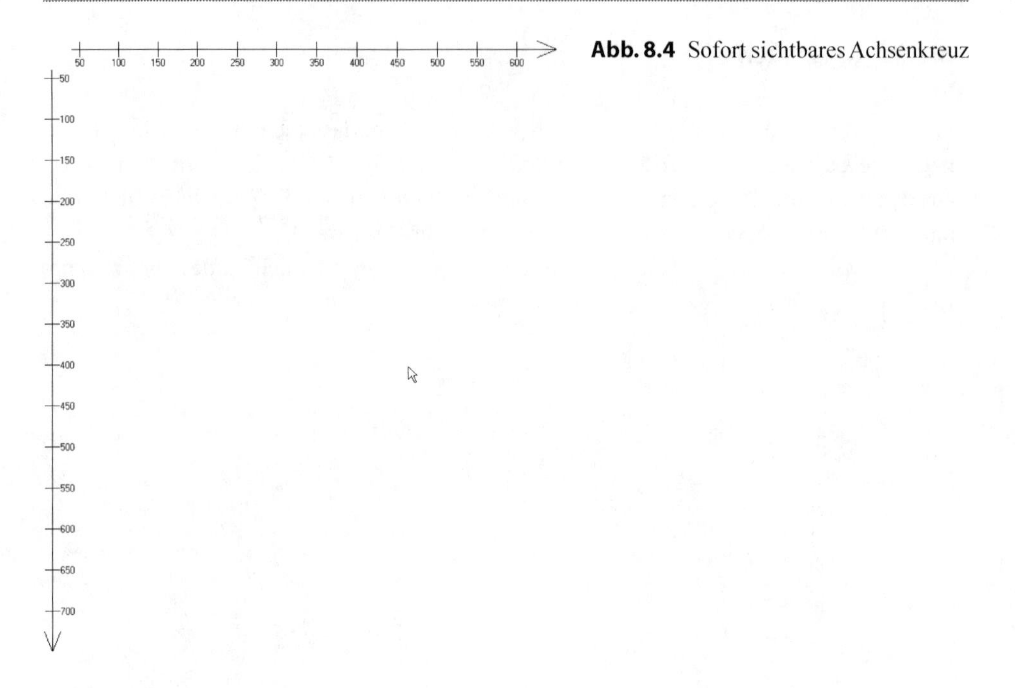

Abb. 8.4 Sofort sichtbares Achsenkreuz

Großzügige Angaben für die Ecke rechts unten schaden dabei nicht:

```
procedure TForm1.Button10Click(Sender: TObject);
begin
image1.Canvas.Pen.Color:=RGB(255,255,255);                // Rand weiß
image1.Canvas.Brush.Color:=RGB(255,255,255);            // Inhalt weiß
image1.Canvas.Rectangle(0,0,2000,2000)                    // Färbe neu
end;
```

8.2.12 Achsenkreuz

Wie aber entsteht das *Achsenkreuz*, mit dessen Hilfe wir kontrollieren können, ob tatsächlich an der richtigen Position in der richtige Größe das richtige Grafikelement erscheint (Abb. 8.4)?

Da es keinen Button zur Einfärbung dieses Achsenkreuzes gibt, müssen die Befehle zu dessen Einfärbung in einer anderen Ereignisprozedur enthalten sein.

Richtig: Erinnern wir uns an die Abschn. 2.2.7 und 4.7.5. Dort lernten wir, dass beim Klick des Nutzers auf das nach rechts gerichtete grüne Dreieck, wenn die Laufzeit beginnt und die Benutzeroberfläche tatsächlich hergestellt wird, das *Formular-Standardereignis* `Create` stattfindet.

Den Rahmen für die Ereignisprozedur für dieses Ereignis erhalten wir folglich sofort nach Doppelklick auf das Formular (die Arbeitsfläche):

```
procedure TForm1.FormCreate(Sender: TObject);
begin

end;
```

Für den Inhalt dieser Ereignisprozedur müssen wir uns alle Befehle überlegen, mit deren Hilfe nacheinander

- die Achse oben von links nach rechts (x-Achse),
- die Pfeile am rechten Ende der oberen Achse,
- die senkrechten Teilstriche der oberen Achse,
- die Beschriftungen der oberen Achse,
- die Achse links von oben nach unten (y-Achse),
- die Pfeile am unteren Ende der linken Achse,
- die waagerechten Teilstriche der linken Achse,
- die Beschriftungen der linken Achse

schwarz eingefärbt werden. Es ist zu sehen – hier muss viel Aufwand getrieben werden, wie zumeist bei Grafik-Programmierung.

Für die *Teilstriche* und die *Beschriftungen* wird bereits die *Zählschleife* als abkürzende Schreibweise mehrerer gleichartiger Befehle verwendet, ein Vorgriff auf das kommende Kapitel, in dem sie dann ausführlich vorgestellt und erklärt wird:

```
procedure TForm1.FormCreate(Sender: TObject);
var i: Integer; tx: String;
begin
image1.Canvas.Pen.color:=RGB(0,0,0);              // Linienfarbe schwarz
image1.Canvas.Brush.color:=RGB(255,255,255); // Hintergrundfarbe weiß
image1.canvas.moveTo(40,15);image1.canvas.LineTo(650,15);  // x-Achse
for i:=0 to 11 do                              // senkrechte Teil-Striche
    begin
      image1.canvas.MoveTo(50+50*i,25);image1.canvas.
      LineTo(50+50*i,5);
    end;
image1.canvas.moveTo(625,5);                              // Pfeil rechts
image1.canvas.LineTo(650,15);
image1.canvas.moveTo(625,25);
image1.canvas.LineTo(650,15);
for i:=0 to 11 do                                // Beschriftung x-Achse
    begin
    Str(50+i*50,tx);
    image1.Canvas.TextOut(50+i*50-Canvas.TextWidth(tx) div 2,25,tx)
    end;
image1.canvas.moveTo(15,40); image1.canvas.LineTo(15,750); // y-Achse
for i:=0 to 13 do                             // waagerechte Teil-Striche
    begin
      image1.canvas.MoveTo(25,50+50*i);image1.canvas.
      LineTo(5,50+50*i)
    end;
image1.canvas.moveTo(5,725);                               // Pfeil unten
image1.canvas.LineTo(15,750);
image1.canvas.moveTo(25,725);
image1.canvas.LineTo(15,750);
for i:=0 to 13 do                                // Beschriftung y-Achse
    begin
    Str(50+i*50,tx);
    image1.Canvas.TextOut(25, 50+i*50-Canvas.TextHeight(tx) div 2,tx)
    end
end;
```

8.3 Text verändern

Betrachten wir die folgende Abbildung mit einer neuen Aufgabe:

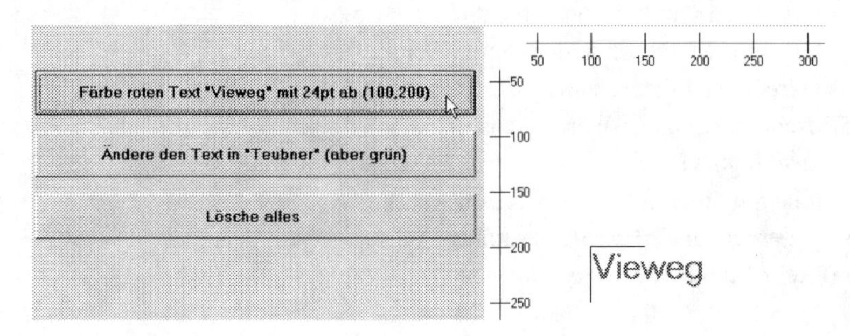

Bei *Klick auf den oberen Button* soll rechts unter der angegebenen Position (dort durch ein kleines Achsenkreuz deutlich gemacht) der Text *Vieweg* erscheinen.

Die Ereignisprozedur für den oberen Button wurde im vorigen Abschnitt schon erklärt, sie kann hier schnell wiederholt werden:

```
procedure TForm1.Button1Click(Sender: TObject);
var x1,y1: Integer;tx: String;
begin
x1:=100;y1:=200;                            // Bezugspunkt festlegen
image1.canvas.Pen.color:=RGB(0,0,0);  // Farbe f. Achsenkreuz schwarz
                                      // Kleines Achsenkreuz einfärben
image1.Canvas.moveto(x1-1,y1-1);image1.canvas.lineTo(x1+50,y1-1);
image1.Canvas.moveto(x1-1,y1-1);image1.canvas.lineTo(x1-1,y1+50);
image1.Canvas.Brush.Color:=RGB(255,255,255); // Hintergrundfarbe weiß
tx:='Vieweg';                                     // Text festlegen
image1.canvas.Font.Color:=RGB(255,0,0);         // Schrift-Farbe rot
image1.canvas.Font.Size:=24;                      // Schrift-Stärke
image1.canvas.TextOut(x1,y1,tx) // Schrift positionieren und ausgeben
end;
```

Was aber ist zu tun, wenn der *mittlere Button* fordert *Ändere den Text in „Teubner“*? Erinnern wir uns an unseren Maler:

> Wenn die Farbe trocken ist, kann er nicht mehr korrigieren, sondern nur übermalen.

Folglich haben wir zwei Möglichkeiten:

- Die *gesamte Leinwand* wird neu eingefärbt (siehe Abschn. 8.2.11). Dann würden aber auch alle anderen Malergebnisse verschwinden. Wollen wir das?

- Die *zweite Möglichkeit* besteht darin, den Text *Vieweg* mit der Farbe des Hintergrundes noch einmal nachzuzeichnen – dann ist dieser Text nicht mehr zu sehen.

Anschließend kann dann veranlasst werden, dass die Bildpunkte so eingefärbt werden, dass der neue Text an gewünschter Stelle erkennbar wird.

Die wiedergegebene Ereignisprozedur folgt der zweiten Möglichkeit:

```
procedure TForm1.Button2Click(Sender: TObject);
var x1,y1: Integer;tx1,tx2: String;
begin
x1:=100;y1:=200;                          // Bezugspunkt festlegen
image1.Canvas.Brush.Color:=RGB(255,255,255);    // Hintergrund-Farbe
                                                             weiß
tx1:='Vieweg';                        // Alter Text wird wiederholt
image1.canvas.Font.Color:=RGB(255,255,255);    // Schrift-Farbe weiß
image1.canvas.Font.Size:=24;            // Schrift-Stärke wie vorher
image1.canvas.TextOut(x1,y1,tx1);       // Schrift weiß nachzeichnen
tx2:='Teubner';                                       // Neuer Text
image1.canvas.Font.Color:=RGB(0,255,0);   // Schrift-Farbe neu: grün
image1.canvas.Font.Size:=24;                   // Schrift-Stärke neu
image1.canvas.TextOut(x1,y1,tx2)           // neue Schrift ausgeben
end;
```

Übrigens enthält die Ereignisprozedur zum ersten Button nicht einen solchen Teil *Löschen durch Nachzeichnen mit der Hintergrundfarbe*, und folgerichtig wird der Text *Teubner* bei nachfolgendem *Klick auf den oberen Button* nicht beseitigt, sondern nur *teilweise übermalt* von dem kürzeren Text *Vieweg*:

8.4 Bildschirmschoner

Jede Beschreibung eines Bildschirmschoners gleicht einer Inflation des Wortes *zufällig*. So soll der vorgestellte einfache Bildschirmschoner in folgender Weise arbeiten:

- Nach dem Start der Laufzeit sollen auf dem Bildschirm nacheinander in *zufälligen* Zeitabständen in *zufälliger* Farbe mit *zufälliger* Stärke aneinander hängende Geraden von *zufälligen* Punkten zu *zufälligen* Punkten des ganzen Bildschirmes entstehen.

Die Abb. 8.5 zeigt eine Momentaufnahme des Bildschirms, nachdem der Schoner ein paar Sekunden gelaufen war.

Wie sollten wir an die Lösung dieser Programmieraufgabe herangehen? Zuerst muss gesichert werden, dass auch tatsächlich der *ganze Bildschirm* erfasst wird. Das erfolgt einmal durch das Einstellen der Eigenschaft `wsMaximized` in der Zeile `WindowState` des *Objektinspektors vom Formular* (siehe auch Abschn. 1.2.1).

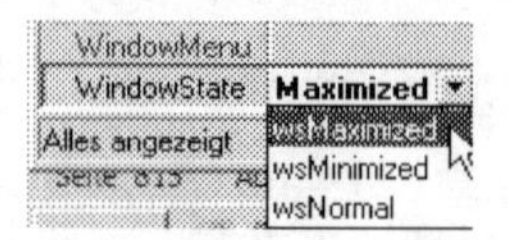

Dann muss zusätzlich gesichert werden, dass das *Bildobjekt* `Image1` den *kompletten Innenraum* des Formulars `Form1` füllt. Das kann dadurch erfolgen, dass der Fenster-Rahmen groß genug aufgezogen wird.

Durch passende Befehle im Inhalt der Ereignisprozedur zum Ereignis `Create` (Erzeugung der Benutzeroberfläche) wird weiter dafür gesorgt, dass bei *Beginn der Laufzeit*, d.h. bei *Herstellung der Benutzeroberfläche*, der Bilderrahmen garantiert links oben platziert wird. Außerdem wird mit Hilfe eines großen Rechtecks der Hintergrund schwach grau eingefärbt:

```
procedure TForm1.FormCreate(Sender: TObject);
begin
image1.Top:=0;image1.Left:=0;              // Rahmen beginnt links oben
image1.canvas.brush.color:=RGB(215,215,215);      // Füllfarbe schwach
                                                                   grau
image1.canvas.Pen.color:=RGB(215,215,215);      // Umrissfarbe schwach
                                                                   grau
image1.Canvas.Rectangle(0,0,2000,2000)          // Rechteck einfärben
end;
```

Sicher ist weiter auch, dass der Ablauf des Einfärbens der Geraden auf der Leinwand durch einen *Timer* gesteuert werden muss (siehe Kap. 6). Aber eine wichtige Frage ist noch zu klären: Wenn beim Eintreten des Timer-Ereignisses die neu zu erzeugende Gerade an die letzte erzeugte Gerade unmittelbar anschließen soll – woher erfährt man dann deren letzten Endpunkt?

Die Antwort ist in Abb. 8.5 oben an der Bildschirmkante zu sehen: Zwei *Labels* übernehmen von Timer-Ereignis zu Timer-Ereignis in folgender Weise diese Daten:

- Tritt ein Timer-Ereignis ein, wird die Position des letzten Endpunktes dort abgelesen, ein neuer Endpunkt wird erzeugt, die Gerade wird eingefärbt, der neue Endpunkt wird anschließend in den beiden Labels abgelegt. Bis zum nächsten Timer-Ereignis.

Das *dritte Label*, oben in Abb. 8.5, hat eine andere Bedeutung: Offensichtlich soll doch der Bildschirmschoner automatisch neu starten, wenn der Bildschirm durch sehr viele Geraden fast gefüllt ist. Deshalb zählt dieses dritte Label mit, wie viele Geraden es schon gibt, und bei 300 wird neu begonnen.

Natürlich werden diese drei *Labels* nach Fertigstellung des Bildschirmschoners später von Anfang an mit Hilfe der Zeile `Visible` ihrer Objektinspektoren auf unsichtbar eingestellt (siehe Abschn. 4.6).

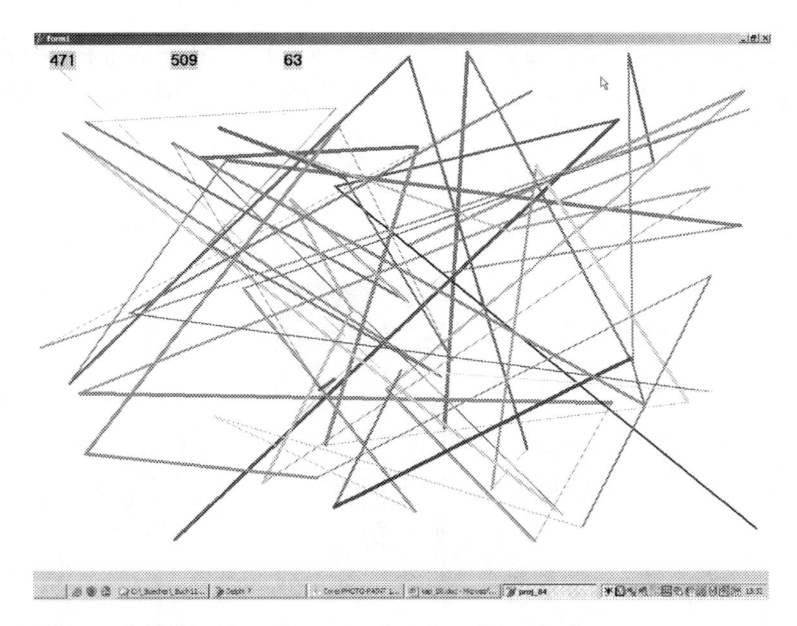

Abb. 8.5 Wirkung des Bildschirmschoners nach einigen Sekunden

Das war schon alles, was für das Verständnis der folgenden *Ereignisprozedur zum Timer-Ereignis* notwendig ist:

```
procedure TForm1.Timer1Timer(Sender: TObject);
var x_alt, y_alt, x_neu, y_neu, anzahl: Integer;
begin
                                    // Übernehmen aus den drei Labels
x_alt:=StrToInt(Label1.Caption); y_alt:=StrToInt(Label2.Caption);
anzahl:=StrToInt(Label3.Caption);
Randomize; x_neu:=Random(1152); y_neu:=Random(801); // neuer Endpunkt
if anzahl<300 then
    begin                                               // Zufallsfarbe
    image1.canvas.Pen.Color:=RGB(Random(255),
    Random(255),Random(255));
    timer1.Interval:=100+Random(900);             // Zufallsintervall
    image1.Canvas.Pen.Width:=1+Random(6);           // Zufalls-Stärke
    image1.Canvas.MoveTo(x_alt,y_alt);       // neue Gerade einfärben
    image1.Canvas.LineTo(x_neu,y_neu);
                                   // Ablegen der Daten in den Labels
    Label1.Caption:=IntToStr(x_neu); Label2.Caption:=IntToStr
    (y_neu);
    Label3.Caption:=IntToStr(anzahl+1)
    end
              else                  // Löschen bei zu vielen Geraden
    begin
    image1.canvas.brush.color:=RGB(215,215,215);      // Farbe schwach
                                                                 grau
    image1.canvas.Pen.color:=RGB(215,215,215);
    image1.Canvas.Rectangle(0,0,2000,2000);     // Rechteck einfärben
    Label3.Caption:='0'     // Zählwerk auf Null setzen für Neuanfang
    end
end;
```

Damit schließlich der laufende Bildschirmschoner nach Belieben vom Nutzer angehalten werden kann, wurde das Projekt komplettiert durch eine dritte Ereignisprozedur zum *Formular-Ereignis Tastendruck*.

Dies ist nicht das Standard-Ereignis am Formular, so dass der *Rahmen der Ereignisprozedur* mit Hilfe des Registerblattes EREIGNISSE des Formular-Objektinspektors durch Doppelklick in das leere Feld neben `OnKeyPress` angefordert wird:

Der *Inhalt dieser Ereignisprozedur* besteht dann nur aus einer *Alternative*: Arbeitet der Timer, so soll er anhalten, andernfalls soll er starten:

```
procedure TForm1.FormKeyPress(Sender: TObject; var Key: Char);
begin
    if Timer1.Enabled=True then Timer1.Enabled:=False
                           else Timer1.Enabled:=True
end;
```

8.5 Animationen und Spiele

8.5.1 Ungesteuerte Animationen

Ein kleiner roter Punkt soll sich langsam auf dem Bildschirm von links nach rechts bewegen. Was ist daran so kompliziert?

Eigentlich (scheinbar) nichts. Sorgen wir zuerst in der Ereignisprozedur zum Standard-Ereignis `Create` des Formulars dafür, dass die *Malfläche* `Canvas` den Bildschirm füllt. Dann platzieren wir einen *Timer* und zwei *Labels* auf der Benutzeroberfläche, machen die Labels anfangs nur *inaktiv* (später unsichtbar) und sorgen dafür, dass bei jedem *Timer-Ereignis* der *aktuelle Mittelpunkt* aus den Labels geholt und verschoben wird, dann wird der „rote Punkt" (als Kreisfläche) gefärbt, danach gehen die neuen Mittelpunktwerte wieder in die Labels:

```
procedure TForm1.Timer1Timer(Sender: TObject);
var x, y: Integer;
begin
x:=StrToInt(Label1.Caption); y:=StrToInt(Label2.Caption);
     x:=x+5;
     Image1.Canvas.Pen.Color:=RGB(255,0,0);
     Image1.Canvas.Brush.Color:=RGB(255,0,0);
     Image1.Canvas.Ellipse(x-10,y-10,x+10,y+10);
     Label1.Caption:=IntToStr(x); Label2.Caption:=IntToStr(y)
end;
```

Doch was passiert? Die Abbildung zeigt es uns:

Wie ein Komet zieht der Punkt seine Spur hinter sich her. Die Aufgabe, dass er *über den Bildschirm wandern* soll, ist damit offensichtlich nicht erfüllt.

Es lässt sich leicht erklären, welchen *logischen Fehler* wir begingen:

> Wir vergaßen, beim Eintreten des Timer-Ereignisses erst einmal *den vorher eingefärbten Kreis unsichtbar* zu machen, indem wir ihn erneut einfärben – aber mit der Hintergrundfarbe.

Nun wandert der rote Kreis tatsächlich über den Bildschirm:

```
procedure TForm1.Timer1Timer(Sender: TObject);
var x, y: Integer;
    begin
    x:=StrToInt(Label1.Caption);
    y:=StrToInt(Label2.Caption);
    Image1.Canvas.Pen.Color:=RGB(215,215,215);      // für vorherigen
                                                                Kreis
    Image1.Canvas.Brush.Color:=RGB(215,215,215);
    Image1.Canvas.Ellipse(x-10,y-10,x+10,y+10);    // Hintergrundfarbe
                                                            verwenden
    x:=x+5;                                        // neuer Mittelpunkt
```

```
    Image1.Canvas.Pen.Color:=RGB(255,0,0);          // nun rote Farbe
                                                         verwenden
    Image1.Canvas.Brush.Color:=RGB(255,0,0);
    Image1.Canvas.Ellipse(x-10,y-10,x+10,y+10);
    Label1.Caption:=IntToStr(x); Label2.Caption:=IntToStr(y)
                                                         // Sichern
end;
```

Natürlich könnte der Mittelpunkt auch in der *senkrechten* (y-)Richtung verändert werden. Folglich sollten wir zusätzlich in unserer Ereignisprozedur dafür sorgen, dass *beim Erreichen des Randes* der komplette Bildschirm neu eingefärbt („gelöscht") und danach die Startposition in den beiden Labels für das nächste Timer-Ereignis neu festgelegt wird:

```
procedure TForm1.Timer1Timer(Sender: TObject);
var x, y: Integer;
begin
... alten Kreis mit Hintergrundfarbe einfärben (damit "löschen")
if (x>10) and (x<1200) and (y>10) and (y<800) then
    begin
    ... Mittelpunkt ändern, neuen Kreis einfärben, Daten sichern
    end
                                            else
    begin
    Image1.Canvas.Pen.Color:=RGB(215,215,215); // alles überstreichen
    Image1.Canvas.Brush.Color:=RGB(215,215,215);
    Image1.Canvas.Rectangle(0,0,2000,2000);
    Label1.Caption:='15';                              // Linker Rand
    Label2.Caption:=IntToStr(Random(800))           // zufällige Höhe
    end
end;
```

8.5.2 Gesteuerte Animation

Warum wollen wir nicht dafür sorgen, dass der Nutzer durch entsprechenden Tastendruck für eine Richtungsänderung des wandernden Punktes sorgen kann?

Wir könnten zum Beispiel die Tasten festlegen, die noch vor einigen Jahren für die Cursorsteuerung allgemein üblich waren:

- E: nach oben,
- X: nach unten,
- S: nach links,
- D: nach rechts.

Wie gehen wir vor? Als erstes platzieren wir zusätzlich zum *Timer* und den beiden *Labels* eine Gruppe mit *vier Radiobuttons* auf der Benutzeroberfläche, alles wird *zunächst inaktiv* und später sogar unsichtbar eingestellt.

Der Radiobutton mit der Beschriftung *nach rechts* soll anfangs die Markierung in der Gruppe erhalten (in Zeile `Checked` seines Objektinspektors `True` einstellen).

Die Abbildung zeigt die Benutzeroberfläche im Entwurf.

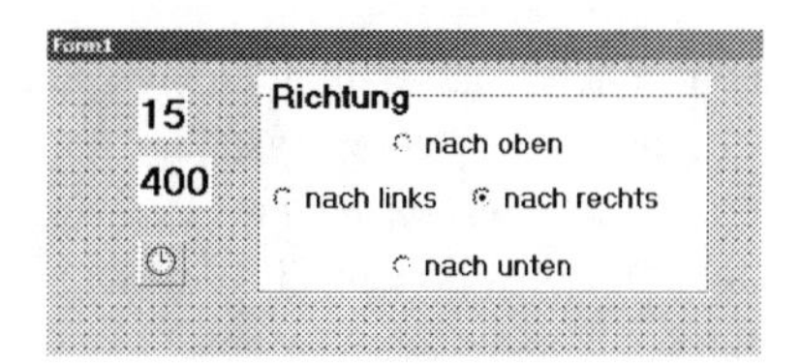

Dann erinnern wir uns, dass im Registerblatt EREIGNISSE des Objektinspektors des Formulars eine Zeile `OnKeyDown` existiert:

Beschaffen wir uns den Rahmen, und programmieren zunächst den folgenden *Inhalt der Ereignisprozedur* für das Formular-Ereignis: (irgendeine) *Taste wird herunter gedrückt*:

```
procedure TForm1.FormKeyDown(Sender: TObject; var Key: Word;
                              Shift: TShiftState);
begin
if Key=Ord('E') then Radiobutton1.checked:=true;
if Key=Ord('X') then Radiobutton2.checked:=true;
if Key=Ord('S') then Radiobutton3.checked:=true;
if Key=Ord('D') then Radiobutton4.checked:=true
end;
```

Der Inhalt spricht für sich: Für den jeweiligen Tastendruck bekommt der passende Radiobutton in der Gruppe die Markierung. Verglichen wird dabei stets das Symbol `Key`, das den ASCII-Wert der gerade gedrückten Taste liefert, mit dem ASCII-Wert der Bewegungsbuchstaben.

Wenn sich während der Bewegung des roten kleinen Kreises bei entsprechendem Tastendruck die jeweilige Markierung in der Gruppe der vier Radiobuttons einstellt, ist diese Teilaufgabe gelöst.

Anschließend können wir in unserer früheren *Ereignisprozedur zum Timer-Ereignis* die Festlegung des neuen Mittelpunktes, die Zeile mit dem damaligen einfachen horizontalen Verschiebungs-Befehl `x:=x+5;` im Quelltext passend durch diese vier einfachen Tests ersetzen:

```
if Radiobutton1.checked=true then y:=y-5;
if Radiobutton2.checked=true then y:=y+5;
if Radiobutton3.checked=true then x:=x-5;
if Radiobutton4.checked=true then x:=x+5;
```

Jetzt bewegt sich der kleine rote Kreis tatsächlich anfangs nach rechts (Starteinstellung), und dann folgt seine Bewegung der gedrückten Taste.

Für den Fall, dass der *Rand des Bildschirms* erreicht wird, sollte zusätzlich zur Festlegung einer neuen, zufälligen Startposition am linken Rand auch die anfängliche Bewegungsrichtung wieder nach rechts eingestellt werden:

```
Label1.Caption:='15';                                    // linker Rand
Label2.Caption:=IntToStr(Random(800));                // zufällige Höhe
Radiobutton4.Checked:=true;                   // Startrichtung nach rechts
```

Ob es sich um einen einfachen Kreis handelt, der zuerst eingefärbt wird, beim nächsten Timer-Ereignis (durch nochmaliges Einfärben mit der Hintergrundfarbe) unsichtbar gemacht wird mit neuem, gesteuerten Mittelpunkt wieder eingefärbt – oder ob es sich um ein Rechteck handelt oder um ein Quadrat oder sogar um ein anspruchsvolleres geometrisches Objekt, zum Beispiel ein kleines Auto:

- Das Grundprinzip ist vermittelt, und können wir sogar verstehen, wie ein Computerspiel programmiert werden kann.

8.5.3 Spiele

Abb. 8.6 zeigt die Situation: Auf dem Bildschirm befindet sich ein kleines *Labyrinth* aus gelben Rechtecken. Der Spieler soll den roten Punkt so steuern, dass er das am rechten Bildrand befindliche grüne Ziel erreicht, ohne eines der Rechtecke zu berühren.

Die Herstellung des Labyrinths und des Ziels ist eine mühsame Fleißaufgabe; dafür müssen die entsprechenden Befehle in der Ereignisprozedur zum *Standardereignis des Formulars* `Create` eingetragen werden.

Das einfache Labyrinth von Abb. 8.6 und das Ziel erfordern immerhin schon die folgende Menge an Delphi-Pascal-Befehlen:

```
image1.canvas.brush.color:=RGB(255,255,0);                   // Labyrinth
image1.canvas.Pen.color:=RGB(255,255,0);
image1.canvas.Rectangle(300,100,500,200);
image1.canvas.Rectangle(500,700,600,800);
image1.canvas.Rectangle(500,300,550,400);
image1.canvas.Rectangle(500,400,600,450);
image1.canvas.Rectangle(200,400,250,600);
image1.canvas.Rectangle(800,700,900,800);
image1.canvas.Rectangle(800,300,850,400);
```

```
image1.canvas.Rectangle(800,400,900,450);
image1.canvas.Rectangle(900,350,950,450);
image1.canvas.Rectangle(900,50,950,250);
image1.canvas.Rectangle(300,600,600,650);
image1.canvas.brush.color:=RGB(0,255,0);                  // Ziel
image1.canvas.Pen.color:=RGB(0,255,0);
image1.canvas.Ellipse(1100,300,1200,500);
```

Wie aber können wir dafür sorgen, dass das Spiel reagiert, wenn der Spieler es nicht schafft, den Punkt um die Hindernisse herum zu führen, wenn der Punkt eines der gelben Rechtecke trifft?

Und was soll dann passieren?

Es ist ganz einfach: Mit dem Test

```
if image1.Canvas.Pixels[x,y]=RGB(255,255,0) then ...
```

kann nämlich geprüft werden, ob der Bildpunkt, der sich an der Position [x,y] befindet, die *Farbe gelb* besitzt (volles Rot + volles Grün + kein Blau = Gelb).

Da wir den Mittelpunkt des vom Spieler gesteuerten Kreises kennen, können wir folglich mit folgendem Test feststellen, ob der Kreis sich einem Hindernis des Labyrinths nähert und es berührt – von welcher Seite auch immer:

```
if (image1.Canvas.Pixels[x+10,y]=RGB(255,255,0))
or
(image1.Canvas.Pixels[x-10,y]=RGB(255,255,0))
or
(image1.Canvas.Pixels[x,y+10]=RGB(255,255,0))
or
(image1.Canvas.Pixels[x,y-10]=RGB(255,255,0)) then ...
```

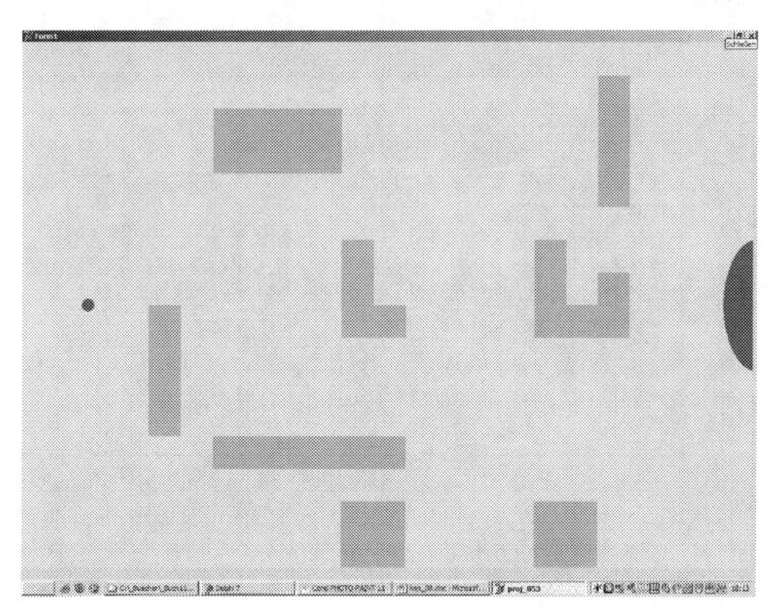

Abb. 8.6 Spielfläche mit Hindernissen und dem Ziel

Welche Befehle dann programmiert werden, das hängt davon ab, welche Spielregeln gelten sollen. Es ist zum Beispiel möglich, sofort, beim ersten Fehlsteuern des roten Kreises, sogleich den *Timer* anzuhalten und den Spieler zum Verlierer zu erklären:

```
Timer1.enabled:=false;                                    // Timer anhalten
Image1.Canvas.Pen.Color:=RGB(255,0,0);    // Rahmenfarbe für Info: rot
Image1.canvas.Pen.Width:=5;
Image1.Canvas.Brush.Color:=RGB(0,0,255);  // Füllfarbe für Info: blau
Image1.Canvas.Rectangle(400,200,800,400);        // Rechteck für Info
Image1.Canvas.Brush.Color:=RGB(255,255,255);  // Hintergrund für Text
Image1.canvas.Font.Color:=RGB(255,0,0);          // Schrift-Farbe rot
Image1.canvas.Font.Size:=24;                          // Schrift-Stärke
Image1.canvas.TextOut(530,280,'>>verloren<<')                 // Info
```

Eine andere Möglichkeit, die dem kleinen Enkel des Autors sehr gefiel, besteht darin, durch Ausschalten aller Radiobuttons den roten Punkt in der getroffenen Wand gleichsam „stecken zu lassen" und in einem Zähl-Label diesen Fehlversuch lediglich zu registrieren. Dann kann mit einem beim nächsten Timer-Ereignis zufällig am linken Bildrand erscheinenden neuen Punkt weitergespielt werden:

```
Radiobutton1.Checked:=false; Radiobutton2.Checked:=false;
Radiobutton3.Checked:=false; Radiobutton4.Checked:=false;
Label1.Caption:='15'; Label2.Caption:=IntToStr(Random(800));
Label3.caption:=IntToStr(StrToInt(Label3.caption)+1)
```

Wird die Anzahl der stecken gebliebenen Kreise allerdings zu groß, sollte der Spieler zum Verlierer erklärt werden.

Erreicht der Spieler aber ohne Karambolage das Ziel, den grünen Halbkreis am rechten Bildrand sollte er zum Sieger erklärt werden:

```
if image1.Canvas.Pixels[x+11,y]=RGB(0,255,0) then
    begin
    Timer1.enabled:=false;
    Image1.Canvas.Pen.Color:=RGB(255,0,0);
    Image1.canvas.Pen.Width:=5;
    Image1.Canvas.Brush.Color:=RGB(0,0,255);
    Image1.Canvas.Rectangle(400,200,800,400);
    image1.Canvas.Brush.Color:=RGB(255,255,255);
    image1.canvas.Font.Color:=RGB(255,0,0);
    image1.canvas.Font.Size:=24;
    image1.canvas.TextOut(530,280,'S I E G ')
    end;
```

Abb. 8.7 zeigt die letztgenannte Variante des Spiels. Der Spieler hat es zwar nicht geschafft, alle Kreise durch das Labyrinth hindurch zu steuern, aber nach nicht allzu vielen Fehlversuchen gelang es ihm doch, das Ziel zu treffen.

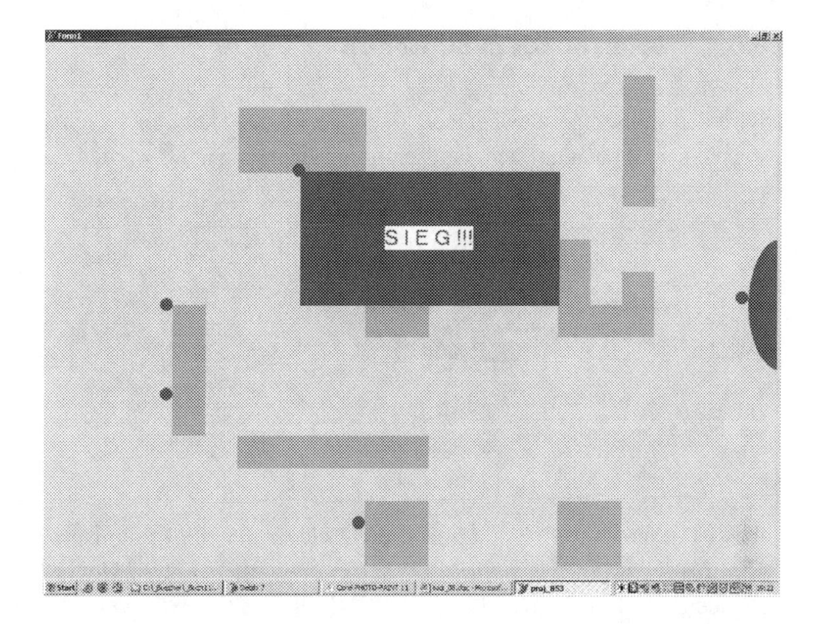

Abb. 8.7 Sieg nach einigen Fehlversuchen

Es ist bekannt – die Menge der Spielideen ist offenbar unerschöpflich. Schon hier, bei diesem kleinen Computerspiel, könnten vielfältige Varianten programmiert werden.

So könnte zum Beispiel bei Berührung einer Wand des Labyrinths der Kreis dort nicht stecken bleiben, sondern verschwinden und dafür am linken Bildrand mit größerem Radius wieder erscheinen – der Spieler wird für einen Fehlversuch dadurch bestraft, dass er anschließend größere Schwierigkeiten bewältigen muss.

Natürlich kann auch die Geschwindigkeit, mit der die Bewegung erfolgt, von Mal zu Mal vergrößert werden, indem die jeweilige Mittelpunkts-Veränderung mit Hilfe eines weiteren Labels gesteuert wird:

```
schritt:=StrToInt(Label4.Caption);
if Radiobutton1.checked=true then y:=y-schritt;
if Radiobutton2.checked=true then y:=y+schritt;
if Radiobutton3.checked=true then x:=x-schritt;
if Radiobutton4.checked=true then x:=x+schritt;
```

An die Grenzen der Programmierung attraktiver Computerspiele stoßen wir in Delphi natürlich durch die Langsamkeit des Timers und durch die ungeheuren Mühen, die die Programmierung von festem Bildschirm-Inhalt und der Animation bereiten.

Aber trotzdem – das Prinzip der meisten Videospiele ist verständlich und erklärbar. Und das war das eigentliche Ziel dieses Abschnitts.

8.6 Malen auf dem Bildschirm

Wird der Mauszeiger bewegt, soll an der Stelle des Mauszeigers ein *kleines Quadrat* entstehen. Damit kann auf dem Bildschirm tatsächlich gemalt werden:

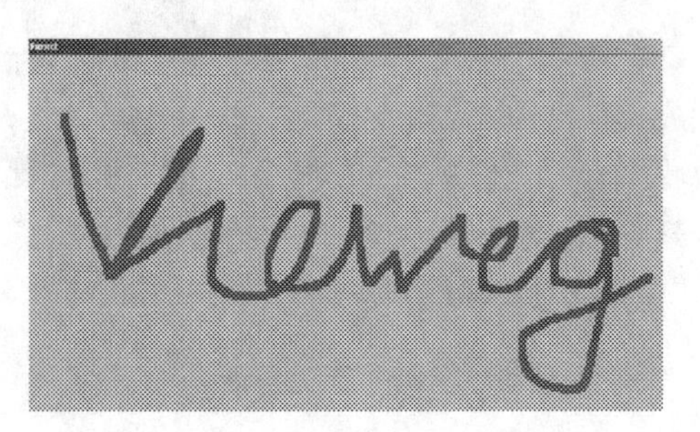

Was ist dafür zu tun? Es ist zuerst der *Rahmen* für die Ereignisprozedur zum Ereignis *Mausbewegung über dem Bilderrahmen* `onMauseMove` mittels Doppelklick in die entsprechende Zeile vom Registerblatt EREIGNISSE des Objektinspektors vom Bilderrahmen-Objekt `Image1` zu beschaffen. In deren *Inhalt* kann die Position des Mauszeigers aus X und Y entnommen werden – damit kann dann ein kleines Quadrat bei jeder Mausbewegung eingefärbt werden:

```
procedure TForm1.Image1MouseMove(Sender: TObject; Shift:
TShiftState;
                                                    X, Y: Integer);
var xpos,ypos:Integer;
begin
xpos:=X; ypos:=Y;
    Image1.Canvas.Pen.Color:=RGB(0,255,0);          // Randfarbe grün
    Image1.Canvas.Brush.Color:=RGB(255,0,0);         // Füllfarbe rot
    Image1.canvas.Rectangle(xpos,ypos,xpos+10,ypos+10)      // Quadrat
end;
```

So weit, so gut. Aber man kann nicht absetzen – mit dieser Ereignisprozedur kann beispielsweise der i-Punkt bei Vieweg nicht entstehen.

Folglich erweitern wir die Aufgabenstellung: Nur bei gedrückter Maustaste soll gemalt werden.

Was ist dann zu tun? Dann benötigen wir auf der Benutzeroberfläche zuerst zusätzlich eine *Checkbox*, anfangs inaktiv, später unsichtbar. Sie soll den Haken bekommen, wenn die Maustaste nach unten gedrückt ist, und den Haken verlieren, wenn die Maustaste losgelassen wurde:

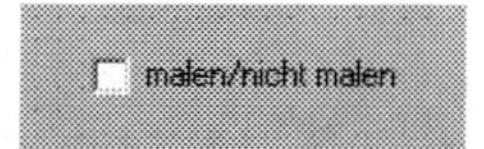

Weiter benötigen wir die Rahmen für die beiden Nicht-Standard-Ereignisprozeduren `OnMouseDown` und `OnMouseUp` für das Maustasten-Drücken und -Loslassen des Bilderrahmen-Objekts `Image1`. Damit schaffen wir uns wieder die Möglichkeit, dass beim Runterdrücken der Maustaste die Checkbox den Haken bekommt und beim Loslassen den Haken verliert:

```
procedure TForm1.Image1MouseDown(Sender: TObject; Button:
TMouseButton;
                                  Shift: TShiftState; X, Y: Integer);
begin
Checkbox1.Checked:=true
end;
procedure TForm1.Image1MouseUp(Sender: TObject; Button:
TMouseButton;
                                  Shift: TShiftState; X, Y: Integer);
begin
Checkbox1.Checked:=False
end;
```

Nun brauchen wir nur noch die Ereignisprozedur zum Ereignis *Mausbewegung über dem Bilderrahmen* so zu verändern, dass bei nicht vorhandenem Haken in der *Checkbox* (d. h. bei *nicht gedrückter Maustaste*) während der Mausbewegung nichts passiert, aber bei vorhandenem Haken (d. h. bei *gedrückter Maustaste*) die Einfärbung des kleinen Quadrats stattfindet:

```
procedure TForm1.Image1MouseMove(Sender: TObject; Shift:
TShiftState;
                                                      X, Y: Integer);
var xpos,ypos:Integer;
begin
xpos:=X; ypos:=Y;
if Checkbox1.Checked=true then
    begin
    Image1.Canvas.Pen.Color:=RGB(0,255,0);              // Randfarbe
    Image1.Canvas.Brush.Color:=RGB(255,0,0);            // Füllfarbe
    Image1.canvas.Rectangle(xpos,ypos,xpos+10,ypos+10);   // Quadrat
    end
end;
```

Nun können wir malen oder malen lassen – ist die Maustaste gedrückt, entsteht eine Spur der Mausbewegung, ist sie nicht gedrückt, passiert nichts. Nun kann man beim Malen absetzen, auch der i-Punkt ist kein Problem mehr:

Welche Wünsche gibt es noch? Wer kann sich denn sicher sein, dass auf Anhieb fehlerfrei gemalt wird? Wir sollten in unser Projekt noch die Möglichkeit des *Löschens* hineinnehmen.

Doch was bedeutet Löschen? Das heißt doch wieder, dass mit der Hintergrundfarbe übermalt werden muss.

Manchmal möchte man beim Löschen sehr fein arbeiten, manchmal soll großflächig gelöscht, d. h. mit der Hintergrundfarbe übermalt, werden.

Dafür platzieren wir auf dem Formular eine *Gruppe mit vier Radiobuttons:*

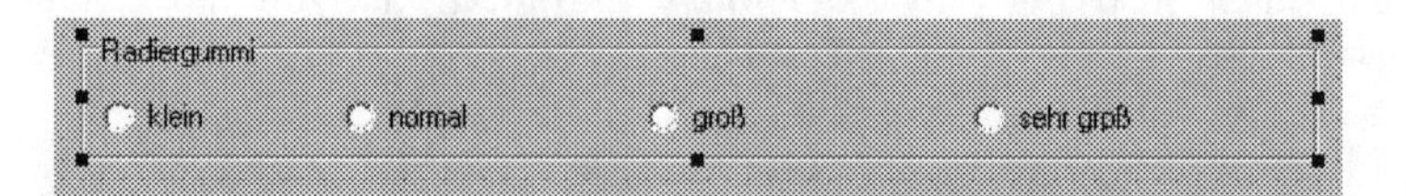

Und wir legen fest, dass bei gedrückter Taste *1* der erste Radiobutton mit der Beschriftung *klein* die Markierung bekommen soll, wenn ein Finger der linken Hand auf der Taste *2* liegt, der zweite Radiobutton, und so weiter.

Als Nächstes beschaffen wir uns die Rahmen für die Ereignisprozeduren zu den Formular-Ereignissen *Taste runtergedrückt* `OnKeyDown` und *Taste losgelassen* `OnKeyUp`.

Der jeweilige *Inhalt* besteht dann in der differenzierten Festlegung, welcher Radiobutton die Markierung bekommen soll, oder ob die Markierung in der Gruppe wieder gänzlich verschwinden soll:

```
procedure TForm1.FormKeyDown(Sender: TObject; var Key: Word;
                                       Shift: TShiftState);
begin
    if Key=Ord('1') then Radiobutton1.Checked:=True;
    if Key=Ord('2') then Radiobutton2.Checked:=True;
    if Key=Ord('3') then Radiobutton3.Checked:=True;
    if Key=Ord('4') then Radiobutton4.Checked:=True
end;
procedure TForm1.FormKeyUp(Sender: TObject; var Key: Word;
                                       Shift: TShiftState);
begin
    Radiobutton1.Checked:=False;
    Radiobutton2.Checked:=False;
    Radiobutton3.Checked:=False;
    Radiobutton4.Checked:=False;
end;
```

Damit kann schließlich in der Ereignisprozedur zum Ereignis *Mausbewegung über dem Bilderrahmen-Objekt* `OnMouseMove` zwischen den sechs Situationen unterschieden werden:

- Maustaste nicht gedrückt: keine Einfärbung, nur Mausbewegung ohne Folgen,
- weder 1 bis 4 gedrückt, aber Maustaste: Einfärben des kleinen Quadrats,
- 1 gedrückt und Maustaste: Übermalen mit Quadrat (5) und Hintergrundfarbe,
- 2 gedrückt und Maustaste: Übermalen mit Quadrat (15) und Hintergrundfarbe,
- 3 gedrückt und Maustaste: Übermalen mit Quadrat (25) und Hintergrundfarbe,
- 4 gedrückt und Maustaste: Übermalen mit Quadrat (50) und Hintergrundfarbe.

Die Umsetzung ist ohne Schwierigkeiten in der Ereignisprozedur ablesbar:

```
procedure TForm1.Image1MouseMove(Sender: TObject; Shift:
TShiftState;
                                 X, Y: Integer);
var xpos,ypos:Integer;
begin
xpos:=X; ypos:=Y;
if (Checkbox1.checked=true) and          // nur Maustaste, keine Ziffer
    (Radiobutton1.checked=false) and
    (Radiobutton2.checked=false) and
    (Radiobutton3.checked=false) and
    (Radiobutton4.checked=false) then
    begin
    Image1.Canvas.Pen.Color:=RGB(0,255,0);          // Randfarbe grün
    Image1.Canvas.Brush.Color:=RGB(255,0,0);         // Füllfarbe rot
    Image1.canvas.Rectangle(xpos,ypos,xpos+10,ypos+10)
    end;
if (Checkbox1.checked=true) and (Radiobutton1.checked=true) then
    begin
    Image1.Canvas.Pen.Color:=RGB(255,255,0);        // Randfarbe gelb
    Image1.Canvas.Brush.Color:=RGB(255,255,0);      // Füllfarbe gelb
    Image1.canvas.Rectangle(xpos,ypos,xpos+5,ypos+5)
    end;
```

```
if (Checkbox1.checked=true) and (Radiobutton2.checked=true) then
    begin
    Image1.Canvas.Pen.Color:=RGB(255,255,0);        // Randfarbe gelb
    Image1.Canvas.Brush.Color:=RGB(255,255,0);      // Füllfarbe gelb
    Image1.canvas.Rectangle(xpos,ypos,xpos+15,ypos+15)
    end;
if (Checkbox1.checked=true) and (Radiobutton3.checked=true) then
    begin
    Image1.Canvas.Pen.Color:=RGB(255,255,0);        // Randfarbe gelb
    Image1.Canvas.Brush.Color:=RGB(255,255,0);      // Füllfarbe gelb
    Image1.canvas.Rectangle(xpos,ypos,xpos+25,ypos+25)
    end;
if (Checkbox1.checked=true) and (Radiobutton4.checked=true) then
    begin
    Image1.Canvas.Pen.Color:=RGB(255,255,0);        // Randfarbe gelb
    Image1.Canvas.Brush.Color:=RGB(255,255,0);      // Füllfarbe gelb
    Image1.canvas.Rectangle(xpos,ypos,xpos+50,ypos+50)
    end;
end;
```

Die folgende Abbildung zeigt, dass auch „negativ" gemalt werden kann: Aus einer gefüllten Fläche werden die Buchstaben herausgelöscht.

Zählschleifen 9

Inhaltsverzeichnis

9.1 Abzählen in Listen 185
9.2 Minimax-Aufgaben........ 190
9.3 Summen über Listen........ 193

Mit den verschiedenen *Speicherplätzen zur Aufnahme ganzer Zahlen*, die wir im Kap. 7 kennen gelernt hatten, bieten sich uns völlig neue Möglichkeiten, anspruchsvollere Aufgaben lösen zu können. Von diesen wollen wir die ersten drei Aufgaben kennen lernen, die immer dann auftreten, wenn *Datenbestände in Listen verwaltet* werden.

Zuerst treten dort die vielfältigen *Abzählaufgaben* auf. Dann kommen die *Minimax-Aufgaben*. Falls die Listen speziell nur Einträge enthalten, die sich als Zahlen lesen lassen, können noch die *Summationsaufgaben* dazu kommen.

9.1 Abzählen in Listen

Wichtiger Hinweis: Wer das folgende Delphi-Projekt nicht selbst entwickeln möchte, kann auf der Seite www.w-g-m.de/delphi.htm unter *Dateien für Kapitel 9* die Datei `DKap09.zip` herunter laden, die die Projektdatei `proj_91.dpr` enthält.

Wir gehen aus von einem umfangreichen Datenbestand, der sich in *fünf Listen* befindet (Abb. 9.1). Damit wir unsere Ergebnisse auch kontrollieren können, nehmen wir dafür als Beispiel die sechzehn Bundesländer mit ihren Namen, ihrer Hauptstadt, dem Auto-

W.-G. Matthäus, *Grundkurs Programmieren mit Delphi*, DOI 10.1007/978-3-658-14274-2_9

kennzeichen der Hauptstadt, der Fläche in Quadratkilometern sowie der Einwohnerzahl. Als *Schriftart* innerhalb der Listen wollen wir diesmal eine *Schreibmaschinenschrift* wählen, zum Beispiel *Courier New*.

Zuerst fällt auf, dass in allen Listen linksbündig eingetragen ist, d. h., alle Zeilen beginnen am linken Listenrand. Für echte Texte (Länder- und Hauptstadtnamen) ist das auch in Ordnung. Für die Flächen- und Einwohnerzahl ist das unüblich, aber leicht zu erklären:

Auch wenn die Einträge dort *aussehen wie Zahlen*, es sind keine Zahlen!

Delphi betrachtet jeden Eintrag in einer Liste als *Text* – folglich wird jeder Eintrag auch *linksbündig* angeordnet. Es wird nicht lange dauern, und wir werden dafür sorgen können, dass die Einträge in den rechten beiden Listen vernünftig aussehen. Vorerst müssen wir mit der Linksbündigkeit leben.

Unsere Aufgabe ist auf dem *Button* zu lesen: Zu schreiben ist eine Ereignisprozedur zum Ereignis *Klick auf den Button*, in der abgezählt wird, wie viele Einträge im Datenbestand es gibt, bei denen in der letzten Liste mehr als 5 Millionen stehen.

Fangen wir an, entwerfen wir unsere Ereignisprozedur:

```
procedure TForm1.Button1Click(Sender: TObject);
var anzahl              :Byte;                        // Vereinbarungen
    wert, vergleich     :Integer;
begin                                                 // Ausführungsteil
anzahl:=0;                                       // Zählwerk auf Null setzen
vergleich:=5000000;                              // Vergleichswert zuweisen
wert:=StrToInt(ListBox5.Items[0]);                  // Untersuchung 1.Zeile
if wert>vergleich then anzahl:=anzahl+1;
wert:=StrToInt(ListBox5.Items[1]);                  // Untersuchung 2.Zeile
if wert> vergleich then anzahl:=anzahl+1;
wert:=StrToInt(ListBox5.Items[2]);                  // Untersuchung 3.Zeile
if wert> vergleich then anzahl:=anzahl+1;
...                                                        // und so weiter
wert:=StrToInt(ListBox5.Items[15]);               // Untersuchung 16. Zeile
if wert> vergleich then anzahl:=anzahl+1;
ShowMessage('Es sind '+IntToStr(anzahl)+' Länder')
end;
```

Als erstes wird der *Zählwerksspeicherplatz* `anzahl` vereinbart; mit einem größten Wert von höchstens 16 reicht der Typ `Byte` völlig aus. Dann brauchen wir aber noch einen Speicherplatz, in dem wir den Zahlenwert aus der jeweiligen Zeile ablegen müssen. Dort treten Millionen auf – folglich Typ `Integer`.

Das Zählwerk wird zuerst *auf Null gesetzt*. Dann beginnt die Untersuchung. Der (Text)-Inhalt der ersten Zeile wird mit Hilfe der Funktion `StrToInt` zu einem Zahlenwert gemacht

Abb. 9.1 Datenbestand und Aufgabenstellung

Bundesland	Hauptstadt	KFZ	Fläche	Einwohner
Saarland	Saarbrücken	SB	2568	1066000
Schleswig-Holstein	Kiel	KI	15761	2804000
Baden-Württemberg	Stuttgart	S	35752	10601000
Berlin	Berlin	B	892	3388000
Hessen	Wiesbaden	WI	21114	6078000
Bremen	Bremen	HB	404	660000
Niedersachsen	Hannover	H	47616	7956000
Bayern	München	M	70550	12330000
Hamburg	Hamburg	HH	755	1726000
Thüringen	Erfurt	EF	16172	2411000
Nordrhein-Westfalen	Düsseldorf	D	34082	18052000
Mecklenburg-Vorpommern	Schwerin	SN	23173	1760000
Sachsen	Dresden	DD	18413	4384000
Brandenburg	Potsdam	P	29476	2593000
Sachsen-Anhalt	Magdeburg	MD	20447	2581000
Rheinland-Pfalz	Mainz	MZ	19847	4049000

Wieviele Länder haben mehr als 5 Mio. Einwohner?

und in den Speicherplatz `wert` gebracht. Kommt dort eine Zahl größer als 5 Millionen an, wird mittels des Befehls `anzahl:=anzahl+1` das *Zählwerk geschaltet*. So geht es weiter.

> Für den denkenden Menschen ist alles klar, und er kann die drei Punkte problemlos interpretieren: und so weiter … bis. Der Computer kann das nicht. Er kann nicht denken Schade.

So, wie er bis jetzt dasteht, ist der Inhalt der Ereignisprozedur nicht verarbeitbar. Müssen wir alle sechzehn Tests einzeln hinschreiben? Das kann nicht sein, denn bei tausend Zeilen hätten wir dann tausend Tests zu programmieren.

> Die Lösung heißt Zählschleife.

Lernen wir die *sechs Schritte auf dem Weg zur Zählschleife* kennen.

- Schritt 1: Der Befehl oder die Befehlsfolge, die *sich wiederholt*, ist in `begin` und `end` einzuschließen:

```
begin
wert:=StrToInt(ListBox5.Items[0]);
if wert>vergleich then anzahl:=anzahl+1
end
```

- Schritt 2: Derjenige Zahlenwert, der sich von Mal zu Mal ändert, ist durch den *Namen eines Speicherplatzes* zu ersetzen, üblich ist hier `i`. `i` heißt dann *Laufvariable*:

```
begin
wert:=StrToInt(ListBox5.Items[i]);
if wert>vergleich then anzahl:=anzahl+1
end
```

- Schritt 3: Darüber wird eine `for...to...do`-Zeile geschrieben:

```
for i:=... to ... do
begin
wert:=StrToInt(ListBox5.Items[i]);
if wert>vergleich then anzahl:=anzahl+1
end
```

- Schritt 4: Der *Startwert* für die *Laufvariable* `i` wird eingetragen:

```
for i:=0 to ... do
begin
wert:=StrToInt(ListBox5.Items[i]);
if wert>vergleich then anzahl:=anzahl+1
end
```

- Schritt 5: Der *Endwert* für die *Laufvariable* `i` wird eingetragen:

```
for i:=0 to 15 do
begin
wert:=StrToInt(ListBox5.Items[i]);
if wert>vergleich then anzahl:=anzahl+1
end
```

- Schritt 6: Die Laufvariable wird *passend vereinbart*. Bei uns reicht `Byte`.

Jetzt ist die Ereignisprozedur fertig, bei Klick auf den Button erfahren wir, dass gerade fünf deutsche Bundesländer mehr als 5 Millionen Einwohner haben.

```
procedure TForm1.Button1Click(Sender: TObject);
var anzahl,i           : Byte;                        // Vereinbarungen
    wert, vergleich    : Integer;
begin                                              // Ausführungsteil
anzahl:=0;                                  // Zählwerk auf Null setzen
vergleich:=5000000;                          // Vergleichswert zuweisen
for i:=0 to 15 do                                      // Zählschleife
           begin
           wert:=StrToInt(ListBox5.Items[i]);
           if wert>vergleich then anzahl:=anzahl+1
           end;        // Semikolon nötig, da noch ein Befehl kommt
ShowMessage('Es sind '+IntToStr(anzahl)+' Länder')
end;
```

Zur Übung sollte die Frage *Wie viele Länder haben weniger als 1000 Quadratkilometer?* mit entsprechender Ereignisprozedur beantwortet werden.

Später kann ein *Textfenster* ergänzt werden, in das der Nutzer seinen Wert einträgt (falsche Tasten dabei wegfangen); dann kann der Inhalt des Speicherplatzes `vergleich` mit Hilfe der `StrToInt`-Funktion aus dem Textfenster geholt werden.

Nutzen wir doch gleich einmal die neu gelernte Zählschleife, um mittels der Ereignisprozedur zum Ereignis *Erzeugung des Formulars* dafür zu sorgen, dass die Texteinträge in den Listen vier und fünf, die wir als Zahlen sehen möchten, *rechtsbündig* angeordnet werden.

Wie gehen wir vor? Wir prüfen jeweils, in welchem Bereich sich der Zahlenwert des Eintrags befindet. Entsprechend werden *links* an die Zeile ein oder zwei *Leerzeichen* angekettet:

```
procedure TForm1.FormCreate(Sender: TObject);
var i        : Byte;                                    // Vereinbarungen
    wert     : Integer;
begin                                                   // Ausführungsteil
for i:=0 to 15 do
        begin
        wert:=StrToInt(ListBox4.Items[i]);                    // 4. Liste
        if wert<1000 then ListBox4.Items[i]:=' '+ListBox4.Items[i];
        if (wert>=1000) and (wert<10000) then
          ListBox4.Items[i]:=' '+ListBox4.Items[i];
        wert:=StrToInt(ListBox5.Items[i]);                    // 5. Liste
        if wert<1000000 then ListBox5.Items[i]:=' '+ListBox5.
        Items[i];
        if (wert>=1000000) and (wert<10000000) then
          ListBox5.Items[i]:=' '+ListBox5.Items[i]
        end;
end;
```

Der Hilfs-Speicherplatz `wert` wird zuerst benutzt, um den Zahlenwert der behandelten Zeile der Flächen-Liste aufzunehmen. Mit seinem Inhalt wird die vierte Liste korrigiert. Anschließend kann er durchaus noch einmal für die fünfte Liste benutzt werden, um auch dort die Zahlenwerte zwischenzuspeichern.

Abb. 9.2 zeigt, dass tatsächlich in den letzten beiden Spalten die Einträge am rechten Bildrand „anliegen". Tatsächlich beginnen sie immer noch links, aber dort eben mit keinem, einem oder zwei Leerzeichen, je nach Zahlenwert.

Bei Schriftarten, die nicht vom *Schreibmaschinentyp* sind, wie z. B. Arial, hätten wir den Effekt nicht sehen können. Bei diesen so genannten *Proportional-Schriften* nimmt jeder Buchstabe nur soviel Platz ein, wie er tatsächlich benötigt.

Bundesland	Hauptstadt	KFZ	Fläche	Einwohner
Saarland	Saarbrücken	SB	2568	1066000
Schleswig-Holstein	Kiel	KI	15761	2804000
Baden-Württemberg	Stuttgart	S	35752	10601000
Berlin	Berlin	B	892	3388000
Hessen	Wiesbaden	WI	21114	6078000
Bremen	Bremen	HB	404	660000
Niedersachsen	Hannover	H	47616	7956000
Bayern	München	M	70550	12330000
Hamburg	Hamburg	HH	755	1726000
Thüringen	Erfurt	EF	16172	2411000
Nordrhein-Westfalen	Düsseldorf	D	34082	18052000
Mecklenburg-Vorpommern	Schwerin	SN	23173	1760000
Sachsen	Dresden	DD	18413	4384000
Brandenburg	Potsdam	P	29476	2593000
Sachsen-Anhalt	Magdeburg	MD	20447	2581000
Rheinland-Pfalz	Mainz	MZ	19847	4049000

Wieviele Länder haben mehr als 5 Mio. Einwohner?

Abb. 9.2 Zahlen scheinbar rechtsbündig

9.2 Minimax-Aufgaben

9.2.1 Größten und kleinsten Wert bestimmen

Wichtiger Hinweis: Wer das folgende Delphi-Projekt nicht selbst entwickeln möchte, kann auf der Seite www.w-g-m.de/delphi.htm unter *Dateien für Kapitel 9* die Datei `DKap09.zip` herunter laden, die die Projektdatei `proj_92.dpr` enthält.

Betrachten wir folgende Aufgabe: Bei *Klick auf den Button* soll mitgeteilt werden, wie hoch die *maximale Einwohnerzahl* ist, und die Ereignisprozedur muss uns dazu die Zahl 18.052.000 liefern (siehe Abb. 9.3): Wir suchen folglich den größten (Zahlen-)Wert aus der letzten Liste `Listbox5`. Wie gehen wir dabei vor?

Sehen wir uns die Ereignisprozedur zum *Klick auf den Button* an: Zuerst wird ein Speicherplatz, nennen wir ihn zutreffend `max`, mit dem Wert der ersten Zeile belegt:

```
wert:=StrToInt(ListBox5.Items[0]); max:=wert
```

Damit haben wir schon mal einen *Kandidaten*. Wenn sich kein „Besserer“ findet haben wir auch bereits das Ergebnis. Gehen wir auf die Suche nach einem „Besseren“. Vielleicht findet er sich schon in der zweiten Zeile?

```
wert:=StrToInt(ListBox5.Items[1]);if wert>max then max:=wert
```

Oder in der dritten Zeile?

```
wert:=StrToInt(ListBox5.Items[2]);if wert>max then max:=wert
```

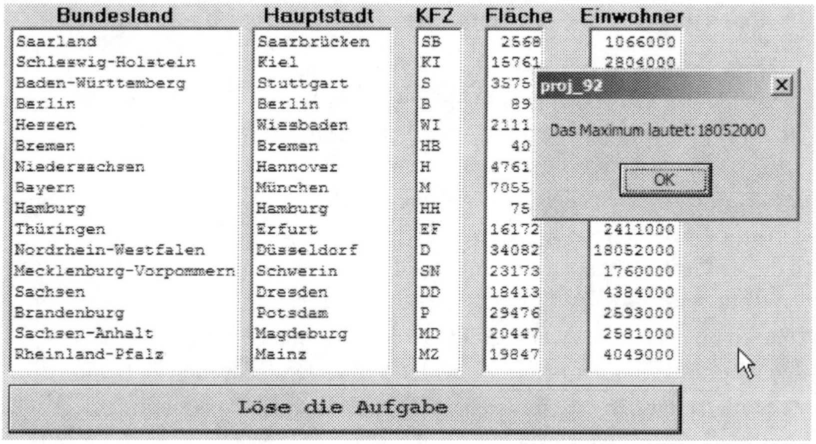

Bundesland	Hauptstadt	KFZ	Fläche	Einwohner
Saarland	Saarbrücken	SB	2568	1066000
Schleswig-Holstein	Kiel	KI	15761	2804000
Baden-Württemberg	Stuttgart	S	3575	
Berlin	Berlin	B	89	
Hessen	Wiesbaden	WI	2111	
Bremen	Bremen	HB	40	
Niedersachsen	Hannover	H	4761	
Bayern	München	M	7055	
Hamburg	Hamburg	HH	75	
Thüringen	Erfurt	EF	16172	2411000
Nordrhein-Westfalen	Düsseldorf	D	34082	18052000
Mecklenburg-Vorpommern	Schwerin	SN	23173	1760000
Sachsen	Dresden	DD	18413	4384000
Brandenburg	Potsdam	P	29476	2593000
Sachsen-Anhalt	Magdeburg	MD	20447	2581000
Rheinland-Pfalz	Mainz	MZ	19847	4049000

proj_92

Das Maximum lautet: 18052000

OK

Löse die Aufgabe

Abb. 9.3 Maximum-Suche

Oder in der letzten Zeile?

```
wert:=StrToInt(ListBox5.Items[15]);if wert>max then max:=wert
```

Ziehen wir Bilanz erkennen wir, dass die soeben aufgeschriebenen Zeilen sich in einer *Zählschleife* zusammenfassen lassen.

Zusammengefasst ergibt sich folgende *Ereignisprozedur*:

```
procedure TForm1.Button1Click(Sender: TObject);
    var i         : Byte;                               // Vereinbarungen
      max, wert   : Integer;
    begin                                               // Ausführungsteil
    wert:=StrToInt(ListBox5.Items[0]);
    max:=wert;                                                 // Kandidat
    for i:=1 to 15 do                                     // Zählschleife
      begin
      wert:=StrToInt(ListBox5.Items[i]); if wert>max then max:=wert;
      end;                                      // Ende der Zählschleife
    ShowMessage('Das Maximum lautet:'+ IntToStr(max));
    end;
```

Eine ganz kleine Änderung braucht man nur, um den *kleinsten Wert* zu finden:

```
if wert<max then max:=wert;
```

Allerdings wäre es bei Minimum-Aufgaben zweckmäßig, den Kandidaten-Speicherplatz `min` zu nennen. Sonst verwirrt man sich selbst.

9.2.2 Position des größten und kleinsten Wertes bestimmen

Beim *Klick auf den Button* soll nun mitgeteilt werden, *welches Land* die geringste Einwohnerzahl hat. Um diese Frage zu beantworten, müssen wir drei Aufgaben lösen.

- Wir müssen *zusätzlich zum Minimum* auch noch
- die *Position des Minimums* finden.
- Mit dieser Position können wir dann aus Liste 1 den *Ländernamen* holen.

Demnach brauchen wir zwei Kandidaten-Speicherplätze, einen für das *Minimum* selbst und einen für die *Minimum-Position*. Beide werden vereinbart und zu Beginn des Ausführungsteils zuerst auf den ersten Listeneintrag und die erste Position festgelegt:

```
wert:=StrToInt(ListBox5.Items[0]);
min:=wert;
minpos:=0
```

Nun wird `wert` mit der zweiten Zeile verglichen, gegebenenfalls aktualisiert:

```
wert:=StrToInt(ListBox5.Items[1]);
if wert<min then
    begin
      min:=wert;
      minpos:=1
    end
```

Die weitere Überlegung ergibt: Hier ändert sich *an zwei Stellen* der Zahlenwert. Das heißt, das `i` muss zweimal eingetragen werden.

Nun können uns die Erweiterung der Ereignisprozedur, so dass auch das *bevölkerungsärmste Land* ausgegeben wird, im Ganzen ansehen:

```
min:=wert;                                                // Kandidat
minpos:=0;                                     // Kandidatenposition
for i:=1 to 15 do                                      // Zählschleife
    begin
    wert:=StrToInt(ListBox5.Items[i]);
    if wert<min then
      begin
      min:=wert;
      minpos:=i
      end
    end;                                      // Ende der Zählschleife
ShowMessage('Das Land mit den wenigsten Bewohnern heißt:'
                                        + ListBox1.Items[minpos])
```

Zum Schluss befindet sich im Speicherplatz `min` die kleinste Einwohnerzahl und im Speicherplatz `minpos` die zugehörige Position. Damit kann der Name des Landes aus der ersten Liste ausgegeben werden:

9.3 Summen über Listen

> Die Einträge der letzten beiden Listen, obwohl sie zweifelsfrei *Texte* sind, *sehen aus wie Zahlen* und lassen sich demzufolge *in Zahlen umwandeln*.

Demnach ist auch eine ergänzende weitere Aufgabenstellung sinnvoll. Denn beim *Klick auf den Button* soll zusätzlich die *Gesamtfläche Deutschlands* ermittelt und ausgegeben werden:

> Es ist die Summe aller Einträge in der vierten Liste zu ermitteln und auszugeben.

Sehen wir uns diesmal gleich die Befehle an, die im Ausführungsteil der Ereignisprozedur zum Klick auf den Button zu ergänzen sind:

```
sum:=0;                                // Summenspeicher auf Null setzen
for i:=0 to 15 do                                        // Zählschleife
    begin
      zuwachs:=StrToInt(ListBox4.Items[i]);
      sum:=sum+zuwachs
    end;                      // Semikolon nötig, da noch ein Befehl kommt
ShowMessage('Die Gesamtfläche Deutschlands beträgt '+ IntToStr(sum)
                                            + ' Quadratkilometer')
```

Wie immer, wenn eine Summe zu ermitteln ist, verwenden wir einen Summen-Speicherplatz, den wir natürlich `sum` nennen. Er wird anfangs *initialisiert*, d. h. auf Null gesetzt.

Anschließend wird nacheinander aus jeder Zeile der vierten Liste die Beschriftung (also der Text) herausgeholt und mittels der Konvertierungs-Funktion `StrToInt` zur ganzen Zahl konvertiert, diese wird dann in den Hilfs-Speicherplatz `zuwachs` gebracht.

Dieser Zuwachs erhöht dann den Inhalt des Summenspeichers. Abb. 9.4 liefert uns das Ergebnis.

Mit einer einzigen Änderung in der Ereignisprozedur kann die Einwohnerzahl Deutschlands aus allen Einträgen in der letzten Liste ermittelt werden.

Lösung: Deutschland hat insgesamt 82.439.000 Einwohner (Stand vom Jahr 2002).

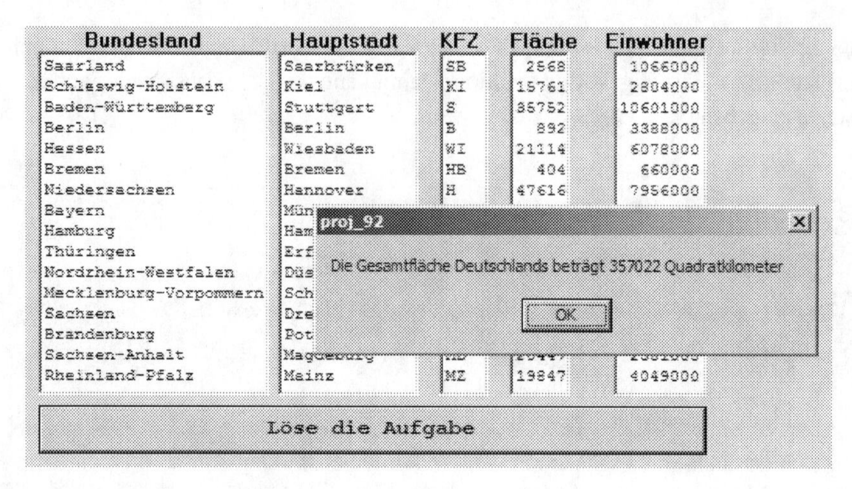

Abb. 9.4 Gesamtfläche Deutschlands

Eine Frage ist noch unbeantwortet:

Wie finden wir bei einer langen, sehr langen Liste den *letzten Wert für die Laufvariable*? Muss man mühevoll abzählen?

Natürlich nicht. Mit der property `Count` können wir uns die *Länge der Liste* sagen lassen. Die letzte Position, für die wir einen Speicherplatz mit dem Namen `lepos` verwenden sollten, ergibt sich dann aus *Listenlänge minus eins*:

```
lepos:=ListBox4.Count-1;                 // letzte Position in der Liste
```

Nichtnumerische Speicherplätze

10

Inhaltsverzeichnis

10.1 Speicherplätze für Wahrheitswerte (Typ `Boolean`) 195
10.2 Speicherplätze für einzelne Zeichen (Typ `Char`) 202
10.3 Speicherplätze für Zeichenfolgen (Typ `String`) 206

10.1 Speicherplätze für Wahrheitswerte (Typ `Boolean`)

Wenn im Vereinbarungsteil in einer Ereignisprozedur

```
var p: Boolean;
```

steht, wird mit `p` ein Speicherplatz zur Aufnahme eines der beiden *Wahrheitswerte* `True` oder `False` angefordert.

10.1.1 Suchen und Finden in Listen

Kehren wir noch einmal zu unserem Datenbestand aus dem vorigen Abschnitt (Abb. 10.1) zurück, der auf einer Benutzeroberfläche mit Hilfe von fünf Listen verwaltet wird.

Gesucht ist die Befehlsfolge, mit der die Ereignisprozedur zum *Klick auf den Button* so zu erweitern ist, so dass zusätzlich auch die Frage *Gibt es eine Landes-Hauptstadt mit dem Autokennzeichen KS?* beantwortet wird.

W.-G. Matthäus, *Grundkurs Programmieren mit Delphi*, DOI 10.1007/978-3-658-14274-2_10

Eine Möglichkeit kennen wir schon: Wir programmieren das *Abzählen*, wie oft die Zeichenfolge *KS* in der dritten Liste auftritt, so wie wir es in Abschn. 9.1 kennen gelernt haben.

Kommt *Null* heraus, ist die Antwort *negativ*, kommt eine *Zahl größer als Null* heraus gibt es *mindestens einmal dieses Kennzeichen.*

Doch damit schießen wir mit Kanonen auf Spatzen: Warum aufwändig das Abzählen programmieren, wenn es nicht nötig ist, wenn es die gestellte Aufgabe überhaupt nicht erfordert?

- Derartige Aufgaben mit Ja-Nein-Antworten löst man zweckmäßig unter Verwendung eines `Boolean`-Speicherplatzes.

Es ist üblich, derartige Speicherplätze in ihrer Namensgebung sehr deutlich der Bedeutung des Inhalts anzupassen. Deshalb verwenden wir beispielsweise den *sprechenden Namen* `ist_da` und vereinbaren ihn zuerst im Vereinbarungsteil:

```
var ist_da : Boolean;
```

Danach sind im *Ausführungsteil* die folgenden Befehle zur Lösung der Aufgabe einzutragen:

```
lepos:=ListBox3.Count-1;                              // letzte Position
ist_da:=False;                                     // Anfangs-Festlegung
for i:=0 to lepos do                                     // Zählschleife
    begin
    if ListBox3.Items[i]='KS' then ist_da:=True
    end;
if ist_da=True then                                         // Auswertung
        ShowMessage('Mindestens einmal tritt KS auf')
        else
        ShowMessage('KS fehlt')
```

Anfangs formulieren wir eine *Unschuldsvermutung*: Der Speicherplatz `ist_da` wird mit dem Zuweisungsbefehl `ist_da:=False` negativ vorbelegt. Sollte sich bei der Untersuchung kein Widerspruch einstellen, ist diese Negativ-Vorbelegung gleich dem Endergebnis.

Anschließend wird Zeile für Zeile in der dritten Liste untersucht. Werden wir irgendwo fündig, schalten wir den Inhalt von `ist_da` auf `True`. Werden wir später noch einmal fündig, wird `True` durch `True` überspeichert. Ein- oder mehrmaliges Auftreten wird somit nicht unterschieden, aber das verlangt die Aufgabenstellung auch nicht. Zum Schluss erfolgt die Bilanz; es erfolgt eine Mitteilung entsprechend der Belegung des logischen Speicherplatzes `ist_da`.

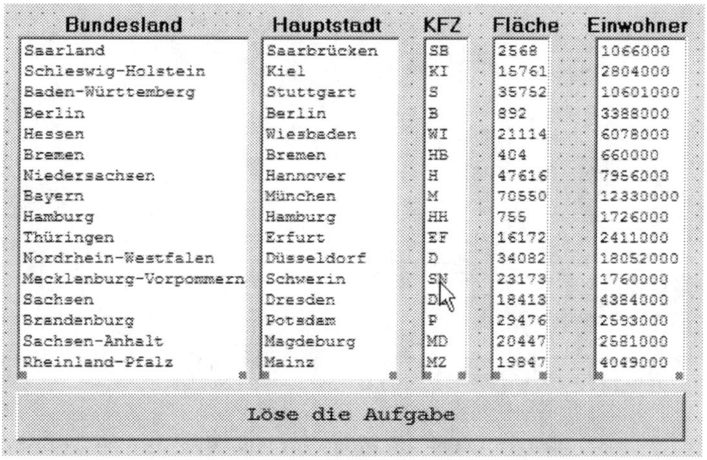

Abb. 10.1 Datenbestand mit KFZ-Kennzeichen der Landeshauptstadt

Bundesland	Hauptstadt	KFZ	Fläche	Einwohner
Saarland	Saarbrücken	SB	2568	1066000
Schleswig-Holstein	Kiel	KI	15761	2804000
Baden-Württemberg	Stuttgart	S	35752	10601000
Berlin	Berlin	B	892	3388000
Hessen	Wiesbaden	WI	21114	6078000
Bremen	Bremen	HB	404	660000
Niedersachsen	Hannover	H	47616	7956000
Bayern	München	M	70550	12330000
Hamburg	Hamburg	HH	755	1726000
Thüringen	Erfurt	EF	16172	2411000
Nordrhein-Westfalen	Düsseldorf	D	34082	18052000
Mecklenburg-Vorpommern	Schwerin	SN	23173	1760000
Sachsen	Dresden	D[illegible]	18413	4384000
Brandenburg	Potsdam	P	29476	2593000
Sachsen-Anhalt	Magdeburg	MD	20447	2581000
Rheinland-Pfalz	Mainz	MZ	19847	4049000

Löse die Aufgabe

Auch hier kann man von einer *Ausnahmeregelung* Gebrauch machen, muss es aber nicht:

- Anstelle des Tests `if ist_da=True then...` darf kurz `if ist_da then...` geschrieben werden.

Der Inhalt eines `Boolean`-Speicherplatzes wird automatisch auf `True` getestet, deshalb braucht man es als Bedingung nicht gesondert hinzuschreiben.

10.1.2 Verhalten einer Schaltung

Wichtiger Hinweis: Wer das folgende Delphi-Projekt nicht selbst entwickeln möchte, kann auf der Seite www.w-g-m.de/delphi.htm unter *Dateien für Kapitel 10* die Datei `DKap10.zip` herunter laden, die die Projektdatei `proj_1012.dpr` enthält.

In Abb. 10.2 sehen wir eine einfache *Schaltung* mit sieben Schaltern, von denen jeder nur die beiden Stellungen *ein* oder *aus* kennt.

Anstelle einer Lampe wird ein *Label* an das Ende der Schaltung gesetzt, das auf grünem Hintergrund die Beschriftung *Ein* tragen soll, wenn durch die Schaltung *Strom fließen kann*, andernfalls die Beschriftung *Aus* auf rotem Hintergrund zeigt. Zu Beginn der Laufzeit befinden sich *alle Schalter in der Stellung aus*, es kann kein Strom fließen, die „Lampe" leuchtet nicht. Danach kann der Nutzer seine Schalterstellungen eintragen und nach *Klick auf den Button* prüfen, ob er eine Schalterkombination gefunden hat, bei der Strom durch die Schaltung fließt.

Bevor wir uns mit den Ereignisprozeduren beschäftigen, erst ein Wort zur schnellen und effektiven Herstellung des Bildes der Schaltung.

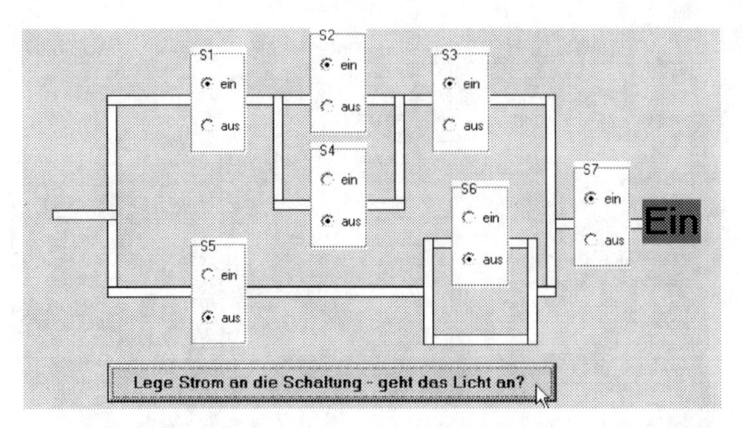

Abb. 10.2 Schaltung mit sieben Schaltern

Wir beginnen mit einer *Radiogruppe*, sie erhält von Delphi wie üblich den Namen `RadioGroup1`, mit Hilfe des *Stringlisten-Editors* sorgen wir für die beiden Beschriftungen *ein* und *aus*:

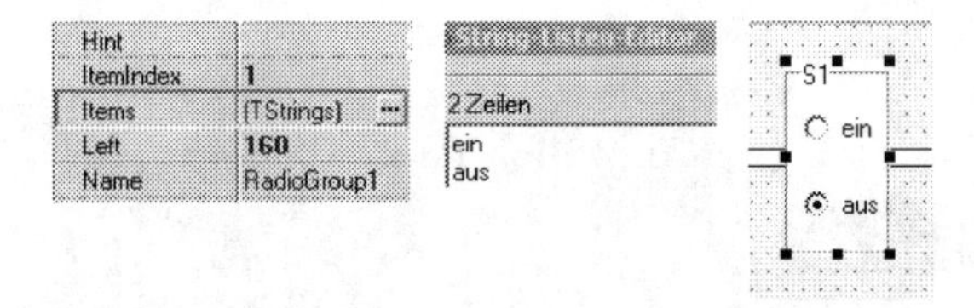

Die *Startbelegung* soll sich stets bei *aus* befinden – da die Zählung der Positionen wie immer *mit Null beginnt*, muss folglich die *property* `ItemIndex` auf 1 voreingestellt werden:

Die Erzeugung einer einzigen Radiogruppe reicht schon aus. Mit BEARBEITEN → KOPIEREN und sechsmaligem BEARBEITEN → EINFÜGEN haben wir sofort die restlichen „Schalter" erzeugt; Delphi benennt diese automatisch mit `RadioGroup2` bis `RadioGroup7`. Wir müssen die Schalter danach lediglich richtig auf dem Formular platzieren und die Beschriftungen (Eigenschaft `Caption`) auf *S2* bis *S7* ändern.

Als Verbindungslinien können wir zweckmäßig *visuelle Objekte* `Shape` benutzen. Wir finden im alten Delphi das Bedienelement `Shape` im Registerblatt ZUSÄTZLICH der Komponentenleiste bzw. im neuen Delphi in der Kategorie ZUSÄTZLICH der Tool-Palette:

Mit Hilfe von `Shape` können wir einen *Kreis*, eine *Ellipse*, ein *Rechteck*, ein *Rechteck mit abgerundeten Ecken*, ein *Quadrat mit abgerundeten Ecken* oder ein *Quadrat* auf dem Formular platzieren – je nachdem, was im Objektinspektor neben der Eigenschaft `Shape` voreingestellt wird:

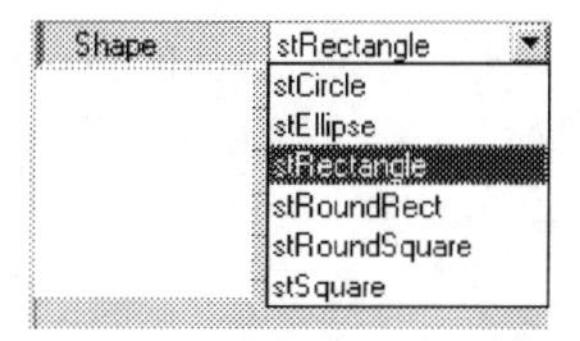

Für unsere „Verbindungslinien" haben wir natürlich Rechtecke ausgewählt.

Auch hier reicht es, ein einziges Rechteck vorzubereiten und zu einer waagerechten „Linie" zu deformieren, dazu ein einziges Rechteck für eine senkrechte „Linie", der Rest erledigt sich elegant mittels BEARBEITEN → KOPIEREN und BEARBEITEN → EINFÜGEN.

Wer ein `Shape`-Objekt auf dem Formular (bei uns sind es diese „Linien") nicht so wie bei uns in der Abbildung weiß lassen will, sondern mit einer anderen Farbe füllen möchte, der erlebt bei der Suche nach der Farb-Voreinstellung im Objektinspektor eine unangenehme Überraschung. Die Eigenschaft `Color` fehlt:

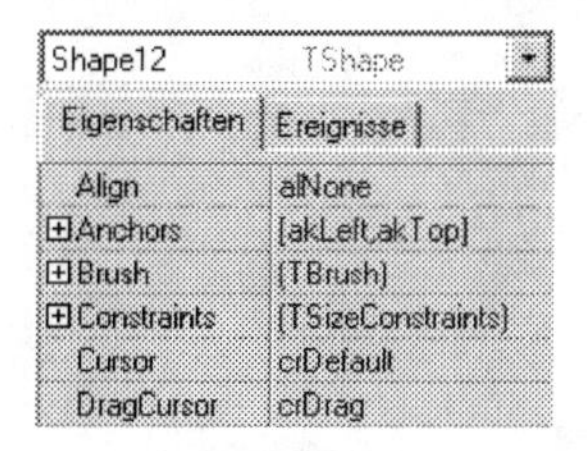

Doch erinnern wir uns an den Abschn. 4.7.3 und die *Liste*, bei der auch im Objektinspektor eine wichtige Eigenschaft fehlte – dort konnten wir damals die *Startmarkierung* nicht festlegen.

Wie war der Ausweg? Wir setzen einfach in das Innere der Ereignisprozedur zum Ereignis `Create` – Formular herstellen – einen entsprechenden Zuweisungsbefehl.

So geht es auch hier. Zur Einstellung der Anfangs-Füllfarbe eines Shape-Objekts wird mit Hilfe der property `Brush.Color` und der `RGB`-Funktion die gewünschte Farbe aus den drei Farbanteilen Rot, Grün und Blau zusammengemischt:

```
procedure TForm1.FormCreate(Sender: TObject);
begin
Shape1.Brush.Color:=RGB(255,0,0)
end;
```

In diesem Beispiel würde das Objekt mit dem Namen `Shape1` bei Beginn der Laufzeit rot gefüllt sein. RGB(0,0,0) liefert schwarz, RGB(255,255,255) füllt rein weiß. Letzteres ist auch die Standard-Einstellung, die wir benutzten.

Nun ist die Zeit gekommen, dass wir uns mit dem Inhalt der Ereignisprozedur zum Ereignis *Klick auf den Button* beschäftigen. Dann soll nämlich entsprechend der Schalterstellung das Licht an- oder ausgeschaltet werden.

Für die *sieben Schalter* verwenden wir zweckmäßig sieben `Boolean`-Speicherplätze mit kurzen Namen, z. B. `p1` bis `p7`:

```
var p1,p2,p3,p4,p5,p6,p7: Boolean;
```

Zu Beginn des Ausführungsteils folgen wir wieder dem Prinzip, anfangs die interessierenden Eigenschaften aus den Datenkernen der visuellen Objekte herauszuholen und in passende Speicherplätze zu bringen. Das erspart uns später sehr viel Schreibarbeit und macht den Inhalt der Ereignisprozedur übersichtlich und lesbar.

Sehen wir uns die Befehle zur Belegung von `p1` bis `p7` an:

```
if RadioGroup1.ItemIndex=0  then p1:=True
                            else p1:=False;
p2:=RadioGroup2.ItemIndex=0;
p3:=RadioGroup3.ItemIndex=0;
p4:=RadioGroup4.ItemIndex=0;
p5:=RadioGroup5.ItemIndex=0;
p6:=RadioGroup6.ItemIndex=0;
p7:=RadioGroup7.ItemIndex=0;
```

Die Belegung des logischen Speicherplatzes `p1` ist mit einer Alternative ziemlich umständlich programmiert worden.

Für die anderen Belegungen wurde die gleichwertige, aber viel elegantere und kurze Form

```
p2:=RadioGroup2.ItemIndex=0
```

gewählt.

Erklären wir sie: Rechts vom Zeichen *ergibt sich aus* := steht wie immer die *Quelle*. Diese *Quelle* ist hier *das Ergebnis des Vergleiches* zwischen der Eigenschaft `ItemIndex` des Objekts `RadioGroup2` und der *Zahl Null*.

Ist der Vergleich erfüllt, bekommt die rechte Seite den logischen Wert `True`. Ist er nicht erfüllt, gibt es eben den logischen Wert `False`. Anschließend wird dieser logische Wert, das *Vergleichsresultat*, in das links stehende Ziel, den logischen Speicherplatz `p2` gebracht.

Wann geht das Licht an? Wenn die Schalter entsprechend stehen. Und das muss durch eine *logische Formel* beschrieben werden:

Der Wahrheitswert des *oberen Zweiges der Schaltung* ergibt sich wegen der *Hintereinanderschaltung* aus
`p1 and (p2 or p4) and p3`

Dabei ist die Parallelschaltung in der Mitte mit `or` berücksichtigt worden.

Für den *unteren Zweig der Schaltung* findet man den resultierenden Wahrheitswert aus
`p5 and (p6 or True)`

Denn der Schalter `p6` ist parallel geschaltet mit Überbrückung, immer `True`. Schließlich müssen beide Zweige parallel geschaltet werden; an diese *Parallelschaltung* schließt sich zum Schluss `p7` an:

```
((p1 and (p2 or p4) and p3) or (p5 and (p6 or True))) and p7
```

Diese logische Formel berechnet aus den sieben Schalterstellungen den Gesamt-Wahrheitswert.

Damit kann die Ereignisprozedur geschrieben werden; bei *Klick auf den Button* wird die Lampe ein- oder ausgeschaltet.

```
procedure TForm1.Button1Click(Sender: TObject);
var p1,p2,p3,p4,p5,p6,p7: Boolean;                // Vereinbarungen
begin                                              // Ausführungsteil
if RadioGroup1.ItemIndex=0 then p1:=True else p1:=False;
p2:=RadioGroup2.ItemIndex=0; p3:=RadioGroup3.ItemIndex=0;
p4:=RadioGroup4.ItemIndex=0; p5:=RadioGroup5.ItemIndex=0;
p6:=RadioGroup6.ItemIndex=0; p7:=RadioGroup7.ItemIndex=0;
if ((p1 and (p2 or p4) and p3) or (p5 and (p6 or True))) and p7 then
                     Label1.Caption:='Ein';Label1.Color:=RGB(0,255,0)
                                                              else
                     Label1.Caption:='Aus';Label1.Color:=RGB(255,0,0)
end;
```

Abb. 10.3 zeigt eine der vielen möglichen Schalterstellungen und das Ergebnis.

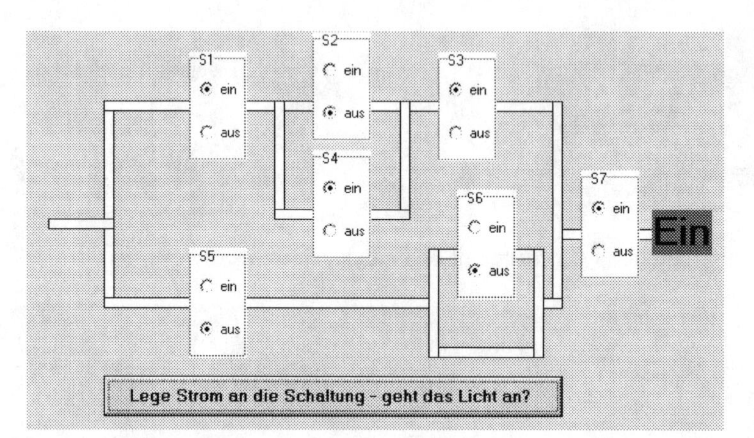

Abb. 10.3 Strom fließt durch den oberen Zweig

10.2 Speicherplätze für einzelne Zeichen (Typ `Char`)

Wenn im Vereinbarungsteil in einer Ereignisprozedur

```
var z: Char;
```

steht, wird mit `z` ein 1-Byte-Speicherplatz zur *Aufnahme eines einzelnen Zeichens* angefordert.

Da mit einem Byte (s. Abschn. 7.3.1) die ganzen Zahlen von 0 bis 255 dargestellt werden können, kann ein `Char`-Speicherplatz 256 verschiedene Zeichen aufnehmen.

Die Zuordnung erfolgt nach der bekannten ASCII-Tabelle:

32		64	@	96	`
33		65	A	97	a
34	"	66	B	98	b
35	#	67	C	99	c
36	$	68	D	100	d
37	%	69	E	101	e
38	&	70	F	102	f
39	'	71	G	103	g
40	(	72	H	104	h
41	)	73	I	105	i
42	*	74	J	106	j
43	+	75	K	107	k

44	,	76	L	108	l
45	-	77	M	109	m
46	.	78	N	110	n
47	/	79	O	111	o
48	0	80	P	112	p
49	1	81	Q	113	q
50	2	82	R	114	r
51	3	83	S	115	s
52	4	84	T	116	t
53	5	85	U	117	u
54	6	86	V	118	v
55	7	87	W	119	w
56	8	88	X	120	x
57	9	89	Y	121	y
58	:	90	Z	122	z
59	;	91	[	123	{
60	<	92	\	124	|
61	=	93	]	125	}
62	>	94	^	126	~
63	?	95	_	127	

Beim *Codewert 32* beginnen die darstellbaren Zeichen mit dem Leerzeichen.

Die Codewerte davor werden abgespeichert, wenn ein Nutzer andere Tasten drückt, beispielsweise entspricht der ASCII-Wert 27 der Taste *Esc*. Der ASCII-Wert 13 entspricht der *Enter*-Taste.

- Die Codewerte 48 bis 57 sind den Zeichen Null bis Neun vorbehalten. Von 65 bis 90 befinden sich die Großbuchstaben, im Bereich von 97 bis 122 finden sich die Kleinbuchstaben des englischen Alphabets.

Die Belegung der ASCII-Werte 0 bis 127 ist auf jedem Computer der Welt einheitlich. Für den Rest von 128 bis 255 kann es Unterschiede geben, hier können entsprechend dem spezifischen Zeichensatz der jeweiligen Landessprache Sonderregelungen getroffen werden. Die türkische Sprache beispielsweise benutzt ein i ohne Punkt – dieses Zeichen ist aber links nicht enthalten. Dafür braucht die deutsche Sprache die Umlaute und das „ß“.

Folglich werden auf Computern in der Türkei die ASCII-Werte von 128 bis 255 anders belegt sein, den Gegebenheiten des Landes entsprechend. So ist es in allen Ländern, die mit den Standard-ASCII-Zeichen nicht auskommen.

Mit Blick auf die ASCII-Tabelle lässt sich auch erklären, wie die Kleiner-größer-Beziehungen zwischen Zeichen zustande kommen: Ein Zeichen wird kleiner als ein anderes angesehen, wenn der zugehörige ASCII-Wert kleiner ist. Aus der ASCII-Tabelle können wir demzufolge ablesen:

„#“ < „(“< „0“< „A“< „Z“< „\“ „a“< „z“< „~“

Nun wird auch die Zeile `if (Key < '0') or (Key > '9') then ...` aus Abschn. 5.1.4 verständlicher, mit deren Hilfe wir feststellten, ob der Nutzer eine Taste gedrückt hat, die sich im Ziffern-Bereich befindet: Der Test ist für alle Tasten mit ASCII-Werten links von 48 und rechts von 57 erfüllt. Die sinnvolle Vergabe der ASCII-Werte lässt uns *denken*, dass der Rechner *das Alphabet kennen würde*.

> Soll ein bestimmtes Zeichen in einen `Char`-Speicherplatz gebracht werden, ist es *in einfache Hochkommas* `' '` zu setzen.

Der Zuweisungsbefehl `z:='0'` belegt `z` mit dem *Zeichen Null*. Die *Zahl Null* dagegen kann nur in einen der `Integer`-Speicherplätze gebracht werden, `z:=0` mit `var z: Char;` wäre grundfalsch.

- Delphi-Pascal stellt die beiden Funktionen `Chr` und `Ord` bereit, mit deren Hilfe zu einem gegebenen ASCII-Wert die zugehörige Belegung und umgekehrt zu einem bestimmten Zeichen der zugehörige ASCII-Wert erhalten werden kann.

```
var z: Char; z_asc: Byte;                    // Byte reicht aus
z:=Chr(z_asc)                            // ASCII-Wert → Zeichen
z_asc:=Ord(z);                           // Zeichen → ASCII-Wert
```

Wichtiger Hinweis: Wer das folgende Delphi-Projekt nicht selbst entwickeln möchte, kann auf der Seite www.w-g-m.de/delphi.htm unter *Dateien für Kapitel 10* die Datei `DKap10.zip` herunter laden, die die Projektdatei `proj_102.dpr` enthält.

Die folgende Abbildung zeigt eine kleine Benutzeroberfläche, mit deren Hilfe wir den Umgang mit `Char`-Speicherplätzen, ASCII-Werten sowie mit `Chr` und `Ord` üben können:

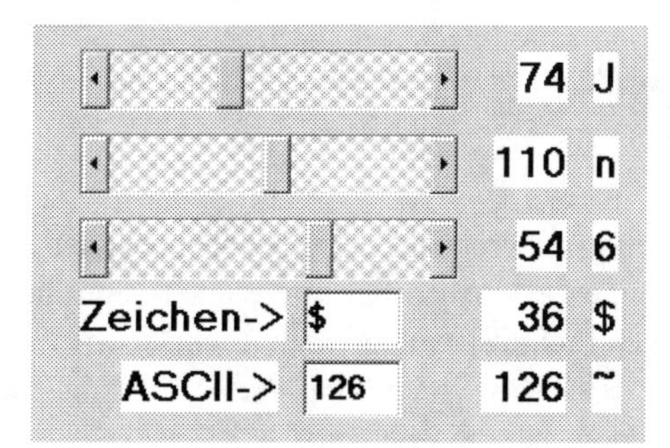

Die oberste *Scrollbar* wird mit dem *Minimum* eingestellt auf 65 und mit dem *Maximum* auf 90 – das ist der ASCII-Bereich der Großbuchstaben. Bei *Veränderung des Reglers* sollen rechts nebeneinander ASCII-Wert und Zeichen in zwei Label ausgegeben werden.

```
procedure TForm1.ScrollBar1Change(Sender: TObject);
var z : Char; z_asc: Byte;                          // Vereinbarungen
begin                                               // Ausführungsteil
z_asc:=ScrollBar1.Position;          // Transport Datenkern->Sp.-platz
z:=Chr(z_asc);
Label1.Caption:=IntToStr(z_asc); Label2.Caption:=z
end;
```

Die Ereignisprozedur wäre auch vollständig ohne Speicherplätze möglich:

```
procedure TForm1.ScrollBar1Change(Sender: TObject);
begin
Label1.Caption:=IntToStr(ScrollBar1.Position);
Label2.Caption:=Chr(ScrollBar1.Position)
end;
```

Wir haben ziemlich lange (von Abschn. 2.2 bis 7.1.3) Benutzeroberflächen hergestellt und Ereignisprozeduren programmiert, und es ging auch ohne Speicherplätze.

Aber – vergleichen wir doch und denken wir in die Zukunft: Die Verwendung von Speicherplätzen ermöglicht uns grundsätzlich die klare Dreiteilung des Inhalts jeder Ereignisprozedur:

- Interessierende Daten *aus den Datenkernen* der Objekte in geeignete Speicherplätze *holen*,
- Rechnen / arbeiten mit den Speicherplätzen (kurze, sprechende Namen),
- (Rück)-*Transport* der Ergebnisse *in die Datenkerne*.

Benutzen wir dagegen ständig die Objekte mit ihren langen Namen und die ebenfalls nicht kurzen Namen der *properties*, geht ganz schnell die Übersicht verloren.

Fehler werden wahrscheinlicher.

Wird der Regler der mittleren Scrollbar bewegt, erscheinen rechts die eingestellten ASCII-Werte und die zugehörigen Kleinbuchstaben; die untere Scrollbar liefert schließlich die Ziffern. Die zugehörigen Ereignisprozeduren gleichen der eben diskutierten.

In der vorletzten Zeile soll *bei Tastendruck eines Nutzers* im Textfenster das gedrückte Zeichen mit ASCII-Wert ausgegeben werden:

```
procedure TForm1.Edit1KeyPress(Sender: TObject; var Key: Char);
var z : Char; z_asc: Byte;
begin
z:=Key; z_asc:=Ord(z);
Label7.Caption:=IntToStr(z_asc);
Label8.Caption:=z
end;
```

Umgekehrt soll *bei Änderung im unteren Textfenster* der Inhalt als ASCII-Wert betrachtet werden, das zugehörige Zeichen sollen angezeigt werden:

```
procedure TForm1.Edit2Change(Sender: TObject);
var z : Char; z_asc: Byte;
begin
z_asc:=StrToInt(Edit2.Text);
z:=Chr(z_asc);
Label10.Caption:=IntToStr(z_asc);
Label10.Caption:=z
end;
```

10.3 Speicherplätze für Zeichenfolgen (Typ `String`)

Wenn die Antwort eines Nutzers nicht gerade aus den Buchstaben „j" oder „n" besteht, reicht ein Char-Speicherplatz zum Speichern einer nichtnumerischen Nutzereingabe keinesfalls aus.

Wir benötigen dafür einen Speicherplatz, der einen *Text*, d. h. eine *Zeichenfolge*, speichern kann. Ein derartiger Speicherplatz mit dem Namen `tx` wird mit einer der beiden folgenden Vereinbarungen bereitgestellt:

```
var tx: ShortString;
var tx: String;
```

Im ersten Falle stellt Delphi 256 Byte für `tx` bereit. Das erste Byte wird freigehalten, um später zu registrieren, wie viele Byte tatsächlich mit Zeichen belegt sind. Es ist das so genannte „Längenbyte". Der Rest kann genutzt werden.

- In einem `ShortString`-Speicherplatz können folglich Zeichenfolgen bis zur Maximallänge von 255 Zeichen abgespeichert werden.

- Wer längere Strings abspeichern möchte, der muss einen *Speicherplatz vom Typ* `String` anfordern. Dann braucht er sich keine Sorgen zu machen, ob der Speicherplatz genügend Kapazität besitzt.

Wir werden im nächsten Kapitel ausschließlich mit `ShortString`-Speicherplätzen arbeiten, da sie für unsere Anwendungen völlig ausreichend sind.

Später, vor allem ab Abschn. 12.4, wird es für alle diejenigen Delphi-Nutzer, die mit neueren Delphi-Versionenarbeiten, notwendig werden, Speicherplätze vom Typ `String` zu verwenden, da in diesen Delphi-Versionen die Konvertierungsprozedur `Val` nicht mit `ShortString` arbeitet. Demgegenüber kann in alten Delphi-Versionen bis Delphi 7 wahlweise mit `ShortString` oder `String` gearbeitet werden.

Zuerst werden wir aber die wichtigsten Funktionen und Prozeduren kennen lernen, die Delphi-Pascal für die String-Arbeit zur Verfügung stellt.

Mit der Vokabel *String-Arbeit* werden wir ab jetzt kurz all das bezeichnen, was in die Rubrik Umgang mit Zeichenfolgen oder -ketten, Arbeit mit `ShortString`- oder `String`-Speicherplätzen fällt. Ebenso werden wir der Kürze halber weniger von *Texten* oder *Zeichenketten*, sondern häufig einfach von *Strings* sprechen. Das ist unter Programmierern so üblich – und als Programmierer können wir uns doch wohl langsam bezeichnen.

Arbeit mit Zeichenfolgen (Strings) 11

Inhaltsverzeichnis

11.1 String-Funktionen und -Prozeduren 209
11.2 Finden, Zählen und Löschen von Zeichen und Mustern 212
11.3 Ersetzen von Zeichen und Mustern 218
11.4 Palindrom-Test 223
11.5 Vergleiche von Zeichenfolgen 223
11.6 Ganze Zahlen mit Vorzeichen zulassen 231
11.7 Quersummen 232

11.1 String-Funktionen und -Prozeduren

Delphi-Pascal stellt eine Reihe von `String`-Funktionen und `String`-Prozeduren bereit, mit deren Hilfe Aufgaben zur Textbearbeitung und Textanalyse gelöst werden können.

- *Funktionen* liefern stets *einen einzigen Wert*; sie werden verwendet, indem der Ergebniswert der Funktion in *einen geeigneten Speicherplatz* oder *einen Test* gelenkt wird.

Manche Funktionen benötigen gewisse *Angaben*, damit sie arbeiten können; diese Angaben sind dann in runden Klammern hinter den Funktionsnamen einzutragen. Andere Funktionen benötigen nichts; dort entfallen auch die runden Klammern hinter dem Funktionsnamen.

Wir werden einstweilen pragmatisch an den Umgang mit Funktionen herangehen und uns anhand vieler Beispiele im Umgang mit den wichtigsten von ihnen üben.

W.-G. Matthäus, *Grundkurs Programmieren mit Delphi*, DOI 10.1007/978-3-658-14274-2_11

- *Prozeduren* sind Programmstücken, die *eine Wirkung* haben. Diese Wirkung kann in der Veränderung von Inhalten in einem oder mehreren Speicherplätzen bestehen, sie kann aber auch völlig unabhängig von Speicherplätzen sein. Prozeduren werden stets *aufgerufen*, d. h. sie haben in einem Zuweisungsbefehl *nichts* zu suchen.

11.1.1 Wichtige `String`-Funktionen

Name der Funktion	Funktion liefert	Funktion benötigt
`CompareStr`	`Integer`: >0, falls 1. String lex. größer als 2. String =0, falls beide Strings gleich <0, falls 1. String lex. kleiner als 2. String	`String`: erster Stringname `String`: zweiter Stringname
`Concat`	`String`: Ergebnis der Verkettung	zwei oder mehrere Strings, die aneinandergefügt werden sollen
`Copy`	`String`: Teilstring, der insbesondere nur aus einem Zeichen bestehen kann	`String`: Name des String, `Integer`: Startposition des Teilstring, `Integer`: Anzahl der herauszulösenden Zeichen
`Length`	`Integer`: Länge des String	`String`: Name des String
`LowerCase`	`String`: Ergebnis mit ausschließlichen Kleinbuchstaben	`String`, dessen Großbuchstaben in Kleinbuchstaben umgewandelt werden sollen
`Pos`	`Byte`: Position, an der der Teilstring das erste Mal im langen String auftritt	`String`: Kurzer String, kann auch aus einem Zeichen bestehen `String`: langer String
`UpperCase`	`String`: Ergebnis mit ausschließlichen Großbuchstaben	`String`, dessen Kleinbuchstaben in Großbuchstaben umgewandelt werden sollen

- Die Funktion `IntToStr`, mit deren Hilfe wir den *Inhalt eines ganzzahligen Speicherplatzes* zu einer *Zeichenfolge* konvertieren können, die dann in eine Mitteilung bzw. den Datenkern eines Textfensters, eines Labels usw. transportiert werden kann, kennen wir bereits aus vielen Beispielen.

Dafür können wir die entsprechende Zeile der Tabelle schon selbst entwerfen:

`IntToStr`	`String`: Zeichenfolge, die aussieht wie die ganze Zahl	`Integer` oder `Byte`: Speicherplatz, dessen Inhalt in Zeichenfolge umgewandelt werden soll

- Gleichermaßen bekannt ist uns die Funktion `StrToInt`, mit deren Hilfe wir eine Zeichenfolge, *wenn sie sich zu einer ganzen Zahl umwandeln lassen kann*, zu einer *ganzen Zahl* konvertieren können:

`StrToInt`	`Integer`: Zahl, die sich aus der Zeichenfolge ergibt (falls möglich)	`String`: Zeichenfolge, die aussieht wie eine ganze Zahl und in eine solche umgewandelt werden kann

11.1.2 Wichtige `String`-Prozeduren

Auch die folgende Tabelle erhebt keinesfalls Anspruch auf Vollständigkeit, aber die beiden *wichtigsten Prozeduren*, die wir in den vielen Beispielen dieses und der folgenden Kapitel benötigen, sind aufgeführt.

Name der Prozedur	Wirkung	Prozedur benötigt
`Delete`	Ein Teil eines String wird gelöscht	`String`: Name des String, `Integer`: Startposition des Teilstring, `Integer`: Anzahl der herauszulöschenden Zeichen
`Insert`	Der Einfüge-String wird in den Basis-String an vorgegebener Position eingefügt	`String`: Einfüge-String `String`: Basis-String `Integer`: Position

Wichtiger Hinweis: Wer das folgende Delphi-Projekt nicht selbst entwickeln möchte, kann auf der Seite www.w-g-m.de/delphi.htm unter *Dateien für Kapitel 11* die Datei `DKap11.zip` herunter laden, die die Projektdatei `proj_11?.dpr` enthält. Das *Fragezeichen* ist dann jeweils durch die *Ziffernfolge des Unterkapitels* zu ersetzen (Beispiel: Das Projekt aus Abschn. 11.2.1 findet sich in der Projektdatei `proj_1121.dpr`).

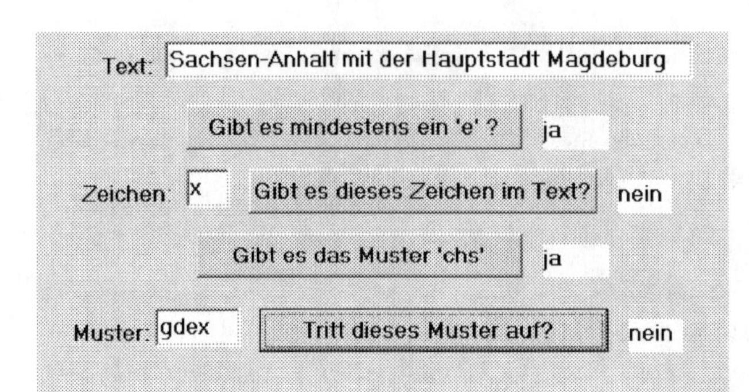

Abb. 11.1 Finden von Zeichen und Mustern

11.2 Finden, Zählen und Löschen von Zeichen und Mustern

11.2.1 Finden von Zeichen und Mustern

Die Abb. 11.1 zeigt uns mit der *Beschriftung der vier Buttons* die vier zu lösenden Aufgaben.

In der Ereignisprozedur zum *Klick auf den obersten Button* soll lediglich festgestellt werden, ob in der im oberen Textfenster mit dem Namen `Edit1` eingegebenen Zeichenfolge das Zeichen „e" enthalten ist. Zur Lösung dieses Problems können wir zweckmäßig die Funktion `Pos` verwenden, die eine Null liefert, wenn es das Zeichen nicht gibt, ansonsten aber die Position des ersten Auftretens.

Wir sollten die Ereignisprozedur so schreiben, dass wir das gesuchte Zeichen nicht als statischen Text `'e'` in die runden Klammern hinter `Pos` eintragen, sondern auch dafür einen *passenden Speicherplatz* verwenden. Dann ergibt sich die Ereignisprozedur zum *Klick auf den zweiten Button*, bei dem *ein vorgegebenes Zeichen* zu untersuchen ist, gleich anschließend.

```
procedure TForm1.Button1Click(Sender: TObject);
var text, zeichen: ShortString;
begin
    text:=Edit1.Text; zeichen:='e';
    if Pos(zeichen,text)>0     then Label2.Caption:='ja'
                               else Label2.Caption:='nein'
end;
procedure TForm1.Button2Click(Sender: TObject);
var text, zeichen: ShortString;
begin
    text:=Edit1.Text; zeichen:=Edit2.Text;
    if Pos(zeichen,text)>0  then Label4.Caption:='ja'
                               else Label4.Caption:='nein'
end;
```

> Ein einzelnes Zeichen ist nur ein Spezialfall eines (i. allg. mehrere Zeichen umfassenden) Textmusters.

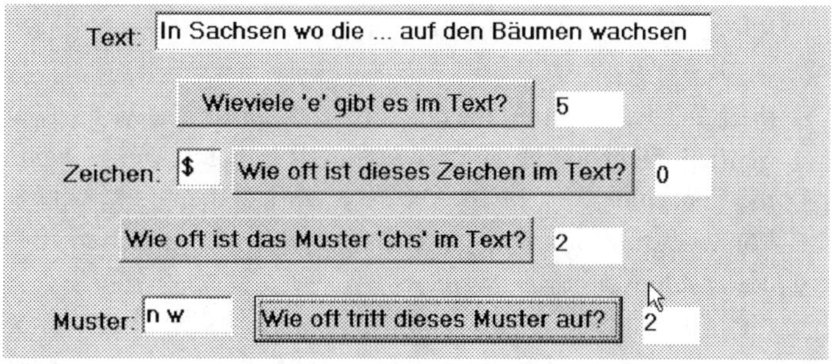

Abb. 11.2 Zählen von Zeichen und Mustern

Deshalb können wir in gleicher Weise die Funktion `Pos` auch zur Lösung der dritten und vierten Aufgabe benutzen:

```
procedure TForm1.Button3Click(Sender: TObject);
var text, muster: ShortString;
begin
     text:=Edit1.Text;
     muster:='chs';
     if Pos(muster,text)>0 then Label5.Caption:='ja'
                            else Label5.Caption:='nein'
end;
procedure TForm1.Button4Click(Sender: TObject);
var text, muster: ShortString;
begin
     text:=Edit1.Text;
     muster:=Edit3.Text;
     if Pos(muster,text)>0 then Label7.Caption:='ja'
                            else Label7.Caption:='nein'
end;
```

Mit der Verwendung der beiden sprechenden Speicherplatz-Namen `zeichen` und `muster` in den beiden Ereignisprozedur-Paaren spiegelt sich die Aufgabenstellung deutlich im Delphi-Text wider.

Wir hätten beide Male auch die Namen `xx27prbf96yqf` wählen können – es wäre nicht falsch gewesen …

11.2.2 Zählen von Zeichen und Mustern

Wieder wollen wir eine Benutzeroberfläche (Abb. 11.2) zum Ausgangspunkt für die Beschäftigung mit dieser häufig auftretenden Aufgabenklasse machen. Die Aufgabenstellungen sind viel anspruchsvoller als im vorigen Abschnitt, folglich müssen wir auch mehr an Geist investieren.

Für die Ereignisprozedur zum obersten Button brauchen wir

- die Funktion `Length`, die uns hilft, die *Länge des eingegebenen Textes* festzustellen. Schließlich erfahren damit, wie viele Zeichen wir einzeln abfragen müssen.
- die Funktion `Copy`, mit deren Hilfe wir aus dem Text *Zeichen für Zeichen* herauslösen können, um es mit dem gegebenen Zeichen vergleichen zu können.
- einen *Zählwerksspeicherplatz*.
- die in Kap. 9 ausführlich erklärte *Zählschleife*, um *viele gleichartige Befehle, die sich nur in Zahlenwerten unterscheiden*, aufschreiben zu können.

Außerdem müssen wir wissen, dass *das erste Zeichen in einem String* die *Position Eins* hat (im Unterschied zu einer *Liste*, bei der die erste Zeile die *Position Null* hat).

Folglich ergibt sich die *Position des letzten Zeichens* in einem String aus dessen *Länge*.

Nun sind alle Vorbetrachtungen abgeschlossen, und wir können uns die ersten beiden Ereignisprozeduren ansehen.

Sie unterscheiden sich wieder nur in der Art der Belegung des Speicherplatzes `zeichen`.

```
procedure TForm1.Button1Click(Sender: TObject);
var text, zeichen : ShortString;                          // Vereinbarungen
    lepos, anzahl,i : Byte;
begin
      text:=Edit1.Text;lepos:=Length(text);  // lepos=letzte Position
      zeichen:='e';                        // Belegung mit statischem Text
      anzahl:=0;                               // Zählwerk auf Null setzen
      for i:=1 to lepos do                                  // Zählschleife
        begin
        if Copy(text,i,1)=zeichen then anzahl:=anzahl+1
        end;
      Label2.Caption:=IntToStr(anzahl)   // Konvertierung für Ausgabe
end;
procedure TForm1.Button2Click(Sender: TObject);
var - text, zeichen : ShortString;
    lepos, anzahl,i : Byte;
begin
        text:=Edit1.Text;lepos:=Length(text);
        zeichen:=Edit2.Text;      // Belegung aus Textfenster geholt
        anzahl:=0;
        for i:=1 to lepos do                                // Zählschleife
            begin
              if Copy(text,i,1)=zeichen then anzahl:=anzahl+1
            end;
        Label4.Caption:=IntToStr(anzahl)
end;
```

Was ändert sich, wenn nicht das Auftreten eines einzelnen Zeichens, sondern mehrerer Zeichen, d. h. eines so genannten *Textmusters*, gezählt werden soll?

Dann muss in der `Copy`-Funktion

```
if Copy(text,i,1)=zeichen then anzahl:=anzahl+1
```

anstelle der Eins die *Länge des Textmusters* stehen. Das ist alles. Für die *Länge des Textmusters* wird in den folgenden beiden Ereignisprozeduren der Speicherplatz mit dem Namen `mulen` (für Musterlänge) verwendet.

```
procedure TForm1.Button3Click(Sender: TObject);
var - text, muster : ShortString;
    lepos, mulen, anzahl, i: Byte;
begin
      text:=Edit1.Text;lepos:=Length(text);
      muster:='chs';mulen:=Length(muster);      // mulen=Muster-Länge
      anzahl:=0;
      for i:=1 to lepos do
        begin
            if Copy(text,i,mulen)=muster then anzahl:=anzahl+1
        end;
      Label5.Caption:=IntToStr(anzahl)
end;
procedure TForm1.Button4Click(Sender: TObject);
var text, muster : ShortString;
      lepos, mulen, anzahl,i : Byte;
begin
      text:=Edit1.Text;
      lepos:=Length(text);
      muster:=Edit3.Text;              // Muster aus Textfenster holen
      mulen:=Length(muster);
      anzahl:=0;
      for i:=1 to lepos do
        begin
          if Copy(text,i,mulen)=muster then anzahl:=anzahl+1
        end;
      Label7.Caption:=IntToStr(anzahl)
end;
```

11.2.3 Löschen von Zeichen und Mustern

Die Abb. 11.3 zeigt uns mit den Beschriftungen der vier Buttons die zu lösenden Aufgaben.

Die Idee ist ganz einfach: Mit Hilfe einer *Zählschleife* und der `Copy`-Funktion finden wir heraus, wo sich ein heraus zu werfendes Zeichen befindet, und das entfernen wir dann mit Hilfe der Prozedur `Delete`. Gesagt und getan, sehen wir uns die Ereignisprozedur an:

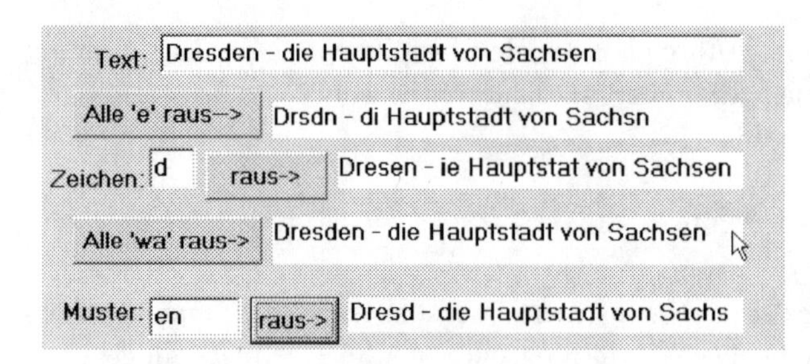

Abb. 11.3 Löschen von Zeichen und Mustern

```
procedure TForm1.Button1Click(Sender: TObject);
var - text, zeichen: ShortString;
    lepos, i : Byte;
begin
      text:=Edit1.Text;
      lepos:=Length(text);
      zeichen:='e';
      for i:=1 to lepos do
        begin
          if Copy(text,i,1)=zeichen then Delete(text,i,1)
        end;
      Label2.Caption:=text
end;
```

Eigentlich logisch? Und wenn zu oberflächlich getestet wird scheint's auch zu stimmen. Aber sehen wir uns doch das ganz erstaunliche Ergebnis an:

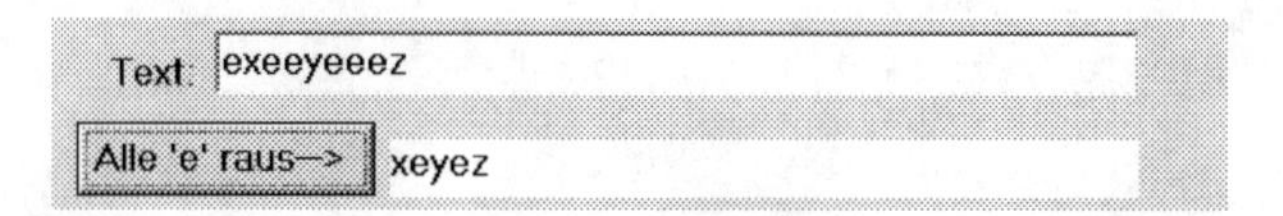

Nun befinden wir uns in Erklärungsnot. Wie kommt diese Ausgabe zustande? Also: Speicherplatz `text` hat zuerst 9 Zeichen und den Inhalt *exeeyeeez*. `lepos` erhält den Inhalt 9. Nun beginnt die Zählschleife ihre Arbeit:

- `i` wird auf 1 gesetzt. An dieser Position ist ein *„e"*. Folglich bekommt `Delete` zu tun, der Speicherplatz `text` bekommt den neuen Inhalt *xeeyeeez*.
- `i` wird auf 2 gesetzt und untersucht an dieser Position den inzwischen veränderten Inhalt von `text`. *xeeyeeez* hat an zweiter Position ein *„e"*, folglich wird wieder gelöscht, `text` bekommt *xeyeeez*.
- `i` wird auf 3 gesetzt, und dieses *xeyeeez* wird an der Position 3 untersucht. Dort kein *„e"*, folglich kein `Delete`.
- `i` wird auf 4 gesetzt, *xeyeeez* wird an Position 4 untersucht. *„e"* gefunden, Löschung, neuer Inhalt von `text`: *xeyeez*.
- `i` wird auf 5 gesetzt, *xeyeez* wird an Position 5 untersucht, *„e"* gefunden, wieder Löschung, neuer Inhalt von `text`: *xeyez*.

`i` durchläuft noch die Werte 6 bis 9, aber wo nichts zu untersuchen ist, wird auch nichts gefunden und erst recht nicht gelöscht. So erklärt sich das *falsche Ergebnis*:

Dadurch, dass sich der Untersuchungsgegenstand von Mal zu Mal ändern (und dabei verkürzen) kann, die Laufvariable `i` aber unverdrossen vorwärts stürmt, kommt der *logische Fehler* zustande.

Wo liegt die Lösung?

Wir müssen eben dafür sorgen, dass *bei jedem neuen Schleifendurchgang* wieder von vorn mit der Untersuchung des Inhalts von `text` angefangen wird. Dafür benutzen wir eine *zweite Laufvariable* `j`:

```
for i:=1 to lepos do
begin
    for j:=1 to i do
      begin
        if Copy(text,j,1)=zeichen then Delete(text,j,1)
      end
end;
```

Im Text der Ereignisprozedur machen wir zur Vereinfachung der Schreibarbeit dann aber von der *Ausnahmeregelung für Zählschleifen* Gebrauch:

- Steht im Inneren der Zählschleife nur *ein einziger Befehl*, können die `begin...end`-Anweisungsklammern weggelassen werden.

Die ersten beiden Ereignisprozeduren haben dann folgendes Aussehen:

```
procedure TForm1.Button1Click(Sender: TObject);
var text, zeichen: ShortString;
    lepos, i,j : Byte;
begin
    text:=Edit1.Text;lepos:=Length(text);
    zeichen:='e';          // oder zeichen:=Edit2.Text; für Button 2
    for i:=1 to lepos do
      for j:=1 to i do
        if Copy(text,j,1)=zeichen then Delete(text,j,1);
    Label2.Caption:=text
end;
```

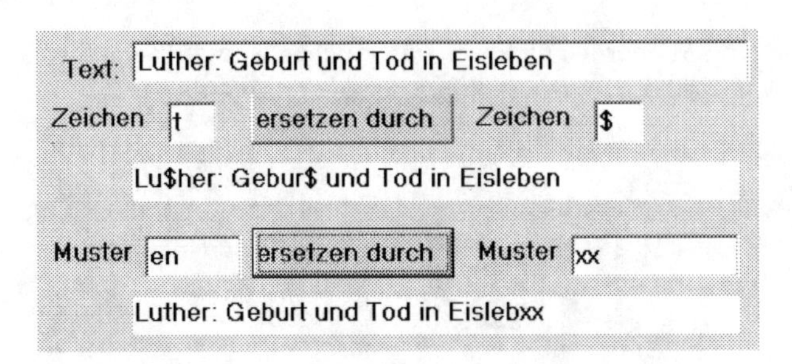

Abb. 11.4 Ersetzen von Zeichen und Mustern

Geht es um das *Löschen eines Musters*, muss sowohl in der `Copy`-Funktion als auch in der `Delete`-Prozedur die *Länge des Musters* berücksichtigt werden:

```
procedure TForm1.Button3Click(Sender: TObject);
var text, muster : ShortString;
    lepos,mulen,i,j : Byte;
begin
      text:=Edit1.Text;lepos:=Length(text);
      muster:='wa';         // oder muster:=Edit3.Text; für Button 4
      mulen:=Length(muster);
      for i:=1 to lepos do
        for j:=1 to i do
          if Copy(text,j,mulen)=muster then Delete(text,j,mulen);
      Label5.Caption:=text
end;
```

Für alle, die mit den beiden verschachtelten Zählschleifen noch ihre liebe Not haben, wird im nächsten Abschnitt eine alternative Vorgehensweise vorgestellt, die mit nur einer Zählschleife auskommt und damit besser zu verstehen ist.

11.3 Ersetzen von Zeichen und Mustern

Die Abb. 11.4 zeigt uns mit der *Beschriftung der beiden Buttons* die beiden Aufgaben; wir wollen diesmal gleich solche allgemeinen Varianten behandeln, bei denen vom Nutzer die beiden Zeichen bzw. die beiden Muster in Textfenster eingegeben werden.

Zur Lösung der beiden Aufgaben wollen wir *zwei Strategien* kennen lernen:

Die *erste Strategie* ergänzt lediglich den vorigen Abschnitt: Nach dem Löschen des Zeichens bzw. des Musters wird mit der `Insert`-Prozedur sofort eingefügt. Leider gibt es aber dort auch wieder *logische Fehler* – und erneut Anlass zum intensiven Nachdenken.

Die zweite Strategie ist einfacher zu verstehen – sie basiert auf dem *Neuaufbau des Ergebnis-Strings*.

11.3.1 Finden, Löschen und Einfügen

Wenn wir die Speicherplätze für das *Raus-Zeichen* mit `raus` und für das *Rein-Zeichen* mit `rein` benennen, ergibt sich die Ereignisprozedur zum *Klick auf den oberen Button* recht einfach als Erweiterung aus dem vorigen Abschnitt:

Wird mit der `Copy`-Funktion ein Zeichen gefunden, folgt in der inneren Zählschleife nach der Löschung mit `Delete` unmittelbar mittels `Insert` das Einfügen des Ersetzungszeichens an derselben Position:

```
procedure TForm1.Button1Click(Sender: TObject);
var text, raus, rein: ShortString;
    lepos, i,j : Byte;
begin
      text:=Edit1.Text;
      lepos:=Length(text);
      raus:=Edit2.text;
      rein:=Edit3.Text;
      for i:=1 to lepos do
        for j:=1 to i do
          if Copy(text,j,1)=raus then
            begin
              Delete(text,j,1);
            Insert(rein,text,j)
          end;
      Label4.Caption:=text
end;
```

Nun gibt es im Inneren des Tests, der den Inhalt der `j`-Schleife ausmacht, zwei Befehle, folglich ist die *Ausnahmeregel nicht mehr anwendbar*.

Das Innere der `j`-Schleife dagegen hat immer noch nur einen „Befehl" – nämlich diesen einen Test. Die `i`-Schleife enthält nur die `j`-Schleife. Folglich darf beide Male die *Ausnahmeregel für Zählschleifen* angewandt werden.

Um es noch einmal zu sagen: Wer sich unsicher fühlt, macht nichts falsch, wenn er Ausnahmeregeln nicht verwendet und ausführlich programmiert:

```
for i:=1 to lepos do
    begin                          // Inneres der i-Schleife beginnt
    for j:=1 to i do
      begin                        // Inneres der j-Schleife beginnt
        if Copy(text,j,1)=raus then
        begin                          // Inneres des Tests beginnt
          Delete(text,j,1);
            Insert(rein,text,j)
        end                              // Inneres des Tests endet
      end                            // Inneres der j-Schleife endet
    end;                             // Inneres der i-Schleife endet
```

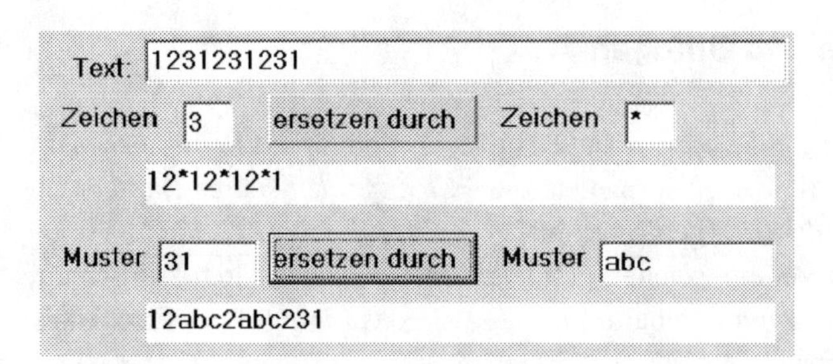

Abb. 11.5 Das letzte Muster wird nicht ersetzt

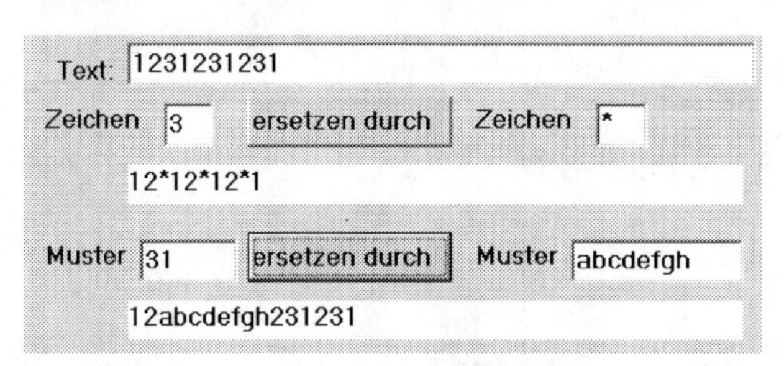

Abb. 11.6 Die letzten beiden Muster werden nicht ersetzt

Diese Ereignisprozedur kann man nach Herzenslust austesten – sie arbeitet immer richtig.

Optimistisch nehmen wir deshalb gleich die andere Ereignisprozedur zum *Ersetzen des Musters* in Angriff, sie müsste doch in gleicher Weise funktionieren:

```
procedure TForm1.Button2Click(Sender: TObject);
var - text, raus, rein: ShortString;
    lepos,mulen,i,j : Byte;
begin
      text:=Edit1.Text;
      raus:=Edit4.text;
      rein:=Edit5.Text;
      lepos:=Length(text); mulen:=Length(raus);
      for i:=1 to lepos do
        for j:=1 to i do
          if Copy(text,j,mulen)=raus then
          begin
          Delete(text,j,mulen);Insert(rein,text,j)
          end;
      Label7.Caption:=text
end;
```

Doch schon wieder wir unsere Euphorie gedämpft. Ersetzen wir ein vorgegebenes Muster durch ein kürzeres oder gleichlanges Muster, geht alles gut. Aber wehe, wenn die hineinkommende Zeichenfolge länger, womöglich viel länger als das „Raus-Muster" ist. In den Abb. 11.5 und 11.6 sehen wir die Misserfolge. Woran liegt es?

Erinnern wir uns an den vorigen Abschnitt. Die Laufvariable `i` bewegt sich von Eins bis zur Länge des ursprünglichen Textes, also bis 11.

Schon nach dem ersten Mustertausch ist der *Text* aber um ein Zeichen (Abb. 11.5) beziehungsweise sogar um volle sechs Zeichen (Abb. 11.6) länger geworden.

- Das heißt, die Ereignisprozedur beendet ihre Arbeit viel zu zeitig.

Es wäre zu überlegen, wie man dafür sorgt, dass auch in diesem Fall exakt bis zum Schluss des gerade entstandenen Strings verglichen, ggf. gelöscht und eingefügt wird. Viel Spaß beim Knobeln.

Wir wollen uns stattdessen einer völlig anderen Strategie zuwenden, die *ohne die Prozeduren* `Delete` *und* `Insert` auskommt.

11.3.2 Neuaufbau eines zweiten Strings

Die Vorgehensweise ist aus dem *Text der Ereignisprozedur* und anhand der Kommentare ersichtlich:

```
procedure TForm1.Button1Click(Sender: TObject);
var - alttext, neutext, raus, rein, zeichen      : ShortString;
  lepos, i                                       : Byte;
begin
      alttext:=Edit1.Text;lepos:=Length(alttext);
      raus:=Edit2.text;
      rein:=Edit3.Text;
      neutext:='';          // In neutext soll das Ergebnis entstehen
      for i:=1 to lepos do
        begin
          zeichen:=Copy(alttext,i,1);  // Zeichen wird herauskopiert
          if zeichen=raus then neutext:=neutext+rein
                         else neutext:=neutext+zeichen
        end;
      Label4.Caption:=neutext
end;
```

Der Ziel-String `neutext` wird zuerst initialisiert, d. h. mit dem leeren String `''` belegt – das kann man vergleichen mit dem Nullsetzen von Zählwerks- oder Summenspeicherplätzen. Anschließend wird Zeichen für Zeichen aus dem alten String herauskopiert. Ist das Zeichen „schlecht", wird stattdessen das *Ersetzungszeichen* an `neutext` angefügt. Ist das Zeichen „gut", muss nicht ersetzt werden, es wird selbst an `neutext` angekettet. So entsteht in dem Speicherplatz `neutext` schließlich das gesuchte Ergebnis.

Übrigens sei hier angemerkt, dass damit auch sehr gut die Aufgabe *Löschen eines Zeichens* lösbar ist:

```
for i:=1 to lepos do
begin
zeichen:=Copy(alttext,i,1);
if zeichen <> raus then neutext:=neutext+zeichen
end;
```

Es wird eben nur dann der Ergebnis-String `neutext` weiterentwickelt, wenn das gerade untersuchte Zeichen nicht das Löschzeichen ist.

Für das *Muster-Ersetzen* übernehmen wir zuerst die *Idee des Ergebnis-Strings*. Damit sind wir den Ärger los, dass der String länger und länger werden könnte. Nun müssen wir nur noch dafür sorgen, dass ein gefundenes Muster im alten String bei der nächsten Untersuchung „übersprungen" wird. Das schaffen wir durch Verwendung eines Speicherplatzes `pos`, in dem die Position fortgeschrieben wird, ab der die nächste Analyse stattfindet.

Wird kein „Raus-Muster" gefunden, geht die Position um einen Wert nach rechts. Wurde ein „Raus-Muster" gefunden springt die Position um dessen Länge nach rechts:

```
procedure TForm1.Button2Click(Sender: TObject);
var alttext, neutext, raus, rein, muster, zeichen: ShortString;
    lepos, i, pos, rauslen                       : Byte;
begin
      alttext:=Edit1.Text;
      raus:=Edit4.text; rein:=Edit5.Text;
      lepos:=Length(alttext); rauslen:=Length(raus);
      neutext:='';
      pos:=1;
      for i:=1 to lepos do
        begin
          muster:=Copy(alttext,pos,rauslen);
          zeichen:=Copy(alttext,pos,1);
          if muster=raus then
        begin neutext:=neutext+rein; pos:=pos+rauslen end
                      else
        begin neutext:=neutext+zeichen;pos:=pos+1 end
        end;
      Label7.Caption:=neutext
end;
```

Diese einfache Strategie ist mit einer Änderung sofort anwendbar für die Aufgabenstellung des vorigen Abschnitts, das *Muster-Löschen*:

```
if muster=raus then
    begin neutext:=neutext+''; pos:=pos+rauslen end
            else
    begin neutext:=neutext+zeichen;pos:=pos+1 end
```

11.4 Palindrom-Test

Eine Zeichenfolge heißt *Palindrom*, wenn man beim Lesen von links nach rechts dasselbe erhält wie bei Lesen von rechts nach links.

Dem großen Philosophen Schopenhauer wird das folgende Palindrom zugeschrieben:

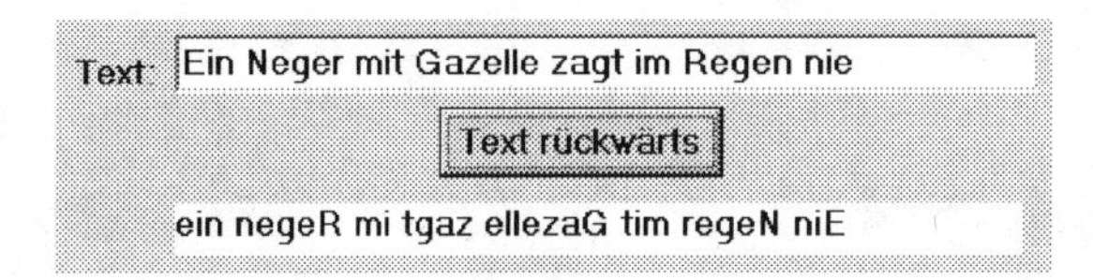

Für uns leitet sich natürlich die entsprechende Programmieraufgabe ab.

Ihre Lösung: Zeichen für Zeichen aus `alttext` wird links an `neutext` angekettet:

```
procedure TForm1.Button1Click(Sender: TObject);
var alttext, neutext, zeichen: ShortString;
      lepos, i : Byte;
begin
    alttext:=Edit1.Text;
    lepos:=Length(alttext);
    neutext:='';            // in neutext soll das Ergebnis entstehen
    for i:=1 to lepos do
      begin
        zeichen:=Copy(alttext,i,1);
        neutext:=zeichen + neutext          // Zeichen links anketten
        end;
    Label2.Caption:=neutext
end;
```

11.5 Vergleiche von Zeichenfolgen

11.5.1 Lexikografischer Vergleich

Betrachten wir diesmal zuerst eine Ereignisprozedur zur Demonstration der Wirkungsweise der Funktion `CompareStr`:

```
procedure TForm1.Button1Click(Sender: TObject);
var tx1, tx2 : ShortString;
    vergleich: Integer;
begin
      tx1:=Edit1.Text; tx2:=Edit2.Text; vergleich:=CompareStr
      (tx1,tx2);
      if vergleich<0 then
        Label3.Caption:='Der obere Text steht im Telefonbuch vorn';
      if vergleich=0 then
        Label3.Caption:='Die Texte sind identisch';
      if vergleich>0 then
        Label3.Caption:='Der untere Text steht im Telefonbuch vorn'
end;
```

Wenn Strings verglichen werden, erfolgt dieser Vergleich stets im *lexikografischen Sinne*:

- Der „kleinere" String steht im Telefonbuch vor dem „größeren" String.

Dabei entscheidet zuerst das erste Zeichen. Nur bei Gleichheit der ersten Zeichen wird nach den zweiten Zeichen entschieden usw. Ein String, der zeichengleich dem Anfang eines anderen Strings ist, steht im Telefonbuch ebenfalls weiter vorn (Mai vor Maier).

Für die Zeichen-Vergleiche gilt die Anordnung der ASCII-Tabelle (siehe Abschn. 10.2). Mit den Abb. 11.7 bis 11.10 werden einige Beispiele vorgeführt.

Das letzte Beispiel macht es wieder einmal deutlich:

- Auch wenn der Inhalt eines Textfensters *aussieht wie eine Zahl* – es ist keine.

Es ist eine *Zeichenfolge* und wird beim Vergleich auch so behandelt – das erste Zeichen entscheidet bereits, der Rest spielt bei dessen Ungleichheit überhaupt keine Rolle mehr.

Anstelle der Funktion `CompareStr` könnten wir auch die gewohnten Ungleichungszeichen in den Tests verwenden:

```
if tx1<tx2 then
    Label3.Caption:='Der obere Text steht im Telefonbuch vorn';
if tx1=tx2 then
    Label3.Caption:='Die Texte sind identisch';
if tx1>tx2 then
    Label3.Caption:='Der untere Text steht im Telefonbuch vorn'
```

Abb. 11.7 Bei gleichen Anfängen entscheidet die Kürze

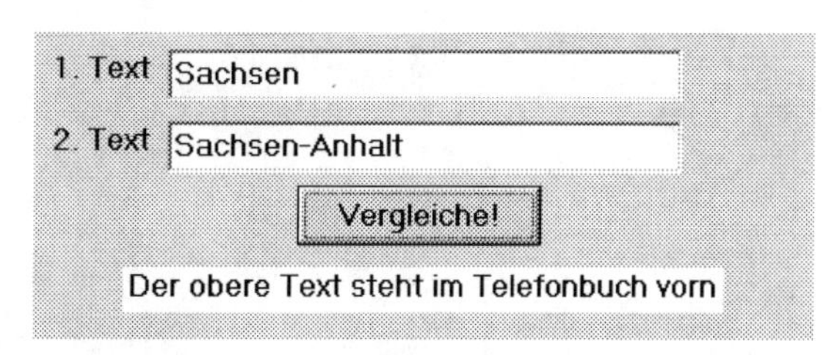

Abb. 11.8 Großbuchstaben vor Kleinbuchstaben

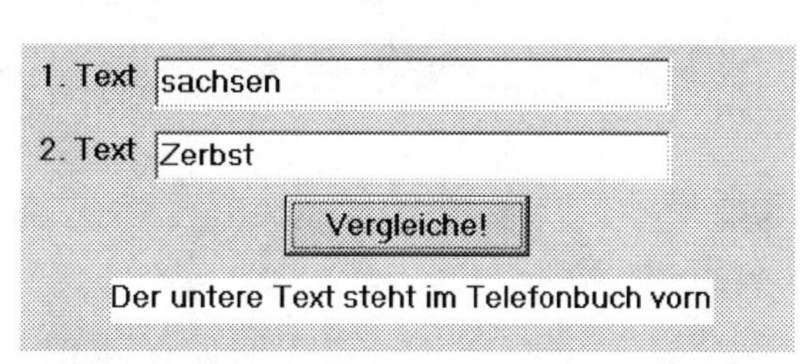

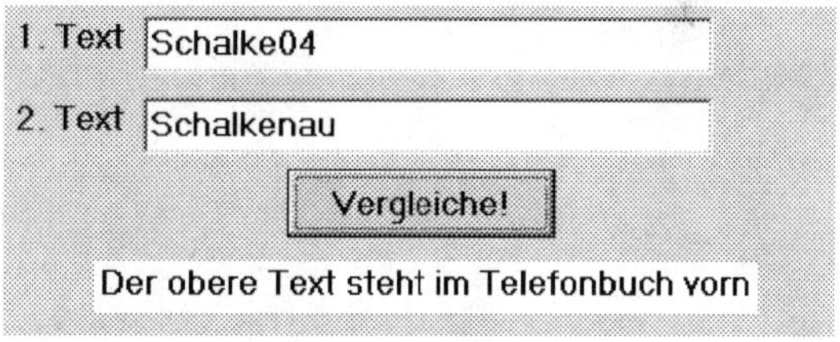

Abb. 11.9 Ziffern vor Buchstaben

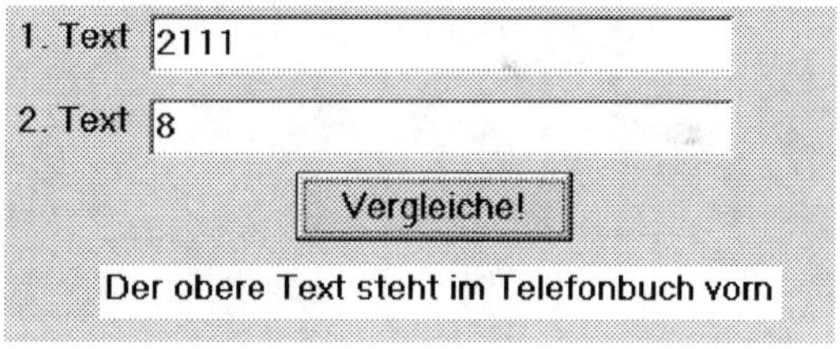

Abb. 11.10 Zweitausend ist kleiner als 8

11.5.2 Minimax in Listen

Eine Benutzeroberfläche (siehe Abb. 11.11) enthält die Liste mit den Namen der sechzehn Bundesländer sowie zwei *Buttons*. `Button1` trägt die Aufschrift *Suche Land mit längstem Namen*, `Button2` trägt die Aufschrift *Suche lexikografisch letztes Land.*

> In beiden Fällen handelt es sich um eine Maximumsuche einschließlich Maximum-Position.

Abb. 11.11 Land mit dem längsten Namen

Sehen wir uns die erste Ereignisprozedur zum Ereignis *Klick auf den oberen Button* und ihr Ergebnis an:

```
procedure TForm1.Button1Click(Sender: TObject);
var maxland : ShortString;
    lepos, maxpos, i: Byte;
begin
      lepos:=Listbox1.Items.Count-1;
      maxland:=Listbox1.Items[0];        // Erste Zeile wird Kandidat
      maxpos:=0;                         // Position der ersten Zeile
      for i:=1 to lepos do
        if Length(Listbox1.Items[i]) > Length(maxland) then
          begin
          maxland:=Listbox1.Items[i];          // Aktualisierung des
                                                          Kandidaten
          maxpos:=i                        // Aktualisierung der Position
          end;
      Listbox1.ItemIndex:=maxpos                              // Anzeige
end;
```

Eine *Aktualisierung*, d. h. eine Neubelegung der beiden Kandidaten-Speicherplätze `maxland` und `maxpos` findet im Inhalt dieser Ereignisprozedur genau dann statt, wenn eine *längere Zeile* in der Liste gefunden wurde.

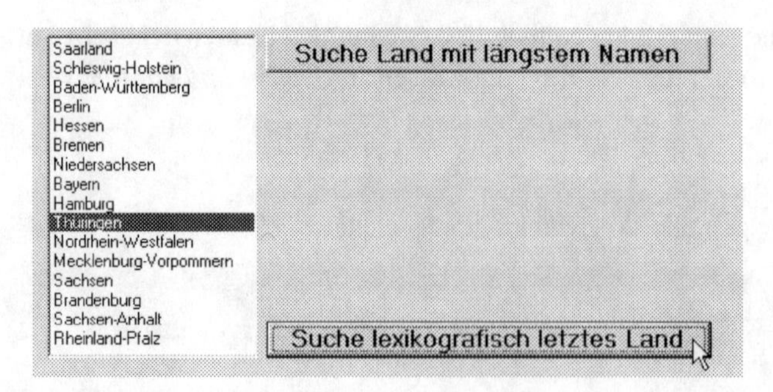

Abb. 11.12 Lexikografisch letztes Land

Demgegenüber werden diese beiden Speicherplätze in der zweiten Ereignisprozedur zum Ereignis *Klick auf den unteren Button* nur dann aktualisiert, wenn eine Zeile in der Liste gefunden wird, die *lexikografisch größer* ist. Anschaulich gesprochen: Der Kandidat wird aktualisiert, wenn eine Zeile gefunden wird, die *im Telefonbuch weiter hinten* stehen würde (siehe Abb. 11.12):

```
procedure TForm1.Button2Click(Sender: TObject);
var maxland : ShortString;
    lepos, maxpos, i: Byte;
begin
      lepos:=Listbox1.Items.Count-1;
      maxland:=Listbox1.Items[0];       // Erste Zeile wird Kandidat
      maxpos:=0;                        // Position der ersten Zeile
      for i:=1 to lepos do
        if Listbox1.Items[i] > maxland then
          begin
          maxland:=Listbox1.Items[i];          // Aktualisierung des
                                                         Kandidaten
          maxpos:=i                    // Aktualisierung der Position
          end;
      Listbox1.ItemIndex:=maxpos                         // Anzeige
end;
```

Anstelle der Testzeile in der zweiten Ereignisprozedur

```
if Listbox1.Items[i] > maxland then
```

hätte auch gleichwertig

```
if CompareStr(Listbox1.Items[i],maxland)>0 then
```

stehen können.

Strenge Programmierer (und Programmierlehrer) gehen auch so vor, weil sie die Zeichen +, < und > konsequent nur dann einsetzen, wenn es um *Zahlen* geht. Für die Arbeit mit *Zeichenketten-Speicherplätzen* dagegen verwenden sie nur die beiden `String`-Funktionen `Concat` und `CompareStr`.

11.5.3 Lottoziehung

Erst einmal befindet sich nur ein Button auf der Benutzeroberfläche. Ziehe eine Zahl im Lottospiel 6 aus 49 steht darauf. Nun gut, das ist nicht schwierig, wir erinnern uns an den Abschn. 7.4.3 mit der Prozedur `Randomize` und der Funktion `Random`:

```
procedure TForm1.Button1Click(Sender: TObject);
var zahl:Byte;
begin
    Randomize; zahl:=1+Random(49);
    ShowMessage(IntToStr(zahl))
end;
```

Doch wohin mit der Zahl? Zettel nehmen und aufschreiben? Wozu haben wir denn das *visuelle Element* `Listbox`? Platzieren wir zusätzlich eine *anfangs leere Liste* auf der Benutzeroberfläche. Mit der Prozedur `Items.Add`, die im Abschn. 13.3.6 noch eine Rolle spielen wird, können wir dann unsere gezogenen Zahlen nacheinander in die Liste eintragen lassen:

```
procedure TForm1.Button1Click(Sender: TObject);
var - zahl : Byte;
    zeile: ShortString;
begin
Randomize;zahl:=1+Random(49); zeile:= IntToStr(zahl);
ListBox1.Items.Add(zeile)
end;
```

Begeisternd sieht es aber nicht aus, was sich da in der Liste entwickelt:

Alles durcheinander und die Zahlen nicht rechtsbündig. Müssen wir nachträglich noch die Sortierung der Liste programmieren? Nein. Denn im *Objektinspektor für die Liste* mit dem Namen `ListBox1` findet sich die Eigenschaft `Sorted`:

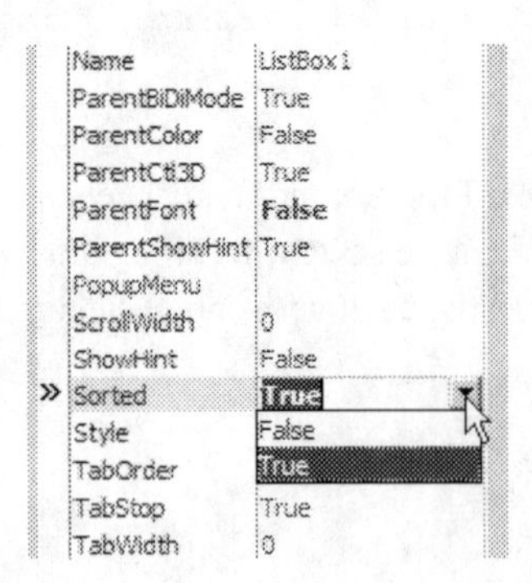

Wird hier, wie angezeigt, auf `True` umgestellt, wird jeder neue Eintrag in die Liste an den Platz gebracht, der ihm *lexikografisch* zusteht. In Abb. 11.13 sehen wir es – und wir werden wiederum deutlich auf die Erkenntnis gestoßen, dass es *Zahlen in Listen* nicht gibt.

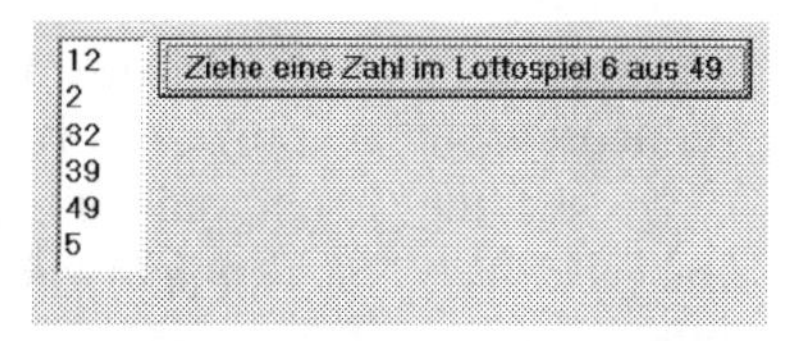

Abb. 11.13 Immer wieder wird lexikografisch sortiert

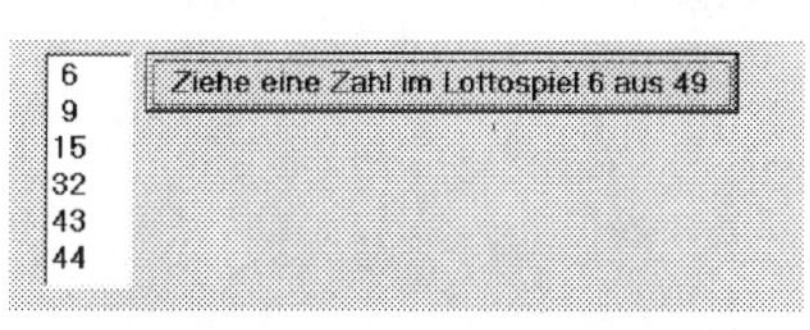

Abb. 11.14 Wirkung des vorangestellten Leerzeichens

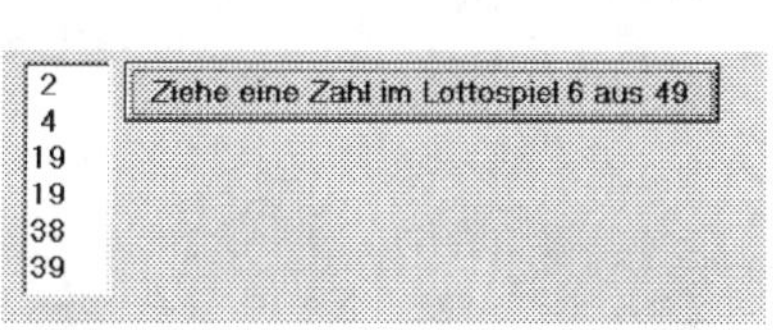

Abb. 11.15 Mehrfachziehung

Auch wenn die Listen-Einträge *aussehen wie Zahlen* – in Wirklichkeit sind es *Zeichenfolgen* (Texte) und werden auch so behandelt.

Deshalb findet sich folglich die 2 nach der 19, und Abb. 11.13 lässt erkennen, dass in jedem anderen Fall die gleiche Situation zu beobachten ist.

Sorgen wir aber mit dem Befehl

```
if Length(zeile)=1 then zeile:=' '+zeile;
```

dafür, dass den einstelligen Ziehungsergebnisse vor ihrer Aufnahme in die Liste ein *Leerzeichen* vorangestellt wird, wird auch im Zahlensinne richtig sortiert (Abb. 11.14). Warum ist das so?

Das Leerzeichen hat den ASCII-Wert 32 (s. Abschn. 10.2) – folglich werden Strings, die mit dem *Leerzeichen* beginnen, vor alle anderen einsortiert.

Nun haben wir die Ausgabe in sortierter Folge. Gibt es noch einen Wunsch? Abb. 11.15 beantwortet uns diese Frage: Es ist keinesfalls ausgeschlossen, dass zwei- oder sogar mehrmals die gleiche Zahl gezogen wird.

Was ist dann zu tun? Vor der Aufnahme in die Liste muss geprüft werden, ob die soeben gezogene Zahl schon enthalten ist. Wenn ja, wird eben noch einmal der Zufallszahlen-

Generator angeworfen. Sehen wir uns eine Möglichkeit, wie man Mehrfachziehungen verhindern kann, schrittweise in der Ereignisprozedur an.

Es wird zum ersten Mal der Zufallszahlengenerator gestartet. Da die Liste leer ist, braucht keine Prüfung erfolgen, die erste Zahl wird sofort nach Konvertierung in die Liste aufgenommen.

```
procedure TForm1.Button1Click(Sender: TObject);
var - zahl,lepos, i : Byte;
    zeile          : ShortString;
    ist_drin       : Boolean;
begin
      Randomize;zahl:=1+Random(49);
      if ListBox1.Count=0 then
        begin
        zeile:= IntToStr(zahl);
        if Length(zeile)=1 then zeile:=' '+zeile;
        ListBox1.Items.Add(zeile)
end
```

Interessant wird es ab der zweiten Zahl, d.h. wenn die Liste nicht mehr leer ist.

Die Prüfung, ob die soeben gezogene Zahl schon (als Zeichenfolge) in der Liste steht, lässt sich nicht als einfacher Test umsetzen. Hier hilft uns ein logischer Speicherplatz, den wir mit `ist_drin` bezeichnen wollen und anfangs mit `False` belegen (die so genannte Unschuldsvermutung):

```
    else
begin
lepos:=ListBox1.Count-1;
ist_drin:=False;
```

Anschließend wird die Liste durchsucht, ob sich die soeben gezogene Zahl dort findet. Wenn ja, wird `ist_drin` mit `True` belegt.

```
for i:=0 to lepos do
    if StrToInt(ListBox1.Items[i])=zahl then
      ist_drin:=True;
```

Ging die Prüfung negativ aus, d.h. fand sich die Zahl noch nicht in der Liste wird sie konvertiert und aufgenommen.

```
  if ist_drin=False then
    begin
    zeile:= IntToStr(zahl);
    if Length(zeile)=1 then zeile:=' '+zeile;
    ListBox1.Items.Add(zeile)
    end
  end
end;
```

Was passiert aber, wenn der Zufallszahlengenerator eine *schon gezogene Zahl* noch einmal geliefert hat? In unserer Ereignisprozedur passiert dann nichts, das heißt, der Nutzer muss eben noch einmal klicken. Wäre das so schlimm, wenn dann eine nette Aufforderung erscheint:

```
if ist_drin=True then ShowMessage('Bitte noch einmal');
```

11.6 Ganze Zahlen mit Vorzeichen zulassen

Auch –27 ist eine *ganze Zahl*. Bisher konnten wir nur dafür sorgen, dass ein Nutzer gezwungen wird, positive ganze Zahlen einzugeben, indem wir die „falschen Tasten wegfingen“ (s. Abschn. 5.1.4).

Nun wollen wir die Alternative zum „Wegfangen“ kennen lernen – die *Aktivierung bei erlaubter Belegung.*

Auf einer Benutzeroberfläche befinden sich nebeneinander ein Textfenster, anfangs leer, und ein *Button* mit der Beschriftung *Verarbeite*. Der Button wird im Objektinspektor in der Eigenschaft `Enabled` auf `False` für den Start voreingestellt, er erscheint damit *anfangs inaktiv* und kann nicht bedient werden.

Im Gegensatz zu früher lassen wir den Nutzer diesmal alles, was er so möchte, in das Textfenster eintippen. Denn wir sorgen für Folgendes:

> Der Button wird automatisch nur dann aktiv, wenn im Textfenster eine ganze Zahl, mit oder ohne Vorzeichen, korrekt eingetragen wird.

```
procedure TForm1.Edit1Change(Sender: TObject);
var inhalt    :ShortString;
     ist_ok   : Boolean;
     lepos,i  : Byte;
begin
inhalt:=Edit1.Text; lepos:=Length(inhalt);    // aus Textfenster holen
ist_ok:=True;                                  // Unschuldsvermutung
                                          // Prüfen des ersten Zeichens
if (Copy(inhalt,1,1)<'0') or (Copy(inhalt,1,1)>'9') then
     ist_ok:=False;
if (Copy(inhalt,1,1)='+') or (Copy(inhalt,1,1)='-') then
     ist_ok:=True;
                                               // Prüfen ab Zeichen 2
for i:=2 to lepos do
     if (Copy(inhalt,i,1)<'0') or (Copy(inhalt,i,1)>'9') then
ist_ok:=False;
if ist_ok  then Button1.Enabled:=True                     // Konsequenz
           else Button1.Enabled:=False
end;
```

Zuerst wird geprüft, ob das erste Zeichen eine Ziffer ist. Wenn nicht, wird `ist_ok` auf `False` gesetzt. Falls aber diese „Nichtziffer" an erster Stelle speziell das *Plus- oder Minuszeichen* ist, kann `ist_ok` wieder zurück auf `True` geschaltet werden. Ab dem zweiten Zeichen allerdings sind nur noch Ziffern erlaubt:

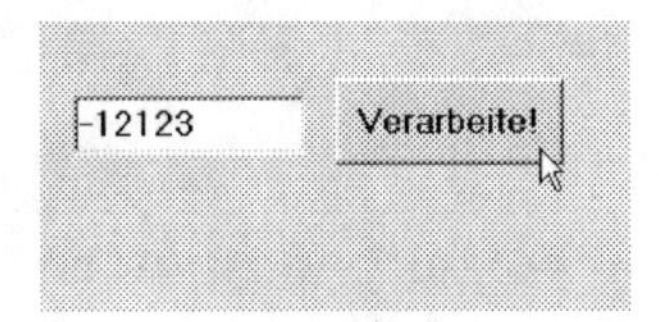

11.7 Quersummen

11.7.1 Einfache Quersummen

In einem Textfenster befindet sich eine *Zeichenfolge*, die entweder *ganz aus Ziffern* besteht oder zwischen den Ziffern zur besseren Lesbarkeit Leerzeichen oder Trennstriche hat. Bei *Klick auf den Button* soll die *einfache Quersumme der Ziffern* ermittelt werden.

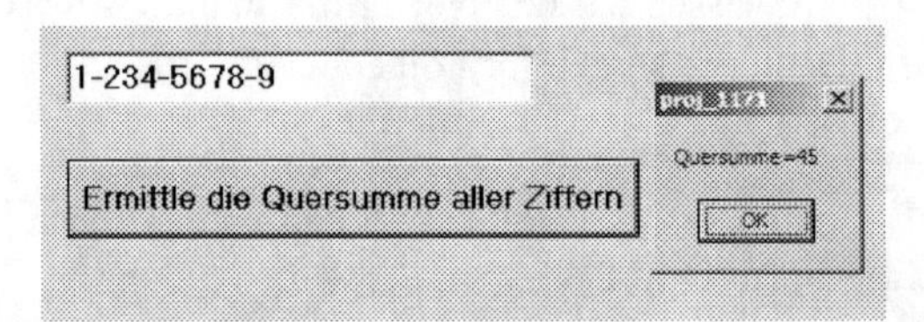

In der Ereignisprozedur wird das so organisiert, dass in einer Zählschleife Zeichen für Zeichen analysiert wird: Ist es eine *Ziffer*, wird der *zugehörige Zahlenwert* mittels der Konvertierungsfunktion `StrToInt` zur Summe addiert:

```
procedure TForm1.Button1Click(Sender: TObject);
var inhalt : ShortString;
        lepos, i: Byte;
    sum : Integer;
begin
      inhalt:=Edit1.Text;
      lepos:=Length(inhalt);
      sum:=0;                                   // Initialisierung
      for i:=1 to lepos do
          if (Copy(inhalt,i,1)>='0') and (Copy(inhalt,i,1)<='9')
          then
            sum:=sum+StrToInt(Copy(inhalt,i,1));
      ShowMessage('Quersumme='+IntToStr(sum))
end;
```

11.7.2 Gewichtete Quersummen

Unser Leben ist voller „Nummern". Eine der bekanntesten ist die EAN, die *Europäische Artikel-Nummer*. Sie findet man auf jedem Erzeugnis im Supermarkt unter dem *Strichcode*, und wenn das Lesegerät an der Kasse nicht richtig will muss die arme Kassiererin die dreizehn Ziffern mit der Hand eintragen. Was ihr, wenn sie nicht sehr konzentriert war, bisweilen auch die Meldung des Kassencomputers einbringt: Diese Nummer kann nicht stimmen.

Woran merkt er es?

> Die gewichtete Quersumme jeder EAN muss durch 10 teilbar sein.

Nehmen wir ein Beispiel: 9783519004240 – das ist die EAN eines Buches über „Statistik mit Excel".

Gewichtete Quersumme bedeutet bei der EAN: Die Ziffern werden abwechselnd mit 1 und 3 multipliziert:

1*9+3*7+1*8+3*3+1*5+3*1+1*9+3*0+1*0+3*4+1*2+3*4+1*0=90

Eine EAN ist mit Sicherheit falsch, wenn ihre gewichtete Quersumme nicht durch 10 teilbar ist.

Andernfalls *kann* sie korrekt sein. Das Beispiel kann tatsächlich eine EAN darstellen, da 90 ohne Zweifel durch 10 teilbar ist.

Zu diesem Prüfkriterium soll eine Ereignisprozedur geschrieben werden.

Bevor wir allerdings die gewichtete Quersumme berechnen lassen, sollen wir berücksichtigen, dass aus Gründen der besseren Lesbarkeit häufig Leerzeichen oder trennende Striche zwischen die Ziffern geschrieben werden. Bauen wir deshalb zuerst einen reinen *Ziffern-String* auf, von dessen Inhalt anschließend die gewichtete Quersumme ermittelt wird.

```
procedure TForm1.Button1Click(Sender: TObject);
var inhalt, ean     : ShortString;
    lepos,i: Byte; sum: Integer;
begin
      inhalt:=Edit1.Text;lepos:=Length(inhalt);
      ean:='';
      for i:=1 to lepos do
        if (Copy(inhalt,i,1)>='0') and (Copy(inhalt,i,1)<='9') then
          ean:=ean+(Copy(inhalt,i,1));
      Edit2.Text:=ean;
```

Im String-Speicherplatz `ean` befindet sich jetzt unter Garantie nur noch eine *reine Ziffernfolge*. Diese kann verarbeitet werden:

```
lepos:=Length(ean);
sum:=0;
for i:=1 to lepos do
        if i mod 2 <>0 then
      sum:=sum+StrToInt(Copy(ean,i,1))
                  else
      sum:=sum+3*StrToInt(Copy(ean,i,1));
ShowMessage('Prüfsumme='+IntToStr(sum))
end;
```

Wie haben wir die unterschiedliche Behandlung an den ungeraden und geraden Positionen gelöst?

Wir haben uns den *Divisionsrest* bei der Teilung der aktuellen Laufvariablen *durch zwei* mit `mod` ausrechnen lassen (s. Abschn. 7.4.5) und damit in ungerade und gerade Positionen teilen können. Ziffern an ungeraden Positionen gehen einfach in die Summe ein, Ziffern an den geraden Positionen dreifach.

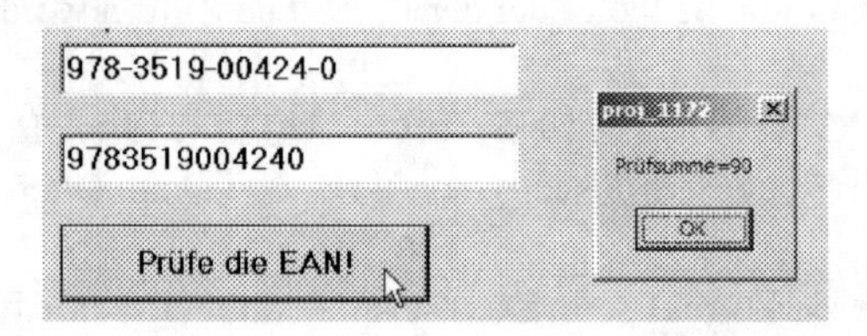

Speicherplätze für Dezimalbrüche 12

Inhaltsverzeichnis

12.1 Datentypen `Single, Double, Extended` 235
12.2 Komma oder Punkt? 238
12.3 Ausgabe 238
12.4 Erfassung von Dezimalbrüchen 244
12.5 Rechnen mit Delphi 253

12.1 Datentypen `Single, Double, Extended`

12.1.1 Prinzipien der internen Speicherung und Verarbeitung

Erinnern wir uns an den Abschn. 7.3.1, als wir uns mit Hilfe von *Checkboxen* veranschaulichten, wie ganze Zahlen in *8-Bit-Kombinationen*, die auf den Namen *Byte* hören, abgespeichert werden können.

- Ein *Byte* fasst die Zahlen von 0 bis 255 (bzw. von −128 bis 127), zwei Byte von 0 bis 65.535 (bzw. von −32.768 bis 32.767) und so weiter.

> Je nach Größenordnung der in einer Ereignisprozedur auftretenden und in einem Speicherplatz abzulegenden ganzen Zahl muss vom Programmierer dafür ein passender Speicherplatz mit ausreichender Byte-Zahl angefordert werden.

W.-G. Matthäus, *Grundkurs Programmieren mit Delphi*, DOI 10.1007/978-3-658-14274-2_12

Wie ist das aber bei Dezimalbrüchen? Wenn beispielsweise ein Programmierer möchte, dass z. B. die Zahl 314,123456789123456789123456789 exakt gespeichert werden soll? Was soll er dann anfordern? Geht das überhaupt?

Dazu muss man das *Prinzip der internen Verarbeitung von Dezimalbrüchen* kennen:

Gibt ein Nutzer eine solche Zahl (natürlich mit Dezimalpunkt, aber dazu kommen wir noch) ein, wird sie unverzüglich intern in eine absolut gleichwertige *halblogarithmische Darstellung* überführt, bei der die *erste gültige Ziffer* unmittelbar rechts vom Dezimal-Trennzeichen erscheint:

```
314,123456789123456789123456789=0,314123456789123456789123456789*10³
```

Jeder Dezimalbruch lässt sich so darstellen. Wenn rechts vom Komma eine oder mehrere Nullen stehen, bekommt die 10 eine negative Hochzahl (Exponent):

```
0,00002345678=0,2345678*10-4
```

Der Begriff *Exponent* ist eben schon gefallen – das ist die *Hochzahl an der Zehn*. Die *gültigen Ziffern* nennt man dagegen die *Mantisse*.

Für unser erstes Beispiel erhalten wir folglich für die Mantisse die Ziffernfolge `314123456789123456789123456789`, der zugehörige Exponent ist 3.

Im zweiten Beispiel haben wir die Mantisse `2345678` mit dem Exponenten −4.

- Durch Mantisse und Exponent ist jeder Dezimalbruch eindeutig bestimmt.

12.1.2 Datentyp Single

Zum Speichern von Dezimalbrüchen können wir in Delphi-Pascal zuerst mittels

```
var normal_x,normal_y: Single;
```

Speicherplätze vom Typ `Single` anfordern. Das sind *4-Byte-Speicherplätze*.

Der *Exponent*, einschließlich seines Vorzeichens, wird *im ersten Byte* abgespeichert. Für die *Mantisse* bleiben noch *drei Byte* (24 Bit) übrig. Entsprechend dieses 3-Byte-Fassungsvermögens werden von der Mantisse, von links beginnend, diejenigen Ziffern abgespalten, die in diese drei Byte aufgenommen werden können, gegebenenfalls mit vorheriger Rundung:

```
3141235|5678912345678912345678 9
```

Bei drei Byte-Mantisse sind das sicher sechs, manchmal sieben Dezimal-Ziffern. Der Rest (kursiv gedruckt) wird nicht berücksichtigt, er verschwindet.

Damit erfahren wir:

- Dezimalbrüche können nur mit so vielen *gültigen Ziffern* gespeichert und intern verarbeitet werden, wie das *Byte-Angebot für die Mantisse* erlaubt.

> Bei 3-Byte-Mantissen müssen wir uns demnach darauf einstellen, dass die Genauigkeit der internen Speicherung und Rechnung im Allgemeinen nicht mehr als sechs gültige Dezimalziffern beträgt.

12.1.3 Datentyp `Double`

Wollen wir genauere Rechnungen durchführen, müssen wir *8-Byte-Speicherplätze* vom Typ `Double` anfordern:

```
var genau_x, genau_y: Double;
```

Im gewöhnlichen Programmierer-Jargon wird dabei von *doppeltgenauen Speicherplätzen* gesprochen. Doch das ist nicht korrekt:

> Ein Byte nimmt den Exponenten auf, folglich verbleiben diesmal sieben Byte für die Mantisse.

Bei Single sind es drei Byte, bei Double sind es aber sieben Byte. Mehr als nur doppelt so viel.

- Damit erklärt sich auch, dass wir uns darauf verlassen können, dass bei *7-Byte-Mantissen* die Genauigkeit der internen Speicherung und Rechnung sogar *15 bis 16 gültige Dezimalziffern* beträgt.

12.1.4 Datentyp `Extended`

Noch genauer wird intern gearbeitet, wenn wir *10-Byte-Speicherplätze* vom Typ `Extended` anfordern:

```
var sehr_genau_x, sehr_genau_y: Extended;
```

Dann können so genannte *supergenaue Dezimalbrüche* mit 19- bis 20-stelliger Genauigkeit im Zahlenbereich von 3.4*10-4932 bis 1,1*104932 exakt verarbeitet werden.

12.2 Komma oder Punkt?

Die Antwort ist ganz klar: Wird in einem Delphi-Pascal-Programm ein `Single`-, `Double`- oder `Extended`-Speicherplatz mit einem Zahlenwert belegt, muss *immer der Dezimalpunkt* verwendet werden:

```
var x_normal: Single; x_genau:Double; x_sehr_genau: Extended;
```

- Falsch ist `x_normal:=3,14159` – aber richtig ist: `x_normal:=3.14159`.

Übrigens ist es nicht verboten, bei der Zuweisung von Zahlen das Fassungsvermögen des jeweiligen Speicherplatzes einmal zu vergessen und Träume auszuleben:

```
var    x_normal : Single;
    x_genau  : Double;
    x_sehr_genau : Extended;
begin
    x_normal :=314.123456789123456789123456789;
    x_genau  :=314.123456789123456789123456789;
    x_sehr_genau :=314.123456789123456789123456789
end;
```

Es wird hierbei *keine Fehlermeldung* geben; das Erwachen und das Sterben der Illusionen erfolgen erst dann, wenn die Inhalte der Speicherplätze zur Kontrolle ausgegeben werden. Davon handelt der folgende Abschnitt.

12.3 Ausgabe

Es ist mal wieder an der Zeit, an die überaus wichtige Tatsache zu erinnern, dass

- Inhalte von *Textfeldern*, *Labels*, *Listen* usw. auch dann, wenn sie *aussehen wie Zahlen*, keine verarbeitbaren Zahlen sind. Sie sind stets nur *Texte*, d. h. *Zeichenfolgen*.

Wichtiger Hinweis: Wer das folgende Delphi-Projekt nicht selbst entwickeln möchte, kann auf der Seite www.w-g-m.de/delphi.htm unter *Dateien für Kapitel 12* die Datei `DKap12.zip` herunter laden, die die Projektdatei `proj_12?.dpr` enthält. Das Fragezeichen ist dann jeweils durch die Ziffernfolge des Unterkapitels zu ersetzen (Beispiel: Das Projekt aus Abschn. 12.3.1 findet sich in der Projektdatei `proj_1231.dpr`).

Umgekehrt gilt die ebenfalls wichtige Tatsache, dass

- Inhalte von Zahlen-Speicherplätzen *niemals* sofort in Textfenstern, Labels, Listen usw. ausgegeben werden können; hierzu gehören auch die `ShowMessage`-Fenster. Erst nach erfolgter *Umwandlung* (Konvertierung) in Zeichenfolgen ist eine Ausgabe möglich.

In Abschn. 7.1.1 lernten wir kennen, wie mit Hilfe der Funktion `IntToStr` der Inhalt eines `Byte`- oder anderen ganzzahligen Speicherplatzes in eine Zeichenfolge konvertiert wird, die dann ausgegeben werden kann. Schon ergibt sich die Frage, ob Delphi-Pascal uns nicht mit einer gleichartigen Funktion, vielleicht mit dem Namen `SingleToStr` oder ähnlich, behilflich sein könnte.

12.3.1 Prozedur `Str`

Hier sollten wir besser mit einer *Prozedur* arbeiten, die den Namen `Str` trägt.

- Erinnern wir uns – eine *Prozedur* wird stets *aufgerufen*, sie hat keine Quelle und kein Ziel, sie hat nur eine *Wirkung*.

Wenn die Prozedur zum Arbeiten irgendwelche Angaben (z. B. Namen von Speicherplätzen) benötigt, müssen diese nach dem Prozedurnamen in runden Klammern angefügt werden.

Die Prozedur `Str` benötigt zweierlei: Zuerst den Namen des Zahlenspeicherplatzes, dessen Inhalt sie verarbeiten soll. Weiter benötigt sie den Namen eines String-Speicherplatzes, in den sie die erzeugte Zeichenfolge (die nur noch aussieht wie die Zahl), transportieren soll. Das ist alles.

Testen wir: Auf einer Benutzeroberfläche platzieren wir zuerst nur einen Button mit der Beschriftung *Gib die Inhalte mittels* `ShowMessage` aus. Sehen wir uns die Ereignisprozedur zum (Standard-)Ereignis Klick an:

```
procedure TForm1.Button1Click(Sender: TObject);
var x_normal: Single; x_genau:Double; x_sehr_genau: Extended;
    x_normal_str,x_genau_str,x_sehr_genau_str:String;
begin
      x_normal :=314.12345678912345678912345678 9;        // Belegung
      x_genau :=314.123456789123456789123456789;
      x_sehr_genau:=314.123456789123456789123456789;
```

```
    Str(x_normal,x_normal_str); // Konvertierung zum String
    Str(x_genau,x_genau_str);
    Str(x_sehr_genau,x_sehr_genau_str);
    ShowMessage('Ausgabe von x_normal: '+x_normal_str); // Ausgabe
    ShowMessage('Ausgabe von x_genau: '+x_genau_str);
    ShowMessage('Ausgabe von x_sehr_genau: '+x_sehr_genau_str);
end;
```

Der Belegung der Speicherplätze `x_normal`, `x_genau` und `x_sehr_genau` mit jeweils 30 Ziffern, sehr optimistisch in den ersten beiden Fällen, folgt der dreifache *Aufruf* der Prozedur `Str`, erst dann können die drei `ShowMessage`-Aufrufe programmiert werden. Die Abb. 12.1 bis 12.3 zeigen die überraschenden, unpopulären Ausgaben.

Zählen wir zuerst einmal in den drei Bildern, von links beginnend, die wiedergegebenen gültigen Ziffern ab, so erkennen wir in der Abb. 12.1, dass in der Tat *nur sieben Ziffern* von den optimistisch zugewiesenen dreißig Ziffern wiederkommen – der Rest war bereits beim Transport in diesen „kleinen" Single-Speicherplatz verloren gegangen. Schlimm ist dabei nur, dass weitere Ziffern angezeigt werden: das ist *pure Rechnerfantasie.*

In den Abb. 12.2 und 12.3 ist erst einmal kein Unterschied zu sehen; alle angezeigten Ziffern sind gültig; das entspricht auch den Genauigkeitsaussagen.

Wie Abb. 12.4 zeigt, ändert sich überhaupt nichts, wenn die drei konvertierten Inhalte in drei Labels ausgegeben werden.

Offensichtlich ergeben sich zwei Wünsche:

- Ist es möglich, die ausgesprochen unpopuläre Ausgabe der Speicherplatzbelegung in dieser *halblogarithmischen Form* zu ersetzen durch eine Form, die *jeder lesen kann*?
- Und können wir weiter verhindern, dass die „Rechnerfantasien" angezeigt werden, d. h. können wir auch die *Stellenzahl der Ausgabe* steuern?

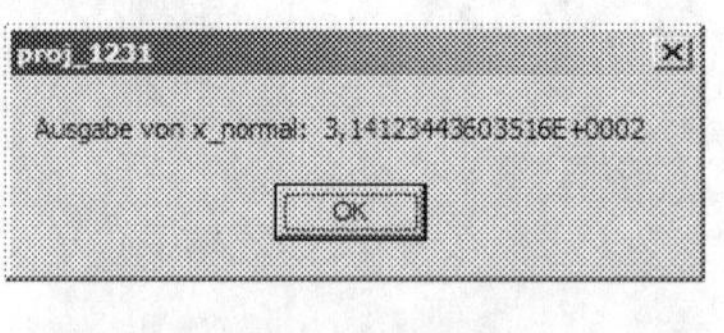

Abb. 12.1 Inhalt des `Single`-Speicherplatzes

Abb. 12.2 Inhalt des `Double`-Speicherplatzes

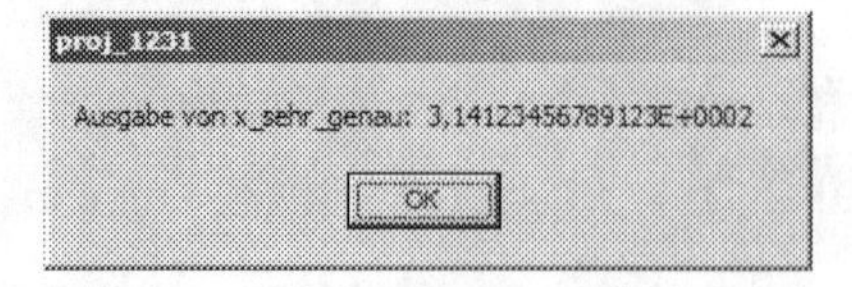

Abb. 12.3 Inhalt des `Extended`-Speicherplatzes

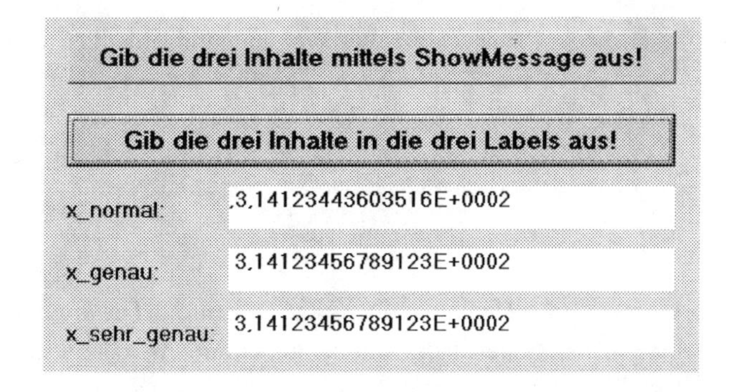

Abb. 12.4 Ausgabe in Labels

12.3.2 Formatsteuerung in alten und neuen Delphi-Versionen

Natürlich, das *Ausgabeformat* kann man steuern, und es ist auch nicht schwer. Dafür müssen wir in der `Str`-Prozedur den Namen des Zahlen-Speicherplatzes durch zwei Angaben ergänzen:

- durch die Gesamtzahl aller auszugebenden Zeichen (einschließlich des Dezimal-Trennzeichens, Punkt oder Komma) sowie
- durch die Zahl der nach dem Trennzeichen auszugebenden Ziffern.

```
x_normal          :=314.123456789123456789123456789;
x_genau           :=314.123456789123456789123456789;
x_sehr_genau:       =314.123456789123456789123456789;
Str(x_normal:8:4,x_normal_str);          // 4 Ziffern nach Punkt,3 davor
Str(x_genau:16:12,x_genau_str);         // 12 Ziffern nach Punkt,3 davor
Str(x_sehr_genau:19:15,x_sehr_genau_str);    // 15 Ziffern nach Punkt,3
                                                                    davor
Label2.Caption:=x_normal_str;
Label4.Caption:=x_genau_str;
Label6.Caption:=x_sehr_genau_str;
```

Hierbei ist zu beachten, dass man nach Anwendung der `Str`-Prozedur mit *verschiedenen Versionen von Delphi* verschiedene Ausgabeformen erhalten kann.

Da müssen wir genau hinsehen, um den wesentlichen Unterschied feststellen zu können:

- Manche Delphi-Versionen geben *formatierte Dezimalzahlen* mit dem *englischen Dezimalpunkt* aus.
- Andere Delphi-Versionen dagegen geben *formatierte Dezimalzahlen* mit dem *deutschen Dezimalkomma* aus.
- Woran mag das liegen? Der Grund findet sich in der unterschiedlichen Umsetzung der `Str`-Prozedur.

Diese drei Programmzeilen werden unterschiedlich verarbeitet:

```
Str(x_normal:8:4,x_normal_str);           // 4 Ziffern nach Punkt,3 davor
Str(x_genau:16:12,x_genau_str);          // 12 Ziffern nach Punkt,3 davor
Str(x_sehr_genau:19:15,x_sehr_genau_str);   // 15 Ziffern nach Punkt,3
                                                                   davor
```

Während in vielen Versionen von Delphi der Dezimalpunkt der internen Zahlendarstellung in den Zahlenstring hinüber genommen wird, arbeiten andere Delphi-Versionen (z. B. Delphi 8) differenzierter. Man kann sich das so vorstellen, dass vor der Umsetzung der `Str`-Prozedur beim Betriebssystem „nachgefragt wird", welche Ländereinstellung dort vorliegt. Und wenn mit einem auf deutsch/Deutschland eingestellten Betriebssystem gearbeitet wird, wird folglich, als Service, zum Beispiel von Delphi 8 der Zahlenstring mit dem landesüblichen Dezimal-Trennzeichen versehen.

12.3.3 Punkt und Komma in der Ausgabe

Was wir in den *Labels* oder in dem `ShowMessage`-Fenster sehen, das ist nicht mehr der *Zahleninhalt* des jeweiligen Speicherplatzes, sondern die *daraus erzeugte Zeichenfolge*. Folglich können wir bei Bedarf mit allen Mitteln der *String-Bearbeitung*, die wir im Abschn. 11.3 kennen gelernt haben, an diesen *Text-Inhalten* Änderungen vornehmen.

Für deutsche Nutzer bedeutet das, dass wir, sofern wir mit einem Delphi arbeiten, das den Dezimalpunkt bringt, diesen selbstverständlich in der Anzeige durch das deutsche Dezimalkomma ersetzen können.

Sehen wir uns an, wie das in dem String-Speicherplatz `x_normal_str` erfolgt:

```
lepos:=Length(x_normal_str);
pktpos:=0;
for i:=1 to lepos do                        // Punktposition ermitteln
    if Copy(x_normal_str,i,1)='.' then pktpos:=i;
Delete(x_normal_str,pktpos,1);                    // Löschen des Punktes
Insert(',',x_normal_str,pktpos);                  // Einfügen des Kommas
```

Die hierfür benötigten Speicherplätze `lepos`, `pktpos` und `i` müssen natürlich auch am Beginn des Inhalts der Ereignisprozedur vereinbart werden; es reicht der Typ `Byte`, denn kleiner als 0 oder größer als 255 wird ihr Inhalt sicher nicht werden.

Sowohl im einfachen Test als auch in der Zählschleife wurde hier von der *Ausnahmeregelung* Gebrauch gemacht: Die Anweisungsklammern `begin...end` wurden weggelassen.

Es sei noch einmal darauf hingewiesen, dass Anfänger nichts falsch machen, wenn sie derartige Ausnahmeregeln nicht in Anspruch nehmen und dafür etwas mehr schreiben:

```
for i:=1 to lepos do
     begin
     if Copy(x_normal_str,i,1)='.' then
       begin
         pktpos:=i
       end
     end;
```

Dabei ist hinter dem Zuweisungsbefehl `pktpos:=i` kein trennendes Semikolon nötig, es kommt kein weiterer Befehl im Ja-Zweig dieses Tests.

Das trennende Semikolon muss jetzt hinter dem letzten `end` stehen, denn dann folgen noch weitere Befehle.

Wenn alle drei Zahlenstrings entsprechend behandelt worden sind, muss nun auch mit den alten und neuen Delphi-Versionen die Ausgabe mit dem Komma zu sehen sein.

Wird aber derselbe Quelltext, der bei alten Delphi-Versionen erfolgreich war, mit einer Delphi-Version verarbeitet, die sofort das Komma geliefert hat, so ergibt sich, wie zu sehen ist, eine kurios aussehende und unbrauchbare Ausgabe.

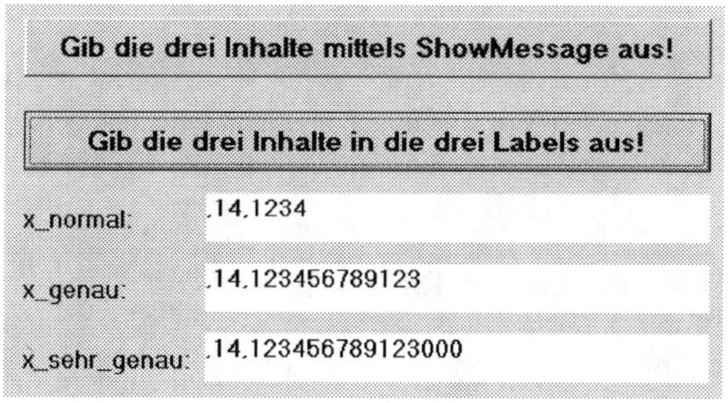

Gib die drei Inhalte mittels ShowMessage aus!

Gib die drei Inhalte in die drei Labels aus!

x_normal: ,14,1234

x_genau: ,14,123456789123

x_sehr_genau: ,14,123456789123000

Wie kann sie erklärt werden? Ausgangspunkt ist die schon erwähnte Tatsache, dass die `Str`-Prozedur mancher Delphi-Versionen für deutsche Nutzer den *Zahlenstring* automatisch mit dem *Dezimalkomma* versieht.

Das bedeutet, dass jeder Versuch, den Punkt durch das Komma zu ersetzen, scheitern muss, weil es *gar keinen Punkt* gibt. Folglich ist der Test im Innern der Zählschleife niemals erfüllt:

Der Speicherplatz `pktpos` behält seine Anfangsbelegung Null, und damit wird von `Delete` und `Insert` das erste Zeichen behandelt. Die erste Ziffer 3 wird demnach falsch durch das Komma ersetzt.

```
lepos:=Length(x_normal_str);
pktpos:=0;
for i:=1 to lepos do                          // Punktposition ermitteln
    if Copy(x_normal_str,i,1)='.' then pktpos:=i;
Delete(x_normal_str,pktpos,1);                        // Löschen des Punktes
Insert(',',x_normal_str,pktpos);                      // Einfügen des Kommas
```

Welcher Ausweg bietet sich an? Ein einfacher Test löst das Problem:

```
if pktpos>0 then
      begin
        Delete(x_normal_str,pktpos,1);
        Insert(',',x_normal_str,pktpos)
      end;
```

Diese Ereignisprozedur arbeitet in allen Delphi-Versionen korrekt: Gibt es im Zahlenstring einen *Dezimalpunkt*, wird dieser durch das *Dezimalkomma* ersetzt. Gibt es *keinen*, passiert *nichts*. Das war der Weg zum deutschen Dezimal-Trennzeichen.

So angenehm es aber ist, wenn ein deutscher Nutzer in den Ausgaben einer Benutzeroberfläche das vertraute Dezimalkomma sieht, so unangenehm wird das für den Programmierer:

Denn dieser (Komma-)String, der in der Tat dann aussieht wie eine deutsche Zahl, lässt sich seinerseits für weitere Zahlen-Verarbeitungen überhaupt nicht nutzen. Dann ist wieder der englische Dezimalpunkt gefragt. Doch davon handelt der nächste Abschnitt.

12.4 Erfassung von Dezimalbrüchen

Erneut ist an der Zeit, an die überaus wichtige Tatsache zu erinnern, dass

- Inhalte von *Textfenstern*, *Labels*, *Listen* usw. auch dann, wenn sie *aussehen wie Zahlen*, keine verarbeitbaren Zahlen sind. Sie sind stets nur *Texte*, d. h. *Zeichenfolgen*.

In Abschn. 7.1.2 lernten wir kennen, wie wir mit Hilfe der Delphi-Pascal-Funktion `StrToInt` den Inhalt eines `String`-Speicherplatzes, wenn er wie eine ganze Zahl aussieht, konvertieren und in einen seiner Größe entsprechenden ganzzahligen Speicherplatz bringen lassen können.

Damit es dabei nicht zu einer *Fehlermeldung* oder womöglich zu einem *Absturz des Programms* kommt, mussten wir dafür sorgen, dass die Funktion `StrToInt` erst dann zum Einsatz kommen darf, wenn die *Konvertierung mit Sicherheit* erfolgreich möglich ist.

Dafür lernten wir im Abschn. 5.1.4 das „*Wegfangen falscher Tasten*" kennen, so dass kein Nutzer etwas anderes als Ziffernfolgen eingeben kann. Weil dabei aber auch das Minuszeichen „weggefangen" wird, erfuhren wir im Abschn. 11.6, wie durch geeignete *String-Analyse* das *Aktivieren* oder *Deaktivieren* von Bedienelementen möglich wird, je nachdem, ob die Ziffernfolge *konvertierbar* oder *nicht konvertierbar* ist.

Auch hier ergibt sich die Frage, ob Delphi-Pascal uns nicht mit einer gleichartigen Funktion, vielleicht mit dem Namen `StrToSingle` oder ähnlich, behilflich sein könnte.

Wenn das der Fall wäre, müssten wir mit einem großen, sogar sehr großen Problem beschäftigen: Wie würden wir dann prüfen und sichern können, dass tatsächlich nur konvertierbare Strings an diese Funktion übergeben werden? Mit Vorzeichen, ohne Vorzeichen, mit Dezimalpunkt, ohne Dezimalpunkt, in üblicher Form, in halblogarithmischer Form usw. usf. – wie sollte man diese Vielfalt prüfen können?

Keine Sorge – das alles nimmt uns die Prozedur `Val` von Delphi-Pascal ab.

12.4.1 Prozedur `Val`

Die Prozedur `Val` benötigt drei Angaben, um wirken zu können:

- Zuerst benötigt sie den Namen des `ShortString`- oder `String`-Speicherplatzes (bei Delphi 8 nur `String` erlaubt), in dem die *Zeichenfolge* steht, die *zu einer Zahl gemacht* werden soll.
- Weiter braucht sie den Namen des *passenden Zahlenspeicherplatzes*, der im Erfolgsfalle mit dieser Zahl belegt werden soll.
- Drittens benötigt sie den Namen eines `Integer`-Speicherplatzes, in den die Prozedur die *Null* bringt, wenn die *Konvertierung möglich* war; andernfalls wird *eine von Null verschiedene Zahl* in diesen *Informations-Speicherplatz* gebracht.

Die folgende Ereignisprozedur zeigt den Nutzen dieses Informations-Speicherplatzes, der auch den passenden Namen bekommen sollte:

```
procedure TForm1.Button1Click(Sender: TObject);
var x_str: String; x: Double; x_info: Integer;
begin
x_str:=Edit1.Text;                           // Auslesen des Textfeldes
Val(x_str,x,x_info);                          // Konvertierungsversuch
if x_info=0  then ShowMessage('Inhalt ist konvertierbar')
             else ShowMessage('Inhalt ist nicht konvertierbar')
end;
```

Abb. 12.5 zeigt eine Reihe von Einträgen in dem Textfenster, bei denen die `Val`-Prozedur die Konvertierbarkeit feststellt.

Abb. 12.6 demonstriert dagegen Einträge, die laut Auskunft von `Val` nicht in eine Zahl umgewandelt werden können und/oder nicht in den Speicherplatz des angegebenen Typs passen.

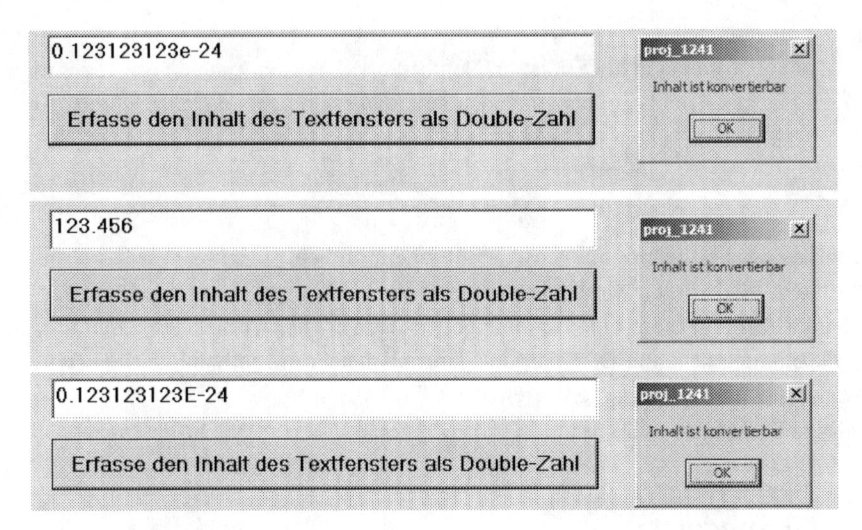

Abb. 12.5 Konvertierbare Inhalte eines Textfensters

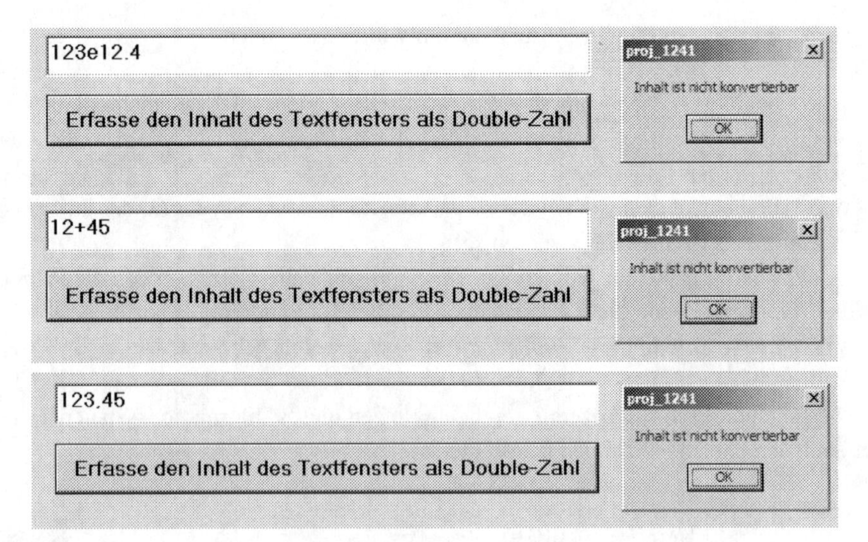

Abb. 12.6 Nicht-konvertierbare Inhalte

12.4.2 Aktivierung und Deaktivierung von Bedienelementen

Der Delphi-Pascal-Prozedur `Val` sei Dank – mit ihrer Hilfe ist es problemlos möglich, bei jedem vom Nutzer ausgelösten Ereignis *Änderung im Textfenster* die Konvertierbarkeit des aktuell vorhandenen Inhalts prüfen zu lassen und entsprechend Bedienelemente aktivieren oder deaktivieren zu können.

- Mittels `Val` können Bedienelemente *aktiviert* werden, wenn die *Konvertierung des Strings zur Zahl* möglich ist.
- Mittels `Val` können Bedienelemente *deaktiviert* werden, wenn die Konvertierung des Strings zur Zahl *nicht möglich* ist.

Betrachten wir dazu ein Textfenster und einen Button; der Button ist zu Beginn der Laufzeit inaktiv (Eigenschaft `Enabled` auf `False` voreingestellt). Die Abbildung zeigt, wie der Button mit Hilfe der folgenden Ereignisprozedur bei Nutzereinwirkung im Textfenster aktiv oder inaktiv wird:

123.123e

Verarbeite den Inhalt des Textfensters als Double-Zahl

123.123e23

Verarbeite den Inhalt des Textfensters als Double-Zahl

```
procedure TForm1.Edit1Change(Sender: TObject);
var x_str : String; x: Double; x_info: Integer;
begin
x_str:=Edit1.Text;
Val(x_str,x,x_info);
if x_info=0  then Button1.Enabled:=True
             else Button1.Enabled:=False
end;
```

12.4.3 Nutzerunterstützung 1: Behandlung falscher Tasten

Schön und gut – wir können uns, wenn wir die Prozedur `Val` einsetzen, sicher sein, dass es gewiss keinen Programmabsturz geben wird und dass auch keine mystische Fehlermeldung den Nutzer verunsichern wird, sollte sein Eintrag in einem Textfenster nicht zu einer Zahl gemacht werden können.

Sollten wir den Nutzer allein lassen, ihm lediglich einen netten Bedienungshinweis neben das Eingabefenster schreiben?

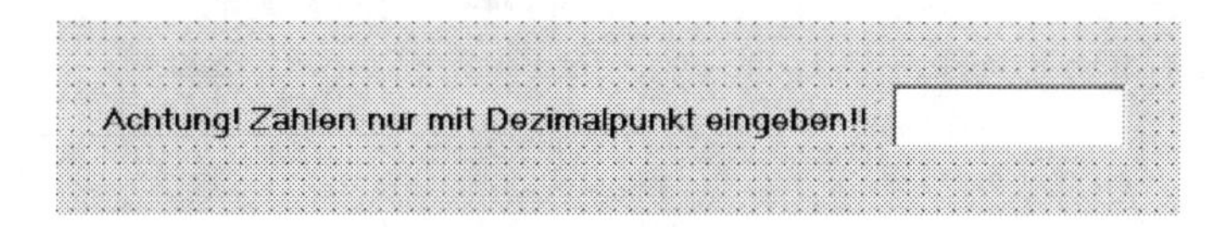

Das, so sagen altgediente Programmierer, ist völlig ohne Wert. Wer auf die Konzentration des Nutzers vertraut, der hat auf Sand gebaut.

Nein, da sollten wir doch mehr tun.

Beispielweise alle Tasten „wegfangen", die gewiss nichts mit einer Zahleneingabe zu tun haben können. Nur die Ziffern und den Punkt und das Minuszeichen erlauben.

Oder – noch besser: Nur die Ziffern und das Komma und das Minuszeichen erlauben, und automatisch aus dem Komma den Punkt machen. Geht das?

Natürlich, sehen wir uns dazu die Ereignisprozedur zum (Nicht-Standard-)Ereignis `OnKeyPress` („Taste gedrückt") an dem Textfenster `Edit1` an:

```
procedure TForm1.Edit1KeyPress(Sender: TObject; var Key: Char);
begin
if (Key<'0') or (Key>'9') then
    if Key=',' then Key:='.'
               else if Key<>'-' then Key:=Chr(27)
end;
```

Wird keine Zifferntaste gedrückt, wird in der Ereignisprozedur anschließend geprüft, ob es das Komma war. War es das Komma, wird daraus der Punkt gemacht. Andernfalls, wurde keine Ziffer und kein Komma getippt, wird weiter geprüft, ob der Nutzer ein Minuszeichen eingab. Traf auch das nicht zu, wird der Wert der gedrückten Taste ersetzt durch die Taste mit dem ASCII-Wert 27, das ist die unschädliche ESC-Taste.

Zur Übung sei allen Anfängern empfohlen, diese verkürzt ineinander geschachtelten Tests ausführlich mit den Anweisungsklammern `begin...end` aufzuschreiben. Das schärft den Blick für die innewohnende Logik.

Wer aber glaubt, dass sich danach die Verwendung der Prozedur `Val` erübrigt, wenn die falschen Tasten weggefangen und Kommas zu Punkten gemacht werden, der möge sich Folgendes ansehen:

Achtung! Zahlen nur mit Dezimalpunkt eingeben!! 124-56.2..2-3

Auch mit den erlaubten Tasten kann folglich viel Unsinn eingetragen werden. Hier ist eben die Situation anders und viel komplizierter als bei positiven ganzen Zahlen; dort brauchten wir nur die Ziffern zulassen, und schon war der Eintrag konvertierbar.

12.4.4 Nutzerunterstützung 2: Information bei Fokusverlust

Kehren wir zurück zu den Möglichkeiten, die uns die Prozedur `Val` mit ihrer Information über *erfolgreiche bzw. erfolglose Konvertierung* liefert.

Dann können wir, wie in Abschn. 12.4.2 beschrieben, Bedienelemente entsprechend aktivieren oder deaktivieren.

Es gibt aber Situationen, in denen *eine andere Art der Reaktion auf falsche Nutzereingaben* erfolgen sollte.

Denken wir an eine Benutzeroberfläche mit drei Eingabefenstern:

Der Nutzer soll drei (Dezimal-)Zahlen eingeben, die *bei Klick auf den Button* weiter verarbeitet werden.

Auch wenn wir zu dem Ereignis Tastendruck in jedem Textfenster eine Ereignisprozedur schreiben, die nur Ziffern und Minuszeichen zulässt und Komma zu Punkt macht, so ist doch damit keineswegs garantiert, dass sich immer konvertierbare Einträge in allen drei Textfenstern befinden.

Wir könnten zusätzlich drei Ereignisprozeduren zu den Standard-Ereignissen *Änderung* in jedem Textfenster schreiben. Der Inhalt jeder Ereignisprozedur würde dann stets aus der Überprüfung aller drei Fensterinhalte bestehen; nur wenn sich alle Inhalte konvertieren lassen, wird der Button zugeschaltet:

```
procedure TForm1.Edit1Change(Sender: TObject);
var    x1_str:String; x1:Double; x1_info:Integer;
       x2_str:String; x2:Double; x2_info:Integer;
       x3_str:String; x3:Double; x3_info:Integer;
begin
       x1_str:=Edit1.Text;
       x2_str:=Edit2.Text;
       x3_str:=Edit3.Text;
       Val(x1_str,x1,x1_info);
       Val(x2_str,x2,x2_info);
       Val(x3_str,x3,x3_info);
       if (x1_info=0) and (x2_info=0) and (x3_info=0)    then
            Button1.Enabled:=True
                                                         else
            Button1.Enabled:=False
end;
```

Die beiden anderen Ereignisprozeduren hätten exakt denselben Inhalt:

```
procedure TForm1.Edit2Change(Sender: TObject);
... identischer Inhalt ...
end;
procedure TForm1.Edit3Change(Sender: TObject);
... identischer Inhalt ...
end;
```

So können wir es machen. Aber was bietet sich dem Nutzer dar?

Er merkt lediglich, dass sich der Button zuschaltet oder auch nicht zuschaltet, wenn er *mit allen Eintragungen* fertig ist. Solange eines der Textfenster noch leer ist, bleibt der Button ebenfalls inaktiv – *leere Strings* werden von der Prozedur `Val` als nicht konvertierfähig gemeldet, und das ist auch gut so.

Wird der Button aber nicht aktiv, beginnt das *Rätselraten des Nutzers*: „In welchem Textfenster habe ich mich denn vertippt, woran liegt es wohl, dass ich nicht weitermachen kann?"

Deshalb wollen wir eine andere Möglichkeit kennen lernen, die unmittelbar wirksam wird, wenn der Nutzer das Textfenster verlassen will, um ein anderes Bedienelement zu bedienen.

Dieses Ereignis *Nutzer verlässt das Textfenster* ist gleichbedeutend damit, dass der Nutzer versucht, den *Fokus* auf ein anderes Bedienelement zu lenken.

Folglich tritt dann bei dem verlassenen Bedienelement das (Nicht-Standard-)Ereignis *Fokusverlust* ein.

In Abschn. 2.3.3 haben wir uns schon einmal mit dem Thema Fokus beschäftigt, dort allerdings behandelten wir hauptsächlich das Ereignis *Fokuserhalt*. Für dieses (Nicht-Standard-)Ereignis hatten wir uns mittels `OnEnter` den Rahmen der Ereignisprozedur beschaffen können.

Beschaffen wir den Rahmen für das Nicht-Standard-Ereignis *Fokusverlust* aus der Registerkarte EREIGNISSE des Objektinspektors durch Doppelklick in das leere weiße Feld, nachdem wir `OnExit` ausgewählt haben:

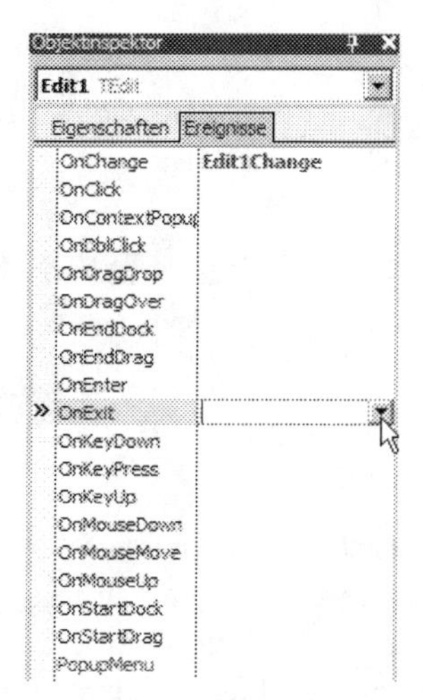

Schon erhalten wir den *Rahmen* für die *zugehörige Ereignisprozedur*:

```
procedure TForm1.Edit1Exit(Sender: TObject);
begin
..............
end;
```

Und der Inhalt? Wenn der Nutzer das Textfenster `Edit1` verlassen will, wird die Konvertierbarkeit des Inhalts geprüft. Ist sie nicht gegeben, bekommt der Nutzer eine gezielte Information:

```
procedure TForm1.Edit1Exit(Sender: TObject);
var x1_str:String; x1:Double; x1_info:Integer;
begin
       x1_str:=Edit1.Text;
       Val(x1_str,x1,x1_info);
       if (x1_info<>0) then
         ShowMessage('Korrigieren Sie bitte die oberste Zahl')
end;
```

In gleicher Weise stellen wir die beiden Ereignisprozeduren zu den Ereignissen *Fokusverlust bei* `Edit2` und *Fokusverlust bei* `Edit3` her.

So wird der Nutzer unmittelbar nach dem Ende einer Eintipp-Aktion informiert, wo er etwas falsch gemacht hat:

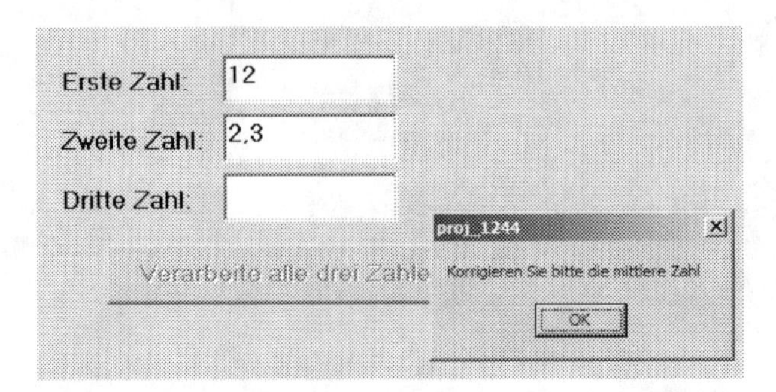

Aber – der Nutzer, das undurchsichtige Wesen Was ist, wenn er sich nicht an die Information hält, munter in andere Textfenster weiter eingibt?

Wenn er die Fehlerinformation kaltblütig ignoriert oder gar zu lesen vergisst? Dann bleibt der Button inaktiv, und das Rätselraten beginnt von Neuem.

Übrigens muss es nicht unbedingt bösartig sein, dass ein Nutzer solch ein Informationsfenster überliest. Man denke nur an jemand, der viele Zahlen eingeben muss und dies tut, ohne eigentlich auf den Bildschirm dabei zu sehen …

Wie können wir deutlicher auf einen Fehler hinweisen? Den Nutzer vielleicht sogar zwingen, erst einmal den gerade begangenen Fehler zu beseitigen, ehe er sich anderen Dingen zuwenden kann?

Da hilft uns zuerst die Delphi-Pascal-Prozedur `Beep`; sie erzeugt einen kleinen *Warnton*. Damit der Nutzer aufwacht. Und weiter hilft uns die Prozedur `setFocus`, die in der Punktliste des visuellen Objekts `Edit1` gefunden werden kann

Wir greifen damit ein wenig vor; zu den *Funktionen* und *Prozeduren* visueller Objekte wird ausführlich später, im Abschn. 13.3.4, Stellung genommen.

Damit erhält der entscheidende Teil der Ereignisprozedur zum Fokusverlust des Textfensters `Edit1` den folgenden Inhalt:

```
if (x1_info<>0) then
    begin
      Beep;                                                    // Warnton
      ShowMessage('Korrigieren Sie bitte die oberste Zahl');
      Edit1.setFocus      // Fokus wird auf Textfenster zurückgesetzt
    end
```

Nun kann der Nutzer ganz müde oder ganz ignorant sein – er erlebt durch den Befehl `Edit1.setFocus` mit dem *Fokus-Rücksetzen*, wie der Fokus auf das Textfenster zurückspringt, das er soeben verlassen wollte, und wie dessen Inhalt sogar automatisch selektiert wird.

So, dass er sofort den alten, falschen Eintrag überschreiben kann. Besser gesagt, er muss. Ob er will oder nicht.

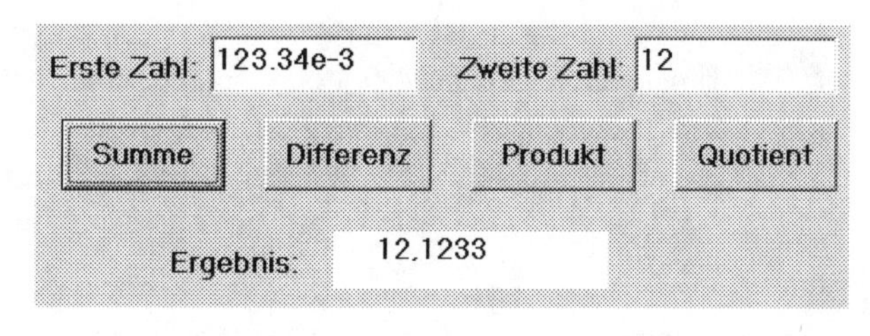

Abb. 12.7 Vier Grundrechenarten

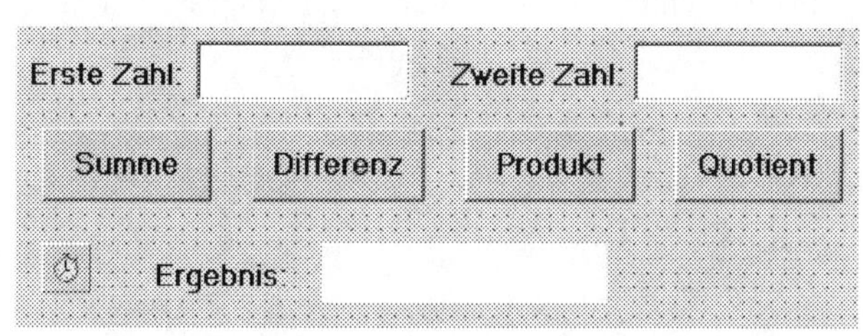

Abb. 12.8 Timer zur Aktivierung der Buttons

Denn ansonsten hängt er in der *Schleife der Bedienhandlungen* fest: Er gibt falsch ein, will das Fenster verlassen, wird auf seinen Fehler aufmerksam gemacht und zurück in das Textfenster gelenkt. Gibt er wieder falsch ein, wird er beim Versuch des Verlassens wieder aufmerksam gemacht und zurück in das Textfenster gelenkt und so weiter. Solange, bis er korrekt handelt. So programmiert man das Erzwingen sinnvoller Nutzereingaben.

12.5 Rechnen mit Delphi

An einigen Beispielen wollen wir uns ansehen, wie mit Delphi-Pascal richtiggehend *gerechnet* werden kann. Natürlich beginnen wir mit einer kleinen *Rechner-Oberfläche für die vier Grundrechenarten.* Dann kommt der bekannte Taschenrechner dazu.

12.5.1 Vier Grundrechenarten

Die Benutzeroberfläche (Abb. 12.7) besteht aus *zwei Eingabe-Textfenstern*, vier *Buttons* mit den Beschriftungen für die Rechenarten sowie dem *Ergebnis-Label*. Anfangs sollen alle vier Buttons inaktiv sein (Eigenschaft `Enabled` auf `False` voreingestellt).

Auf dem Entwurf (Abb. 12.8) sieht man zusätzlich noch das *Timer-Symbol*; wir wollen nicht vergessen, dass ein mitlaufender schneller *Prüf-Timer* (Eigenschaft `Interval` auf 55 gesetzt) die Buttons automatisch zu- oder abschalten wird, je nach Belegung der Textfenster.

Deshalb wollen wir uns zuerst dem Inhalt der *Ereignisprozedur zum Timer-Ereignis* zuwenden.

Der Timer soll *bei Konvertierbarkeit beider Fensterinhalte* die Buttons zuschalten. Für das Zuschalten des Buttons mit der Beschriftung *Quotient* wird zusätzlich noch geprüft, ob der Inhalt des zweiten Fensters nicht Null ist.

Entsprechend dieser Aufgabenstellung müssen wir die *Ereignisprozedur zum Timer-Ereignis* in folgender Weise programmieren:

```
procedure TForm1.Timer1Timer(Sender: TObject);
var    x1_str:String; x1:Double; x1_info:Integer;
       x2_str:String; x2:Double; x2_info:Integer;
begin
x1_str:=Edit1.Text;
x2_str:=Edit2.Text;
Val(x1_str,x1,x1_info);
Val(x2_str,x2,x2_info);
if (x1_info=0) and (x2_info=0) then
        begin
          Button1.Enabled:=True;
Button2.Enabled:=True;
Button3.Enabled:=True;
          if x2<>0 then Button4.Enabled:=True
        end
                      else
        begin
          Button1.Enabled:=False;
Button2.Enabled:=False;
          Button3.Enabled:=False;
Button4.Enabled:=False
        end
end;
```

Recht einfach ist die Ereignisprozedur für das Ereignis *Klick auf den Button* mit der Beschriftung *Summe*:

```
procedure TForm1.Button1Click(Sender: TObject);
var    x1_str:String; x1:Double; x1_info:Integer;
       x2_str:String; x2:Double; x2_info:Integer;
       erg: Double; erg_str: String;
begin
       x1_str:=Edit1.Text;x2_str:=Edit2.Text;
       Val(x1_str,x1,x1_info);Val(x2_str,x2,x2_info);
       erg:=x1+x2; Str(erg:12:4,erg_str);Label4.Caption:=erg_str
end;
```

Die anderen drei Rechen-Ereignisprozeduren zum *Klick auf die drei anderen Buttons* unterscheiden sich davon nur an einer einzigen Stelle, dem Operationszeichen.

Abb. 12.9 Benutzeroberfläche für einfachen Rechner

Wer das alles ausprobiert, der bemerkt noch eine Ungereimtheit: Wird nach fertigem und angezeigtem Ergebnis in einem der beiden Eingabefenster geändert, dort etwas Neues eingetragen, ist die angezeigte Zahl sinnlos, falsch.

Das bedeutet, dass wir *bei jeglicher Änderung in einem der beiden Eingabe-Fenster* sofort *das Ergebnis-Label löschen* sollten:

```
procedure TForm1.Edit1Change(Sender: TObject);
begin
    Label4.Caption:=''
end;
procedure TForm1.Edit2Change(Sender: TObject);
begin
    Label4.Caption:=''
end;
```

Löschen bedeutet wiederum nichts anderes, als dass das Label mit dem *leeren String* `''` beschriftet wird.

12.5.2 Der Windows-Rechner

Die Benutzeroberfläche (Abb. 12.9) bestehe zuerst der Einfachheit halber aus dem großen *Label*, dem *Tastenfeld* mit den *Zifferntasten*, einer *Korrekturtaste*, den *Tasten für Addition und Subtraktion* und der = *Taste* für das Ergebnis.

Auf die *Kommataste* sowie auf *Multiplikation* und *Division* wollen wir vorerst verzichten; wer das Prinzip verstanden hat, kann seinen „Rechner" dann beliebig aufrüsten.

Wird das alles ausreichen? Nein – wie Abb. 12.10 zeigt, brauchen wir noch drei weitere Bedienelemente, die später unsichtbar gemacht werden. Der *Radiobutton* mit der Beschriftung *anfügen* wird gebraucht, um den aktuellen Eingabemodus zu speichern:

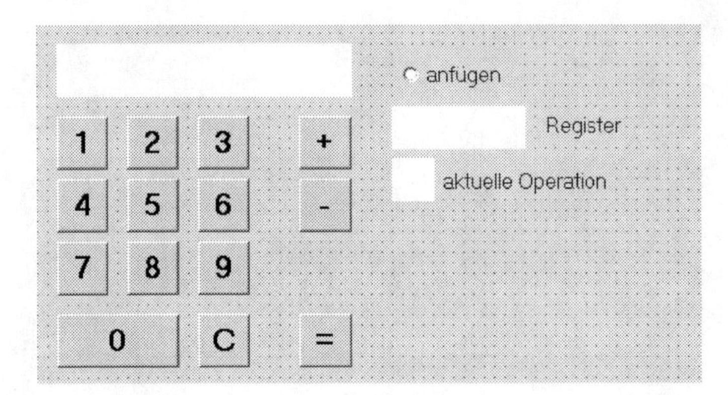

Abb. 12.10 Entwurf des Taschenrechners

Schon der Klick auf die Taste *1* hat nämlich zwei verschiedene Wirkungen:

- Entweder er bewirkt die *Löschung des gesamten Eingabe-Labels* (wenn vorher eine Operationstaste oder die Ergebnistaste gedrückt worden war).
- Oder er bewirkt das *Anfügen des Zeichens „1"* an den Inhalt des Eingabe-Labels (wenn gerade die Eingabe-Ziffernfolge aufgebaut/fortgesetzt wird).

Sehen wir uns dazu bereits die Ereignisprozedur zum Standard-Ereignis Klick auf Button mit der *Beschriftung 1* an:

```
procedure TForm1.Button1Click(Sender: TObject);
begin
if RadioButton1.Checked=False then
    begin
    RadioButton1.Checked:=True; Label1.Caption:='1'
    end
                                 else
    Label1.Caption:=Label1.Caption+'1'
end;
```

Durch das *Einschalten des Radiobuttons* im Ja-Zweig der Alternative wird gesichert, dass nach einer Neueingabe die weiteren Tastenbetätigungen zum *Anfügen* führen.

> Damit können wir die zehn Ereignisprozeduren für den Klick auf jede Zifferntaste programmieren.

Die *Korrekturtaste C* löscht das Eingabefenster und setzt den Radiobutton auf `False`, damit neu eingegeben werden kann:

```
procedure TForm1.Button11Click(Sender: TObject);
begin
     Label1.Caption:='';
     RadioButton1.Checked:=False
end;
```

Kommen wir zum *Button* + : Beim Klick auf diese Taste muss dreierlei passieren:

- Der Inhalt des *Eingabe-Label* muss irgendwo zwischengespeichert werden. Dafür ist in der Abb. 12.10 ein Label mit dem Namen `Label2` und der Beschriftung *Register* vorgesehen.
- Der *Radiobutton* ist in seiner property `Checked` auf `False` zu setzen, damit die nächste betätigte Zifferntaste nicht anfügt, sondern eine *Neueingabe* beginnt.
- Die Art der Operation muss ebenfalls irgendwo gespeichert werden, damit beim späteren Druck auf die *Taste* = festgestellt werden kann, ob addiert oder subtrahiert werden muss. Dafür ist in Abb. 12.10 ein *Label* mit dem Namen `Label3` und der Beschriftung *aktuelle Operation* vorgesehen.

Und das ist die entsprechende Ereignisprozedur:

```
procedure TForm1.Button12Click(Sender: TObject);
begin
     Label2.Caption:=Label1.Caption;
     RadioButton1.Checked:=False;
     Label3.Caption:='+'
end;
```

Kommen wir zum *Button* = : Da im Label mit der Beschriftung *aktuelle Operation* abgespeichert wurde, mit welcher der Tasten + oder − das Register vorher gefüllt worden ist, kann entsprechend gerechnet und ausgegeben werden. Das *Register wird gelöscht*, und der *Radiobutton* wird in seiner property `Checked` auf `False` gesetzt, damit die nächste betätigte Zifferntaste nicht anfügt, sondern eine *Neueingabe* beginnt.

Da unser einfacher Taschenrechner keine Kommataste hat, können wir auf Speicherplätze verzichten und die Rechnung einfach programmieren:

```
procedure TForm1.Button14Click(Sender: TObject);
begin
if Label3.Caption='+' then
                              Label1.Caption:=IntToStr(
                                 StrToInt(Label2.Caption)+
                                    StrToInt(Label1.Caption)
                                       );
if Label3.Caption='-' then
                              Label1.Caption:=IntToStr(
                                 StrToInt(Label2.Caption)-
                                    StrToInt(Label1.Caption)
                                       );
RadioButton1.Checked:=False;
Label2.Caption:=''; Label3.Caption:=''
end;
```

Das war's schon, grundsätzlich. Wer möchte, kann weiter ausbauen: Tasten für *Mal* und *Durch* ergänzen und testen.

Wie reagiert eigentlich der Windows-Rechner auf eine Division durch Null ?

Eine *Komma-Taste* kann man dann noch hinzunehmen, und schon wird alles viel komplizierter. Nun müssen Speicherplätze verwendet werden

Der Aufwand hält sich noch in Grenzen, wenn beim *Klick auf die Komma-Taste* im Eingabe-Label ein Punkt eingetragen wird. Dann entstehen sofort konvertierbare Label-Inhalte – sofern gesichert ist, dass stets nur höchstens ein Punkt eingetragen werden kann. Das muss in der Ereignisprozedur zur Kommataste programmiert werden, eine kleine Abzählaufgabe ist zu lösen.

Will man sehr nutzerfreundlich sein und das *Komma auch anzeigen*, steht vor der Rechnung zusätzlich noch das Ersetzen des Kommas durch den Punkt an.

Wieder eine zusätzliche Schwierigkeit.

Mit einem Anliegen wollen wir uns aber doch noch im Detail beschäftigen – mit den *Kettenrechnungen.*

Wer kennt das nicht:

```
1 plus 2 minus 4 plus 5 ist wie viel?
```

Mit der aktuellen Entwicklungsstufe unseres Taschenrechners müssen wir zur Lösung dieser Aufgabe so vorgehen: `1 + 2 = - 4 = + 5 = .`

Zugegeben, ziemlich umständlich. Was müssen wir ändern, damit wir wie beim Windows-Rechner kürzer eintippen können: $1+2-4+5=$?

Wo liegt das Problem?

Das Problem liegt in den Ereignisprozeduren für die Tasten + und –. In ihnen müsste einfach nur getestet werden, ob im Label *aktuelle Operation* ein Inhalt vorliegt.

Wenn es einen *Inhalt im Register* gibt, wird vor dem Transport vom *Eingabe-Label* ins *Register* zuerst die anstehende Rechnung ausgeführt.

Sehen wir uns die entsprechend ergänzte *Ereignisprozedur für den Plus-Button* an:

```
procedure TForm1.Button12Click(Sender: TObject);
begin
    if Label3.Caption='+' then
        Label1.Caption:=IntToStr(
          StrToInt(Label2.Caption)+
```

```
            StrToInt(Label1.Caption)
            );
    if Label3.Caption='-' then
          Label1.Caption:=IntToStr(
             StrToInt(Label2.Caption)-
                StrToInt(Label1.Caption)
                );
    Label2.Caption:=Label1.Caption;
    RadioButton1.Checked:=False;
    Label3.Caption:='+'
end;
```

13 Prozeduren und Funktionen

Inhaltsverzeichnis

13.1 Grundsätzliches 262
13.2 Prozeduren und Funktionen von Delphi-Pascal 262
13.3 Prozeduren und Funktionen visueller Objekte 268
13.4 Simulation einer Supermarkt-Kasse 277
13.5 Eigene Prozeduren 286

In diesem Kapitel stellen wir zuerst kurz zusammen, welche Funktionen und Prozeduren, die uns Delphi-Pascal als Bestandteile der Sprache liefert, wir bisher zu welchem Zweck verwendet haben.

Anschließend werden wir einige *Datums- und Zeitfunktionen* von Delphi-Pascal kennen lernen.

Bei den *arithmetischen Funktionen* müssen wir erkennen, dass Delphi-Pascal leider *keine Potenzfunktion* liefert, aber wir werden uns zu helfen wissen.

Anschließend kehren wir wieder zurück zu unseren *visuellen Objekten* und erfahren, wie mit *Funktionen* und *Prozeduren* visueller Objekte *Auskünfte über den Datenkern* eingeholt und *Manipulationen im Datenkern* vorgenommen werden können.

Ein kleiner Beitrag beschäftigt sich auch mit der Möglichkeit, durch *Verwendung von eigenen Prozeduren* Schreibarbeit zu sparen, vor allem, wenn die Inhalte vieler Ereignisprozeduren identisch sind.

W.-G. Matthäus, *Grundkurs Programmieren mit Delphi*, DOI 10.1007/978-3-658-14274-2_13

13.1 Grundsätzliches

- *Prozeduren* sind *vorgefertigte Programmstücke*, die eine *Wirkung* haben. Diese Wirkung kann in der Veränderung von Inhalten in einem oder mehreren Speicherplätzen bestehen, sie kann auch völlig unabhängig von Speicherplätzen sein. Prozeduren werden *stets aufgerufen*, d. h. sie haben in einem Zuweisungsbefehl nichts zu suchen, denn sie haben *keine Quelle und kein Ziel.*

Wenn eine Prozedur für ihre Wirkung irgendwelche Angaben (zum Beispiel Namen von Speicherplätzen) benötigt müssen diese nach dem Prozedurnamen in runden Klammern angefügt werden. Benötigt eine Prozedur nichts, entfallen die runden Klammern hinter dem Prozedurnamen.

- *Funktionen* sind *vorgefertigte Programmstücke*, die stets *einen einzigen Wert* liefern. Eine Funktion wird *verwendet*, indem *der Ergebniswert der Funktion* in einen geeigneten Speicherplatz oder einen Test gelenkt oder anderweitig verarbeitet wird.

Manche Funktionen benötigen gewisse Angaben, damit sie arbeiten können; diese Angaben sind dann in runden Klammern hinter den Funktionsnamen einzutragen. Andere Funktionen benötigen nichts; dort entfallen folglich auch die runden Klammern hinter dem Funktionsnamen.

13.2 Prozeduren und Funktionen von Delphi-Pascal

13.2.1 Bisher bereits verwendete Prozeduren und Funktionen

Bereits im Abschn. 2.2 benutzten wir eine erste Prozedur, die uns die Sprache Delphi-Pascal zur Verfügung stellt.

Sie trägt den Namen `ShowMessage` und sorgt dafür, dass ein *Mitteilungsfenster* mit einem bestimmten Text auf dem Bildschirm erscheint.

Der Abschn. 7.1 war den beiden Funktionen `StrToInt` und `IntToStr` gewidmet, mit deren Hilfe Zeichenfolgen, wenn sie *aussehen wie ganze Zahlen*, zu Zahlen gemacht werden können, umgekehrt werden Zahlen stets zu Zeichenfolgen.

Im Abschn. 7.4 verwendeten wir die Funktion `Random` und die Prozedur `Randomize` zur Erzeugung von ganzen Zufallszahlen.

Abschn. 10.2 beschäftigte sich mit der Speicherung einzelner Zeichen, vor allem mit ihrer Codierung und den ASCII-Werten. In diesem Zusammenhang lernten wir die Funktionen `Chr` und `Ord` kennen.

Schließlich war der Abschn. 11.1 den beiden Prozeduren `Delete` und `Insert` und den String-Funktionen `CompareStr`, `Concat`, `Copy`, `Length`, `LowerCase`, `Pos` und `UpperCase` und ihren vielfältigen Anwendungsmöglichkeiten beim Umgang mit Zeichenfolgen gewidmet.

In Abschn. 12.3 schließlich beschäftigten wir uns mit dem aufwändigen Thema der Konvertierung von Strings in Inhalte für Dezimalbruch-Speicherplätze und umgekehrt. Ohne die beiden *Konvertierungs-Prozeduren* `Str` und `Val` wäre das nicht möglich gewesen.

Wichtiger Hinweis: Wer das folgende Delphi-Projekt nicht selbst entwickeln möchte, kann auf der Seite www.w-g-m.de/delphi.htm unter *Dateien für Kapitel 13* die `Datei DKap13.zip` herunter laden, die die Projektdatei `proj_13?.dpr` enthält. Das Fragezeichen ist dann jeweils durch die Ziffernfolge des Unterkapitels zu ersetzen (Beispiel: Das Projekt aus Abschn. 13.2.2 findet sich in der Projektdatei `proj_1322.dpr`).

13.2.2 Datums- und Zeitfunktionen

Delphi-Pascal gibt uns die Möglichkeit, das *aktuelle Datum* und die *aktuelle Uhrzeit* anzeigen zu lassen. Denn die beiden Funktionen `Date` und `Time` liefern diese Angaben.

Beide Funktionen benötigen *nichts*, folglich steht einer Programmierung einer Ereignisprozedur für die Datumsanzeige scheinbar nichts im Wege:

```
procedure TForm1.Button1Click(Sender: TObject);
begin
    Label1.Caption:=Date
end;
```

Natürlich gibt es aber doch eine Fehlermeldung. Warum? Immer dasselbe: Ein Label kann nur belegt werden mit einem *String*, und das, was die Funktion `Date` liefert, ist eben *kein String*. Es hat ein *Sonderformat*, und nur mittels der Funktion `DateToStr`, deren Name für sich spricht, programmieren wir richtig.

```
procedure TForm1.Button1Click(Sender: TObject);
begin
    Label1.Caption:=DateToStr(Date)
end;
```

Bevor wir bei der Zeitanzeige den gleichen Fehler begehen, probieren wir lieber sofort, ob die *Konvertierungsfunktion*, die eine Zeitangabe zu einem String macht und wahrscheinlich `TimeToStr` heißt, uns die Uhrzeit in ein Label bringt.

```
procedure TForm1.Button2Click(Sender: TObject);
begin
    Label2.Caption:=TimeToStr(Time)
end;
```

Siehe da, es funktioniert. Doch auch hier gibt es einen Unterschied zwischen den Delphi-Versionen: Während manche Delphi-Versionen das Jahr nur zweistellig ausgeben, liefern neueren Versionen das Jahr vierstellig.

Nun wissen wir, wie wir Datum und Zeit als einfache Zeichenfolge erhalten können.

Mit den *String-Prozeduren* und *-Funktionen* lassen sich weitere Aufgaben lösen. Beispielsweise die Ausgabe des Datums mit den *deutschen Monatsnamen.* Denn es ist bekannt, dass Monatsnummer und Punkt in dem ausgegebenen String an *vierter bis sechster Stelle* stehen.

Lösen wir das vierte und fünfte Zeichen heraus, machen diese Zeichenfolge zu einer ganzen Zahl, belegen entsprechend einen `String`-Speicherplatz für den Monatsnamen und praktizieren die Ersetzung in diesem `String`.

```
procedure TForm1.Button1Click(Sender: TObject);
var    dat_str, monat  : ShortString;
       mon_nr          :Byte;
begin
dat_str:=DateToStr(Date);
mon_nr:=StrToInt(Copy(dat_str,4,2));
if mon_nr=1 then monat:='Januar';
if mon_nr=2 then monat:='Februar';
if mon_nr=3 then monat:='März';
if mon_nr=4 then monat:='April';
if mon_nr=5 then monat:='Mai';
if mon_nr=6 then monat:='Juni';
if mon_nr=7 then monat:='Juli';
if mon_nr=8 then monat:='August';
if mon_nr=9 then monat:='September';
if mon_nr=10 then monat:='Oktober';
if mon_nr=11 then monat:='November';
if mon_nr=12 then monat:='Dezember';
Delete(dat_str,4,3);
Insert(' '+monat+' ',dat_str,4);
Label1.Caption:=dat_str
end;
```

Lösen wir noch eine kleine Aufgabe: Nicht selten wird gefordert, dass auf einer Benutzeroberfläche eine *mitlaufende Zeitanzeige* zu sehen sein soll. Das Problem besteht hier in der Vokabel *mitlaufend.* Denn die Zeitanzeige in einem Label aktualisiert sich nicht von selbst.

Betrachten wir dazu die Lösung: Ein *Timer* wird verwendet, der aller *hundert Millisekunden* sein *Timer-Ereignis* ausschickt. Und bei jedem Timer-Ereignis wird die Funktion `Time` neu aufgerufen und holt die *aktuelle Zeit.* So einfach ist das:

```
procedure TForm1.Timer1Timer(Sender: TObject);
begin
    Label3.Caption:=TimeToStr(Time)
end;
```

Bedeutsam sind weiter die beiden Encode-Funktionen `EncodeTime` und `EncodeDate`, die die Umkehrung der Funktionen `TimeToStr` und `DateToStr` darstellen. Sie konvertieren eine klassische Zeit- bzw. Datumsangabe in die oben erwähnten Sonderformate.

Die `EncodeTime`-Funktion erwartet vier ganzzahlige Angaben in vorgeschriebener Reihenfolge: Stunde, Minute, Sekunde und Millisekunde. Daraus wird dann das interne Uhrzeit-Sonderformat erzeugt, so dass zur Kontrolle wieder die Rückwärts-Konvertierung mittels `TimeToStr` nötig ist:

```
ShowMessage(TimeToStr(EncodeTime(8,23,45,00)));
```

Die `EncodeDate`-Funktion erwartet drei ganzzahlige Angaben in vorgeschriebener Reihenfolge: Jahr, Monatsnummer, Tagesnummer. Daraus wird dann das interne Datums-Sonderformat erzeugt, so dass zur Kontrolle wieder die Rückwärts-Konvertierung mittels `DateToStr` nötig ist:

```
ShowMessage(DateToStr(EncodeDate(2005,10,03)))
```

Bilden wir die Differenz zwischen internen Zeit-Sonderformaten, erhalten wir damit automatisch die Zeitdifferenz in Stunden, Minuten und Sekunden:

```
ShowMessage   (TimeToStr(EncodeTime(8,23,45,00)
                          -
                          EncodeTime(5,43,57,00))
              )
```

13.2.3 Arithmetische Funktionen

Überaus groß ist das Angebot an arithmetischen Funktionen in Delphi-Pascal nicht. Natürlich, es gibt `Abs` für den *Betrag*, `Ln` für den *natürlichen Logarithmus*, `Sqr` für die *Quadratzahl*, `Sqrt` für die *Quadratwurzel* und `Sin` und `Cos` für die beiden grundlegenden *trigonometrischen Funktionen*.

Alle diese Funktionen erwarten einen Zahlenwert oder den Namen eines Zahlenspeicherplatzes und liefern mit höchstmöglicher Genauigkeit ihr Ergebnis. Sehen wir uns stellvertretend an, wie die *Wurzel aus 2* gezogen wird:

```
procedure TForm1.Button1Click(Sender: TObject);
var - zahl, wurzel    : Extended;
    wurzel_str        : String;
begin
      zahl:=2.0;
      wurzel:=Sqrt(zahl);
      Str(wurzel:18:16, wurzel_str);
      ShowMessage(wurzel_str)
end;
```

Leider stellt uns Delphi-Pascal keine Funktion zur Verfügung, mit der wir solch eine einfache Aufgabe wie die Berechnung von 2 hoch 10 lösen können.

Aber unter Verwendung *mathematischer Kenntnisse* können wir diese Aufgabe mit Hilfe der beiden Funktionen `Exp` und `Ln` doch lösen. Die Ereignisprozedur zeigt, wie wir vorgehen müssen:

```
procedure TForm1.Button2Click(Sender: TObject);
var basis, exponent, ergebnis: Extended; ergebnis_str: String;
begin
basis:=2.0; exponent:=10;
ergebnis:=Exp(exponent*Ln(basis));
Str(ergebnis:8:1, ergebnis_str);ShowMessage(ergebnis_str)
end;
```

Eine interessante Anwendung lässt sich damit programmieren: Wie entwickelt sich ein Startkapital bei gegebenem Zinssatz in so und so viel Jahren?

Der Mathematik entnehmen wir die entsprechende Formel:

```
Kapital = Grundkapital*[(1+zinssatz/100)(Anzahl der Jahre)]
```

Sehen wir uns die Benutzeroberfläche an. Sie enthält die *Textfenster* zur Eingabe der Daten sowie einen *Button* und ein *Label* zur Ergebnisausgabe:

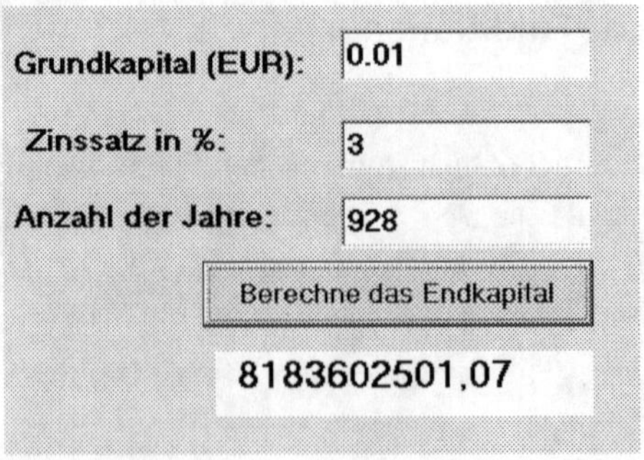

Grundkapital (EUR): 0.01
Zinssatz in %: 3
Anzahl der Jahre: 928
Berechne das Endkapital
8183602501,07

In der *Ereignisprozedur* müssen wir dafür sorgen, dass nur bei *sinnvollen Eingabedaten* (bei *konvertierbaren Strings* in den Textfenstern) gerechnet wird:

```
procedure TForm1.Button1Click(Sender: TObject);
var      grundkap:Extended;
grundkap_str:String;
grundkap_info:Integer;
zinssatz:Extended;
zinssatz_str:String;
zinssatz_info:Integer;
endkap: Extended;
endkap_str: String;
jahre:Integer;
basis, exponent: Extended;
begin
grundkap_str:=Edit1.Text; zinssatz_str:=Edit2.Text;
jahre:=StrToInt(Edit3.Text);        // Edit3 darf nur Ziffern enthalten
Val(grundkap_str,grundkap,grundkap_info);        // Konvertierversuch
Val(zinssatz_str,zinssatz,zinssatz_info);
if (grundkap_info=0) and (zinssatz_info=0) then
      begin
basis:=1+zinssatz/100;
exponent:=jahre;
endkap:=grundkap*Exp(exponent*Ln(basis));
Str(endkap:15:2,endkap_str);
Label9.Caption:=endkap_str
      end
end;
```

Da wir die Funktion `StrToInt` für die Konvertierung des Inhalts des dritten Textfensters `Edit3` in eine Integer-Zahl verwendeten, müssen wir mit einer besonderen, zusätzlichen Ereignisprozedur garantieren, dass in dieses Textfenster *nur Ziffern* eingetragen werden können:

```
procedure TForm1.Edit3KeyPress(Sender: TObject; var Key: Char);
begin
if (Key<'0') or (Key>'9') then Key:=Chr(27)
end;
```

Nun können wir nach Herzenslust rechnen: Im Jahre 1077 zog Heinrich der Vierte zur Buße über die Alpen nach Canossa. Angenommen, Heinrich hätte damals im Vorbeigehen nur einen einzigen Euro-Cent in Augsburg beim Bankhaus Fugger (oder dessen Vorgänger) mit 3 Prozent jährlicher Verzinsung angelegt.

Wie reich wäre er denn im Jahr 2005, nach 928 Jahren, gewesen? Die Abbildung klärt uns auf. Wer hätte das gedacht: 8 Komma 18 Milliarden Euro wären es. Schade, dass der Heinrich das nicht mehr erleben kann.

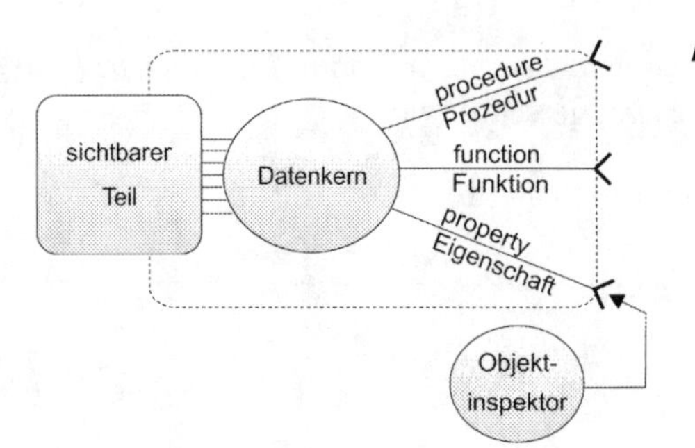

Abb. 13.1 Visuelles Objekt

13.3 Prozeduren und Funktionen visueller Objekte

13.3.1 Wiederholung: Visuelle Objekte

Erinnern wir uns an das Schema in Abb. 13.1, mit dessen Hilfe wir uns im Abschn. 2.1.2 dem Begriff und dem Verständnis eines *visuellen Objekts* nähern konnten:

> Der Datenkern ist unmittelbar verbunden mit dem sichtbaren Teil, und mittels verschiedener Mechanismen ist es möglich, mit dem Datenkern „umzugehen".

Zu den *properties* (Eigenschaften) brauchen wir nichts mehr zu sagen; mit ihnen haben wir ausführlich genug gearbeitet. Vor allem mit den meistgebrauchten properties, die sogar in das Registerblatt EIGENSCHAFTEN der Objektinspektoren aufgenommen wurden. Sie ermöglichen den direkten aktiven und passiven Zugriff auf bestimmte Angaben im Datenkern.

13.3.2 Eigenschaften aus der Punktliste: properties

Nicht alle *properties* sind in dem genannten Registerblatt EIGENSCHAFTEN aufgeführt, sondern nur die wichtigsten. Im Abschn. 4.7.3 wurde schon einmal vorgeführt, wie wir die *Namen weiterer properties* finden können: Nach dem *Eintippen des Punktes* hinter dem Namen des visuellen Objekts (hier ist es `ListBox1`) müssen wir eine knappe Sekunde warten. Dann erscheint die *Punktliste*:

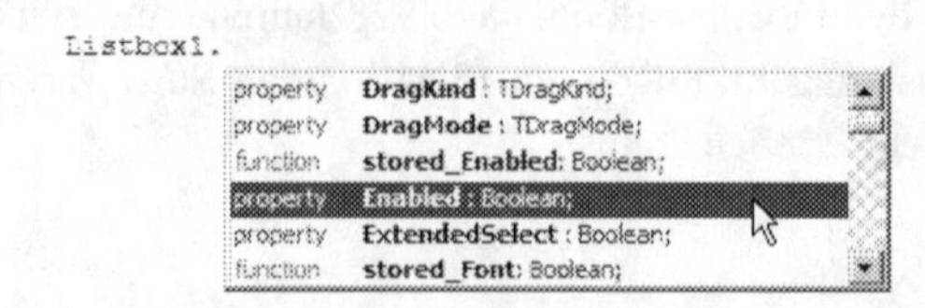

Sie wiederholt zuerst die aus dem Objektinspektor bekannten *properties*. Dabei taucht nicht mehr das deutsche Wort „Eigenschaften", sondern die Delphi-Pascal-Vokabel *property* auf.

- properties (Eigenschaften) erkennt man in der Punktliste an dem vorangestellten *Schlüsselwort property*.

In Abschn. 4.7.3 wurde schon einmal geschildert, wie wir durch *gezielte Suche in der Punktliste* diejenige *property* finden können, mit deren Hilfe die *Markierung in einer Listbox* aus dem Datenkern geholt oder im Datenkern verändert werden kann:

In den gezeigten Abbildungen sind die beiden Zeilen

```
property Enabled:Boolean
property ItemIndex:Integer
```

hervorgehoben.

Wir sehen: Beide Male steht *hinter dem Doppelpunkt* der *Typ der jeweiligen property*: Die property `Enabled` benötigt/liefert einen der beiden *Wahrheitswerte* `True` oder `False`, die property `ItemIndex` benötigt/liefert einen `Integer`-Wert.

Das ist der Service von Delphi:

- Die Punktliste ersetzt uns, wenn wir sie *wissend auswerten* können, unter Umständen den zeitraubenden Blick in eine Dokumentation.

13.3.3 Funktionen aus der Punktliste

Betrachten wir die erste der Abbildungen noch einmal, sehen wir in der untersten Zeile das neue Schlüsselwort `function`. Die Frage, woher wir erfahren, welche *Funktionen* es gibt, mit deren Hilfe Informationen aus dem Datenkern geholt werden können, ist damit beantwortet:

- Mit dem Schlüsselwort `function` sind in der Punktliste alle *verfügbaren Funktionen* des jeweiligen visuellen Objekts gekennzeichnet.

Wenn wir bisher wissen wollten, wie viele Zeichen sich in einem Textfenster befinden, haben wir den Inhalt des Textfensters mit der property `Text` in einen `String`-Speicherplatz transportiert. Darauf haben wir anschließend die Delphi-Pascal-Funktion `Length` angewandt. Sehen wir uns jetzt einen Ausschnitt aus der Punktliste zu einem Textfenster mit dem Namen `Edit1` an:

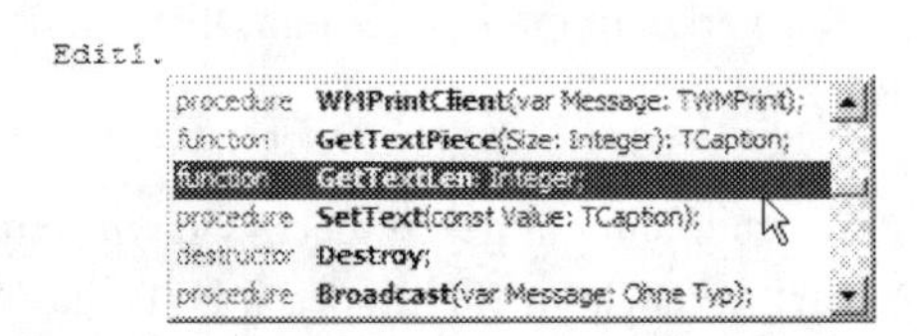

Dort finden wir tatsächlich eine Funktion mit dem Namen `GetTextLen`. Zugegeben, ohne Englisch-Kenntnisse und eine gewisse Erfahrung wird es anfangs ein wenig schwierig sein, gezielt die Punktliste nach einer bestimmten Funktion abzusuchen – aber unmöglich ist es nicht.

Welche Bedeutung hat die hervorgehobene Zeile

```
function GetTextLen: Integer
```

in der Abbildung, wie müssen wir sie lesen? Die fettgedruckte Zeichenfolge `GetTextLen` bezeichnet den *Namen der Funktion*. Wie schon mehrfach betont, ist die Schreibweise mit den Groß- und Kleinbuchstaben nicht wichtig, ebenso gut könnten wir auch schreiben `geTTEXTlen` oder `gettEXtLen`. Die von den Delphi-Schöpfern vorgeschlagene Schreibweise hebt jedoch das Charakteristische hervor, warum sollte man sie nicht übernehmen?

Hinter dem Namen wird manchmal noch einmal das Schlüsselwort `function` wiederholt. Folgt diesem Schlüsselwort eine in runde oder eckige Klammern eingeschlossene Aufzählung, wird damit erklärt, dass der Funktion gewisse Angaben übergeben werden müssen, damit sie ihr Ergebnis ermitteln und weitergeben kann. Wir werden weiter unten eine Situation erleben, wo eine derartige Angabe notwendig wird.

In der Abbildung fehlt die *Wiederholung des Schlüsselwortes* `function`, folglich benötigt unsere Funktion `GetTextLen` offensichtlich keine Angaben.

> Schließlich folgt ein *Doppelpunkt* und anschließend bei der Funktion `GetTextLen` das Schlüsselwort `Integer`. Damit wird der *Typ des Ergebniswertes der Funktion* beschrieben.

Jeder Programmierer erfährt damit, dass er den *Ergebniswert von* `GetTextLen` in einen `Integer`-Speicherplatz oder – z. B. mit Hilfe der Funktion `IntToStr` – in eine Ausgabe lenken kann.

Betrachten wir jetzt eine kleine Benutzeroberfläche mit einem *Textfenster* Edit1 und einem *Label*, das von Delphi den Namen `Label1` erhielt. Wenn der Nutzer *im Textfenster*

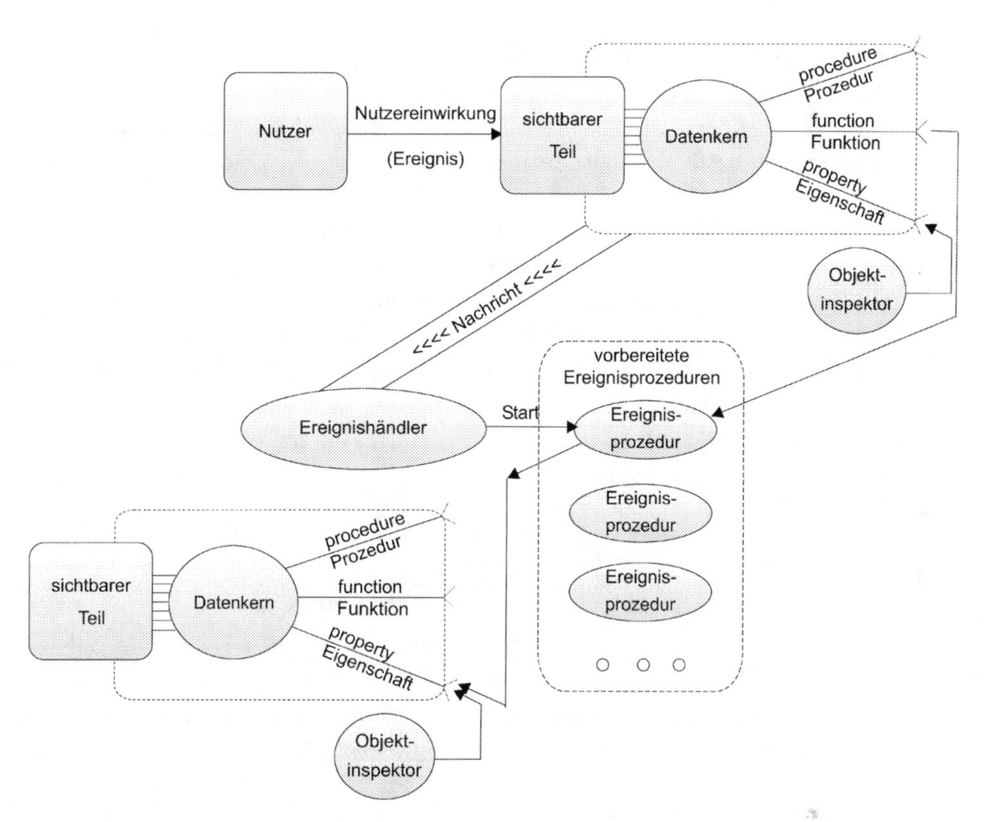

Abb. 13.2 Funktionswert-Verwendung in der Ereignisprozedur

eine Änderung vornimmt, soll automatisch im *Label* die *aktuelle Anzahl der Zeichen des Textfensters* erscheinen.

Die Ereignisprozedur wird ganz kurz:

```
procedure TForm1.Edit1Change(Sender: TObject);
begin
    Label1.Caption:=IntToStr(Edit1.getTextLen)
end;
```

Die Abb. 13.2 veranschaulicht den Ablauf. Bei der entsprechenden Nutzereinwirkung wird vom Ereignishändler die Ereignisprozedur zum Ereignis *Änderung im Textfenster* gefunden und gestartet.

Die Ereignisprozedur holt sich mit Hilfe der *Funktion* `GetTextLen` aus dem *Datenkern des Textfensters* die Länge des Inhalts, verarbeitet diese durch *Umwandlung in eine Zeichenfolge* und transportiert diese Zeichenfolge über die bekannte property `Caption` in den *Datenkern des Label-Objekts*. Gleichzeitig mit der Ankunft in diesem Datenkern erfolgt die Anzeige als Beschriftung des Labels.

13.3.4 Prozeduren aus der Punktliste

Nehmen wir eine *Liste* mit dem Namen `ListBox1`, deren Inhalt nicht leer sein soll. Klickt der Nutzer auf eine bestimmte Zeile, setzt er die Markierung auf diese Zeile oder bestätigt die Markierung.

Wir wollen uns mit der Frage beschäftigen, wie der *Inhalt einer Ereignisprozedur* aussehen muss, die zum Ereignis *Klick in der Liste* die angeklickte Zeile aus der Liste entfernt und die Markierung auf die darüber stehende Zeile setzt.

Fragen wir zuerst das Registerblatt EIGENSCHAFTEN des Objektinspektors der Listbox, ob es eine *property* gibt, die uns die *aktuelle Position der Markierung* liefert. Fehlanzeige.

Also: Suche in der Punktliste, Stichwort *property*. Da werden wir fündig, die gesuchte *property* trägt den Namen `ItemIndex`:

Nun geht die Suche weiter. Wir brauchen „etwas, das eine Zeile in der Liste löscht". Ist dieses „Etwas" unter den *Eigenschaften*, den *Funktionen*, oder unter den *Prozeduren* zu suchen?

> Überlegen wir: Das *Löschen einer Zeile* ist eine Aktion, eine *Wirkung*. Folglich müssen wir unter den *Prozeduren* suchen.

Tippen wir den Punkt nach `Listbox1` ein und warten die Sekunde. Eine Fülle an Prozeduren wird uns da angeboten – aber keine, die irgendwie vom Namen her unsere Aufgabe erfüllen könnte. Was tun?

Zeile oder Eintrag heißt auf Englisch `Item`. Alle Zeilen sind die `Items`. Vielleicht kommen wir weiter, wenn wir `ListBox1.Items.` eintippen und dann die Sekunde warten?

Immerhin stehen im Registerblatt EIGENSCHAFTEN des Objektinspektors neben Items drei Punkte – das lässt doch auf mehr hoffen. Vielleicht auf eine *sekundäre Punktliste*:

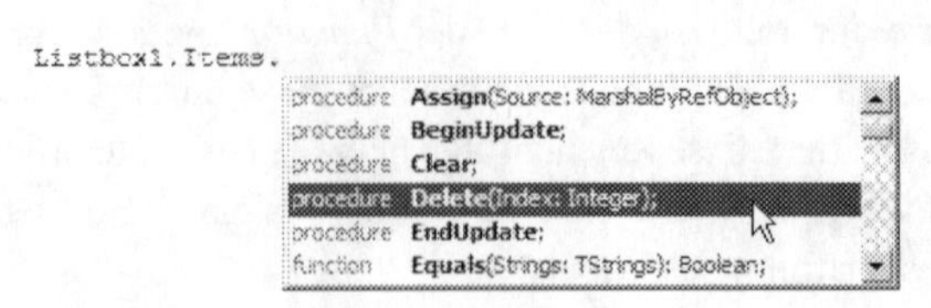

Das Bild zeigt uns, dass wir Erfolg haben. Nun müssen wir nur noch die hervorgehobene Zeile interpretieren:

```
procedure Delete(Index: Integer)
```

Es gibt runde Klammern – folglich braucht die Prozedur zum Entfalten ihrer Wirkung eine `Integer`-Angabe. Und das ist, völlig logisch, offensichtlich die Position derjenigen Zeile, die verschwinden soll:

> Für die *erste Zeile* die *Position Null*, für die *zweite Zeile* die *Position Eins* und so weiter.

Nun können wir uns den Rahmen der Ereignisprozedur zum Standard-Ereignis *Klick in der Liste* beschaffen und den Inhalt schreiben:

```
procedure TForm1.ListBox1Click(Sender: TObject);
var pos: Byte;
begin
pos:=ListBox1.ItemIndex;      // Position der markierten Zeile merken
Listbox1.Items.Delete(pos);             // markierte Zeile löschen
ListBox1.ItemIndex:=pos-1;                // Markierung neu setzen
end;
```

Die Abb. 13.3 veranschaulicht das Vorgehen: Über den „Datenkern-Manipulierungs-Mechanismus" (property) `ItemIndex` wird die *Position der Markierung* aus dem Datenkern geholt. Danach kann mit Hilfe des anderen „Datenkern-Manipulierungs-Mechanismus" (procedure) `Delete` über entsprechende Veränderung im Datenkern die *Löschung der Zeile* erfolgen.

Schließlich wird in anderer Richtung über den „Datenkern-Manipulierungs-Mechanismus" (property) `ItemIndex` im Datenkern (und damit auch sofort in der sichtbaren Liste) eine *neue Position der Markierung* eingestellt.

Für die in Anführungszeichen gesetzte Vokabel „Datenkern-Manipulierungs-Mechanismus" gibt es in der Tat einen sehr wichtigen Fachausdruck der Informatik.

> Man spricht offiziell und kurz und treffend von *Schnittstellen*.

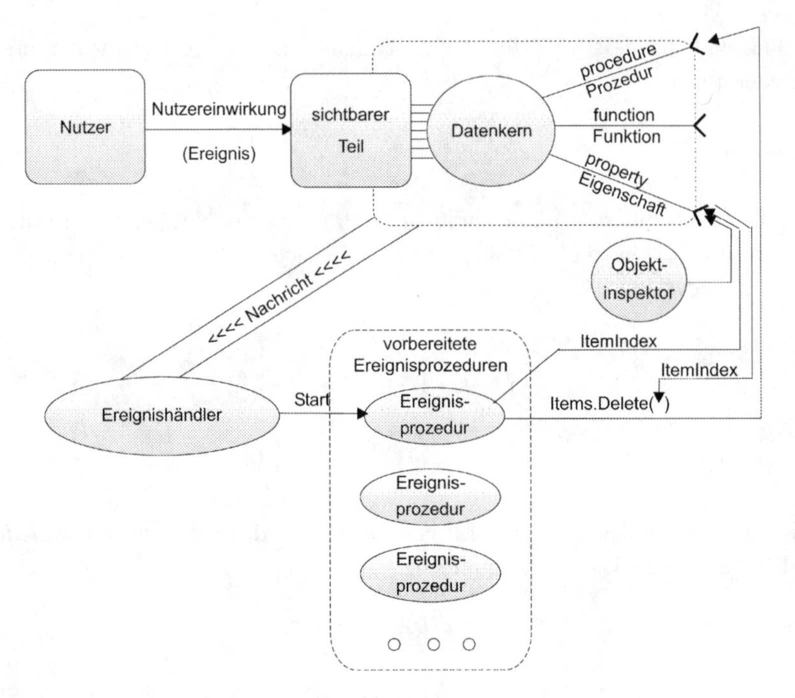

Abb. 13.3 Löschen einer Zeile und neue Markierung

13.3.5 Schnittstellen

Die *Punktliste zu einem visuellen Objekt* liefert unter den Schlüsselwörtern `property`, `function` und `procedure` eine vollständige Übersicht über die vorhandenen Schnittstellen.

Das heißt, die Punktliste informiert über die Möglichkeiten

- mittels einer `property` (deutsch: *Eigenschaft*) einzelne Werte aus dem Datenkern zu holen und/oder im Datenkern zu verändern,
- mittels einer `function` (deutsch: *Funktion*) einen einzelnen Wert zu erhalten, der über die Situation im Datenkern Auskunft gibt,
- mittels einer `procedure` (deutsch: *Prozedur*) eine *Wirkung im Datenkern* zu erzielen.

Dabei lassen die Einträge in der Punktliste zusätzlich erkennen, welchen Typ die aktiv oder passiv behandelten Werte jeweils haben. Zusätzlich erfährt man, ob eine Funktion oder eine Prozedur bei ihrer Verwendung oder bei ihrem Aufruf *zusätzliche Angaben* benötigt, die dann in runden oder eckigen Klammern einzutragen sind.

13.3.6 Ausnahmen

Seit ihrer Entwicklung zu Beginn der siebziger Jahre haben die Programmiersprachen Pascal und Delphi-Pascal vielfältige Weiterentwicklungen durchgemacht.

So wurde Pascal beim Einbetten in die Programmierumgebung *Turbo Pascal* für kommerzielle Anwendungen interessant, natürlich kamen auch einige neue Sprachelemente hinzu.

> Delphi-Pascal ist wieder eine neue, attraktive Programmierumgebung.

Sie nutzt die Grundideen und die Regeln von Pascal, um den Umgang mit visuellen Objekten zu ermöglichen und vielfältige und leistungsfähige Ereignisprozeduren schreiben zu können. Bei jeder Weiterentwicklung ging aber auch ein wenig von der Klarheit, der Konsequenz, der Zielstrebigkeit des ursprünglichen Pascal verloren.

> Nun erleben wir bisweilen anstelle des „man muss" die Formulierung „man kann so, aber es geht auch so".

Sehen wir es uns an zwei Beispielen an:

Zum *Anfügen eines String an eine Liste* finden wir nach dem Eintippen von `Listbox1.Items.` die Funktion `Add`:

Die Aussage ist klar: Hier handelt es sich um eine *Funktion*, die eine Angabe, nämlich einen `String`, benötigt, den sie unten an die Liste anhängt. Sie gibt einen `Integer`-Wert zurück.

Ein Aufruf scheint verboten zu sein: Diese Funktion kann nur so genutzt werden, dass der Rückgabewert irgendwie verwendet wird, zum Beispiel, indem er *in einen passenden Speicherplatz gelenkt* wird.

Doch was passiert, wenn die folgende Ereignisprozedur abgearbeitet wird?

```
procedure TForm1.ListBox1Click(Sender: TObject);
begin
   Listbox1.Items.Add('Zusatzzeile');        // Aufruf einer Funktion
end;
```

Keine Fehlermeldung, keine Beschwerde, dass der Ergebniswert nicht verarbeitet wird. Klassisches Pascal hätte das nicht geduldet.

Nun gut, vielleicht ist's ein Druckfehler in der Punktliste, und `Add` ist in Wirklichkeit eine *Prozedur*? Dann wäre alles in Ordnung. Allerdings müsste dann bei einer versuchten Verwendung des Rückgabewertes der Funktion eine Fehlermeldung kommen.

```
procedure TForm1.ListBox1Click(Sender: TObject);
begin
      ShowMessage(IntToStr(Listbox1.Items.Add('Zusatzzeile')));
end;
```

Die folgende Abbildung zeigt es: Anstelle der Fehlermeldung liefert das Mitteilungsfenster uns offensichtlich die Position der angefügten Zeile:

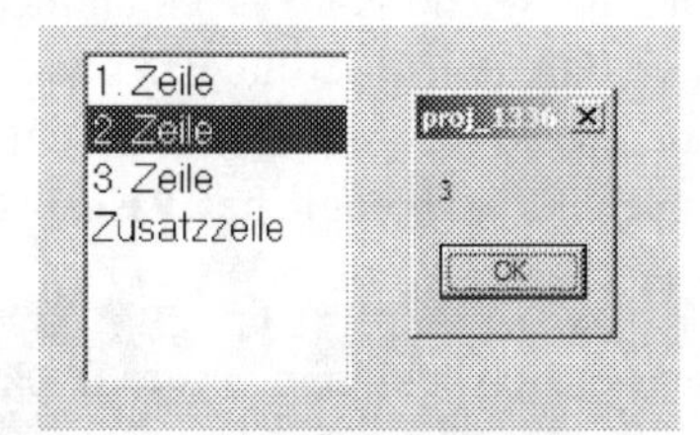

Wir haben damit erlebt: Eine Funktion des heutigen Delphi-Pascal darf manchmal sogar *aufgerufen* werden.

Wir wollen im zweiten Beispiel die *Beschriftung der letzten Zeile einer Liste* in einer Ereignisprozedur verarbeiten, folglich holen oder verändern. Sehen wir uns das Ergebnis unserer *Suche in der sekundären Punktliste* an, nachdem wir `Listbox1.Items.` eingetippt und eine Sekunde gewartet haben:

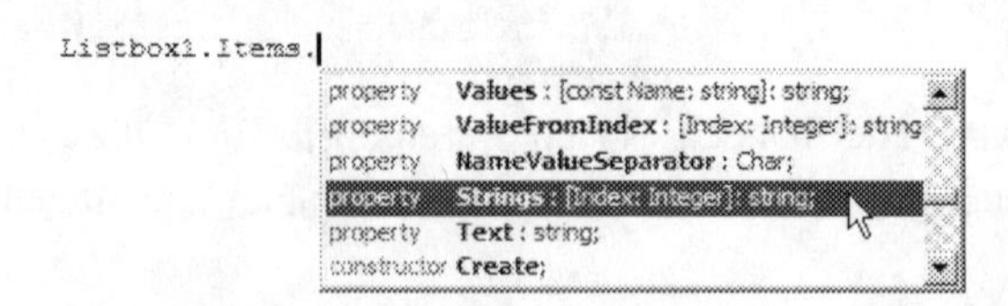

Die Schlussfolgerung liegt auf der Hand: Die Aufgabe kann nur mit der folgenden Ereignisprozedur unter Verwendung der *property* `Strings` gelöst werden, so wie sie in der Punktliste dokumentiert ist:

```
procedure TForm1.ListBox1Click(Sender: TObject);
var lepos: Byte;
begin
    lepos:=Listbox1.Count-1;
    ShowMessage(Listbox1.Items.Strings[lepos])
end;
```

Doch wie groß ist die Überraschung, wenn angesichts eines *offensichtlichen Fehlers* (Weglassen von `Strings`) in folgender Ereignisprozedur keine Fehlermeldung kommt:

```
procedure TForm1.ListBox1Click(Sender: TObject);
var lepos: Byte;
begin
     lepos:=Listbox1.Count-1;
     ShowMessage(Listbox1.Items[lepos])    // Fehler Strings vergessen.
end;
```

- Delphi-Pascal lässt zur Erzielung ein- und desselben Programmiereffekts durchaus mehrere Möglichkeiten zu.

Das sei übrigens auch allen Leserinnen und Lesern dieses Buches gesagt, die manche Dinge ganz anders machen und trotzdem Erfolg haben.

Natürlich, viele der hinzugekommenen Möglichkeiten sind bequem und erleichtern das Programmieren. Der Konsequenz der Sprache aber tun sie nicht gut.

13.4 Simulation einer Supermarkt-Kasse

13.4.1 Aufgabenstellung

An einem etwas größeren Projekt wollen wir das Gelernte zusammenfassend anwenden.

Wir wollen die Vorgänge an einer Supermarkt-Kasse simulieren, wobei wir an einen älteren oder einfachen Supermarkt denken sollten, der keine Scanner-Kassen besitzt.

Die Kassiererin benötigt eine *Benutzeroberfläche*, mit der sie möglichst schnell, bequem und zweckmäßig die Artikelbezeichnung, den Einzelpreis, die Anzahl und den Mehrwertsteuersatz jeder Ware eingeben kann (siehe Abb. 13.4).

Beim Klick auf den Button *Übernehmen* (siehe Abb. 13.5) soll folgendes erfolgen:

- Die Artikelbezeichnung soll in der Artikel-Liste angefügt werden.
- Aus Einzelpreis und eingegebener Anzahl soll der Gesamtpreis ermittelt und in der zweiten Liste eingetragen werden – natürlich nur mit den zwei Dezimalstellen hinter dem Punkt.
- Gehört der Artikel zu den mit sieben Prozent Mehrwertsteuer belegten Waren des Grundbedarfs, wird die enthaltene Mehrwertsteuer an die dritte Liste angefügt, die vierte Liste bekommt in dieser Zeile eine Null.
- Umgekehrt wird die enthaltenen Mehrwertsteuer bei den mit 16 Prozent (war zur Zeit dieser alten Kassen üblich) belegten Waren an die vierte Liste angefügt.

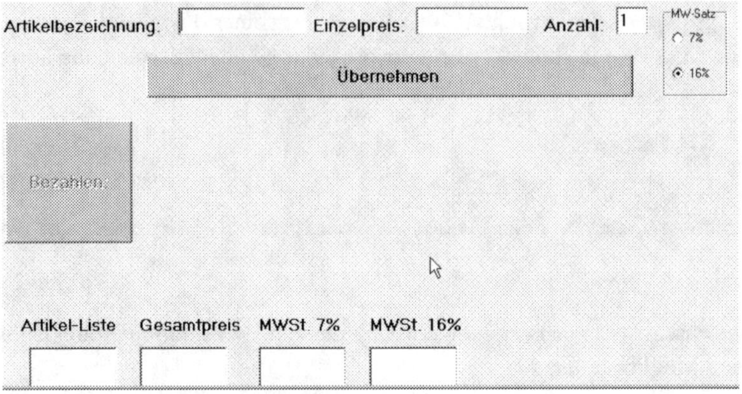

Abb. 13.4 Erfassungsphase der Kundenware

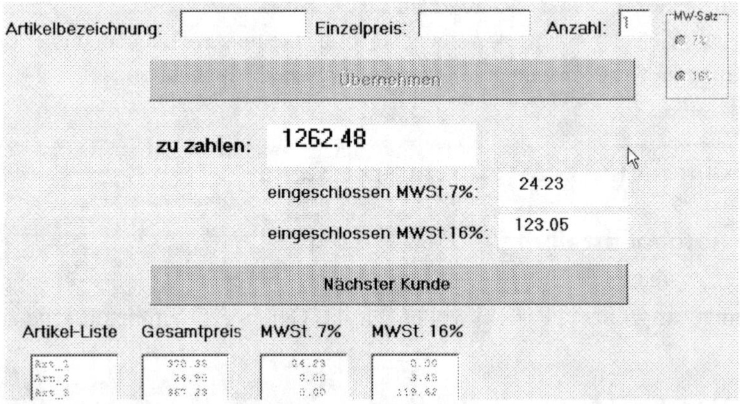

Abb. 13.5 Nach Klick auf den Button *Bezahlen*

So entsteht während des Kassiervorgangs in den vier Listen der *Kassenzettel*; anfangs wollen wir dort keine Änderungen zulassen, deswegen sollen die Listen auch stets inaktiv sein.

Nach der Übernahme werden

- die Eingabefenster für die Artikelbezeichnung gelöscht,
- die Anzahl auf den Standard „1“ zurückgesetzt,
- die Mehrwertsteuer auf die damals üblichen 16 Prozent eingestellt,
- und der Fokus springt in das erste Eingabefenster.

Die nächste Ware kann sofort erfasst werden.

Bei der Erfassung sollen durch entsprechende Ereignisprozeduren mögliche elementare Tippfehler von vornherein ausgeschlossen werden.

Bei der Eingabe in das Textfenster *Einzelpreis* werden nur *Ziffern und das Komma* akzeptiert; dabei wird das Komma automatisch zum Punkt umgewandelt. Falsche Tasten werden durch die `Esc`-Taste ersetzt.

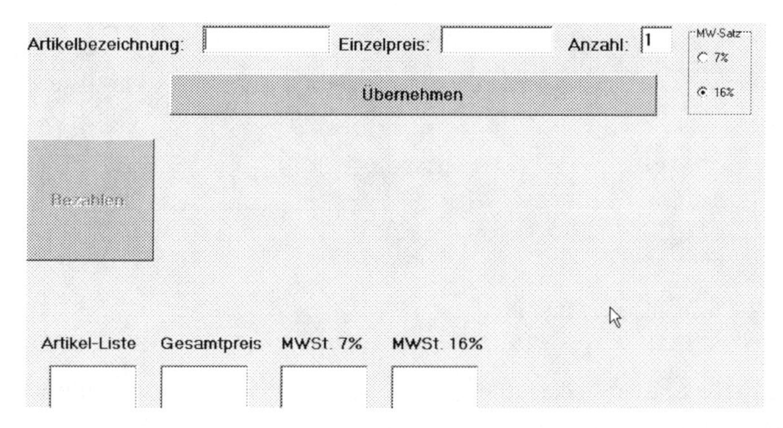

Abb. 13.6 Nach dem Bezahlen: Nächster Kunde wird erwartet

Bei der Eingabe in das Textfenster *Anzahl* werden nur die *Zifferntasten* 0 bis 9 akzeptiert. Alle anderen Tastenbetätigungen bleiben wirkungslos.

Der *Button* mit der Beschriftung *Bezahlen* wird natürlich erst dann sinnvoll, wenn mindestens ein Artikel in die Listen aufgenommen wurde. Deshalb ist er am Anfang des Kassierens inaktiv und soll sich automatisch erst dann zuschalten, wenn er sinnvoll wird.

Beim Klick auf den Button *Bezahlen* werden zuerst der Button *Übernehmen* sowie die drei Eingabefenster einschließlich Radiogruppe für den Mehrwertsteuersatz inaktiv. Der Button *Bezahlen* selbst verschwindet, er wird nicht zweimal gebraucht.

Sechs Labels werden dafür sichtbar: Drei erklärende Beschriftungen und drei Labels für die Gesamtsumme, die der Kunde zu zahlen hat sowie (für ihn zur Information und für das Finanz- oder andere Ämter) für die in der Gesamtsumme eingeschlossene Mehrwertsteuer, die sich aus den 7-Prozent-Artikeln ergab und die andere, die sich aus den 16-Prozent-Artikeln ergab. Das ist in jedem Supermarkt so üblich.

Ist die Bezahlung erfolgt, klickt die Kassiererin auf *Nächster Kunde*, und das Anfangsbild (Abb. 13.6) zur Erfassung der Waren erscheint wieder mit den Standard-Einstellungen *Anzahl gleich 1* und *MW-Satz gleich 16%*. Die Listen sind leer, der Bezahl-Button ist inaktiv, `Edit1` ist fokussiert.

Ein voreiliger Klick auf den Button *Übernehmen* führt zu der kritischen Reaktion, dass noch kein brauchbarer Einzelpreis vorhanden ist (Abb. 13.7).

Generell ist nicht sicher, dass mit den Zifferntasten und dem Komma stets ein brauchbarer Eintrag im Textfenster Einzelpreis entsteht – man denke nur an die trotz des Wegfangens falscher Tasten akzeptierte Zeichenfolge 1,,34,00.

Deshalb muss bei *nicht konvertierbarem Eintrag* im Einzelpreis-Feld eine *passende Reaktion* programmiert werden.

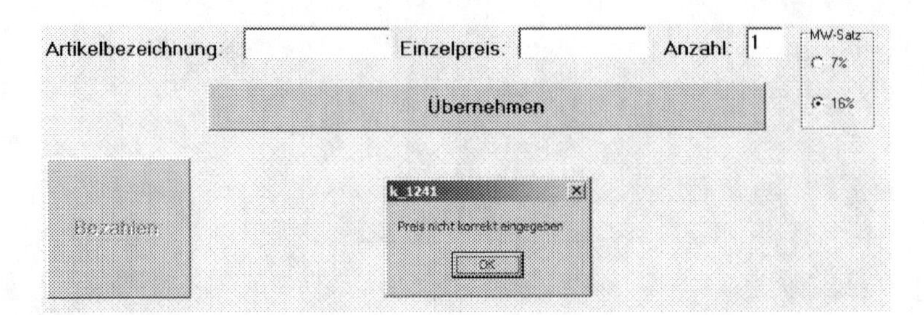

Abb. 13.7 Überprüfung des Einzelpreises

Beispielsweise eine lautstarke Information an die Kassiererin und das anschließende Fokus-Rücksetzen in das Textfenster.

13.4.2 Entwurf der Benutzeroberfläche

In Abb. 13.8 ist die Benutzeroberfläche in ihrer *Entwurfsform* zu sehen. Einige der mit Hilfe des Objektinspektors voreingestellten Start-Eigenschaften sind schon erkennbar, andere noch nicht. Letzteres betrifft vor allem die voreingestellte Unsichtbarkeit und Inaktivität einiger visueller Objekte.

Links unter dem Button *Bezahlen* ist ein *Timer* erkennbar; er soll im Hintergrund schnell mitlaufen und ständig prüfen, ob der Button sinnvoll oder unsinnig ist und ihn entsprechend aktivieren oder deaktivieren.

Delphi vergab die *Namen für die Steuerelemente* in der Reihenfolge, wie sie während der Entwurfsphase aus den Registerkarten STANDARD bzw. SYSTEM der Werkzeugleiste auf das Formular gezogen wurden.

Das *Textfenster für die Artikelbezeichnung* bekam folglich den Namen `Edit1`, das *Textfenster für den Einzelpreis* heißt `Edit2`, für die *Anzahl* `Edit3`. Die *Radiogruppe* rechts heißt `RadioGroup1`, die drei *Buttons* von oben nach unten heißen `Button1`, `Button2` und `Button3`.

Die vier *Listen* am unteren Bildrand heißen `ListBox1` bis `ListBox4`, der *Timer* trägt den Namen `Timer1`.

13.4.3 Namensvergabe

Etwas unlogisch, aber erklärbar, ist die Namensvergabe für die drei Ausgabe-Label – denn immerhin befinden sich nicht weniger als dreizehn Label auf dem Formular.

So ergab es sich, dass das *Ausgabe-Label für den zu zahlenden Betrag* den Namen `Label8` bekam und die beiden *Ausgabe-Labels für die Mehrwertsteueranteile* bekamen von Delphi die Namen `Label11` und `Label13`.

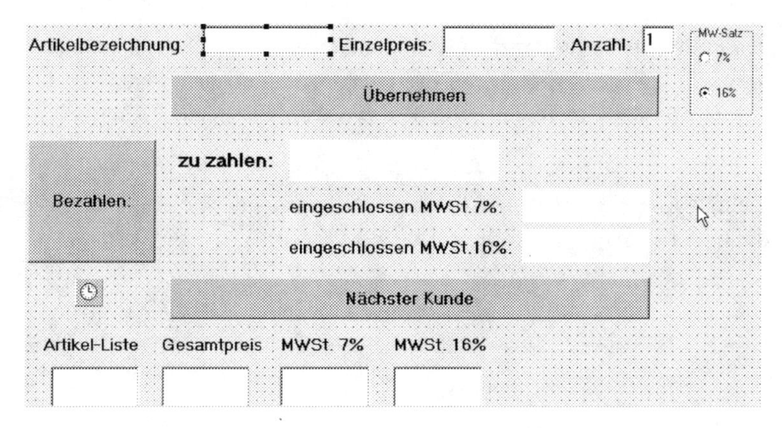

Abb. 13.8 Entwurf der Benutzeroberfläche

An dieser Stelle könnte man sich durchaus darüber unterhalten, für derartige Projekte doch von der im Abschn. 1.7.2 ausgesprochenen Empfehlung abzuweichen und eigene, *sprechende Namen* für die Steuerelemente zu vergeben. Denkbar wären zum Beispiel

- anstelle von `Label8` der Name `sum_lbl`,
- anstelle von `Label11` der Name `sum7_lbl`,
- anstelle von `Label13` der Name `sum16_lbl`.

13.4.4 Ereignisprozeduren

Sehen wir uns nacheinander die *sechs Ereignisprozeduren* an, die zur Lösung der Aufgabenstellung bisher ausreichen.

Zuerst wollen wir die Ereignisprozedur zum Ereignis *Tastendruck im Textfenster für den Einzelpreis* betrachten:

```
procedure TForm1.Edit2KeyPress(Sender: TObject; var Key: Char);
begin
if (Key<'0') or (Key>'9') then
            if Key=',' then Key:='.' else Key:=Chr(27)
end;
```

Dann programmieren wir die Ereignisprozedur zum Ereignis *Tastendruck im Textfenster für die Anzahl*:

```
procedure TForm1.Edit3KeyPress(Sender: TObject; var Key: Char);
begin
            if (Key<'0') or (Key>'9') then Key:=Chr(27)
end;
```

Bei beiden Ereignisprozeduren ist zu bemerken, dass wir von der *Ausnahmeregelung* Gebrauch gemacht haben. In der oberen Ereignisprozedur sogar dreimal: im Ja-Zweig des äußeren einfachen Tests sowie im Ja- und Nein-Zweig der inneren Alternative.

Der Gebrauch der *Anweisungsklammern* `begin...end` wäre aber auch nicht falsch gewesen, und für Anfänger vielleicht doch hilfreich:

```
procedure TForm1.Edit2KeyPress(Sender: TObject; var Key: Char);
begin
if (Key<'0') or (Key>'9') then
                 begin
                 if Key=',' then
                     begin Key:='.' end
                   else
                     begin Key:=Chr(27) end
                 end
end;
```

Als dritte Ereignisprozedur soll die *Ereignisprozedur zum Timer-Ereignis* betrachtet werden. Sie prüft die zweite Liste: Wenn diese Liste mindestens eine Zeile enthält, ist das Bezahlen bereits sinnvoll:

```
procedure TForm1.Timer1Timer(Sender: TObject);
begin
if ListBox2.Count>0 then Button2.Enabled:=True
                   else Button2.Enabled:=False
end;
```

Kommen wir zur umfangreichsten Ereignisprozedur, zum Ereignis *Klick auf den Button* mit der Beschriftung *Übernehmen.* Mit Kommentaren werden die einzelnen Teile ausführlich erklärt, so dass mit einer Ausnahme keine zusätzlichen Erklärungen nötig sind:

```
procedure TForm1.Button1Click(Sender: TObject);
var - art_name :String;
p_str:String; ep:Double; ep_info:Integer;
anz:Byte; mws_satz:Byte;
mw:Double;mw_str:String;
gp:Double;gp_str:String;
begin            // Ausführungsteil: zuerst Daten in Sp.-plätze holen
art_name:=Edit1.Text;ep_str:=Edit2.Text;
anz:=StrToInt(Edit3.Text);
if RadioGroup1.ItemIndex=0 then mws_satz:=7
  else mws_satz:=16;
Val(ep_str,ep,ep_info);                      // Konvertierungsversuche
if ep_info<>0 then               // Reaktion bei unsinnigem Einzelpreis
```

```
begin
ShowMessage('Preis nicht korrekt eingegeben'); Edit2.SetFocus
end
  else
begin                        // Reaktion bei sinnvollem Einzelpreis
Listbox1.Items.Append(art_name);                // Eintrag Artikelbez.
gp:=anz*ep;                                   // Berechnung Gesamtpreis
Str(gp:9:2,gp_str); Listbox2.Items.Append(gp_str);          // Eintrag
if mws_satz=7 then                           // Mehrwertsteueranteil
  begin
  mw:=gp*0.07/1.07;                             // Erläuterung unten
  Str(mw:9:2,mw_str);                Listbox3.Items.Append(mw_str);
  Listbox4.Items.Append(' 0.00')
  end
    else                                     // Mehrwertsteueranteil
  begin
  mw:=gp*0.16/1.16;                             // Erläuterung unten
  Str(mw:9:2,mw_str); Listbox4.Items.Append(mw_str);
  Listbox3.Items.Append(' 0.00')
  end;
Edit1.Text:='';Edit2.Text:='';                 // Textfenster löschen
Edit3.Text:='1';RadioGroup1.ItemIndex:=1;      // Standard einstellen
Edit1.SetFocus                   // Fokus auf Artikelbezeichnung setzen
end
end;
```

Wie berechnet man den Mehrwertsteuer-Anteil bei einem Satz von 7 Prozent? Ein wenig Bruchrechnung gefällig?

```
brutto=netto + 0,07*netto=1,07*netto, folglich ist netto=brutto/1,07
mw=brutto-netto=brutto-brutto/1,07=brutto*[1-1/1,07]=
  =brutto*[(1,07-1)/1,07]=brutto*[0,07/1,07]=(brutto*0,07)/1,07
```

Zur Übung sollte der zweifelnde Leser mit derselben Methodik die Formel für den Mehrwertsteueranteil bei den 16-Prozent-Artikeln nachprüfen. Das Ergebnis steht in der Ereignisprozedur.

Was fehlt noch? Die Ereignisprozedur für den *Klick auf den Button* mit der Beschriftung *Bezahlen.* Sie besteht im Wesentlichen aus Summenbildungen:

```
procedure TForm1.Button2Click(Sender: TObject);
var    lepos,i:Byte; sum :Double; sum_str :String;
       sum7 :Double; sum7_str :String;
       sum16:Double; sum16_str:String;
       hilf_str:String;hilf:Double; hilf_info:Integer;
```

```
begin                                   // Deaktivieren der Eingabe-Elemente
Button1.Enabled:=False; RadioGroup1.Enabled:=False;
Edit1.Enabled:=False;
Edit2.Enabled:=False;
Edit3.Enabled:=False;
                                             // Hervorholen der Ausgabe-Label
Label8.Visible:=True;Label9.Visible:=True;
Label10.Visible:=True;Label11.Visible:=True;
Label13.Visible:=True;Label13.Visible:=True;
                                      // Summen der Listen 2 bis 4 berechnen
lepos:=Listbox1.Count-1;sum:=0;sum7:=0;sum16:=0;
for i:=0 to lepos do
        begin
        hilf_str:=ListBox2.Items[i];Val(hilf_str,hilf,hilf_info);
        sum:=sum+hilf;               // Konvertierbarkeit ist sicher
        hilf_str:=ListBox3.Items[i];Val(hilf_str,hilf,hilf_info);
        sum7:=sum7+hilf;
        hilf_str:=ListBox4.Items[i];Val(hilf_str,hilf,hilf_info);
        sum16:=sum16+hilf;
        end;
                              // Konvertierung zu Ausgabestrings und Ausgabe
Str(sum:9:2,sum_str) ;Label8.Caption :=sum_str;
Str(sum7:9:2,sum7_str) ;Label11.Caption:=sum7_str;
Str(sum16:9:2,sum16_str);Label13.Caption:=sum16_str;
Button2.Visible:=False;Button3.Visible:=True          // Deaktivierung
end;
```

Um für die Summation die einzelnen Zeilen aus den drei Listen zu holen, wurde hier immer dieselbe Dreierkombination `hilf_str`, `hilf` und `hilf_info` verwendet. Obwohl aufgrund der Belegung der Listen sicher war, dass deren Inhalte stets zu Zahlen gemacht werden konnten, musste in der Konvertierungs-Prozedur der `info`-Speicherplatz angegeben werden. Weglassen führt zu einer Fehlermeldung.

Zum Schluss noch die Ereignisprozedur zum *Klick auf den Button* mit der Beschriftung *Nächster Kunde*. In ihr werden ausschließlich Veränderungen in Sichtbarkeit und Aktivität festgelegt; ganz zum Schluss wird der Fokus auf das Textfenster für den Artikelnamen gerichtet:

```
procedure TForm1.Button3Click(Sender: TObject);
begin
Label8.Visible :=False; Label9.Visible :=False;
Label10.Visible:=False; Label11.Visible:=False;
Label13.Visible:=False; Label13.Visible:=False;
ListBox1.Clear;ListBox2.Clear;
ListBox3.Clear;ListBox4.Clear;
Button3.Visible:=False;Button2.Visible:=True;
Button1.Enabled:=True;
RadioGroup1.Enabled:=True;
Edit1.Enabled:=True;Edit2.Enabled:=True;Edit3.Enabled:=True;
Edit1.SetFocus
end;
```

13.4.5 Erweiterungen

Es herrscht kein Mangel an diversen Verbesserungsmöglichkeiten.

Als erstes muss konstatiert werden, dass die Angaben eines einmal übernommenen Artikels bisher nicht korrigierbar sind. Stellen Kunde oder Kassiererin in einer der Listen einen falschen Eintrag fest, müssen die Waren wieder zurück in den Korb. Undenkbar.

Da sollte ein weiterer Button *Korrektur* helfen. Er aktiviert die Listen, so dass die falsche Zeile angewählt werden kann. Natürlich setzt eine Wahl in einer der Listen gleich in allen vier Listen die Markierung.

Diese Anwahl in einer der vier Listen macht dann einen fünften Button mit der Aufschrift *Löschen* zeitweilig sichtbar. Natürlich sollte – am besten zweimal – rückgefragt werden, ob auch tatsächlich gelöscht werden soll. Nach der Löschung verschwindet der Löschbutton, die Listen werden wieder inaktiv. Und so weiter.

Heutzutage ist es üblich, dass eine Kassiererin nicht mehr denken und rechnen muss: Sie tippt den Wert des Geldscheins ein, den ihr der Kunde gibt, und bekommt sofort das Rückgeld angezeigt. Auch das wäre eine weitere Verbesserung.

Unsere bisherige Lösung reagiert auch dann, wenn das Textfenster für die Artikelbezeichnung leer gelassen wird. Wer der Meinung ist, dass das nicht zugelassen werden darf, der muss entsprechend weiter ergänzen.

Die beliebte Rück- und Löschtaste ganz rechts in der Ziffernreihe, über der Enter-Taste, wird durch die beiden Ereignisprozeduren zum Ereignis *Tastendruck in* `Edit2` *bzw.* `Edit3` außer Betrieb gesetzt.

Falsch eingetippte Ziffernwerte, auch das kann natürlich passieren, müssen aufwändig korrigiert werden. Vielleicht ist es doch besser, alle Zeichen zur Eingabe zuzulassen und erst bei Fokusverlust, wenn die Kassiererin etwas anderes eintragen oder betätigen will, wie in Abschn. 12.4.4 die Konvertierbarkeit des Eintrages zu prüfen?

Zum Schluss dieses kleinen Katalogs an Anregungen: Ein richtiger Kassenzettel enthält natürlich stets den Einzelpreis jedes Artikels. Kaufte der Kunde mehrere Exemplare dieses Artikels, ist auch die Anzahl auf dem Kassenzettel vermerkt, und danach kommt erst der Gesamtpreis. Dieser wird übrigens auch unten auf den Kassenzettel gedruckt, ebenso wie die auszuweisenden Mehrwertsteueranteile.

Schließlich sind wir mittlerweile zwar daran gewöhnt, dass aufgrund der Übernahme von internationalen Programmen auch in Deutschland der Dezimalpunkt immer öfter erscheint, obwohl (wie bei uns) die Kommataste gedrückt wurde. Richtig *deutsch* wäre unsere Lösung erst dann, wenn sowohl in den Eingabefenstern, in den Ergebnis-Label und in den Listen das Komma zu sehen wäre. Wer sich diese Verbesserung vornimmt, der darf sich auf *hohen Aufwand* gefasst machen. Denn vor jedem Umgang mit einer Zeichenfolge eines Textfensters, einer Liste oder eines Labels muss die Punkt-Komma-Ersetzung oder Komma-Punkt-Ersetzung nach Abschn. 12.3.3 programmiert werden. Dann wird's doch ziemlich unübersichtlich.

13.5 Eigene Prozeduren

Das Schreiben eigener Prozeduren und Funktionen wird von dem Moment an schwierig, wenn in ihnen gewisse Angaben verarbeitet werden sollen, die beim Aufruf oder der Verwendung in den runden Klammern mitgeteilt werden müssen. Dann müssen beim Programmieren so genannte *Platzhalter* (formale Parameter) verwendet werden.

Wir wollen uns hier mit einem vergleichsweise einfachen Problem beschäftigen, der Rationalisierung von Schreibarbeit durch Auslagerung von identischen Befehlsmengen in eine eigene Prozedur.

Die Aufgabenstellung ist leicht erklärt: Acht Checkboxen tragen von rechts nach links die Beschriftungen 1, 2, 4, 8, 16, 32, 64 und 128. Darunter befindet sich ein Label mit schönen großen Ziffern, beim Beginn der Laufzeit mit Null belegt.

Gesucht sind acht Ereignisprozeduren derart, dass bei Klick auf jede Checkbox stets die Gesamtbilanz festgestellt und damit die *aktuelle Byte-Belegung* als Dezimalzahl ausgegeben wird (siehe Abschn. 7.3.1):

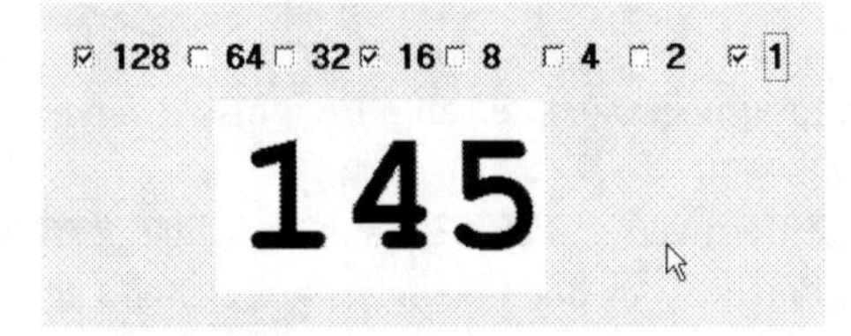

Fangen wir mit der Ereignisprozedur zur ganz rechts stehenden Checkbox an:

```
procedure TForm1.CheckBox1Click(Sender: TObject);
var dual: Byte;
begin
dual:=0;
if Checkbox1.Checked=True then dual:=dual+1;
if Checkbox2.Checked=True then dual:=dual+2;
if Checkbox3.Checked=True then dual:=dual+4;
if Checkbox4.Checked=True then dual:=dual+8;
if Checkbox5.Checked=True then dual:=dual+16;
if Checkbox6.Checked=True then dual:=dual+32;
if Checkbox7.Checked=True then dual:=dual+64;
if Checkbox8.Checked=True then dual:=dual+128;
Label1.Caption:=IntToStr(dual)
end;
```

Nun kommt die nächste Ereignisprozedur:

```
procedure TForm1.CheckBox2Click(Sender: TObject);
var dual:Byte;
begin
dual:=0;
if Checkbox1.Checked=True then dual:=dual+1;
if Checkbox2.Checked=True then dual:=dual+2;
if Checkbox3.Checked=True then dual:=dual+4;
if Checkbox4.Checked=True then dual:=dual+8;
if Checkbox5.Checked=True then dual:=dual+16;
if Checkbox6.Checked=True then dual:=dual+32;
if Checkbox7.Checked=True then dual:=dual+64;
if Checkbox8.Checked=True then dual:=dual+128;
Label1.Caption:=IntToStr(dual)
end;
```

Sehen wir uns die beiden Ereignisprozeduren an, so stellen wir fest:

- Die Inhalte beider Ereignisprozeduren sind absolut identisch.

Und, das lässt sich leicht überlegen, auch die anderen sechs Ereignisprozeduren werden im Inneren genau so aussehen. Das Programmieren wird zur *sauberen Kopierarbeit*, schade um die schöne Zeit.

Da ist es doch viel rationeller, das immer gleiche Innere in einer eigenen Prozedur abzulegen, die beispielsweise den schönen Namen `auswertung` bekommen kann:

```
procedure TForm1.auswertung;
var dual:Byte;
begin
dual:=0;
if Checkbox1.Checked=True then dual:=dual+1;
if Checkbox2.Checked=True then dual:=dual+2;
if Checkbox3.Checked=True then dual:=dual+4;
if Checkbox4.Checked=True then dual:=dual+8;
if Checkbox5.Checked=True then dual:=dual+16;
if Checkbox6.Checked=True then dual:=dual+32;
if Checkbox7.Checked=True then dual:=dual+64;
if Checkbox8.Checked=True then dual:=dual+128;
Label1.Caption:=IntToStr(dual)
end;
```

Danach reduzieren sich die acht eigentlichen Ereignisprozeduren nämlich nur noch jeweils auf den *Aufruf von* `auswertung`:

```
procedure TForm1.CheckBox1Click(Sender: TObject);
begin
auswertung
end;
.................
procedure TForm1.CheckBox8Click(Sender: TObject);
begin
auswertung
end;
```

Allerdings – eine Sache dürfen wir nicht vergessen:

- Wir müssen unsere selbst geschriebene Prozedur *ordnungsgemäß anmelden.*

Dafür richten wir unseren Blick in der Quelltext-Datei auf den oberen Teil und ergänzen dort die Anmeldungen der acht Ereignisprozeduren, die Delphi automatisch beim Doppelklick auf die Checkboxen vornahm, durch unsere eigene Anmeldung:

```
...........
type
  TForm1 = class(TForm)
    CheckBox1: TCheckBox;
    CheckBox2: TCheckBox;
    CheckBox3: TCheckBox;
    CheckBox4: TCheckBox;
    CheckBox5: TCheckBox;
    CheckBox6: TCheckBox;
    CheckBox7: TCheckBox;
    CheckBox8: TCheckBox;
    Label1: TLabel;
    procedure CheckBox1Click(Sender: TObject);
    procedure CheckBox2Click(Sender: TObject);
    procedure CheckBox3Click(Sender: TObject);
    procedure CheckBox4Click(Sender: TObject);
    procedure CheckBox5Click(Sender: TObject);
    procedure CheckBox6Click(Sender: TObject);
    procedure CheckBox7Click(Sender: TObject);
    procedure CheckBox8Click(Sender: TObject);
    procedure auswertung;          // Anmeldung der eigenen Prozedur
  private
............
```

Fehlt diese Anmeldung oder ist sie falsch geschrieben, teilt Delphi beim Versuch, die Benutzeroberfläche zu erzeugen, bei Laufzeitbeginn, seine Kritik durch die Meldung

Fehler: undefinierter Bezeichner `'auswertung'`
unmissverständlich mit.

Und warum müssen wir in der obersten Kopfzeile `procedure TForm1.auswertung;` schreiben?

Das ist ganz einfach zu erklären: Das *Formular*, die große Hintergrundfläche, ist bekanntlich ebenfalls ein visuelles Objekt (s. Abschn. 2.2.7). Das Standard-Ereignis für dieses Objekt ist das Ereignis *Erzeugung des Formulars*, mittels `OnCreate` im Objektinspektor zu sehen.

Wir haben bisweilen die Ereignisprozedur zu diesem Ereignis genutzt, um gewisse Merkmale von Steuerelementen zum Start der Laufzeit vorzubereiten, die mit Hilfe des Objektinspektors nicht vorbereitet werden konnten (s. Abschn. 4.7.5).

Um den *Namen des Formulars* haben wir uns eigentlich nie gekümmert; wozu auch? Natürlich können wir ihn aber auch in der oberen Combobox des Objektinspektors ablesen.

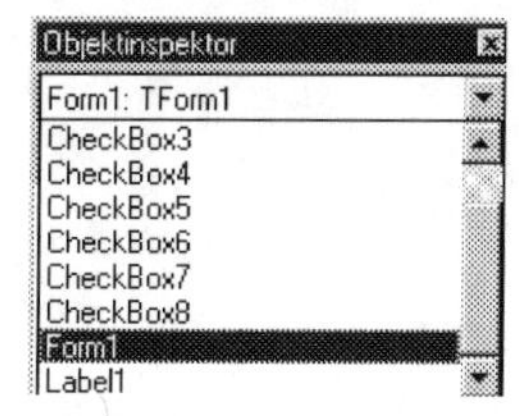

Das Formular bekam von Delphi den Namen `Form1`. Und sehen wir uns die *Punktliste* von `Form1` an:

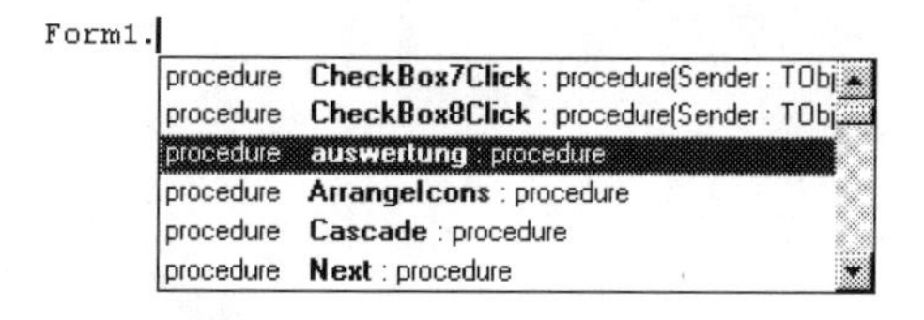

Jede Punktliste, und damit kehren wir zur Kernaussage des Abschn. 13.3.5 zurück, enthält das vollständige Verzeichnis aller verfügbaren *properties*, *Funktionen* und *Prozeduren* des Objekts.

Die Anmeldung unserer Prozedur `auswertung` und die Hinzufügung der Zeichenfolge `TForm1` zum Prozedurnamen – das ist letztendlich nichts anders als die Erweiterung der Menge der durch Delphi schon bereitgestellten Prozeduren.

14 Mit Delphi: Pascal lernen

Inhaltsverzeichnis

14.1 Einfache Delphi-Programmierumgebung für Pascal 292
14.2 Ein- und Ausgabe 295

Pascal ist ursprünglich als Programmiersprache für den akademischen Lehrbetrieb entstanden: Zu Beginn der Siebziger Jahre wurde diese Programmiersprache an der Eidgenössischen Technischen Hochschule in Zürich von *Nikolaus Wirth* entwickelt.

Anfangs war der Umgang mit Pascal recht mühsam; man musste für die einzelnen Verarbeitungsstufen eines Quelltextes nacheinander diverse Hilfsprogramme starten und brauchte viel Zeit bis zur Herstellung eines syntaktisch und logisch fehlerfreien Programms. Deswegen fristete Pascal eigentlich ein Schattendasein als Exot in der Programmierausbildung von Studenten.

Das änderte sich schlagartig, als Borland eine integrierte Entwicklungsumgebung (IDE) unter dem Namen *Turbo-Pascal* herausbrachte, in der ein Editor, ein schneller und leistungsfähiger Compiler und weitere Komponenten genial zusammengefasst waren, so dass von nun an der Umgang mit Pascal-Programmen sehr einfach wurde und Pascal damit sogar in die Schulen wandern konnte. Auch viele Anwender in der Praxis nutzten von nun an das Turbo-Pascal zur Software-Produktion.

W.-G. Matthäus, *Grundkurs Programmieren mit Delphi*, DOI 10.1007/978-3-658-14274-2_14

Borland schuf natürlich nicht nur diese integrierte Entwicklungsumgebung, sondern fügte der Sprache eigene Komponenten hinzu, so dass es durchaus gerechtfertigt wurde, nicht mehr von reiner Pascal-Programmierung, sondern von *Programmierung in Turbo-Pascal* zu sprechen.

Turbo-Pascal wurde bis in die neunziger Jahre hinein kontinuierlich vervollkommnet. Es entwickelte sich quasi zu einem Standard in der Programmierausbildung. Inzwischen ist es von *Delphi* weitgehend abgelöst worden, es gibt keine neuen Versionen von Turbo-Pascal mehr.

Die Programmierung von Anwendungen, die sich auf schwarzem Hintergrund mit einfachen Fragen an den Nutzer wenden und ihm als einzige Reaktion das Eintippen von Zahlen oder Texten erlauben, ist angesichts grafikfähiger Farbbildschirme nicht mehr zeitgemäß.

Trotzdem mag dieser und jener den Turbo-Pascal-Zeiten ein wenig nachtrauen; konnte man doch mit Turbo-Pascal die Prinzipien der strukturierten und modularen Programmierung bis hin zur objektorientierten Programmierung gut lehren und lernen.

Dieses Kapitel soll zeigen, dass auch Delphi sehr gut dazu geeignet sein kann, die *Grundlagen der Pascal-Programmierung*, so wie früher mit Turbo-Pascal, zu lehren und zu lernen.

14.1 Einfache Delphi-Programmierumgebung für Pascal

Wie war das früher bei Turbo-Pascal? Jedes Buch begann damit: Der Anfänger wurde ausführlich über die technologischen Schritte unterrichtet, die er unternehmen musste, bevor er überhaupt beginnen konnte, seinen Quelltext einzutippen. Dann folgte *Mein erstes Programm – Hallo Welt*, und anschließend wurde erläutert, wie er eintippen, übersetzen und ausführen lassen kann. Und so weiter. Machen wir es genau so:

- *Schritt 1*: Wir starten eine verfügbare Version von Delphi.
- *Schritt 2a*: (Delphi, Version 7 oder früher): Auf die bereits vorhandene, graue, gerasterte Fläche mit der Überschrift *Form1* ziehen wir von oben aus der Registerkarte STANDARD der Komponentenpalette mit Hilfe des passenden Symbols eine *Schaltfläche* (Button).
- *Schritt 2b*: (Delphi neue Versionen): Sofern eine Willkommens-Seite im Zentrum des Bildschirms zu sehen ist, wird diese geschlossen. Anschließend wird DATEI NEU → VCL-FORMULARANWENDUNG gewählt. Es erscheint ebenfalls die graue, gerasterte Fläche mit der Überschrift *Form1*. Sofern nicht vorhanden, wird mittels ANSICHT → TOOL-PALETTE die *Tool-Palette* aufgeblendet (meist rechts am Bildrand). Aus deren Kategorie STANDARD wird mit Hilfe des Symbols neben `TButton` eine *Schaltfläche* (Button) auf die graue Fläche gezogen.

- *Schritt 3*: Nun sollten wir die *Beschriftung des Buttons* mit Hilfe der Zeile `Caption` des *Objektinspektors* in *Start* ändern:

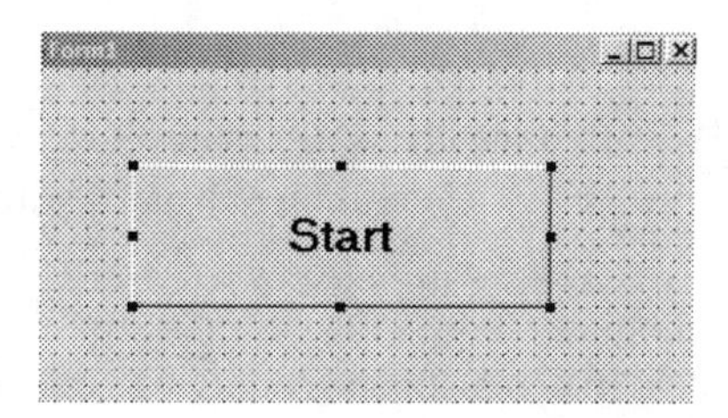

- *Schritt 4*: Ein *Doppelklick auf diesen Button* reicht – und schon erhalten wir ein *Quelltext-Fenster* mit vier Programmzeilen, in das in die gekennzeichneten Zwischenräume die Vereinbarungen und Befehle einzutragen sind:

```
procedure TForm1.Button1Click(Sender: TObject);
                              // Platz für Vereinbarungen (falls notwendig)
begin
                                                              // Platz für Befehle
end;
end.
```

Da das abschließende `end.` mit dem Punkt in Zukunft völlig ohne Bedeutung für uns (aber nicht für das Delphi-System) sein wird, wird es ab jetzt bei uns nicht mehr wiedergegeben. Es darf aber *niemals gelöscht* werden.

Für das erste Programm schlagen wir natürlich vor, den Befehl aller Befehle zu verwenden – welches Buch beginnt nicht mit *Hallo Welt*:

```
procedure TForm1.Button1Click(Sender: TObject);
begin
        ShowMessage('Hallo Welt')
end;
```

- *Schritt 5*: Dann sollte schon einmal geübt werden, wie gespeichert wird: Wir wählen zuerst DATEI → ALLES SPEICHERN, dabei müssen wir den Ordner auswählen, in dem die Dateien des Projekts gespeichert werden sollen. Anschließend müssen wir genau darauf achten, welche Frage am oberen Rand des Dialogfensters steht, denn wir müssen stets *zwei verschiedene Namen* vergeben.

  Erscheint dort nämlich die Frage
  Unit1 speichern unter
  dann sollte an den beabsichtigten Dateinamen noch *ein u angehängt* werden; zum Beispiel könnten wir hier `proj_141u` vergeben. Die Endung `.pas` kommt ohne unser Zutun automatisch dazu.

Anschließend folgt nämlich noch die zweite Frage nach einem *zweiten Namen*, und das wird dann schließlich der wichtige, eigentliche *Projektname*:

Project1 speichern unter

Hier müssen wir dann das vorhin angehängte u beim Eingeben des Namens weglassen, das wäre zum Beispiel nur `proj_14`. Unter diesem Namen wird später das Projekt immer wieder geöffnet.

- *Schritt 6*: Ist der Quelltext in den Dateien erfolgreich gespeichert kann das Programm gestartet werden. Der Startvorgang erfolgt in zwei Stufen: Zuerst müssen wir in der erste Stufe entweder mit einer Schaltfläche (mit dem nach rechts gerichteten grünen Dreieck) oder mit der Taste `F9` den *Button* aktivieren. Dabei verschwinden die Rasterpunkte auf `Form1`, und der Button wird *anklickbar*.

Die sogenannte Laufzeit beginnt.

Mit einem *weiteren Klick auf den Button* wird in der zweiten Stufe schließlich das geschriebene Programm gestartet, es kommt entweder eine Fehlermeldung, wenn gegen die Regeln der Sprache verstoßen wurde, oder die beabsichtigte Wirkung tritt ein:

Das Mitteilungsfenster wird durch Klick auf `OK` geschlossen; anschließend könnte mit Klick auf `Start` ein neuer Programmlauf gestartet werden.

Wird das Fenster geschlossen, auf dem sich der Button *Start* befindet, erscheint wieder der *Quelltext des Pascal-Programms*. Dieser kann verändert, über DATEI → ALLES SPEICHERN gespeichert und anschließend mit der beschriebenen Zwei-Schritt-Ausführungstechnologie erneut ausgeführt werden.

Sollte der Quelltext nicht zu sehen sein, hilft die Taste `F12`, sie schaltet zwischen der *Entwurfsansicht* (in den neuen Delphi-Versionen spricht man vom *Designer*) mit dem Button und dem Quelltextfenster um.

Delphi fragt beim Beenden, wie üblich, ob alles gespeichert werden soll. Das sollten wir immer positiv beantworten.

Wird Delphi erneut gestartet, um mit dem Programm weiter zu arbeiten ist nach DATEI → PROJEKT ÖFFNEN der passende Ordner zu wählen und unbedingt der *Name der Projektdatei* (ohne angehängtes u) zu wählen.

14.2 Ein- und Ausgabe

Schade, aber die Zeiten von `Read` und `ReadLn`, `Write` und `WriteLn` sind leider vorbei. Es gibt eben doch Unterschiede zwischen Turbo-Pascal und Delphi-Pascal. Viele sind es wahrhaftig nicht, aber hier zeigen sie sich deutlich.

14.2.1 Ein- und Ausgabe von Zeichenfolgen (`Strings`)

Das ist einfach: Ein `ShortString`-Speicherplatz oder ein `String`-Speicherplatz (beide nehmen Zeichenfolgen auf, der erste aber nur maximal 256 Zeichen) wird durch eine `InputBox` im Nutzerdialog belegt:

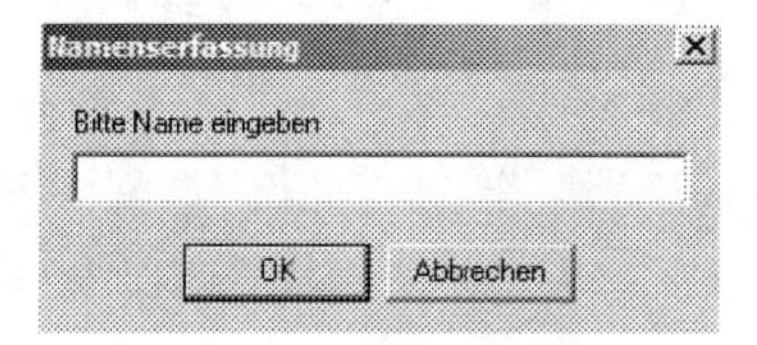


```
procedure TForm1.Button1Click(Sender: TObject);
var tx: ShortString;
begin
    tx:=InputBox('Namenserfassung','Bitte Name eingeben','')
end;
```

Dabei legt, wie die Abbildung zeigt, der Eintrag zwischen dem *ersten Paar von Hochkommas* den *Fenstertitel* fest (hier: *Namenserfassung*), der Eintrag zwischen dem *zweiten Hochkommapaar* führt zur auffordernden Nutzerinformation (hier: *Bitte Name eingeben*), direkt über der Eingabezeile. Gibt es zwischen dem dritten Hochkommapaar einen Eintrag, erscheint dieser als Vorab-Belegung (Default-Wert) in der Eingabezeile und kann bestätigt oder überschrieben werden.

Der *Inhalt eines* `String`- *oder* `ShortString`-*Speicherplatzes* wird mittels `ShowMessage` ausgegeben, wobei erklärender Text in Hochkommas zu setzen ist:

Die *Ausgabezeile* wird so vorbereitet, dass der *statische Text* `Sie trugen ein:` und der Inhalt des Speicherplatzes `tx` mit dem *Pluszeichen* verkettet wird:

```
procedure TForm1.Button1Click(Sender: TObject);
var tx: ShortString;
begin
    tx:=InputBox('Namenserfassung','Bitte Name eingeben','');
    ShowMessage('Sie trugen ein: '+tx)
end;
```

Zu beachten ist hier in der vierten Zeile das trennende Semikolon.

- Pascal-Befehle müssen immer mit einem Semikolon *voneinander getrennt* werden. Die Sprech- und Denkweise „Pascal-Befehle werden mit Semikolon abgeschlossen" ist falsch und führt oft zu Fehlern.

14.2.2 Ausgabe von ganzen Zahlen (`Integer`)

Eine `ShowMessage` kann immer nur Zeichenfolgen verarbeiten.

Folglich muss der Inhalt eines `Integer`-Speicherplatzes zuerst *in eine Zeichenfolge umgewandelt* werden, bevor er ausgegeben werden kann. Dafür gibt es die Funktion `IntToStr`:

```
procedure TForm1.Button1Click(Sender: TObject);
var tx: ShortString; nr: Integer;
begin
      nr:=13; tx:=InputBox('Namenserfassung','Bitte Name
      eingeben','');
      ShowMessage('Herr '+tx+' wohnt in Nr. '+IntToStr(nr))
end;
```

14.2.3 Ausgabe von Dezimalbrüchen (`Single, Double, Extended`)

Für Inhalte von Speicherplätzen der genannten Typen gibt es auch *Konvertierungsfunktionen*, vergleichbar mit dem `IntToStr` bei ganzen Zahlen.

Besser ist es aber, mit Hilfe der vorher aufzurufenden Konvertierungsprozedur `Str` aus dem Zahleninhalt eine Zeichenfolge zu erzeugen.

Diese kann dann über einen `ShortString`- oder `String`-Hilfsspeicherplatz in der `ShowMessage` verarbeitet werden:

```
procedure TForm1.Button1Click(Sender: TObject);
var x : Double; x_str: ShortString;
begin
      x:=3.14159;
      Str(x,x_str);
      ShowMessage('Die Zahl Pi beginnt mit'+x_str)
end;
```

Die so programmierte Ausgabe sieht allerdings nicht sehr gut aus:

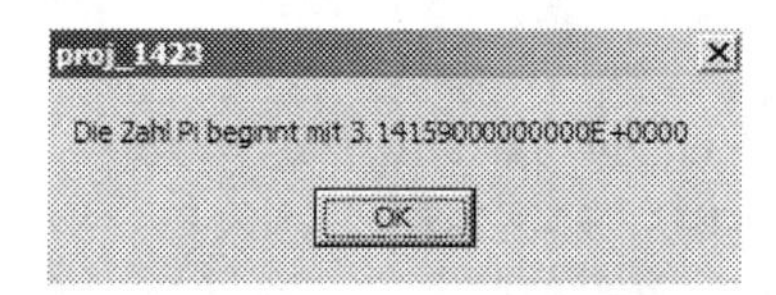

Deshalb sollte man stets in der `Str`-Prozedur weiter, durch Doppelpunkte getrennt, angeben, wie viele Stellen insgesamt (einschließlich des Dezimalpunktes bzw. des Dezimalkommas, je nach Delphi-Version, wie in Abschn. 12.3.3 ausführlich dargelegt) und wie viele Stellen davon nach dem dezimalen Trennzeichen auszugeben sind:

```
Str(x:7:5,x_str);ShowMessage('Die Zahl Pi beginnt mit'+x_str)
```

Dann lässt sich das Ergebnis auch entsprechend gut lesen, wobei jetzt erkennbar wird, dass nun hinter „mit" ein Leerzeichen fehlt:

14.2.4 Erfassung von ganzen Zahlen und Dezimalbrüchen

Eine `InputBox` kann prinzipiell nur `String`- oder `ShortString`-Speicherplätze füllen. Jeder Versuch, die `InputBox` als Quelle und dazu irgendeinen Zahlenspeicherplatz als Ziel zu verwenden, wie es folgendes Programm versucht, schlägt fehl:

```
procedure TForm1.Button1Click(Sender: TObject);
var x : Double;
begin
      x:=InputBox('Zahleneingabe','Geben Sie eine Zahl ein','')
end;
```

Wir erhalten eine entschiedene Fehlermeldung der folgenden Art:

```
Inkompatible Typen 'Double' und 'String'
```

Was ist zu tun?

- *Jede* Nutzereingabe, ob Text oder Zahl, muss immer zuerst als Zeichenfolge in einen `ShortString`- oder `String`-Speicherplatz (bei Delphi 8: nur `String`) gebracht werden.

Das gibt keine Konflikte, denn ein `ShortString`- oder `String`-Speicherplatz nimmt jede Nutzereingabe an. Ganz gleich, ob sie aussieht wie eine Zahl oder nicht.

Würde anschließend aber sofort kritiklos versucht, die Nutzereingabe als Zahl in einen Zahlenspeicherplatz zu transportieren, sind Programmabstürze kaum zu vermeiden. Denn wie schnell passiert es, dass sich ein Nutzer vertippt und etwas eingibt, was sich nicht zu einer Zahl machen lässt. Man denke nur an das deutsche Dezimalkomma, das zwar für Pascal-Eingaben verboten ist, aber sicher oft versehentlich benutzt wird.

Hier hilft die *Delphi-Konvertierungsprozedur* `Val`.

- `Val` verlangt immer *drei Einträge*: Zuerst verlangt `Val` den Namen des `ShortString`- bzw. `String`-Speicherplatzes, der die Nutzereingabe *als Zeichenfolge* aufgenommen hat.
- Dann verlangt `Val` den Namen des *Zahlenspeicherplatzes*, in den die zur Zahl gemachte Zeichenfolge (sofern sie sich überhaupt in eine entsprechende Zahl konvertieren lässt), gebracht werden soll. Dieser Zahlenspeicherplatz kann bei einem Konvertierungs-Misserfolg durchaus auch leer bleiben.
- Schließlich wird dazu ein dritter, ein `Integer`-Speicherplatz benötigt, in dem die `Val`-Prozedur mitteilt, ob die Konvertierung *erfolgreich* war (Inhalt *gleich Null*) oder ob die Zeichenfolge *nicht zur Zahl gemacht werden konnte* (Inhalt *ungleich Null*). Als Programmierer muss man folglich mit der Situation rechnen, dass der Zahlenspeicherplatz leer bleiben kann. Das hängt davon ab, was der Nutzer eingibt. Das folgende Programm zeigt, wie vorzugehen ist:

```
procedure TForm1.Button1Click(Sender: TObject);
var x : Double; x_str: String;x_info: Integer;
begin
    x_str:=InputBox('Zahleneingabe','Geben Sie eine Zahl ein','');
    Val(x_str,x,x_info);                        // Konvertierungsversuch
    if x_info=0 then
```

```
        begin
         // ... hier können Befehle zur Verarbeitung der Zahl stehen
        ShowMessage('Es war eine Zahl'); // Beispiel
        end
end;
```

Will man sicher sein, dass tatsächlich nur dann mit der erhaltenen Nutzereingabe gearbeitet wird, wenn diese korrekt (eine verwertbare Zahl) war, sollten alle diesbezüglichen Befehle in das Innere des Ja-Zweiges des einfachen Tests

```
if x_info=0 then begin ... end
```

eingetragen werden. Alles andere wäre Hasard, wäre sehr zweifelhaftes Vertrauen in die Konzentration und den guten Willen des Nutzers.

Was soll aber passieren, wenn die Nutzereingabe nicht als Zahl verwertbar ist? Unser Programm stürzt zwar nicht ab, aber es passiert dann auch nichts weiter. Fehleingabe und Schluss. Ziemlich unbefriedigend. Besser wäre es, den Nutzer bei Falscheingaben entsprechend zu informieren und zur Wiederholung zu veranlassen – solange, bis er sich konzentriert und korrekt eingibt.

In diesem Zusammenhang sei auch all denen geantwortet, die die Frage stellen, warum für die Belegung von Integer-Speicherplätzen nicht die aus Abschn. 7.1.2 bekannte Funktion `StrToInt` verwendet wird?

```
var x : Integer;
begin
x:=StrToInt(InputBox('Zahleneingabe','Bitte Zahl eingeben',''))
end;
```

Die Antwort ist einfach, und jeder kann es ausprobieren: Die `StrToInt`-Funktion kann unkorrekte Nutzereingaben nicht abfangen; sie arbeitet nur dann korrekt, wenn der Nutzer eine Zeichenfolge eingibt, die sich zu einer ganzen Zahl machen lässt.

Bei unkorrekter Nutzereingabe liefert `StrToInt` eine Fehlermeldung und dazu einen *Programmabsturz*. Deshalb wurde in Abschn. 5.1.4 dafür gesorgt, dass falsche Tasten des Nutzers weggefangen werden. Das aber können wir bei Verwendung der `InputBox` jedoch leider nicht.

Sachverzeichnis

A
Abs 265
Abzählen 196
Abzählen in Listen 185
Achsenkreuz 166, 168
Add 275
Addition 255
Aktiver Zugriff auf Datenkerne 63
Aktivieren/Deaktivieren von Buttons 90
Aktivierung 72
aktuelle Zeit 264
Alternative 100, 102, 105, 114, 119, 124, 172
Ampel 118, 123
Ampelanzeige 120
and 100
andernfalls 102
Änderung 33
Änderung der Auswahl 46
Änderungen an den Bedienelementen 28
Änderung in der Textbox 76
Animation 174
Animationen 172
Anweisungsklammern 95, 97, 102, 217, 282
Arbeitsfläche 1, 23
Arithmetische Funktionen 265
ASCII-Tabelle 202, 204, 224
ASCII-Wert 175, 204, 248
ASCII-Werte 262
Aufruf 32, 287
Ausführungsteil 143
Ausgabeformat 241
Ausgabe von Dezimalbrüchen 296
Ausgabe von ganzen Zahlen 296
Ausgabe von Zahlen 132
Ausklick 95, 105
Ausnahmeregel 100, 115
Ausnahmeregelung 124, 142, 152, 197, 242
Ausnahmeregelung für Zählschleifen 217
AutoSize 116, 120

B
Bankhaus Fugger 267
Basiselemente 16
Bedienelement Combobox 46
Bedienelemente 1, 8, 14, 23, 43, 55, 106
Bedienelemente aktiviert 247
Bedienelemente deaktiviert 247
Bedienelement Liste 44
Bedienelement Menü 51
Bedienelement Radiogruppe 48
Bedienelement Scrollbar 138
Bedienhandlung eines Nutzers 107
Beep 252
Befehle 31, 105
Befehlsgruppen 105
Beginn der Laufzeit 106
Behandlung falscher Tasten 247
Bemerkungen 31
Benutzeroberfläche 1, 4, 6, 29, 43, 51, 107
Beschriftung des Buttons 114
Beschriftung wechseln 101
Betrag 265
Betriebssystem 38, 110, 242
Bewegungssteuerung der Scrollbar 106
Bezeichner 143
Bildeditor 151
Bilderrahmen 151, 157
Bildobjekt 170
Bildpunkt 158, 169

W.-G. Matthäus, *Grundkurs Programmieren mit Delphi*, DOI 10.1007/978-3-658-14274-2

Bildschirmschoner 127, 169, 170
Bit 144, 235
Blau-Anteil 128
blinkende Schrift 115
Boolean 195
Boolean-Speicherplatz 196
Boolean-Speicherplätze 200
Brush.Color 199
Bundeshauptstadt 67
Button 16, 19, 30, 59, 89, 97, 101
Button-Ereignisse 35
Byte 144, 145, 186, 202, 235, 237, 242

C
Canossa 267
canvas 158
Caption 7, 11, 59, 147
Cardinal 145
Char 202
Char-Speicherplatz 204
Checkbox 16, 33, 66, 71, 89, 95, 123, 124, 140
Checked 22, 66, 71
Chr 204, 262
Chr-Funktion 99
clBackground 8
Codewert 203
Color 7, 11
ComboBox 46
CompareStr 210, 223, 227, 262
Computerspiel 176, 179
Concat 210, 227, 262
Copy 210, 214, 215, 219, 262
Cos 265
Create 34, 91
Cursorsteuerung 174

D
Date 263
Dateinamen 13
Datenbestand 90, 185
Datenkern 24, 27, 58, 71, 89, 108, 131
Datenkerne fremder Objekte 60
Datenkern eines Timers 109
Datenkern eines visuellen Objekts 26
Datenkerne visueller Objekte 106
Datenobjekt 24
Datentyp Double 237
Datentyp Extended 237
Datentyp Single 236
DateToStr 263, 265
Datums-Sonderformat 265
Datums- und Zeitfunktionen 263
Deaktivierung 72
Deaktivierung eines Buttons 102
Default-Wert 295
Delete 211, 218, 219, 243, 262
Delphi-Namensvorschlag 18
Delphi-Programmiersysteme 2
Delphi-Programmierumgebung für Pascal 292
Delphi-Versionen 2
Denkfehler 101
Designer 12, 294
deutsche Zahl 244
Dezimalbrüche 235, 236
Dezimalkomma 244
Dezimalpunkt 238, 244
Dezimal-Trennzeichen 242
div 164
Division durch Null 258
Divisionsrest 234
Divisionszeichen 164
Doppelklick 44
doppeltgenaue Speicherplätze 237
Double 235
DropDownCount 47
DropDown-Menü 51, 53

E
EAN 233
Edit 16, 38
editierbare Auswahlliste 46
eigene Prozedur 287
Eigene Prozeduren 286
Eigenschaft 24
Eigenschaften jedes Buttons 20
Eigenschaft Items 45
Eigenschaft Kind 123
Eigenschaft Name 18
Eigenschaftsfenster 10
Eigenschaft Sorted 228
Eigenschaft Text 58
Einfache Mitteilungen 56
Einfache Quersummen 232
Einfacher Test 90
einfache Tests 95, 104
Einklick 95, 105

Ein- und Ausgabe von Zeichenfolgen 295
Ellipse 164
Ellipsen-Fläche 164
else 102
EncodeDate 265
Encode-Funktionen 265
EncodeTime 265
englischer Dezimalpunkt 244
Enter -Taste 203
Entwurfsansicht 294
Entwurfsmodus 12
Entwurfsphase 12, 39
Ereignis 27, 28
Ereignisbehandlung 28
Ereignishändler 29, 58
Ereignis Mausbewegung 35
Ereignisprozedur 29, 30, 58, 70, 89, 91, 118
Erfassung von Dezimalbrüchen 244
Erfassung von ganzen Zahlen und Dezimalbrüchen 297
Ergebnis-String 218
Ergebnistaste 256
Ergebniswert 25
ergibt sich aus 142
Ersetzen des Musters 220
Ersetzen von Zeichen 218
Escape-Taste 99
ESC -Taste 137
ESC-Taste 248
Europäische Artikel-Nummer 233
exklusive Ja-Nein-Option 16
Exp 266
Exponent 236, 237
Extended 235

F

Falscheingaben 136
falsche Tasten 136
False 67, 90, 195
Farbanteile 199
Farbanteilswerte 161
Farbe 131
Farben definieren 11
Farben im Computer 128
Färben von Pixeln 160
Farbinformation 131
Farbwert 129
Farbwerte 139
Fehlbedienung durch den Nutzer 20
Fehlbedienungen des Nutzers 136
Fehlermeldung 92, 97, 143
Finden, Löschen und Einfügen 219
Finden von Zeichen 212
Fokus 39, 40, 250, 280, 284
Fokus-Ereignisse 39
Fokusverlust 44, 249
Fokusverlust des Textfensters 41
Fokus zurücksetzen 41
formale Parameter 286
Formatsteuerung 241
Formular 4, 23, 26, 34, 51, 106
Formular-Ereignisse 37
Frequenz von Timern 110
Füll-Farbe 163
function 25
Funktion 25
Funktion Add 275
Funktionalität 69
Funktion CompareStr 223
Funktion Copy 214
Funktion Date 263
Funktion DateToStr 263
Funktionen 209, 261
Funktionen aus der Punktliste 269
Funktion GetTextLen 271
Funktion Length 214
Funktion Pos 213
Funktion Random 148, 227
Funktionstasten 38
Funktion StrToInt 267
Funktion Time 264

G

ganze Zahlen 131, 132
Ganze Zahlen mit Vorzeichen 231
Ganze Zufallszahlen 148
ganzzahlige Division 164
Geldautomaten 98
gemischte Farben 128
geometrische Figuren 160
Geometrische Gebilde 159
Gerade 162
GetTextLen 270
Gewichtete Quersummen 233
Glücksspielautomat 149
Grafikprogrammierung 157
Großbuchstaben 203
Größe der Benutzeroberfläche 8

Groß- und Kleinschreibung 31, 90
GroupBox 21, 34, 96
GroupBoxen 23
Grün-Anteil 128
Grundrechenarten 253
Gruppe 96
Gruppenbeschriftung 49
Gruppenbildung 48
Gruppen von Radiobuttons 21
Gruppe von Radiobuttons 21
gültige Dezimalziffern 237
gültige Ziffern 236, 240

H
Haken in der Checkbox 33
Hauptstadtnamen 126
Heinrich der Vierte 267
Herstellung des Formulars 83, 91
Hintereinanderschaltung 201
Hintergrundfarbe 6, 163, 169, 182
Hochkomma 32, 99, 295
Hochzahl 236
Homebanking 139

I
IDE 291
Image 151, 157
inaktiv 73, 74
Inaktive Menü-Einträge 75
Informations-Speicherplatz 245
Inhalt der Ereignisprozedur 31
Inhalt der Ereignisprozeduren 56
Inhalt des Textfensters 70
Inhalt eines Textfensters 58
Inhalte von Ereignisprozeduren 90
InputBox 295, 297
Insert 211, 219, 243, 262
Integer 145, 186, 204, 245
Integer-Datentypen 145
Integerwert 136
integrierte Entwicklungsumgebung 291
interne Verarbeitung von Dezimalbrüchen 236
Intervall 109
IntToStr 132, 210, 239, 262
Item 84, 272
ItemIndex 50, 68, 147, 272
Items 47, 49, 117
Items[...] 86
Items[..] 147
Items.Add 228

J
Ja-Nein-Antworten 196
Ja-Nein-Option 16
Ja-Zweig 102, 114, 243

K
Kandidat 190
Kandidaten-Speicherplatz 191
Kandidaten-Speicherplätze 226
Kassenzettel 278
Kategorie 15
Kategorien 35
Kettenrechnungen 258
Key 99, 175
Kleinbuchstaben 203
Kleiner-größer-Beziehungen 204
Klick 33
Klick auf den Button 93
Klick auf die Checkbox 95
Komma 243
Kommentare 31
Komponentenbibliothek 4
Komponentenleiste 109, 198
Komponentenpalette 44, 46, 51, 120
Komponenten-Palette 14
Konvertierbarkeit 246
Konvertierung 132, 230, 239, 245, 298
Konvertierungsfunktion 263
Konvertierungsfunktion IntToStr 133
Konvertierungsfunktion StrToInt 134
Konvertierung Text zu Zahl 132
Konvertierung Zahl zu Text 132
Koordinatensystem 160
Kopf des Objektinspektors 63
Kopfzeile 18, 143
Kopfzeilen 31
Korrekturtaste 255
Kreisfläche 165, 172

L
Label 17, 20, 34, 89, 116, 132
Labyrinth 176
Länge des Textmusters 215
Längenbyte 207

Laufvariable 187, 217
Laufzeit 11, 17, 23, 26, 27, 29, 47, 74, 101, 135, 170
leerer String 221
Leerzeichen 229
Leinwand 158
Length 210, 214, 262
lexikografisch 224, 228
Lexikografischer Vergleich 223
Linienfarbe 162
linksbündig 186
Links-Rechts-Steuerung 96
ListBox 44, 79
Listbox1.Count 94
Liste 89, 90, 185
Liste der Bundesländer 83
Listen 79
Ln 265
Logarithmus 265
logische Formel 200
logischer Speicherplatz 230
Long 145
Löschen 182
Löschen einer Zeile 272
Löschen eines Musters 218
Löschen eines Zeichens 221
Löschen von Zeichen 215
Lottoziehung 227
LowerCase 210, 262

M

MainMenu 51
Malen auf dem Bildschirm 180
Malfläche 158, 163, 172
Mantisse 236, 237
Markierung 68, 87
Markierung in der Liste 147
Mausbewegung 44
Mausbewegungen 35
Mausbewegung über dem Button 36
Mausbewegung über dem Formular 37
Maustaste 37, 181
Mauszeiger 37, 68
Mauszeiger-Bewegung 68
Maximumsuche 225
Mehrfachziehungen 230
Mehrwertsteuer 280
Mehrwertsteuersatz 279
Menge der Spielideen 179
Mensch-Rechner-Kommunikation 1
Menü 51
Menüleiste 52
Millisekunden 110
Minimax-Aufgaben 190
Minimax in Listen 225
mitlaufende Zeitanzeige 264
Mitteilung 30
Mitteilungsfenster 31, 56, 294
mod 154, 234
Muster 212

N

Nachrichten 29
Nachttischlampe 105
Nachttischlampen-Schalter 101
Nachzeichnen 169
Name 18
Name eines Speicherplatzes 146
Name eines visuellen Objekts 60
Namen der visuellen Objekte 90
Namensbeschaffung 76
Namensvergabe 280
Nein-Zweig 102, 114
Neuaufbau eines String 221
Nichtnumerische Speicherplätze 195
Nicht-Standard-Ereignis 44, 46, 111
Nicht-Standard-Ereignisse 29, 35
Notwendigkeit des Semikolons 95
Nutzer 27, 107
Nutzerdialog 295
Nutzereinwirkung 43, 103
Nutzereinwirkungen 27, 35
Nutzerhandlung 28
Nutzerhandlungen 107
Nutzerklick 53
Nutz-Programmierer 24

O

Objekt 23
Objektbegriff 24
Objektinspektor 5, 6, 17, 19, 23, 26, 32, 49, 55, 59, 60, 66, 77, 90, 106, 110
Objektinspektor der Liste 44, 45
Objektinspektor der Radiogruppe 68
Objektinspektor der Scrollbar 21
Objektinspektor des Formulars 8
Objektinspektor einer Checkbox 20

Objektinspektor für die Liste 228
Objektinspektors eines Textfensters 20
Objektorientierte Programmierung 24
Objektsammlung 24
OnCreate 289
OnEnter 39, 250
OnExit 39, 250
OnKeyDown 38, 175, 182
OnKeyPress 38, 98, 137, 172, 248
OnKeyUp 38, 182
OnMouseDown 37, 181
OnMouseMove 36
OnMouseUp 37, 181
OnTimer 112
Operationstaste 256
or 100
Ord 204, 262

P

Palette zur Farbauswahl 11
Palindrom 223
Panel 120
Parallelschaltung 201
Pascal 291
Pascal-Delphi-Ausnahmeregel 95
Pascal-Delphi-Regeln 93
Passiver Zugriff auf Datenkerne 56
Pen.Color 162
Pen.Width 162
Phasen 120
Picture.LoadFromFile(...) 152
PIN 98
Pixel 158
Pixelreihe 159
Platzhalter 286
Pluszeichen 60
Pos 210, 212, 262
Position der Markierung 85, 133
Position des letzten Zeichens 214
Position des Mauszeigers 180
Position des Minimums 192
Position des Reglers 33, 64, 70
Potentiometer 20
Primzahl 153
procedure 25
Programmfehler 98
Programmieren 90
Programmiersprache 291
Projektdateien 14
properties 58, 268
property 24, 68, 77, 81, 89
property Checked 140
property Color 131
property Count 194
property Enabled 74, 92, 110
property Interval 110
property ItemIndex 82, 85, 88
property Items.String[..] 85
property Picture 151
property Position 90
property Text 85
property Visible 75, 76
Proportional-Schriften 189
Prozedur 25, 32
Prozedur anmelden 288
Prozedur Beep 252
Prozedur Delete 215
Prozeduren 210, 261
Prozeduren aus der Punktliste 272
Prozedur Randomize 148, 227
Prozedur setFocus 252
Prozedur Str 239
Prozedur Val 245
Prüf-Timer 153, 253
Pseudo-Zeichen 99
Pseudo-Zufallszahlen 148
Punktliste 81, 84, 90, 268, 274, 289
Punkt-Menü 94
Punkt und Komma 242

Q

Quadrat 164
Quadratfläche 163
Quadratwurzel 265
Quadratzahl 265
Quelle 63, 142, 200
Quelltextfenster 30, 294
Quersummen 232

R

Radiobutton 34, 48, 66, 89, 96, 117
RadioButton 16
RadioGroup 48
Radiogruppe 49, 67, 89, 117
Rahmen 21
Rahmen für Ereignisprozeduren 30
Random 227, 262

Randomize 227, 262
Rationalisierung von Schreibarbeit 286
Raus-Zeichen 219
Reaktion 43
Reaktion auf falsche Nutzereingaben 249
Reaktionen 107
Reaktionen auf Tastendruck 38
Rechnen mit Delphi 253
Rechnerfantasie 240
Rechteck 162, 164
Rechteckfläche 163
Rechteckrahmen 164
Rechteckumriss 162
Rechteck-Umriss 163
Regeln der Sprache Delphi-Pascal 31
Regelwerk 60
Register 258
Registerblatt 6
Registerblätter 14
Registerblatt Standard 14
Registerblatt STANDARD 44
Registerblatt System 14
Registerblatt Zusätzlich 14
Registerkarte EIGENSCHAFTEN 90
Registerkarte SYSTEM 109
Reihenfolge der Fokussierung 42
Rein-Zeichen 219
RGB-Funktion 129, 131, 138, 199
Rot-Anteil 128

S

sbVertical 123
Scanner-Kasse 277
Schalter 198
Schalterstellungen 201
Schaltfläche 16
Schaltung 197, 201
Schieberegler 17, 20
Schleifendurchgang 217
Schlüsselwörter 32
Schnellwahlbuchstaben 53, 117
Schnittstellen 273
Schopenhauer 223
Schreibmaschinenschrift 186
Scrollbar 17, 20, 33, 64, 70, 89, 96, 111, 113, 119, 123, 127, 132
Sekundentakt 122
Selbst-Stopp 113
Semikolon 32, 124, 296
Semikolon als Trennzeichen 65, 83
setFocus 252
Setzen des Fokus 40
Shape 198
ShortInt 145
ShortString 207, 245
ShowMessage 31, 38, 55, 60, 239, 262, 295
sichtbar 75
Sin 265
Single 235
Sinnbilder 16
Sinnbilder für die Bedienelemente 14
Situation des Timers 108
Slot-Maschine 148, 149
Slot-Maschine mit Bildern 150
Sorted 228
Speichereinheit 144
Speicherplatz 141, 143, 156
Speicherplätze 205
Speicherplätze für einzelne Zeichen 202
Speicherplätze für ganze Zahlen 140
Speicherplätze für Zeichenfolgen 206
Speicherung 12
Spiele 176
Spieler 178
Spielregeln 178
sprechende Namen 281
Sqr 265
Sqrt 265
Städte-Liste 125
Städte-Raten 125
Standardereignis 33
Standard-Ereignis 29, 33, 43, 46, 68, 91, 95, 111
Standard-Ereignis Create 83
Standard-Namen 17
Startbelegung 83
Startbelegung für die Auswahlliste 45
Startbeschriftung 47
Start-Beschriftung 19
Startbild 2, 6
Start der Laufzeit 11, 103
Starteigenschaften 23, 55
Start einer Ereignisprozedur 44
Start-Inhalt 19, 32
Startkapital 266
Startmarkierung in einer Liste 106
Start-Markierung in Listen 82
Startseite 5
Stellung des Reglers 90

Stellungen des Reglers 120
Steuerelemente 1
Steuerelement Timer 125
Str 239, 263
Strichcode 233
String 206, 207, 245
String-Bearbeitung 242
String-Funktionen 209
Stringlisten-Editor 45, 47, 117, 198
String-Prozeduren 209, 211
StrToInt 132, 211, 262, 267
strukturierte Schreibweise 93
Subtraktion 255
Suche nach dem Namen 80
Summenspeicher 193
Summen-Speicherplatz 193
Summen über Listen 193
Supermarkt 233
Supermarkt-Kasse 277

T

TABULATORREIHENFOLGE 42
Tabulator-Taste 39
Taste Esc 203
Taste losgelassen 182
Tasten wegfangen 97
Taste runtergedrückt 182
Teilbarkeit 153
Test des Formulars 11
Text 132, 165
Textanalyse 209
Textanzeige 17
Textbearbeitung 209
Textbox 17
Text der Ereignisprozedur 143
Textfenster 16, 32, 38, 73, 83, 89, 99
Textmuster 212, 215
Text und Zahl zusammenfügen 143
Textverarbeitungsprogramm WORD 116
Time 263, 264
Timer 16, 106, 108, 113, 114, 115, 118, 125, 170, 178, 253, 264, 280
Timer-Ereignis 108, 110, 118, 119, 128, 282
Timer-Symbol 109
TimeToStr 263, 265
Tool-Palette 14, 44, 46, 51, 109, 120, 198
Transport-properties 61
Transportvorgang aus dem Datenkern 60
trennendes Semikolon 243
Trennzeichen 32, 95, 124
trigonometrische Funktionen 265
True 67, 90, 195
TStrings 45, 49
Turbo-Pascal 291

U

Überschrift 6
Übersichtlichkeit 146
Uhrzeit-Sonderformat 265
umgekehrte Konvertierung 132
Umwandlung von Text in Zahl 132
unerlaubte Nutzereingaben 98
ungleich 104
unkonzentrierter Nutzer 98
Unschuldsvermutung 196
unsichtbar 73, 75
Unterstrich 146
UpperCase 210, 262
user interface 1

V

Val 245, 263
VCL 4
VCL-Formular 2, 4, 6
Verbindungslinien 198
Vereinbarungsteil 143
Vergleiche von Zeichenfolgen 223
Verkehrsampel 120
verkettete Zeichenfolge 135
Verkettungszeichen 60
verkürzte property 86
verkürzte Schreibweise 87
Version 2
Verwaltung des Datenbestandes 91
Verwaltung von Datenbeständen 87
Videospiele 179
Vierzylinder-Motor 123
Visible 170
Visual Component Library 4
Visuelle Objekte 25, 268
Vorab-Belegung 295
Voreinstellungen 19
Voreinstellung von Starteigenschaften 6
Vorzeichen-Bit 145

W

Wahrheitswerte 90, 195
Ware 278
Warnton 252
Weg zur Zählschleife 187
Wenn–dann–andernfalls–Konstruktion 102
Willkommens-Seite 2, 292
Windows 1, 51, 72
Windows-Anwendungen 8
Windows-Rechner 255
WindowState 8, 10, 170
Wirkung 210
Wirth 291
Word 145
Wo – Wobei – Was 43
wsMaximized 170

Z

Zahlenbereich 144
Zahlenbereiche 145
Zahlenfolge 119
Zählen von Zeichen 213
Zahlenwert 189
Zahl Null 204
Zählschleife 167, 187, 191, 214
Zählschleifen 185
Zählung 68
Zählwerksspeicherplatz 214
Zeichenfolge 212
Zeichenfolgen 62, 209, 229, 238
Zeichenkombination <> 104
Zeichen Null 204
Zeile in einer Liste 84
Zeilenende 65
Zeitdifferenz 265
Ziel 63, 142, 200
Zifferntasten 255
Zinssatz 266
Zündkerzen 124
Zu- oder Abschalten von Bedienelementen 118
Zu- und Abschalten von Buttons 102
Zu- und Abschaltung von Buttons 105
Zuwachs 193
Zuweisungsbefehl 63
Zuweisungsbefehle 65, 69

Printed in the United States
By Bookmasters